中国科学院科学出版基金资助出版

“十一五”国家重点图书出版规划项目

现代化学基础丛书 *28*

无机纳米探针的制备及其生物应用

徐淑坤 等 编著

科学出版社

北京

内 容 简 介

全球纳米科技发展迅猛，正在给分析化学界带来革命性的变化。运用纳米科技研制纳米探针在分析化学特别是生物分析化学等方面具有重大意义。本书介绍近十几年来无机纳米探针领域的研究成果和最新进展，包括纳米颗粒的合成、纳米离子探针或生物探针的制备、表征方法，无机离子、化合物和生物大分子的定性或定量检测，以及细胞、组织的标记和成像等新方法和新技术。

本书可供分析化学、材料科学、生物医学和药学等领域的科研工作者阅读，也可以作为高等院校高年级学生及研究生的教材或参考书使用。

图书在版编目(CIP)数据

无机纳米探针的制备及其生物应用/徐淑坤等编著. —北京：科学出版社，2011

(现代化学基础丛书：28)

ISBN 978-7-03-032757-4

Ⅰ. 无… Ⅱ. 徐… Ⅲ. 纳米技术-探针 Ⅳ. TH83

中国版本图书馆CIP数据核字(2011)第231645号

责任编辑：张淑晓 刘志巧 / 责任校对：钟 洋
责任印制：钱玉芬 / 封面设计：陈 敬

科学出版社出版
北京东黄城根北街16号
邮政编码：100717
http://www.sciencep.com

北京凌奇印刷有限责任公司印刷

科学出版社发行 各地新华书店经销

*

2015年8月第 一 版 开本：B5(720×1000)
2015年8月第一次印刷 印张：17 1/4
字数：330 000

POD定价： 85.00元

本书参加编写人员

（以姓氏笔画为序）

于永丽　王　猛　王　楠
王文星　李　锋　杨冬芝
徐淑坤　黄淮青　密丛丛
董　微　董再蒸

《现代化学基础丛书》序

如果把牛顿发表“自然哲学的数学原理”的1687年作为近代科学的诞生日，仅300多年中，知识以正反馈效应快速增长：知识产生更多的知识，力量导致更大的力量。特别是20世纪的科学技术对自然界的改造特别强劲，发展的速度空前迅速。

在科学技术的各个领域中，化学与人类的日常生活关系最为密切，对人类社会的发展产生的影响也特别巨大。从合成DDT开始的化学农药和从合成氨开始的化学肥料，把农业生产推到了前所未有的高度，以致人们把20世纪称为“化学农业时代”。不断发明出的种类繁多的化学材料极大地改善了人类的生活，使材料科学成为了20世纪的一个主流科技领域。化学家们对在分子层次上的物质结构和“态-态化学”、单分子化学等基元化学过程的认识也随着可利用的技术工具的迅速增多而快速深入。

也应看到，化学虽然创造了大量人类需要的新物质，但是在许多场合中却未有效地利用资源，而且产生了大量排放物造成严重的环境污染。以至于目前有不少人把化学化工与环境污染联系在一起。

在21世纪开始之时，化学正在两个方向上迅速发展。一是在20世纪迅速发展的惯性驱动下继续沿各个有强大生命力的方向发展；二是全方位的“绿色化”，即使整个化学从“粗放型”向“集约型”转变，既满足人们的需求，又维持生态平衡和保护环境。

为了在一定程度上帮助读者熟悉现代化学一些重要领域的现状，科学出版社组织编辑出版了这套《现代化学基础丛书》。丛书以无机化学、分析化学、物理化学、有机化学和高分子化学五个二级学科为主，介绍这些学科领域目前发展的重点和热点，并兼顾学科覆盖的全面性。丛书计划为有关的科技人员、教育工作者和高等院校研究生、高年级学生提供一套较高水平的读物，希望能为化学在21世纪的发展起积极的推动作用。

朱清时

前　言

21世纪的主导科学之一是生命科学。生命科学的飞速发展对分析化学提出了大量新课题，使得生命分析化学成为分析化学中最活跃的研究领域。目前，生命分析化学主要集中在对生物大分子和生物药物、生物活性物质的分析，以及生理元素在蛋白质、生物组织、细胞中的分布、结合状态及相互作用的分析上。这些分析都需要依靠有效的分析试剂和分析仪器的配合来实现。在有机化学、配位化学、超分子化学、生物化学、免疫化学等化学学科以及医学、药学等学科的推动和促进下，生物化学分析试剂在近30年得到了较快的发展，推动和促进了生命科学和分析化学的发展。在生物学与生命医学领域里，探索和发展高灵敏度的非同位素检测方法一直是各国学者共同努力的方向。由于许多生物大分子自身可检测的特性较弱，要进行高灵敏度的分析，必须借助于外来标记物获得可测量的信号。因此，标记分析法成为检测生物大分子的主要方法之一，而其中应用最为普遍的是基于光信号的标记分析方法。传统的光学标记物即有机染料具有成本低廉、分子质量小、易于标记、水溶性好等优点，在生物标记中发挥了巨大的作用，但仍然存在一些难以克服的缺陷，如激发光谱窄、发射光谱宽且有拖尾，稳定性差、容易光漂白等。近年来开发的一些新型有机染料虽然各方面性能都有一定的提高，但仍然无法从根本上摆脱有机染料固有的缺陷，在实际应用中受到了很大的限制。因此，发展发光强度高、灵敏度好、选择性强的发光标记物用于生物大分子的检测，成为分析化学研究的热点内容之一。

十几年来，随着纳米科技和纳米材料的飞速发展，基于纳米材料的标记物，或者称为纳米探针，如金属纳米粒子、量子点、稀土掺杂的纳米粒子等，其独特的光学和电学性质使之在分析化学、特别是生物分析化学、医学临床检验和药物分析、靶向药物中的应用已经逐渐成为一个蓬勃发展并具有广阔应用前景的前沿领域。利用纳米颗粒作为新型标记物，不仅能够有效地克服传统标记物的缺陷，还为生物标记技术拓宽了发展的方向。纳米科技与生物技术的结合，不仅为研究和改造生物分子结构提供了新颖的技术手段和思维方式，也为实现纳米科技的最终目标开辟了可行的途径。

本书内容共分7章。第1章对于生物分析化学中的传统标记物及其应用，纳米分析化学的产生、发展及其主要发展现状进行简单的介绍。第2章对金属纳米颗粒标记物，主要是贵金属金、银等纳米颗粒的制备、表面修饰和在生物分析中的应用进行阐述。由于这些纳米颗粒具有良好的吸收光谱和共振瑞利散射特性，它们作为标记物被广泛用于核酸、蛋白质检测和免疫分析中。第 3 章介绍量子点的制备、表面修饰和在无机离子与生物大分子检测、细胞标记、组织与活体成像等方面的研究现状和应用前景。基于独特而优越的光学性质，量子点可以取代绝大部分有机染料而发展成为更优越的荧光探针材料，甚至可以作为药物载体用于重大疾病的早期诊断和治疗。第 4 章介绍稀土掺杂下转换发光纳米颗粒的制备、表面修饰及在分析检测中的应用。稀土离子掺杂的发光纳米材料具有发射光谱窄、发光寿命长、光化学稳定性高和 Stokes 位移大等特性。作为新型的荧光探针，稀土发光纳米材料不仅是对有机荧光染料、量子点探针的补充，更重要的是开辟了荧光检测的新途径和新方法。第 5 章介绍稀土掺杂上转换发光纳米颗粒的制备、表面功能化修饰及在生物大分子检测和标记等领域中的应用。与传统荧光标记物相比，上转换发光纳米颗粒毒性较低，对被测生物样品影响小。另外，上转换发光纳米颗粒的激发光为红外光，可以避免生物样品自体荧光的干扰，从而降低检测背景，提高信噪比。因此，尽管目前在生物中的应用还不是很广泛，上转换发光纳米颗粒作为一种新兴的标记物在生物学、医学和生命科学等领域都有着广阔的应用前景。第 6 章介绍磁性复合纳米材料，以及有磁性/荧光/生物亲和性的 Fe_3O_4/QDs、Fe_3O_4/$NaYF_4$ 等复合纳米材料的制备、性质及其在分析化学中的应用前景。目前，越来越多的研究致力于合成兼具磁性、荧光和生物相容性的多功能复合纳米颗粒，它们集各组分的优越性能于一体，为癌细胞标记和活体成像、靶向药物输送和治疗提供高性能的多功能探针。第 7 章简单介绍新兴的荧光碳点及其应用。最近，荧光碳纳米材料由于其独特的光学性质和生物相容性及低毒性引起了广泛关注，成为荧光材料方面一个新的研究热点。与量子点相比，荧光碳纳米粒子具有优越的生物相容性和低毒性，对细胞损伤小，尤其适用于生物活体标记；与有机染料相比，荧光碳纳米材料具有稳定性好，抗光漂白能力强等优点。因此，荧光碳纳米粒子是理想的生物荧光标记材料之一，具有广阔的应用前景。

本书第 1 章由徐淑坤撰写，第 2 章由王文星、王楠撰写，第 3 章由杨冬芝、董微、董再蒸撰写，第 4 章由于永丽、李锋撰写，第 5 章由王猛撰写，第 6 章由密丛丛撰写，第 7 章由黄淮青撰写。全书由徐淑坤负责统稿。本书涉及多学科交叉领域，作者知识有限，虽经多次修改，书中难免有不当和疏漏之处，恳请读者批评指正。

本书写作过程中得到东北大学理学院特别是化学系的大力支持，得到李静、武洪燕、田振煌、韩宝福等同学的帮助，在此表示感谢。感谢国家自然科学基金委员会、辽宁省科学技术厅、辽宁省教育厅和东北大学为课题组长期研究所提供的资金等各方面的支持和帮助。

徐淑坤
2011 年

目　　录

第1章 绪 论

1.1 探针与生物标记技术

作为一门与人类健康密切相关的学科，生命科学一直是备受人们关注的学科之一。生命科学的飞速发展对分析化学提出了大量新课题，主要集中在多肽、蛋白质、核酸等生物大分子的分析，生物药物分析，超痕量、超微量生物活性物质分析，甚至微生物分析等方面。其中，生物大分子分析是生命科学研究的重点，识别和检测多肽、蛋白质、核酸等生物大分子，是研究其生理功能的基础，也是人类研究纷繁复杂的生命过程的基础。为了适应这种形势的需要，众多分析化学家正在不断努力开发新的方法和技术。如果将具有标志性信号的材料，如不同颜色的染料分子、能发射强荧光的分子、具有磁性或放射性的分子等，通过化学键或非共价键与待识别的生物组织连接起来，就可以直观地观察和分析该生物组织的存在和变化，这些都是生物标记技术所涉及的内容。

所谓探针(probe)，在生物化学与分子生物学的方法与技术二级学科中是指分子生物化学和生物化学实验中用于指示特定物质(如核酸、蛋白质、细胞结构等)的性质或物理状态的一类标记分子，或者一些仪器的探测器，如pH探头、离子探头等。目前所说的生物探针通常是指生物分析中应用的各类标记物。

生物标记技术又称为生物示踪，是分子生物学中最常用、最重要的技术之一。它可以为人们提供待测生物分子在生物体内或生物体外的存在、表达、分布等各种信息，对于整个生物个体中物质代谢过程的研究具有重要意义[1]。利用生物标记技术还可以揭示生物体内和细胞内生理过程的奥秘，理解生命活动的物质基础，如蛋白质的生物合成，核酸的结构、表达、分布和代谢，基因的活性表达等一些生物学中的根本问题。生物标记技术和显微成像技术的结合使人们对生物器官、组织、细胞的精细结构有了更深刻的认识，极大地促进了医学研究从宏观向微观的转化。生物标记技术与免疫学原理相结合则可以实现对生物大分子的定量检测。

生物大分子自身的结构因素限制了其检测的灵敏度，为获得可测量的信号常常需要引入标记物，标记物在生物标记中起着至关重要的作用。针对不同的标记物需要采用不同的检测方法来读取标记物的检测信号，按照标记物种类的不同，可将生物标记分为放射性同位素标记、酶标记、化学发光标记和荧光标记4种[2]。表1.1列出了上述4种标记方法及其相应的特点。

表 1.1 生物标记的 4 种类型及各自特点

标记方法	优点	局限
放射性同位素标记	检测灵敏度很高($10^{-9}\sim10^{-12}$ mol · L^{-1});干扰少,信号稳定;对样品生物活性的影响比较小	存在放射性污染危险;寿命短、难以获得长期稳定的检测标准;试剂和仪器较贵、操作烦琐费时
酶标记	生物显色时间较长;检测下限较低(fg 数量级);操作安全简便	酶不稳定、需保温维持其活性;对抑制和变性敏感;非特异性吸附较重;测量动态范围窄;精密度不高
化学发光标记	灵敏度高、特异性好;检测限低,可达 10^{-15} mol · L^{-1};仪器简单、价格便宜、检测快速	发光瞬间完成、发光的峰值衰减很快;发光不稳定、易受外界环境影响;样品发光重现性差
荧光标记	检测灵敏度高、选择性好;可测定参数多、测量动态范围宽;操作简便、对样品无损伤	存在检测背景干扰;对标记物的性能要求较高

其中,荧光标记法具有灵敏度高、选择性好、可测定的参数多、操作简便、结果直观和对样品无损伤等诸多优点,能够有效弥补其他 3 种生物标记方法的不足,目前已成为最受关注的生物标记方法,并被广泛地应用于生物分析领域中。利用荧光标记技术既可以对细胞和组织进行成像研究,又可以对生物大分子或其他分子及离子等进行定量检测。

荧光标记研究的核心是寻找性能优良的荧光物质作为标记物,荧光标记物的选择应遵循以下 7 个原则[3]:

(1) 标记物易与生物分子牢固结合,因此要求标记物表面具有活泼的基团;

(2) 标记物与生物体偶联后应不影响生物体本身的活性;

(3) 荧光标记物应具有较好的化学稳定性和光化学稳定性;

(4) 荧光标记物应具有良好的光吸收和较高的荧光量子产率;

(5) 荧光标记物的荧光发射波长最好大于 500 nm,以减少背景荧光的干扰;

(6) 荧光标记物的最大吸收最好能在长波光谱区域内,这样既可以避免使用紫外光源又可以减少背景荧光的干扰;

(7) 荧光标记物的 Stokes 位移(最大激发光波长与发射光波长的距离)应至少大于 50 nm,以减少样品散射光的干扰。

有机染料是最早应用于生物荧光标记的一类发光材料,早期应用于生物荧光标记的有机染料主要是荧光素(fluorescein)和罗丹明(rhodamine)。但是,由于它们的 Stokes 位移小,荧光寿命短,发光性质受 pH 影响较大,且与生物组织的自体荧光具有相似的发射光谱,导致检测灵敏度下降,所以应用受到很大限制[4]。近年来,随着有机染料基础理论和制备技术的发展,一批性能更好的新型有机染料被逐步应用于生物标记,具有代表性的是菁染料[5](cyanine dyes)和Alexa染料[6]。菁染料主要包括酞菁类染料和花菁类染料,菁染料的光谱性质极大地依赖于其分子结构上烯烃链的长度。基于这一原理,目前已经合成了一系列具有不同发射波长的菁类染料,其发射波长已经拓展到了近红外区域。但是有研究表明,当菁类染料分子结构上烯烃链的长度达到一定值后,继续增加链长会导致其发光效率显著降低[7],因此目前近红外光菁染料的发光性能普遍不佳。Alexa染料是由罗丹明、氨基香豆素(aminocoumarin)和羰花青(carbocyanine)等传统染料经磺化后得到的一系列染料[8]。在传统染料分子上引入磺酸基后会使其带上负电荷,从而使染料分子的亲水性增强,与生物分子的连接也变得更加容易。不过,表面带负电荷的Alexa染料在某些情况下会与带正电荷的细胞发生非特异性的静电吸附,从而限制了Alexa染料的应用范围。

有机染料因具有成本低廉、分子质量小、易于标记、水溶性好的优点,曾在生物标记中发挥巨大的作用,其中大部分仍是目前十分活跃的荧光标记材料。但是,这类材料存在很多严重的缺陷,如激发光谱窄、发射光谱宽且有拖尾,稳定性差、容易光漂白等[9]。虽然新开发的一些新型有机染料其各方面性能都有一定程度的提高,但是它们仍然无法从根本上摆脱有机染料与生俱来的缺陷,在实际应用中受到了很大的限制。

随着纳米科技的迅速发展,纳米材料在生物标记中的应用引起了人们的广泛关注[2,10]。利用纳米颗粒作为新型标记物用于生物标记,不仅能够有效克服传统标记物的缺陷,还为生物标记技术拓宽了发展的方向。纳米科技与生物技术的结合,不仅为研究和改造生物分子结构提供了新颖的技术手段和思维方式,也为实现纳米科技的最终目标开辟了可行的途径。

1.2 纳米材料与生物标记

1.2.1 纳米科技与纳米材料

早在1959年,美国物理学家、诺贝尔奖获得者Richard Feynman就在其著名演讲[11]中提出:如果能够在微小的尺度上操控物质的结构,将会看到物质的物理化学性质发生异常的变化。这位科学家设想:如果有朝一日,人们能把百科全书存储在一个针尖大小的空间里,并能移动原子,那将会给科学带来什么?实质上,Richard Feynman已经预见性地提出了一种崭新的技术,即纳米科技。

纳米科技研究尺寸为1~100 nm的物质组成体系的运动规律和相互作用,以及可能的实际应用中的技术问题[12]。20世纪80年代,随着扫描隧道显微镜和原子力显微镜的问世,纳米科技得到了迅猛发展。到了20世纪90年代,人工制备的纳米材料已经达到百种以上。1990 年 7 月在美国巴尔的摩召开的第一届 NST (Nanoscale Science and Technology)会议，标志着纳米科技的正式诞生[13]。时至今日，纳米科技已经与多种学科结合起来并形成了比较完备的研究体系，包括纳米物理学、纳米化学、纳米材料学、纳米生物学、纳米电子学、纳米加工学、纳米力学 7 个相对独立而又相互渗透的学科，以及纳米材料、纳米器件、纳米尺度的检测与表征 3 个研究领域。据专家推测，纳米技术、信息技术和生物技术将成为 21 世纪社会经济发展的三大支柱。

纳米材料的制备及性质研究是纳米科技的基础，也是纳米科技领域中最活跃、最丰富、最接近应用的重要组成部分。通常认为，纳米材料是指其基本颗粒为 1～100 nm 的材料[14]。按照近代固体物理学观点，纳米材料依据三维空间中未被纳米尺度约束的自由度计，大致可分为 3 类[15]：①零维纳米材料，是指 3 个维度均在纳米尺度的纳米材料，如纳米微粒、纳米团簇等，即所谓的量子点；②一维纳米材料，是指在空间三维中有二维处于纳米尺度的纳米材料，如纳米线、纳米棒、纳米管等，即所谓的量子线；③二维纳米材料，是指在空间三维中只有一维在纳米尺度的纳米材料，如多层膜、超薄膜、超晶格等，即所谓的量子阱。目前，广义的纳米材料是指三维空间中至少有一维处于纳米尺度范围或由它们作为基本单元所构成的材料[16]。

纳米颗粒是由有限数量的原子或分子组成，保持原来物质的化学性质并处于亚稳态的原子团或分子团。当颗粒的尺度减小时，其表面原子数的相对比例增大，使单原子的表面能迅速增大。当尺度减小到纳米级别时，颗粒的电子态密度逐渐由连续分布过渡到类似于原子能级的分立分布[17]，此种变化反馈到物质结构和性能上，就会显示出一系列奇特的效应，如小尺寸效应、表面效应、量子尺寸效应、量子限域效应、宏观量子隧道效应以及熔点降低等。除此之外，纳米材料还表现出在此基础上的其他特性，如介电限域效应、表面缺陷以及量子隧穿效应等[18]。正是由于这些特性，纳米材料呈现出许多奇异的物理、化学性质，如光学、力学、电学、磁学、热学和催化等性质，从而使纳米材料具有更为广阔的应用前景。当前，纳米材料的研究得到了迅速发展，近 15 年来国内外有关纳米材料的制备及其应用的论文及论著的发展趋势如图 1.1 所示(截至 2010 年底)，其研究成果已经涉及材料、化学、物理、生物、医学等多个领域。我国的学者在纳米科学领域的研究也非常活跃，目前处于国际研究的前列(图 1.2)。

1.2.2　用于生物标记的几种纳米颗粒

随着对生命科学认识的不断深入，人们认为生物世界是由纳米级单元构成的，生命系统是由纳米尺度上的分子的行为所控制的。例如，血液中红细胞的大小为 6000～9000 nm，普通细菌的长度为 2000～3000 nm，病毒尺寸一般为几十纳米，蛋

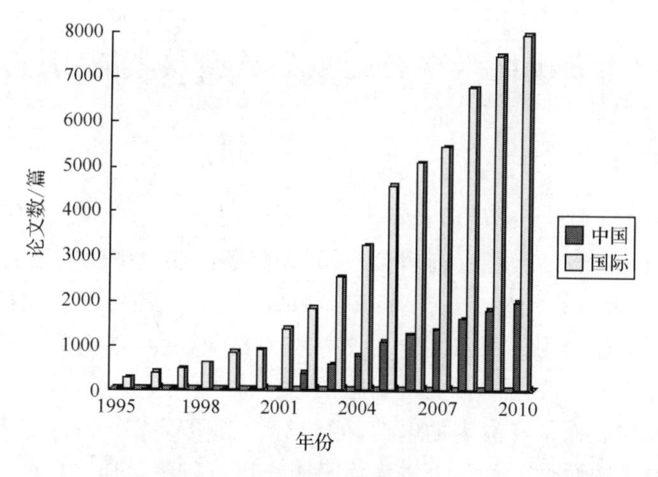

图 1.1 纳米材料的制备及其应用的论文及论著的发展趋势

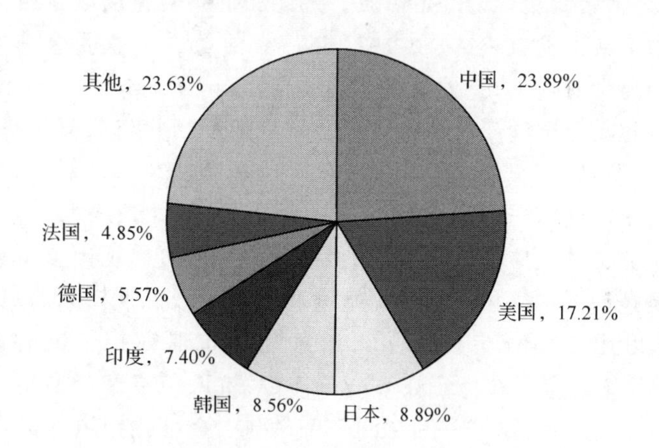

图 1.2 纳米材料的制备及其应用的论文分布情况

白质的尺寸为1～20 nm，生物体内的 RNA 蛋白质复合体的线度为 15～20 nm，DNA 链的直径约为 1 nm 等[2]。纳米颗粒的尺寸为 1～100 nm，与常见生物分子(如蛋白质、核酸等)的尺寸相当，这为生物学提供了一个新的研究方向，即把纳米颗粒作为标记物使之进入生物组织内部以探测生物分子的生理功能，进而在分子水平上揭示生命过程[19,20]。目前，应用于生物标记的无机纳米颗粒主要有金纳米颗粒、半导体量子点、稀土掺杂的发光(包括发射下转换荧光和上转换荧光)纳米粒子以及碳点等[21-24]。

1.3 无机纳米探针的主要类型及其应用进展

1.3.1 金纳米颗粒

金纳米颗粒又称为胶体金，其颗粒尺寸为1～100 nm，是研究较早的一种纳米材料。当金纳米颗粒的粒径逐渐增大时，其表观颜色依次呈现出橙黄色、葡萄酒红色、深红色和蓝紫色的变化。1951年，Turkevitch等[25]首次引入柠檬酸盐还原氯金酸制备出了粒径约为20 nm的金纳米颗粒。目前，将金纳米颗粒作为标记物用于生物标记的研究主要集中在免疫细胞染色、核酸检测等方面。

金纳米颗粒表面带有较多的电荷，能够对蛋白质等大分子进行吸附结合而不影响蛋白质的生物活性。利用这种表面吸附作用可以将蛋白质吸附在金纳米颗粒表面，即得到金纳米颗粒标记的蛋白质。抗原和抗体等免疫球蛋白也可以通过这种吸附作用与金纳米颗粒相结合。1971年，Faulk等[26]首次将金纳米颗粒作为标记物引入到免疫学研究中，开创了免疫金染色法(immunogold-staining，IGS)。他们将金纳米颗粒和兔抗沙门氏菌血清结合作为标记物并与该菌共同孵育，吸附有金纳米颗粒的抗体能将金纳米颗粒定向载运到固相载体上抗原的相应位置。由于金纳米颗粒有很高的电子密度，在电子显微镜下具有良好的衬度，当金纳米颗粒在固相载体上抗原抗体反应处聚集并达到一定密度时，可出现肉眼可见的粉红色斑点。免疫金染色法既可以用于电子显微镜和光学显微镜下抗原的定位、定性和定量研究，也可以用于体外免疫夹层试验中指示抗原或抗体的存在。1974年，Romano等[27]将金纳米颗粒标记在第二抗体(马抗人免疫球蛋白)上，从而建立了间接免疫金染色法。1987年，Teasdale等[28]基于金催化银还原的原理创立了免疫金银染色法(immunogold-silver staining，IGSS)，该方法在免疫金标记的基础上增加了一个染色标记物放大的过程，利用银的增强作用使检测的灵敏度大大提高。

当金纳米颗粒分散在溶液中时，溶液的颜色会随着金纳米颗粒之间距离的变化而变化，这是由金纳米颗粒的表面等离子体共振引起的。基于这一性质，Mirkin等[29]在1996年首次利用巯基与金纳米颗粒表面强烈的共价结合力将3′端或5′端连接有巯基的单链DNA固定到金纳米颗粒表面，形成金纳米颗粒标记的DNA探针，从而建立了用该探针检测特定多核苷酸序列的新方法，为特定DNA序列检测的研究和应用开辟了新领域。其原理是将金纳米颗粒标记的寡核苷酸探针与靶序列杂交，从而形成了伸展的金纳米颗粒和多核苷酸的聚集体，通过检测溶液颜色的相应变化实现对DNA的测定，该检测方法属于光学比色分析法。此外，借助表面等离子体共振[30]、表面增强拉曼散射[31]及电学检测[32-35]等分析检测技术，金纳米颗粒在核酸检测中的应用更为广泛。有文献系统详尽地叙述了金纳米颗粒的研究进展情况[36,37]。

1.3.2 发光量子点

量子点(quantum dots,QDs)是纳米尺度原子和分子的集合体,其粒径范围一般为2～20 nm。ⅡB～ⅥA族半导体(如CdSe、CdS和ZnS等)和ⅢA～ⅤA族半导体(如InP和InAs等)的纳米晶都是常见的荧光量子点。量子点的粒径较小,其电子和空穴被量子限域,因而表现出许多独特的物理性质,其中以其优异的光学性质最为突出。最早提出将荧光量子点作为生物标记物的是美国加利福尼亚大学伯克利分校的Bruchez课题组[38]和印第安纳大学的Chan课题组[39],他们分别采用不同的表面修饰方法解决了量子点的憎水问题以及与生物分子的连接问题。1998年,他们在*Science*杂志的同一期上发表了相应的研究成果,他们的工作充分表明,荧光量子点作为一种新型的生物标记材料,完全可以取代传统的有机染料,其优异的荧光性能将为生物标记技术带来新的突破,并由此拉开了荧光量子点在生物标记中应用的序幕。与有机染料相比,量子点具有激发光谱宽而连续、发射光谱窄而对称、化学稳定性好、发光强度高等一系列优点[40]。此外,量子点发射荧光的颜色可以通过调节其尺寸来改变,在生物标记尤其是多色标记中具有极大的优势[41]。目前,量子点在荧光免疫分析、细胞标记与成像、活体成像等方面的应用非常广泛[42-49]。

量子点在荧光免疫分析领域中的应用非常活跃,研究中常借助抗原-抗体、生物素-亲和素等分子之间的特异性识别作用。Goldman等[50]将抗生物素蛋白作为一种受体蛋白与量子点连接,从而使量子点可以与生物素化的蛋白偶联。这种受体蛋白为将抗体连接到量子点提供了一种分子连接的桥梁,也使抗体与量子点的偶联物能应用于荧光免疫分析。此后,Goldman等[51]还利用工程重组蛋白通过静电作用结合到量子点上,然后再与抗体相结合。反应物浓度不同结合抗体的数目也不相同,他们通过色谱技术将结合与未结合的分子分离,再将与抗体连接的量子点应用于直接或间接酶联免疫分析,成功地对葡萄球菌肠毒素和2,4,6-三硝基甲苯进行了荧光免疫分析。

以量子点作为标记物进行细胞成像的开创性工作是由Bruchez等[38]和印第安纳大学的Chan课题组[39]完成的。Bruchez等用表面硅烷化的CdSe/ZnS量子点作为标记物,对小鼠的3T3纤维原细胞进行了双色标记。在单一光源的激发下,可以同时清楚地观察到红色肌动纤维和绿色细胞核的结构,而且经光源长时间的照射,量子点的荧光强度变化很小。Chan课题组的Nie等[39]将高亮度、水溶性好且生物相容的CdSe/ZnS量子点与生物分子共价偶联用于超灵敏的生物分子免疫检测,并将量子点经转铁蛋白修饰后用于HeLa细胞的标记和成像。而后,Wu等[52]进一步发展了量子点与抗体的复合技术,实现了对细胞特定部位的特异性标记和成像,同时很好地消除了非特异性吸附。此外,他们还通过使用两种不同的抗体,实现了细胞两个组成部分的同时特异性标记。

实现对活体生物组织的实时成像是人们一直追求的目标,而量子点标记物的应用有望实现这一目标。Dubertret 等[53]采用磷脂嵌段共聚物囊泡来包覆量子点,获得了具有很高生物相容性的量子点标记物。他们将量子点-囊泡标记物注入单个的早期非洲爪蟾胚胎内,并观察胚胎发育过程,结果证明可以用量子点跟踪观察细胞的世袭关系。Akerman 等[54]将不同的量子点表面用不同的肽修饰后,注入小鼠的体内,对活体切片后进行分析,实验发现,不同肽修饰的量子点可以特异性结合到正常或发生肿瘤小鼠的肺部静脉血管系统。Larson 等[55]研究了 CdSe 量子点的双光子激发特性,并将其用于体内组织的多光子成像技术。

此外,量子点还在简单离子的测定[56-58]、荧光共振能量转移[59-63]、药物筛选[64]、基因测序[65]、生物条码[66]等方面有着重要的应用。目前已有大量文献对量子点在生物方面的应用做了详尽的综述[67-71]。

Nie 等在其关于量子点作为生物探针的开山之作[39]以后一直在该领域从事深入的研究,20 年来在理论研究和生物医学分析应用方面都取得了丰硕的成果。半导体纳米晶的主要特点是量子限域效应,导致纳米晶内电子电荷载体的空间位阻(外壳)。由于这种效应的存在,人们可以用这些“人造原子”的尺寸和形状广泛而又精确地调谐不连续电子能量状态和光跃迁的能量,其结果是得到了从紫外到可见乃至近红外区范围的不同光发射。这些粒子包括了从小分子到晶体的一系列过渡,伴随着如载体倍增、单颗粒闪烁和谱线漫反射等新的光学性质。同时,半导体纳米晶也为发展用于分子成像超晶格的多元化和靶向治疗的超晶格多元化试剂做出了贡献。最近 Nie 等撰文论述了半导体纳米晶的原子结构与光学性质间的关系,提出了用合金法、张力-调谐法以及带边变形等方法可能使量子点在将来的光电和医学应用中起到更好的作用[72]。在制备方面,虽然研究表明用目前的纳米晶体合成方法能合成多种高质量的纳米晶体,但是有一个主要的限制因素,即制得的纳米晶只能溶解在反应溶液或化学性质类似的介质中。Nie 等最近报道了采用“两栖浴”的纳米晶合成方法,即用含有两性多齿结构化合物的非配位溶剂如低分子质量的 PEG 等为媒介进行合成以克服这种限制。他们发现,这样合成的纳米晶无论在极性的还是非极性的溶剂中都可以迅速地溶解[73]。Nie 博士将 QDs 的发展历程分为 4 个阶段,即四代量子点:第一代即 1998 年文献发表的 Cd/ZnS 巯基乙酸盐[39]和 SiO_2[38]包被的量子点,其量子产率较低,稳定性也较差;第二代为 2002～2003 年发展起来的各种核壳结构的两性聚合物包被的量子点[48,52],具有较大的动力学尺寸和随机的配体;第三代是小尺寸的量子点,主要是具有合金结构的量子点,由很薄的多元聚合物层包被,具有位点特异性和方向特异性,更适于细胞内动态成像[74];Nie 所期待的第四代量子点,则是尺寸和亮度平衡的量子点,应该是集成到与生物大分子相匹配的尺寸(4～6 nm),具有高稳定性和平衡的亮度,并可以在可见光和近红外光区发光且可调[75]。

1.3.3 稀土掺杂的发光纳米颗粒

稀土纳米发光材料是指基质的粒子尺寸为1～100 nm的稀土掺杂发光材料。受纳米尺寸效应的影响,稀土纳米发光材料也呈现出很多不同于体相材料的光谱特性,如电荷迁移态的红移,发射峰谱线的宽化,猝灭浓度的升高,荧光寿命和量子效率的改变等[76]。发光是稀土化合物光、电和磁这三大功能中最突出的功能,稀土离子丰富的能级和4f电子的跃迁特性,使稀土成为巨大的发光宝库。最近,稀土纳米发光材料在生物标记、医学成像等方面得到了广泛的关注[77,78]。

稀土离子独特的光谱学特征,使得它们在生命科学研究中起着重要作用。目前研究和应用较多的稀土离子荧光探针有镧系离子螯合试剂及其核壳纳米粒子和稀土无机纳米发光粒子探针。其中,稀土无机纳米发光粒子又可分为上转换发光和下转换发光两种。纳米生物探针的引入有力地推动了生物分析化学的发展。稀土掺杂的纳米生物探针正在常规免疫分析、生物芯片、荧光生物成像、癌细胞的转移与示踪、生物分子多颜色多组分同时标记检测、食品及环境中病菌及微生物的检测及生物反恐等领域发挥着越来越突出的作用。

稀土离子发光应用于生物检测是从镧系离子螯合试剂开始的,其应用促进了时间分辨荧光测定技术在免疫分析中的发展。时间分辨荧光测定技术是利用稀土配合物具有长寿命荧光这一特点,在样品被脉冲光激发后、荧光信号采集前,根据样品中所含荧光物质荧光寿命的不同引入一定的延迟时间(delay time),待短寿命的背景荧光完全猝灭后,再对长寿命的特异性待测荧光信号进行测定。采用时间分辨荧光测定技术可以有效消除来自样品、试剂、仪器等的短寿命非特异性荧光的干扰,从而极大地提高荧光检测的灵敏度。但是,欲使其发光核的螯合配体有效地激发稀土离子发光,其最低三重态能级必须与稀土离子激发态能级匹配;而且,螯合配体的结构还要有一定的平面性和刚性才能使稀土离子有较高的发光效率。符合这些条件的螯合配体的种类和数量是有限的。另外,螯合配体的合成往往需要十几步化合反应,操作条件苛刻,所需试剂种类多,价格昂贵,产率很低。这些都制约着镧系离子螯合探针和核壳荧光纳米颗粒在生物检测中的应用和推广。

与镧系离子螯合试剂相比,稀土掺杂的无机纳米粒子发光材料合成简单,化学稳定性好;不受配体能级限制,可以实现紫外光或可见光的激发;通过改变掺杂离子或基质,很容易实现多色发光;易于进行表面修饰,可以方便地与生物分子连接。因此,它们更适合用作生物探针。其中,Eu^{3+}和Tb^{3+}掺杂的无机纳米粒子,分别发出较强的特征红光和绿光,在生物标记方面引起了研究者的关注[79,80]。Wong等[81]用水热法合成了氢氧化铕纳米棒,利用邻苯氧基苯甲酰甲酯与氨丙基三乙氧基硅烷的反应，采用溶胶-凝胶(sol-gel)法在纳米棒的表面包覆了含有邻苯氧基苯甲酰发色团的有机硅层。这些包覆了发色团的氢氧化铕纳米棒能用来对肺癌细胞的细胞质进行染色。

量子点和稀土掺杂的下转换荧光标记物都存在一个共同的缺陷，即生物背景荧光的干扰。这是因为这种荧光标记物需要在紫外光的激发下发射荧光(可见光)，而紫外光的能量较高，会引发生物体自身也产生荧光，即生物体的自体荧光，这也是生物背景荧光干扰的根本来源。自体荧光的存在使检测信号和背景信号混在一起难以区分，从而降低检测的灵敏度和信噪比。所以，生物背景荧光的消除势在必行。为了达到这个目的，近年来稀土掺杂的上转换发光纳米材料作为一种新型荧光标记物在生物检测中的应用也日益受到研究者的关注[82]，并且得到很快的发展。上转换发光纳米材料能够通过多光子机制将低频率激发光转换成高频率发射光。上转换发光纳米材料具有毒性低、化学稳定性好、发光强度高，Stokes 位移大等优点。更重要的是，上转换发光纳米材料的激发光为红外光，在此激发条件下可以避免生物样品自体荧光的干扰和散射光现象，从而降低检测背景，提高信噪比。因此，上转换发光纳米材料作为荧光标记物在生物检测和医学诊断领域都有着非常好的应用前景[83-85]。

1.3.4　磁性纳米颗粒

磁性材料主要是指由过渡元素铁、钴、镍等及其合金组成的能够直接或间接产生磁性的物质。根据组成材质和材料结构，可将磁性材料分为金属及合金磁性材料和铁氧体磁性材料两大类，其中铁氧体磁性纳米材料由于制备方法简单、原料价格低廉、具有独特的超顺磁性而成为研究与应用的热点和重点。磁性纳米粒子由于具备特殊的磁性和低毒性特点，已日益受到研究者的关注，并逐渐应用于磁共振成像、生物分离、药物输送和细胞标记等领域。

磁性纳米材料的物理长度恰好处于纳米量级，表现出不寻常的特性，如矫顽力的变化、超顺磁性、居里温度下降等。由于这些奇特的物理性质，磁性纳米颗粒已成为化学、材料、生物、医学临床等领域的一个新的研究热点，并在机械、电子、光学、磁学、化学和生物学领域有着广泛的应用前景。可以预料，磁性纳米材料将成为纳米材料科学领域一颗大放异彩的明星，在新材料、能源、信息和生物医学等各个领域发挥举足轻重的作用。

目前制备磁性纳米颗粒的化学方法主要有沉淀法[86]、溶胶-凝胶法[87]、水/溶剂热法[88]等。生物应用要求纳米粒子具有粒径小、形状规则、生物相容性好等特点，而磁性纳米粒子由于比表面积很大，表面活性极高，易于发生团聚沉降和氧化，在一定程度上影响其应用效果，且共沉淀、水解法等多种方法合成出的 Fe_3O_4 纳米晶表面一般只带有羟基，无法与生物分子或药物等进行偶联，所以在实际应用中通常也要先对其表面进行包覆修饰,改变其表面性质以适应生物分析等需要。磁性纳米颗粒的表面改性主要有两种途径:一种是依靠化学键合作用,利用有机小分子化合物进行修饰[89];另一种是用有机或无机材料直接包裹磁性纳米颗粒[90]。经过处理后形成的磁性复合粒子既具有磁性,又具有表面活性基团,能进一步与药物、抗体、蛋白质、酶、细胞及DNA等多种分子偶联,并可用于外部器官、组织或肿瘤等的靶向。经过修饰的磁性纳米粒子还具备生物相容性好,毒副作用小的特点,因此在生物应用领域有很大优势。目前磁性纳米粒子在生物医学领域的应用主要有磁共振成像[91]、药物输送[89,92]、生物分离[93,94]和靶向热疗等[95]。

磁性纳米粒子已被广泛应用于生物分离富集、临床诊断和治疗等方面,将磁性纳米粒子与其他纳米粒子复合,如金属纳米粒子[96-100]、量子点[101-103]、稀土发光纳米材料[104-108]等,可赋予磁性纳米粒子新的特性,如磁-光、磁-电等,并可提高磁性纳米粒子的稳定性和抗氧化性,改善其生物相容性、反应活性等,势必会扩展磁性纳米粒子的应用范围,提高其应用效率,并最终推动生物科学技术的发展。这预示着磁性荧光或其他磁性复合标记物有着良好的发展前景,并有可能在今后一定时间内成为研究的热点。

1.3.5 荧光碳纳米颗粒

最近,荧光碳纳米材料由于其独特的光学性质、良好的生物相容性以及低毒性引起科学家广泛关注,成为荧光材料领域一个新的研究热点。与半导体量子点相比,荧光碳纳米粒子具有优越的生物相容性和低毒性,对细胞损伤小[109],尤其适用于生物活体标记[110];与有机染料相比,荧光碳纳米材料具有稳定性好,抗光漂白能力强等优点。因此,荧光碳纳米粒子是理想的生物荧光标记材料之一,具有广阔的应用前景。目前,研究较多的荧光碳纳米粒子主要有荧光碳点和纳米金刚石。

荧光碳纳米粒子,又称荧光碳点(carbon dots),是一种新型荧光纳米颗粒,具有与量子点相似的荧光性能,如荧光强而稳定、激发波长和发射波长可调控、具有优良的可见光区荧光发射[111]等。此外,荧光碳点还具有生物相容性好、毒性低、分子质量和粒径均小、易实现表面功能化[112]以及无"光闪烁"现象和抗光漂白性等特点[113,114],在生物标记等相关研究领域具有广泛的应用前景。另外,由于碳点粒径较小,可以及时通过肾脏排出体外,背景荧光小,而且组成成分无毒,整个实验过程中受试动物都不会有任何毒性反应。因此,荧光碳点也是一种非常好的活体荧光标记和成像试剂,在生物医学和光学成像领域中有广阔的应用前景。

金刚石是典型的原子晶体,其对称的共价键结构,使它成为自然界已知物质中硬度最高的材料。纳米金刚石的光学带隙为5.5eV,在可见光范围内通过本征带隙不可能发出荧光。然而,具有缺陷的纳米金刚石却可以发出多色可见光。据此,纳米金刚石的光学特性得到广泛关注。同时,纳米金刚石的化学性质稳定,室温下化学活性低，其纯碳的组成使其具有良好的生物相容性，而且表面易于被各种功能化基团修饰，这些优异性能使其在生物医学领域上表现出了很好的应用前景，已经成为生命科学的重要研究方向之一。荧光纳米金刚石与荧光碳点具有类似的优点，甚至更稳定，因此也是一种优良的荧光标记与成像试剂。目前应用最多的就是将荧光纳米金刚石用于细胞标记。Chao 等[115]研究表明，荧光纳米金刚石的突出优点是生物相容性好，无毒，易于检测到拉曼光谱信号，且荧光信号能有效地与细胞的自体荧光相区分。该研究实现了荧光纳米金刚石作为肿瘤细胞生物标记物的应用，有可能促进细胞和分子影像学的研究，并可能代替常规的抗体荧光免疫检测试剂。除细胞标记外，还有人将荧光纳米金刚石用于活体组织的荧光成像和在体原位观察。Mohan 等[116]将采用离子束辐照法制得的荧光纳米金刚石通过喂食的方式引入线虫体内，并进行在线跟踪，结果表明可实现对线虫的消化系统、细胞内示踪以及生物体的整个发育过程进行连续的成像观察。

1.4 无机纳米探针的应用前景

当前，生物分析领域正处于一个多学科多技术相结合，各种新方法不断发展的新时期。随着对纳米尺度生物和化学现象研究的飞速发展，纳米材料因其特有的量子限域效应和小尺寸效应在超灵敏痕量检测分析方面发挥出越来越重要的作用。纳米技术应用于分析化学领域取得了传统分析方法难以达到的效果，很大程度上克服了现有检测手段存在的仪器体积庞大、结构复杂、响应速度慢和稳定性差等缺点。随着国际上该领域的飞速发展，近 10 年来，基于纳米材料的分析检测在我国也经历了爆炸性增长，在人类健康、农药残留、环境分析、临床检验、医学研究等领域呈现出诱人的应用前景。例如，Nie 课题组[117]最近报道用量子点对人前列腺癌组织样本进行波长分辨的光谱成像得到其肿瘤不同成分的分子水平分布图。他们采用四种蛋白标志物进行实验的结果表明，结构截然不同的前列腺体和单个癌细胞都能够在前列腺切除手术的复杂微环境下得到检测和表征。对于肿瘤临床诊断来讲，多元量子点成像分析将提供很好的相关分子和形貌的信息，而这些是传统的组织染色和分子印记方法所无法做到的。多量子点与诸如抗体、肽或其他小分子偶联后能够特异性地靶向检测肿瘤标志物或肿瘤脉管。他们[118]还综述了这类量子点探针及其在分子和细胞成像中的应用，论及在活体成像中的关键因素，如粒子的生物分布、药物动力学以及毒性等。唐芳琼研究室一直致力于用价廉、可工程化的方法制备量子点并应用于生化检测[119]，他们采用超声雾化法制备的水溶性碲化镉(CdTe)量子点实现了对乳酸脱氢酶(LDH)活性的定性定量分析。该生物传感器的检测范围为 150～1500U · L^{-1}，最低检测限达 75U · L^{-1}。研究人员进而把这种方法拓展到血清中葡萄糖浓度的测定，并初步实现了对这两种物质的同时检测。所构建的新型光学生物传感器不需要昂贵而复杂的生化分子修饰，方法简单快捷，操作易于掌握，大大减少了生物传感器从组装到检测的时间，有利于传感器的小型化和家庭化。国家纳米科学中心唐智勇研究员基于酶抑制机制，将半导体 CdTe 量子点与乙酰酶（AChE）通过层层（layer-by-layer）组装形成适用于蔬菜和水果中有机磷农残检测的高度敏感生物传感器[120,121]。中国科学院合肥智能机械研究所张忠平课题组把纳米技术与电化学及荧光光谱相结合，成功实现了有机磷农药的痕量检测[122,123]。Mirkin 课题组及国内的樊春海等课题组通过 Hg^{2+} 诱导在 DNA 链中形成 T-Hg^{2+}-T 碱基对使金纳米粒子聚集的途径，建立了专门针对 Hg^{2+} 的高选择性和高灵敏度的检测方法[124,125]。中国科学院化学研究所毛兰群课题组基于三硝基甲苯（TNT）诱导巯基乙胺修饰的金纳米粒子聚集，组装出简单而灵敏的 TNT 传感器[126]。在三聚氰氨的检测上，纳米金比色传感器也发挥了实时快速的优势[127,128]。此类探针有望兼具准确、灵敏、简便和快速等优点，从而达到环境和农产品中农药残留分子的在线可视化检测要求。

无机纳米粒子作为探针成功应用到生物分析、医学以及药物输送的例子层出不穷，不胜枚举。我们欣喜地看到，武汉大学的庞代文课题组，清华大学的李亚栋、张新荣、李景虹、陈德朴课题组，北京大学的严纯华课题组，南开大学的严秀平课题组，南京大学的朱俊杰课题组，吉林大学的杨柏、苏星光课题组，上海交通大学、复旦大学，中国科学院的长春应用化学研究所、长春光学精密机械与物理研究所、大连化学物理研究所，中国科技大学以及国家纳米科学中心等研究团体在各自研究领域中做出了众多开创性工作并取得了令人瞩目的研究成果，在这些研究团体的推动下，我国在无机纳米探针的制备和应用方面已经有了迅猛的发展，在下一个10年必将取得更丰富更优秀的研究成果。

参考文献

[1] 杨文胜，高明远，白玉白．纳米材料与生物技术．北京：化学工业出版社，2005.

[2] 姜忠义，成国祥．纳米生物技术．北京：化学工业出版社，2003.

[3] 鲍俊萍，徐晓伟，范慧莉，等．材料导报，2003，17：3.

[4] Sameiro M，Goncalves T. Chem Rev，2009，109：190-212.

[5] Mishra A，Behera R K，Behera P K，et al. Chem Rev，2000，100：1973-2012.

[6] Panchuk-Voloshina N，Haugland R P，Bishop-Stewart J，et al. J Histochem Cytochem，1999，1947：1179-1188.

[7] Ishchenko A A，Derevyanko N A，Svidro V A. Opt Spektrosk，1992，72：110-114.

[8] Berlier J E，Rothe A，Buller G，et al. J Histochem Cytochem，2003，51：1699 1712.

[9] Mahmudi-Azer S，Lacy P，Bablitz B，et al. J Immunol Methods，1998，217：113-119.

[10] Sharrna P，Brown S，Walter G，et al. Adv Colloid Interface Sci，2006，123：471-485.

[11] Feynman R P. Caltech's Engineering and Science，1960，4：23-36.

[12] 嵇天浩，孙家跃，杜海燕．分散型无机纳米粒子——制备、组装和应用．北京：科学出版社，2009.

[13] 陈翌庆,石瑛. 纳米材料学基础. 长沙:中南大学出版社,2009.
[14] 薛群基,徐康. 化学进展,2000,12: 14.
[15] Jun Y W,Lee J H,Choi J S,et al. J Phys Chem B,2005,109: 14795-14806.
[16] 倪星元,姚兰芳,沈军,等. 纳米材料制备技术. 北京:化学工业出版社,2008.
[17] Jun Y W,Choi J S,Cheon J. Angew Chem Int Ed,2006,45: 3414-3439.
[18] 翟庆洲. 纳米技术. 北京:兵器工业出版社,2006.
[19] Yong K T,Roy I,Swihart M T,et al. J Mater Chem,2009,19: 4655-4672.
[20] Algar W R,Massey M,Krull U J. Trac Trends Anal Chem,2009,28: 292-306.
[21] Liu Z A,Peng R. Eur J Nucl Med Mol I,2010,37: S147-S163.
[22] Li C X,Lin J. J Mater Chem,2010,20: 6831-6847.
[23] Jiang S,Gnanasammandhan M K,Zhang Y. J R Soc Interface,2010,7: 3-18.
[24] Smith A M,Duan H W,Mohs A M,et al. Adv Drug Deliver Rev,2008,60: 1226-1240.
[25] Turkevich J,Stevenson P C,James H. Discuss Faraday Soc,1951,11: 55-75.
[26] Faulk W P,Taylor G M. Immunochemistry,1971,8: 1081-1083.
[27] Romano E L,Stolinsk C,Hughesjo Nc. Immunochemistry,1974,11: 521-522.
[28] Teasdale J,Jackson P,Holgate C S,et al. Histochem Cell Biol,1987,87: 185-187.
[29] Mirkin C A,Letsinger R L,Mucic R C,et al. Nature,1996,382: 607-609.
[30] He L,Musick M D,Nicewarner S R,et al. J Am Chem Soc,2000,122: 9071-9077.
[31] Cao Y W C,Jin R C,Mirkin C A. Science,2002,297: 1536-1540.
[32] Zhou X C,O'Shea S J,Li S F Y. Chem Commun,2000,11: 953-954.
[33] Patolsky F,Ranjit K T,Lichtenstein A,et al. Chem Commun,2000,12: 1025-1026.
[34] Authier L,Grossiord C,Brossier P,et al. Anal Chem,2001,73: 4450-4456.
[35] Park S J,Taton T A,Mirkin C A. Science,2002,295: 1503-1506.
[36] Daniel M C,Astruc D. Chem Rev,2004,104: 293-346.
[37] Weiss P S,Mirkin C. Acs Nano,2009,3: 1310-1317.
[38] Bruchez M,Moronne M,Gin P,et al. Science,1998,281: 2013-2016.
[39] Chan W C W,Nie S M. Science,1998,281: 2016-2018.
[40] Arya H,Kaul Z,Wadhwa R,et al. Biochem Biophys Res Commun,2005,329: 1173-1177.
[41] Chan W C W,Maxwell D J,Gao X H,et al. Curr Opin Biotechnol,2002,13: 40-46.
[42] Yang D Z,Chen Q F,Wang W X,et al. Luminescence,2008,23: 169-174.
[43] Gao X H,Cui Y Y,Levenson R M,et al. Nat Biotechnol,2004,22: 969-976.
[44] Shang Z B,Wang Y,Jin W J. Talanta,2009,78: 364-369.
[45] Xue X H,Pan J,Xie H M,et al. Talanta,2009,77: 1808-1813.
[46] Yuan J P,Guo W W,Yin J Y,et al. Talanta,2009,77: 1858-1863.
[47] Yong K T,Ding H,Roy I,et al. Acs Nano,2009,3: 502-510.
[48] Jaiswal J K,Mattoussi H,Mauro J M,et al. Nat Biotechnol,2003,21: 47-51.
[49] Gao X H,Yang L L,Petros J A,et al. Curr Opin Biotechnol,2005,16: 63-72.
[50] Goldman E R,Balighian E D,Mattoussi H,et al. J Am Chem Soc,2002,124: 6378-6382.
[51] Goldman E R,Anderson G P,Tran P T,et al. Anal Chem,2002,74: 841-847.
[52] Wu X Y,Liu H J,Liu J Q,et al. Nat Biotechnol,2003,21:41-46.
[53] Dubertret B,Skourides P,Norris D J,et al. Science,2002,298: 1759-1762.

[54] Akerman M E,Chan W C W,Laakkonen P,et al. Proc Natl Acad Sci U S A,2002,99: 12 617-12 621.
[55] Larson D R,Zipfel W R,Williams R M,et al. Science,2003,300: 1434-1436.
[56] Ali E M,Zheng Y G,Yu H H,et al. Anal Chem,2007,79: 9452-9458.
[57] Chen Y F,Rosenzweig Z. Anal Chem,2002,74: 5132-5138.
[58] Liang J G,Ai X P,He Z K,et al. Analyst,2004,129: 619-622.
[59] Oh E,Hong M Y,Lee D,et al. J Am Chem Soc,2005,127: 3270-3271.
[60] Peng H,Zhang L J,Kjallman T H M,et al. J Am Chem Soc,2007,129: 3048-3049.
[61] Medintz I L,Clapp A R,Mattoussi H,et al. Nature Materials,2003,2: 630-638.
[62] Wang J H,Liu T C,Cao Y C,et al. Colloids Surf A,2007,302: 168-173.
[63] Clapp A R,Medintz I L,Mattoussi H. Chemphyschem,2006,7: 47-57.
[64] Sinha R,Kim G J,Nie S M,et al. Mol Cancer Ther,2006,5: 1909-1917.
[65] Taylor J R,Fang M M,Nie S M. Anal Chem,2000,72: 1979-1986.
[66] Han M Y,Gao X H,Su J Z,et al. Nat Biotechnol,2001,19: 631-635.
[67] Hoshino A,Manabe N,Fujioka K,et al. J Artif Organs,2007,10: 149-157.
[68] Bailey R E,Smith A M,Nie S M. Physica E,2004,25: 1-12.
[69] Jamieson T,Bakhshi R,Petrova D,et al. Biomaterials,2007,28: 4717-4732.
[70] Smith A M,Gao X H,Nie S M. Photochem Photobiol,2004,80: 377-385.
[71] Rogach A L,Klar T A,Lupton J M,et al. J Mater Chem,2009,19: 1208-1221.
[72] Smith A M,Nie S M. Acc Chem Res,2010,43: 190-200.
[73] Smith A M,Nie S M. Angew Chem Int Ed,2008,47: 9916-9921.
[74] Wang X Y,Ren X F,Kahen K,et al. Nature,2009,459: 686-689.
[75] Smith A M,Nie S M,Nat Biotechnol,2009,27: 732-733.
[76] Yan Z G,Yan C H. J Mater Chem,2008,18: 5046-5059.
[77] Vaisanen V,Harma H,Lilja H,et al. Luminescence,2000,15: 389-397.
[78] 谭明乾．新型稀土荧光探针及时间分辨荧光生化分析法研究. 大连:中国科学院博士学位论文,2005.
[79] Beaurepaire E,Buissette V,Sauviat M P,et al. Nano Letters,2004,4: 2079-2083.
[80] Traina C A,Dennes T J,Schwartz J. Bioconjugate Chem,2009,20: 437-439.
[81] Wong K L,Law G L,Murphy M B,et al. Inorg Chem,2008,47: 5190-5196.
[82] Wang F,Liu X G. Chem Soc Rev,2009,38: 976-989.
[83] Wang M,Mi C C,Wang W X,et al. Acs Nano,2009,3: 1580-1586.
[84] Wang M,Hou W,Mi C C,et al. Anal Chem,2009,81: 8783-8789.
[85] Wang M, Abbineni G, Clevenger A. Nanomedicine: Nanotechnology, Biology, and Medicine, 2011, in press. Doi:10. 1016/j. nano. 2011. 02. 013.
[86] Gee S H,Hong Y K,Erickson D W,et al. J Appl Phys,2003,93: 7560-7562.
[87] Sugimoto T,Itoh H,Mochida T. J Colloid Interface Sci,1998,205: 42-45.
[88] Daou T J,Pourroy G,Begin-Colin S,et al. Chem Mater,2006,18: 4399-4404.
[89] Xu Z G,Feng Y Y,Liu X Y,et al. Colloids Surf B,2010,81: 503-507.
[90] Hong R Y,Li J H,Zhang S Z,et al. Appl Surf Sci,2009,255: 3485-3492.
[91] Han G C,Ouyang Y,Long X Y,et al. Eur J Inorg Chem,2010,34: 5455-5461.
[92] Guo S J,Li D,Zhang L X,et al. Biomaterials,2009,30: 1881-1889.
[93] Dong X Q,Zheng Y H,Huang Y B,et al. Anal Biochem,2010,405: 207-212.

[94] Chen F, Shi R B, Xue Y, et al. J Magn Magn Mater, 2010, 322: 2439-2445.
[95] Sun Y K, Duan L, Guo Z R, et al. J Magn Magn Mater, 2005, 285: 65-70.
[96] Yu H, Chen M, Rice P M, et al. Nano Letters, 2005, 5: 379-382.
[97] Wang L Y, Luo J, Fan Q, et al. J Phys Chem B, 2005, 109: 21 593-21 601.
[98] Song H M, Wei Q S, Ong Q K, et al. ACS Nano, 2010, 4: 5163-5173.
[99] Qi D W, Zhang H Y, Tang J, et al. J Phys Chem C, 2010, 114: 9221-9226.
[100] Bao J, Chen W, Liu T T, et al. ACS Nano, 2007, 1: 293-298.
[101] Tian Z Q, Zhang Z L, Gao J H, et al. Chem Comm, 2009, 27: 4025-4027.
[102] Hong X, Li J, Wang M J, et al. Chem Mater, 2004, 16: 4022-4027.
[103] Sun P, Zhang H Y, Liu C, et al. Langmuir, 2010, 26: 1278-1284.
[104] He H, Xie M Y, Ding Y, et al. Appl Surf Sci, 2009, 255: 4623-4626.
[105] Ma Z Y, Dosev D, Nichkova M, et al. J Mater Chem, 2009, 19: 4695-4700.
[106] Gai S L, Yang P P, Li C X, et al. Adv Funct Mater, 2010, 20: 1166-1172.
[107] Zhang M F, Fan H, Xi B J, et al. J Phys Chem C, 2007, 111: 6652-6657.
[108] Mi C C, Zhang J P, Gao H Y, et al. Nanoscale, 2010, 2: 1141-1148.
[109] Sun Y P, Zhou B, Lin Y, et al. J Am Chem Soc, 2006, 128: 7756-7757.
[110] Zhao Q L, Zhang Z L, Huang B H, et al. Chem Commun, 2008, 41: 5116-5118.
[111] Liu H P, Ye T, Mao C D. Angew Chem Int Ed, 2007, 46: 6473-6475.
[112] Peng H, Travas S. J Chem Mater, 2009, 21: 5563-5565.
[113] Yu S J, Kang M W, Chang H C, et al. J Am Chem Soc, 2005, 127: 17 604-17 605.
[114] Yang S T, Wang X, Wang H F, et al. J Phys Chem C, 2009, 113: 18 110-18 114.
[115] Chao J I, Perevedentseva E, Chung P H, et al. Biophys J, 2007, 93: 2199-2208.
[116] Mohan N, Chen C S, Hsieh H H, et al. Nano Lett, 2010, 10: 3692-3699.
[117] Liu J, Lau S K, Varma V A, et al. ACS Nano, 2010, 4: 2755-2765.
[118] Smith A M, Duan H W, Mohs A M, et al. Adv Drug Deliv Rev, 2008, 60: 1226-1240.
[119] Ren X L, Yang L Q, Tang F Q, et al. Biosens Bioelectron, 2010, 26: 271-274.
[120] Zheng Z, Zhou Y, Li X, et al. Biosens Bioelectron, 2011, 26: 3081-3085.
[121] Liu S Q, Tang Z Y. J Mater Chem, 2010, 20: 24-35.
[122] Xie C, Li H, Li S, et al. Anal Chem, 2010, 82: 241-249.
[123] Zhang K, Mei Q, Guan G, et al. Anal Chem, 2010, 82: 9579-9586.
[124] Lee J S, Han M S, Mirkin C A. Angew Chem Int Ed, 2007, 46: 4093-4096.
[125] He S J, Li D, Zhu C F, et al. Chem Commun, 2008, 40: 4885-4887.
[126] Jiang Y, Zhao H, Zhu N, et al. Angew Chem Int Ed, 2008, 47: 8601-8604.
[127] Ai K, Liu Y, Lu L. J Am Chem Soc, 2009, 131: 9496-9497.
[128] Chi H, Liu B H, Guan G J, et al. Analyst, 2010, 135: 1070-1075.

第2章　金属纳米探针

2.1　引　　言

金属纳米粒子是纳米材料中研究最早的一个重要分支。所谓金属纳米粒子是指组分相在形态上被缩小至纳米尺寸的金属颗粒,属于零维纳米材料,具有独特的体积效应、表面效应和宏观量子隧道效应,呈现出不同于体相材料的光、电、磁、声、热及超导电性等特性。自1963年日本上田良二教授首创气体冷凝法制备金属纳米粒子以来,世界上对金属纳米粒子的研究蓬勃开展,并取得了很大的进展,现作为生物医学材料、催化剂、电磁功能材料、吸波材料、传感器件材料及纳米复合材料等已在生物医学、现代工业、国防和高科技发展中充当着越来越重要的角色。金属纳米粒子的制备方法大致有物理法、化学法和生物学法,表征手段主要有X射线衍射技术、电子显微镜技术、光谱技术等,用于分析其形貌、大小、结构、化学组成和光谱等性质。金属纳米粒子比表面积大、活性高、易氧化、易团聚,人们往往在制备的过程中或完成后引入不同的表面修饰剂来达到纳米粒子形貌控制、稳定、分散或表面改性的目的,以满足生命科学、材料学等更多领域应用的要求。本章将分别从金属纳米粒子的性质、制备、表征、表面修饰及其作为探针在生命科学等领域中的应用等方面作一简单介绍。

2.2　金属纳米颗粒的性质

2.2.1　金属纳米颗粒的基本效应

当金属纳米颗粒粒径小于100 nm时,它的表面原子与总原子数之比随着粒径的减小而急剧增大,显示出强烈的体积效应、表面效应和宏观量子隧道效应。

1. 体积效应

体积效应是由物质的体积取特定的数值而引起的。量子尺寸效应和小尺寸效应是体积效应的两种具体表现。当粒子尺寸(体积)达到纳米量级时,金属费米能级附近的电子能级由准连续变为离散能级的现象称为量子尺寸效应。能带理论表明:金属纳米粒子所包含的原子数有限,能级间距发生分裂。当此能级间距大于热能、磁能、静电能、静磁能、光子能量或超导态的凝聚能时,纳米粒子的磁、光、声、热、电及超导电性与宏观物体有显著的不同[1]。例如,纳米粒子所含电子数的奇偶不同,表现出低温下的比热容、磁化率有极大差别,以及光谱线频移和催化性质不同;金属纳米粒子与体相金属相比其光生电子具有更负的电位,表现出更强的还原性。

当金属纳米粒子的尺寸与光波波长、德布罗意波长、超导态的相干长度等物理特征量相当或更小时,周期性的边界条件将被破坏,物质的声、光、电、磁、热等性质均会产生新的特征,这种性质的变化称为小尺寸效应[1]。例如,金属纳米粒子的小尺寸效应使其对太阳光谱具有几乎全部吸收的性质,可得到"太阳黑体"物质;由于粒子尺寸限制了电子平均自由程和晶格振动,金属材料介电性能发生变化,超导温度得到提高;磁有序态向磁无序态转变,超导相向正常相转变;声子谱发生改变;强磁性纳米粒子(Fe-Co 合金和氧化铁等)当尺寸为单磁畴临界尺寸时具有很高的矫顽力;纳米粒子的熔点远远低于体相金属;等离子体共振频率随颗粒尺寸改变等[2]。

2010 年,德国斯图加特马普固体研究所的专家利用扫描隧道显微镜研究锡纳米粒子证实,金属粒子的电阻损耗与粒子大小有关,当金属粒子呈纳米状态时,材料获得超导性能的温度会大幅提高。因此,在粒子足够小的前提下,通过量子效应可增强金属粒子的超导性能。这一理论还可预测粒子的纳米精度,并为开发室温环境下的超导电线提供了新的研究方向。

2. *表面与界面效应*

金属纳米粒子表面的原子数目与总原子数目之比随着粒径的减小而急剧增大。粒子直径减小到纳米级,不仅引起表面原子数的迅速增加,而且纳米粒子的表面积、表面能都会迅速增加。这主要是因为处于表面的原子数较多,表面原子的晶场环境和结合能与内部原子不同所引起的。表面原子周围缺少相邻的原子,有许多悬空键,具有不饱和性质,易与其他原子相结合而稳定下来,故具有很大的化学活性。这种表面原子的活性不但引起纳米粒子表面原子输运和构型发生变化,同时也引起表面电子自旋构象和电子能谱的变化。这种性质上的改变所产生的表面效应,导致纳米粒子的磁性、热力学性质和超导性发生变化,且出现各向异性,也引起催化性能的提高。例如,一些金属纳米粒子在空中会燃烧;化学惰性的 Pt 制成 Pt 纳米粒子后成为活性极好的催化剂[2]。

纳米材料的许多物理性质主要是由表(界)面决定的。例如,纳米材料具有非常高的扩散系数。纳米固体 Cu 的自扩散系数比晶格扩散系数高 14～20 个数量级,也比传统的双晶晶界的扩散系数高 2～4 个数量级。这样高的扩散系数主要应归因于纳米材料中存在的大量界面。从结构上来说,纳米晶界的原子密度很低,大量的界面为原子的高密度短程快速扩散创造了条件。普通陶瓷只有在 1000℃以上，应变速率小于 $10^{-4}\ s^{-1}$时才能表现出塑性，而许多纳米陶瓷在室温下就可以发生塑性变形。

3. 宏观量子隧道效应

导电的金属在达到纳米尺寸时可以变成绝缘体，磁矩的大小与颗粒中电子是奇数还是偶数有关，比热容也会反常变化，光谱线会向短波长方向移动，这就是量子尺寸效应的宏观表现。因此，在低温条件下对纳米粒子必须考虑量子效应，通常的宏观规律已不再适用。电子具有粒子性又具有波动性，因此存在隧道效应。所谓隧道效应就是当微观粒子的总能量小于势垒高度时，该粒子仍能穿越这一势垒的能力。近年来，人们发现一些宏观物理量，如微粒的磁化强度、量子相干器件中的磁通量等也显示出隧道效应，称之为宏观的量子隧道效应。量子尺寸效应、宏观量子隧道效应将是未来微电子、光电子器件的基础，据此确立现存微电子器件进一步微型化的极限。例如，在制造半导体集成电路时，当电路的尺寸接近电子波长时，电子就通过隧道效应而溢出器件，使器件无法正常工作，经典电路的极限尺寸大概在 0.25 μm。目前研制的量子共振隧穿晶体管就是利用量子效应制成的新一代器件。

2.2.2　金属纳米颗粒的物理特性

正是由于金属纳米颗粒存在上述基本效应，所以它能表现出不同于体相金属的多种奇特的物理性质。

1. 磁学特性

磁性金属材料如 Fe、Co、Ni 及其化合物等随着尺寸减小，其磁学性质会发生改变。用铁磁性金属制造的纳米粒子，粒径大小对磁性的影响是十分显著的。随粒径的减小，粒子由多畴变为单畴，并由稳定磁化过渡到超顺磁性。

单畴粒子是指当铁磁粒子的粒径小于临界尺寸后，整个颗粒的电子自旋磁矩自发同向排列。在受外磁场作用时，粒子的磁化向量转动一致，而不存在畴壁的移动。由单畴粒子组成的磁体，具有高的矫顽力和低的磁化率。不同材料的临界尺寸是不同的。单畴粒子同时具备较低的居里温度，在温度升高到某一点(居里温度)时，粒子可以从铁磁体转换为顺磁体。处于铁磁体下的物质，自身磁场很难被改变，而处于顺磁体下的物质，自身磁场很容易随外磁场变化而改变。当磁性颗粒足够小时(纳米级)，在常温下磁体的极性呈现出随意性，难以保持稳定的磁性，这种现象称为超顺磁效应。超顺磁状态下的磁性材料无矫顽力和剩磁。更小尺寸的纳米粒子将表现出明显的奇偶效应。低温下电子数是奇数的粒子，其磁化率的倒数与温度呈线性关系，即表现出顺磁性；而电子数是偶数的粒子则表现出抗磁性。

例如,粒径小于 20 nm 的磁性粒子具有超顺磁性质,能够被外加磁场控制,而且这一粒径小于大多数重要的生物分子,如病毒、蛋白、基因以及细胞,因此可以进入到生物组织内部探测生物分子的生理性能,在分子水平上揭示生命过程,并在生物标记与分离、磁共振成像、组织修复、药物载体以及疾病诊断与治疗等方面显示出广阔的应用前景[3,4]。

2. 电学特性

由于纳米材料晶界上原子体积分数增大,纳米材料的电阻高于同类粗晶材料,甚至发生尺寸诱导现象金属向绝缘体转变,材料电阻在磁场中的减小非常明显。电学性能发生的奇异变化,是由于电子在纳米材料中的传输受到空间维度的约束而呈现出量子限域效应。在纳米颗粒内,或者在一根非常细的短金属线内,由于颗粒内的电子运动受到限制,电子动能或能量被量子化了。结果是当金属颗粒的两端加上电压后,如果电压合适,则金属颗粒导电;而电压不合适时,金属颗粒不导电。这样一来,原本在宏观世界内奉为经典的欧姆定律在纳米世界就不再适用了,出现一系列奇特的现象,如金属 Ag 会失去典型的金属特征;纳米二氧化硅比典型的粗晶二氧化硅的电阻下降了几个数量级;常态下电阻较小的金属到了纳米级电阻会增大,电阻温度系数下降甚至出现负数;原来绝缘的氧化物到了纳米量级,电阻却下降,变成了半导体或导体。纳米材料的电学性能取决于其结构,如随着纳米碳管结构参数的不同,纳米碳管可以是金属性的,也可以是半导体性的。

3. 热学性质

由于金属纳米粒子界面原子排列比较混乱、原子密度低、界面原子耦合作用变弱,所以纳米材料的比热容和膨胀系数都大于同类粗晶和非晶材料的值。例如,纳米 Ag 界面热膨胀系数是晶内热膨胀系数的 2.1 倍;纳米 Pb 的比热容比多晶态 Pb 高 25%~50%;纳米 Cu 的热膨胀系数比普通 Cu 大好几倍;晶粒尺寸为8 nm 的 Cu 其自扩散系数比普通 Cu 大 10^9 倍。

4. 光学性质

金属纳米粒子的光学性质与其尺寸、组成、形状及周围的介电常数有关。由于纳米粒子的粒径小于光波的波长,所以将与入射光产生复杂的交互作用。相对于体相金属具有各自的特征颜色来说,所有金属纳米粒子都呈黑色,且粒径越小,颜色越深,即纳米粒子的吸光能力越强。纳米粒子的吸光过程还受其能级分离的量子尺寸效应和晶粒及其表面上电荷分布的影响。金属氧化物纳米粒子对光线的遮蔽能力在其粒径为光波波长的 1/2 时最大。例如,ZnO 纳米粒子吸收紫外线的能力强,对长波紫外线(UVA,波长范围为 320~400 nm)和中波紫外线(UVB,波长范围为 280～320 nm)均有屏蔽作用,因此可用于防晒化妆品、抗紫外纤维和玻璃等。

以目前研究较多的金属-介电核壳复合粒子[5]为例,可通过改变复合粒子的核-壳之间的相对尺寸来实现光学性质的人工控制,体现在以下 3 个方面。

(1) 表面等离子共振效应。将一束平面单色偏振光在一定的角度范围内照射到金属 Ag 或 Au 的薄膜表面上,当入射光的波向量与金属膜内表面电子(称为等离子体)的振荡频率相匹配时,光线即被耦合进金属膜,使电子发生共振,即表面等离子体共振。当金属纳米粒子和生物分子作用时,会将吸收的能量传给生物分子。此外,金属壳层中电子的自由程度受壳层厚度的限制,从而使其光学性质随着壳层厚度的不同而变化。在对 SiO_2/Au 复合粒子光学性质的研究[6]中发现,保持核的粒径不变,改变壳层的厚度,等离子体共振吸收峰可在很大范围内移动,发现壳层越薄红移越明显。而如果以 SiO_2 颗粒作为壳,改变 Au 颗粒的尺寸,共振吸收峰最大移动量不超过 20 nm。

一般情况下,相较于水中制得的纯金属纳米粒子,金属核壳复合粒子的等离子共振吸收峰发生红移。这是由于表面等离子体共振对金属表面电介质的折射率非常敏感,不同电介质的表面等离子体共振角不同。同种电介质,吸附在金属表面的量不同,其表面等离子体共振的响应强度也不同。一般认为,等离子体共振吸收带的红移是由于电子从金属粒子转移到表面吸附的离子上,导致金属粒子表面电子密度下降引起的。此外,尺寸效应也是影响金属粒子等离子体共振吸收的一个重要因素,等离子体共振吸收峰的位置一般随着金属颗粒尺寸的增大逐渐红移。

(2) 表面增强拉曼散射。表面增强拉曼散射是当分子吸附在某些金属的粗糙表面或者这些金属的胶体粒子上时,拉曼散射光增强的过程。同普通拉曼散射相比,其增强倍数最大可达 10^4～10^6。在电介质或半导体颗粒表面沉积金属小颗粒而形成的核壳复合粒子,由于金属小颗粒自身具有较大的比表面积使得复合颗粒的比表面积每毫升增大数百平方厘米,而吸附分子的某一振动模式的强度是随金属表面有效面积的增加而增加的。例如,用 Ag 纳米粒子增敏和 Au 纳米粒子标记的方法联用检测 DNA 序列,比荧光团标记表现出更高的选择性和灵敏度。

(3) 三阶非线性效应。金属纳米粒子掺杂在绝缘介质、半导体中的三阶非线性是目前人们感兴趣的课题之一。将 Au 溶胶、Ag 溶胶及 Au、Ag 纳米粒子掺杂在玻璃中的皮秒光学非线性即是一例。目前,为解释纳米金属颗粒的三阶非线性,人们提出了几种模型,如局域场增强、量子尺寸效应,即认为与尺寸相关的金属纳米颗粒的较大三阶非线性是由于金属粒子表面极大的局域场增强所致。关于三阶非线性,目前人们关心的是如何提高金属粒子(Ag、Au 和 Cu)的掺杂浓度,从而获得较大的三阶非线性极化率。

纳米壳(nanoshell)是所有等离子体光学纳米粒子家族中功能最多的一员,纳米粒子自组装方法可以用来制造复杂的二维和三维结构。据美国物理学家组织网2010年5月28日报道,美国科学家找到了一种方法,使7个纳米壳自组装成一个具有独特光学性能的"七聚物"。就像儿童使用积木搭建出复杂的建筑物或者车辆一样,这种自组装纳米粒子的方法可以用来制造捕捉、存储和弯曲光线的复杂物体,如化学传感器、纳米激光器等。

2.2.3 金属纳米颗粒的化学特性

金属纳米颗粒的化学特性与其组成、结构、尺寸具有密不可分的关系。纳米材料具有巨大的晶界面,因而导致大量的界面原子。这些界面原子所处位置的不均衡性,使得纳米材料中有大量的悬键和不饱和键存在。正是这些悬键和不饱和键使得纳米材料的化学活性大大增加,化学反应更易进行。例如,许多金属纳米粉末在室温的空气中就能剧烈地氧化燃烧。将纳米Er和纳米Cu在室温下压结就能生成金属间化合物CuEr。当金红石结构的TiO_2粉末,其粒径由400 nm减小到12 nm时,对于H_2S气体的分解效率可提高8倍以上。

催化特性是金属纳米粒子化学特性中研究最多的,有着巨大的应用前景。金属纳米粒子的表面效应和体积效应决定其具有优异的催化活性和选择性。人们很早就已经发现,催化反应往往不能在体相金属表面发生,而催化问题也不是一个单分子或单原子的问题。现在人们已清楚地认识到,与体相金属相比,催化中的纳米粒子除了有较大的暴露表面和不同的原子结构组合外,在电子和分子轨道性质上还应该存在着由粒子直径降低而产生的量子效应。其中一个典型代表是Au纳米粒子。Au纳米粒子的催化活性主要受3个因素的影响:①Au纳米粒子的大小及形态;②载体的种类;③Au纳米粒子和载体间的接触情况及其相互作用。小尺寸的Au纳米粒子可提高量子尺寸效应、金晶面阶梯密度和金-载体界面处的应变效应,均利于提高催化活性。活性载体自身可加速传统的CO、NO等催化氧化反应,而惰性载体表面的催化活性主要依赖于Au纳米粒子的粒径及形态。对载体与Au纳米粒子的研究表明,其相互作用利于Au纳米粒子中d电子向载体和自身6s轨道转移,未充满的d轨道使Au具有了和Pt类似的电子结构。载体的优化是制备高活性催化剂的必然选择,目前有效载体主要是3d过渡金属氧化物,其表面羟基有利于催化剂表面亲水,是化学催化向电化学催化拓展的关键。目前Au纳米催化剂研究主要集中于CO氧化、精细化学等化学催化领域以及燃料电池、生化分析等电化学催化领域。厦门大学的孙世刚教授工作组基于长期研究金属单晶模型催化剂获取的基本规律,创建了可控制金属纳米晶体表面结构的电化学生长方法,突破了金属晶体生长趋于最低表面能规则的限制,首次成功制备出二十四面体铂纳米晶催化剂。高分辨电镜表征其表面为{730}、{520}等高指数晶面,具有高密度的催化活性中心。二十四面体铂纳米晶催化剂不仅具有很高的电催化活性(对甲酸、乙醇氧化的电流密度为商业碳载铂催化剂的2～4倍),同时还表现出很高的化学和热稳定性。该研究不仅开辟了一条通过控制纳米粒子表面原子的排列结构提高催化剂性能的崭新途径,也是将模型催化剂的基础研究推进到实际催化剂设计和研制过程中的一个重大进展[7]。随后他们在高表面能、开放表面结构金属纳米晶体催化剂合成中取得了突破性进展[8-11],形成了独具特色的研究新方向,也引发了学术界的研究热潮。

近年来,对酶与无机/金属纳米粒子组装而成的复合催化剂的研究也受到国内外学者越来越多的关注。天然酶改造而成的纳米粒子-酶生物复合体不仅对pH和温度的稳定性显著提高,而且其催化活性有时甚至超过了游离酶。这充分说明某些特殊纳米粒子和具有天然纳米结构的酶相结合后将大大改善和提高酶的催化性能。金属纳米粒子-酶复合催化剂不是仅仅将酶简单地固定在纳米颗粒上,以增加酶的回收及重复使用率,更重要的是要通过分子水平上的设计与组装,有效发挥无机/金属材料与生物材料在纳米尺度下的诸多特异光、电、磁、化学的协同作用,从整体上提高酶的催化效率,进而拓展酶在生产应用中的潜力和范围[12]。例如,Au纳米粒子与氨基和硫醇基有很强的相互作用,因此,带有游离氨基或硫醇基的氨基酸以及蛋白质或酶等生物分子能够直接组装到Au纳米粒子的表面。Zhao等[13]研究了山葵过氧化物酶、黄嘌呤氧化酶、葡萄糖氧化酶、碳脱水酶与金纳米颗粒的组装以及合成的复合催化剂的活性。他们证明酶分子和Au纳米粒子能够紧密结合,并且保持相当高的生物活性。Gole等[14]合成了胃蛋白酶、真菌蛋白酶和内切葡聚糖酶与Au纳米粒子的生物复合体,他们报道Au纳米颗粒-酶复合催化剂的活性甚至超过溶液中游离酶的活性,同时这种复合体还显示了很强的pH和温度稳定性。

2.3　金属纳米颗粒的制备

纳米粒子的制备技术是纳米材料研究、开发和应用的关键,其主要要求是:粒子表面清洁;粒子形状、粒径以及粒度分布可以控制,粒子团聚倾向小;容易收集,有较好的热稳定性,易保存;生产效率高,产率、产量大等。纳米粒子制备的关键是如何控制颗粒的大小并获得较窄的粒度分布。对金属纳米粒子制备方法的研究侧重于颗粒度及结构的控制,如果有相变发生则还需要控制晶核产生与晶粒生长的最佳温度。

目前已有大量制备金属纳米材料的方法。从合成技术路线来说,可以分为硬化学合成与软化学合成、直接合成与模板合成,以及固相法合成、液相法合成和气相法合成等。按制备过程中涉及的反应机理分为化学法、物理法和生物法。利用物理方法制备的纳米材料纯度高、活性高，但是产物粒度分布比较宽，容易发生团聚。利用化学方法制备的纳米材料具有较好的分散性，粒径分布窄，形貌比较均匀，但是材料的表面往往有杂质。物理制备方法往往需要较大设备，成本较高。化学制备方法，如液相沉淀法，虽然操作简单，成本低，但易引进杂质，难以获得粒径小的纳米粉体；水热/溶剂热法大多需要在特殊反应器（高压釜）内，在高压环境下进行。生物学方法制备纳米材料往往具有条件温和、对环境无污染和成本低廉等优点，但是大多存在纳米粒子形状、粒径以及粒度分布难以控制等缺点。每种方法都有各自的优缺点，需根据实验条件、实验目的来选择合适的制备方法。下面从物理法、化学法和生物学法 3 个方面对金属纳米粒子的制备技术做一介绍。

2.3.1 物理法

1. 真空沉积法

从 1963 年日本上田良二首创气体冷凝法以来，科学家们发明了各种各样制备纳米粒子的方法。真空沉积法是一种常见的制备方法，在真空高温等离子体中加热将 Au 或 Ag 原子蒸发，Au 或 Ag 原子在冷的固体基底（如石英）上冷凝，便可得到纳米尺度的 Au 或 Ag 粒子。侯世敏等[15]将大气中新解离的高定向裂解石墨（HOPG）基底装入沉积室中，本底真空度 1.5×10^{-8} Pa，工作真空度 1×10^{-7} Pa，用德国 Omicron 公司的 EFM3 型超高真空电子束轰击加热蒸发枪，在 HOPG 基底上沉积 Au 纳米粒子，通过集成流量控制器精确控制样品的蒸发速率，达到亚原子层沉积。金的蒸发速率小于 $10^{13}\ cm^{-2}s^{-1}$，以保证只在基底的部分区域上形成 Au 纳米粒子。该法特点是产品纯度高、结晶组织好和粒度可控，但对技术设备要求高。

2. 软着陆法

软着陆法的基本原理与沉积法相同。不同点在于该法是在氩气流中产生金属纳米粒子，金属原子沉积在表面有一层氩气的冷的基底上。这样获得的金属纳米粒子在外形上更趋于球形，均一性更好。20 世纪 80 年代初，Geiter[16]提出将该方法制备的纳米微粒在超真空条件下紧压致密可以得到多晶体，从而进一步完善了该方法。

3. 激光消融法

Mafune 等[17]将置于十二烷基磺酸钠水溶液中的金盘用激光烧蚀获得 Au 纳米粒子，采用十二烷基磺酸钠阻止 Au 纳米粒子的聚集。实验表明，表面活性剂的浓度增加时，Au 纳米粒子的直径变小；当其浓度大于 $10^{-2}\ mol\cdot m^{-3}$ 时能形成稳定的Au纳米粒子;直径大于5 nm的Au纳米粒子可用532 nm的激光粉碎成粒径为1～5 nm的Au纳米粒子。

4. 超临界流体干燥法

金属氧化物核壳纳米粒子多采用超临界流体干燥法制备[18],其主要步骤为:①将醇盐溶解在醇或苯中制成溶液,然后水解得到溶胶或凝胶,再把要作为壳的物质加入到溶胶或凝胶中进行沉淀;②把制好的胶移入高压釜中升温达到临界条件,释放出溶剂,抽提出水;③用惰性气体吹净表面残留的溶剂即得到产物。这一方法把溶剂在其超临界温度以上除去,在临界温度以上液体不存在气液界面,所以在溶剂的去除过程中表面张力或毛细管作用力也被消除,此法可制得多孔、高比表面积的金属氧化物与混合金属氧化物。

5. 机械合金化法

机械合金化法是近年来发展起来的制备纳米材料的一种新方法[19],又称高能机械球磨法,是利用球磨机的转动或振动使硬球对原料进行强烈的撞击、研磨和搅拌,把金属或合金粉末粉碎成纳米微粒的方法。它还可以通过颗粒间湿相反应直接合成金属间化合物、金属碳化物和金属硫化物。该法具有产量高,操作简单,可制备用常规方法难以制备的高熔点的合金纳米材料等优点,但产品纯度低、粒度分布不均匀。

6. 磁控溅射法

于含有适量氩气的真空中,在磁控溅射电极之间施加一定的电压,即会产生辉光放电等离子体,氩气被电离,产生的气体离子高速撞击金属,使金属表面原子脱离而飞溅出来,沉积在单晶盐片衬底上形成金属纳米粒子[20]。

2.3.2 化学法

1. 化学还原法

化学还原法主要是用不同的还原剂(如柠檬酸钠、硼氢化钠、鞣酸、草酸、抗坏血酸等)还原金属阳离子来制备金属纳米粒子。最经典的是产生于1973年的Frens法[21]。此法以柠檬酸钠为还原剂,还原氯金酸制得球形Au纳米粒子,柠檬酸钠兼起保护剂的作用,但是所得Au纳米粒子的稳定性不好,易随着放置时间的延长而团聚和形成沉淀。为了提高Au纳米粒子的稳定性,常用硫醇类物质作稳定剂,用$NaBH_4$还原氯金酸盐制备各种粒径的硫醇修饰的Au纳米粒子[22,23]。此外,高分子聚合物也常作为稳定剂,如在聚乙烯吡咯烷酮(PVP)等存在下,用不同还原剂还原氯金酸盐制备形貌单一和性质稳定的 Au、Ag 纳米粒子[24,25]。Dykman等[26]报道了用聚环乙亚胺、聚乙二醇及聚乙烯吡咯烷酮(PVP)等还原 $HAuCl_4$ 制备 Au 纳米粒子。吴青松等[27]报道了一种新的合成三角形 Ag 纳米片的方法,该方法在黑暗条件下,硝酸银被还原,首先形成球形 Ag 纳米粒子,在聚氧乙烯十二烷基醚 BRIJ35 的作用下,通过改变不同反应条件制备出了各种尺寸的三角形纳米银片,并探讨了无光条件下三角形纳米银片形成的机理。

作者课题组在化学还原合成贵金属纳米粒子方面取得了一些研究成果。曹璨[28]以树状体 PPI 同时作还原剂和保护剂,还原 $HAuCl_4$ 制备纳米 Au。她对制备纳米 Au 所要考虑的几个影响因素——反应比率、反应温度、反应浓度、反应时间、搅拌速率及 pH 进行了讨论,研究了制备纳米 Au 的反应规律,选择出了制备纳米金的最佳反应条件,即以 PPI 与 $HAuCl_4$ 的物质的量比值 $R=1/20$ 作为反应比率,以 $HAuCl_4$ 的终浓度为 $c_0=3.1\times10^{-4}\,mol\cdot L^{-1}$ 为反应浓度,在 80℃的恒温水浴中,以 300 $r\cdot min^{-1}$ 的磁力搅拌速度搅拌 30 min,制备出稳定的粒径均匀的纳米 Au 溶胶。实验证明,这样制出的纳米 Au 性质比较稳定,可以放置几个月而不发生沉聚现象。王楠等[29]首次以葡萄糖作还原剂,还原 $HAuCl_4$ 制备了纳米 Au 溶胶,对制备纳米 Au 过程中的影响因素做了较系统的研究,得到了制备纳米 Au 的最佳反应条件,即向单口烧瓶中加入 100 μL 1%氯金酸和 10 mL 水,搅拌加热至 100℃,按葡萄糖∶Au 质量比 35 加入葡萄糖,搅拌至溶液初显蓝色时调节 pH 至 5.0,继续搅拌 30 min,将烧瓶取出自然冷却即可得到亮红色纳米 Au 溶胶。黄玉萍等[30]在没食子酸与硝酸银的混合溶液中加入微量氯金酸,以催化没食子酸与硝酸银的还原反应,成功地制备出粒径均匀、化学性质稳定、球形亮黄色纳米 Ag 溶胶。通过对反应条件的考察,得到的最佳反应条件是:温度 100℃,时间 30 min,氯金酸的浓度为 0.0012 $mmol\cdot L^{-1}$。他们推测该反应机理是,没食子酸首先将氯金酸还原形成纳米 Au,为银的还原反应提供了晶种,由于纳米 Au 对 Ag^+ 还原有一定的催化特性,促进了没食子酸还原硝酸银反应的进行,生成的单质 Ag 沉积在纳米 Au 核上,又由于加入的氯金酸是微量的,与硝酸银的浓度相差 3～4 个数量级,各种表征和分析手段均未检测到 Au 的存在。该法简单易行,反应快速,无需特殊设备。王文星等[31-33]首次采用没食子酸作还原剂,于液相中制备出一系列单分散的 Au、Ag/Au 合金和 Ag/Au 核壳纳米粒子,并将 Au 和 Ag/Au 核壳纳米粒子应用在 DNA 和蛋白质检测以及生物物质的分离中。

总体来说,在大分子物质存在下还原所得的金属纳米粒子具有颗粒均匀、形貌单一和性质稳定等优点,而且根据所用大分子物质的极性、结构和官能团等特点,可将所获得的纳米粒子应用在电子、光学和生物分析等不同领域中。

2. 电化学法

电化学法是一种能有效控制粒子形状的制备纳米粒子的方法。Wang 等[34]提出了一种基于棒状胶束和阳极电解的制备方法，以获得长径比可控的棒状 Au 纳米粒子溶胶。齐航等[35]利用自行设计的电解装置，参照 Wang 等的方法制备出了棒状 Au 纳米粒子溶胶，报道了合成的初步结果及相关的影响因素。张韫宏等[36]在 8～14 层硬脂酸银薄膜内，用电化学法制备了超微 Ag 纳米粒子，检测到球形纳米 Ag 粒子直径为 2～3 nm。廖学红等[37]以 *N*- 羟乙基乙二胺-*N*,*N*,*N*- 三乙酸为配体，用电化学方法制备出树枝状 Ag 纳米粒子，发现配体对纳米粒子的形状起着关键的作用。

3. 微乳液法

近年来，微乳液法受到人们的极大重视，已用该法制出了 Fe、Co、Au 和 Ag 等金属纳米粒子。例如，Chiang[38]在异辛烷表面活性剂气溶胶和非离子表面活性剂脱水山梨(糖)醇-油酸酯形成的微乳液中用肼还原氯金酸形成稳定的、各向异性的 Au 纳米粒子。Mori 等[39]在 W/O 型微乳状溶液中以聚氧乙烯、十二烷基醚或双十二碳烯基二甲基溴化物乳剂为表面活性剂，还原 $HAuCl_4$ 制得 Au 纳米粒子。

所用的微乳液通常是由表面活性剂、助表面活性剂(醇类)、油(碳氢化合物)和水(电解质水溶液)等组成的热力学稳定体系。当表面活性剂溶解在有机溶剂中，其浓度超过临界胶束浓度时，形成亲水基朝内、疏水基朝外的结构，水相作为纳米液滴的形式分散在由单层表面活性剂和助表面活性剂组成的界面内，形成彼此独立的球形微乳颗粒。这种颗粒大小在几至几十纳米之间，其颗粒直径小于 10 nm时称为反胶团，颗粒直径为 10～100 nm 时称为 W/O 型微乳。当反应物 A、B 的两个反胶团或微乳混合后，由于胶团颗粒的碰撞，发生反胶团或微乳颗粒间物质的相互交换，化学反应在胶团或微乳的水核内进行(成核和生长)，水核的大小决定了纳米颗粒的最终粒径。适当调整反胶团或微乳的组成和反应物的浓度，可以控制粒子的大小。在一定条件下，这种颗粒具有保持特定稳定小尺寸的特性，即使破裂了也能重新组合，类似于生物细胞的自组织和自复制功能，因此微乳液给人们提供了制备均匀小尺寸颗粒的理想微环境。尽管该法具有产物粒度分布窄、条件易于控制等优点，但是存在纳米粒子一旦脱离胶体状态，其分散性就大大降低的问题。使用该法制备金属纳米粒子必须严格控制从溶胶到凝胶以及粉末干燥过程中的团聚。

4. 晶种诱导法

该方法是以先前合成的纳米粒子为晶种，用还原剂继续在该晶种表面还原金属盐离子使粒子生长，通过调节晶种和金属盐离子的比例或添加表面活性剂来控制产物的粒径和形状。Natan 课题组[40]以 12 nm 的胶体金为晶种，加入适量的氯金酸及羟胺，利用 Au 纳米粒子表面的自催化反应使晶种逐渐长大，控制条件可制得直径为 30～100 nm 的 Au 纳米粒子。后来，人们通过改变溶液中晶种的量、表面活性剂的种类、反应物的浓度和溶液 pH 等条件，成功制备出长径比在 2.5～350 范围内的 Au 或 Ag 纳米棒[41,42]。晶种诱导法操作简便，无需特殊设备，已成为目前常用的一种制备金属纳米粒子的方法。

5. 光辅助还原法

一般认为，光辅助还原法的机理是在光照条件下金属阳离子被有机物产生的自由基还原。Mallick 等[43]以事先制得的小粒径纳米 Au 为晶种，用紫外光照射该晶种制备出粒径较大的 Au 纳米粒子。Sau 等[44]先通过紫外光照射，改变稳定剂/还原剂、金离子和 TX-100 的浓度比例，制得直径为 5～20 nm的球状 Au 纳米粒子，再以其为晶种，以抗坏血酸为还原剂，利用前述光学技术，把新制备的金离子溶液还原到晶种的表面，得到了直径为 20～110 nm 的 Au 纳米粒子。Pal[45]用光照射含有十二烷基磺酸钠(SDS)、多巴胺盐酸和氯金酸的混合溶液，通过改变多巴胺盐酸化合物的浓度可以制得不同粒径的 Au 纳米粒子。姚素薇等[46]通过光还原方法，利用高分子聚合物壳聚糖制备 Ag 纳米粒子，发现随着光照时间的延长，银离子不断地被还原成新的银原子或纳米银粒子。在局部区域内，高弹性的柔性壳聚糖大分子链段产生热运动，带动附近的新生银原子或小的银离子运动，从而聚集成更大的 Ag 粒子；同时又由于壳聚糖薄膜内存在相分离结构，高分子网络的空间位阻作用使得 Ag 粒子的进一步团聚受到限制。调整光照时间，可得到粒径为 10～30 nm 的 Ag 粒子。光还原法具有简便、快速、反应易控制等优点，但是所得产物粒度分布较宽、均匀性较差。

6. 相转移法

相转移法通常是把制得的无机胶体用表面活性剂处理后，用有机溶剂抽提，制得有机溶胶，通过脱水、脱有机溶剂，便可制得粒径均匀、分散性好的纳米微粒。成胶的 pH、表面活性剂的类型与浓度、有机溶剂的类型与配比、金属盐的类型等对合成都有影响。Esumi 等[47]报道了将水相中的 $HAuCl_4$ 转移到含有疏水的聚酰胺-胺树状物的甲苯或氯仿中，然后用二甲氨基硼烷还原 Au^{3+}。这样，在甲苯或氯仿中便生成了直径为 2～4 nm 的 Au 纳米粒子。Tsutsui 等[48]报道，在水溶液中制得胶体金后，把溶剂转换为有机溶剂，可制得粒径分布较窄的有机胶体 Au 纳米粒子。相转移法具有颗粒均匀、分散性好和原料回收率高等优点，但是存在工艺复杂、有机溶剂消耗较多，需要注意回收，易对环境造成污染等缺陷。

2.3.3　生物学法

生物体的出现和发展过程就是一部利用周围环境条件自组装的演化史，其结构就是由一个一个纳米结构组装而成的，如蛋白质、核酸和各种细胞器等。生物体作为模板能在温和的条件下对原材料、能量及空间加以利用，通过对反应实行高度精密的控制，自组装形成性能独特的材料，如骨骼和牙齿等。尽管自然界早已形成了这种结构高度有序的无机/有机复合纳米材料，但是直到 20 世纪中期人们才注意到生物矿化物质的特殊性能并利用生物矿化的机理来指导各种新型材料的合成。于是各种具有特殊性能的新型无机材料应运而生，化学合成材料由此进入了一个崭新的时代。生物矿化的重要特征之一是细胞分泌的有机基质调制无机矿物的成核生长，以特殊的组装方式形成多级结构的生物矿化材料。仿生合成就是将生物矿化的机理引入无机材料的合成中，以有机物的组装体为模板控制无机物的形成，制备具有独特显微结构的无机材料，使材料具有优异的物理和化学性能。金属纳米粒子的合成是其中一个重要组成部分，如利用蛋白质和核酸等生物大分子和利用微生物、植物和动物等活体细胞作为合成模板，在自然温和的条件下仿生矿化合成金属纳米粒子。金属纳米粒子的合成取得了可喜的进展，下面做一简单介绍。

1. 生物大分子模板合成法

生物大分子如蛋白质和核酸等能作为模板通过分子自组装在其表面化学沉积金属，自发组织形成稳定、可控的金属纳米结构。这种分子自组装主要利用不同分子之间的非共价键作用（如氢键、范德华力），由下而上地制备新型金属纳米材料。

1）蛋白质模板

蛋白质是具有纳米尺度的生物大分子之一，有着四级自组装结构。许多蛋白质自组装结构可作为良好的生物分子模板制备新型金属纳米材料。所用蛋白质以球形蛋白和丝状蛋白为主，分别可得到纳米粒子和纳米线，这对于纳米器件来说是重要的构筑单元和组件。利用蛋白质模板合成纳米材料具有廉价、易于获得、反应条件温和、节能和几乎无设备要求等优点。

球形蛋白能够提供尺寸和形状有限的反应空间，阻止粒子间的相互聚集，进而能形成稳定的小尺寸的近似球形的纳米粒子。铁蛋白是许多生物体内的一种可储存铁的球形蛋白质，它由一个球形的 24 条多肽壳和铁氧化酶中心组成铁多肽笼(polypeptide cage)，壳内部直径为 8～12 nm。1991 年，Mann 等[49]首次用此铁蛋白笼通过其核心氧化铁的原位化学替代反应，在核心处形成金属纳米粒子，图 2.1 左图为铁蛋白合成纳米材料的示意图。其中，a 表示通过天然氧化铁核的原位反应形成硫化铁；b 表示通过去铁铁蛋白内的氧化还原反应重构氧化锰；c 表示通过离子结合和水解聚合沉积得到铀氧羟化物。根据这一示意流程图，合成了纳米级硫化铁、非晶氧化铀和磁铁矿等，所得粒子粒径均匀，粒度 6～8 nm。图 2.1 右图为所得铀氧羟化物的 TEM 图和其外部蛋白壳的染色证据。其中，a 表示用乙酸铀重建的去铁铁蛋白的 TEM 图，表明有离散的铀氧羟化物核存在；b 表示通过对铀氧羟化物的外部表面负染，表明有蛋白外壳存在(箭头所指)。这一方法展示出生物分子及其合成类似物能够用做模板来构建新型纳米材料，从此开辟了利用蛋白质自身的结构特点合成纳米材料的道路。接着，Mann 等[50]以此铁蛋白笼作为自组装结构模板，可控地仿生合成了铁蛋白-硫化镉纳米复合物。沿此路线，一些其他金属纳米粒子也被相继合成，如钴[51]、镍[52]、铬[52]、铂[53]、磁性四氧化三铁[54]、磷酸铁[55]、砷酸铁[55]、钒铁[55]、钼铁[55]、四氧化三钴[56]和氧化钴[57]等。总的来说，由于铁蛋白的亚基数目有限，所以它所形成的纳米粒子都是近球形的且很小，一般为几个纳米。

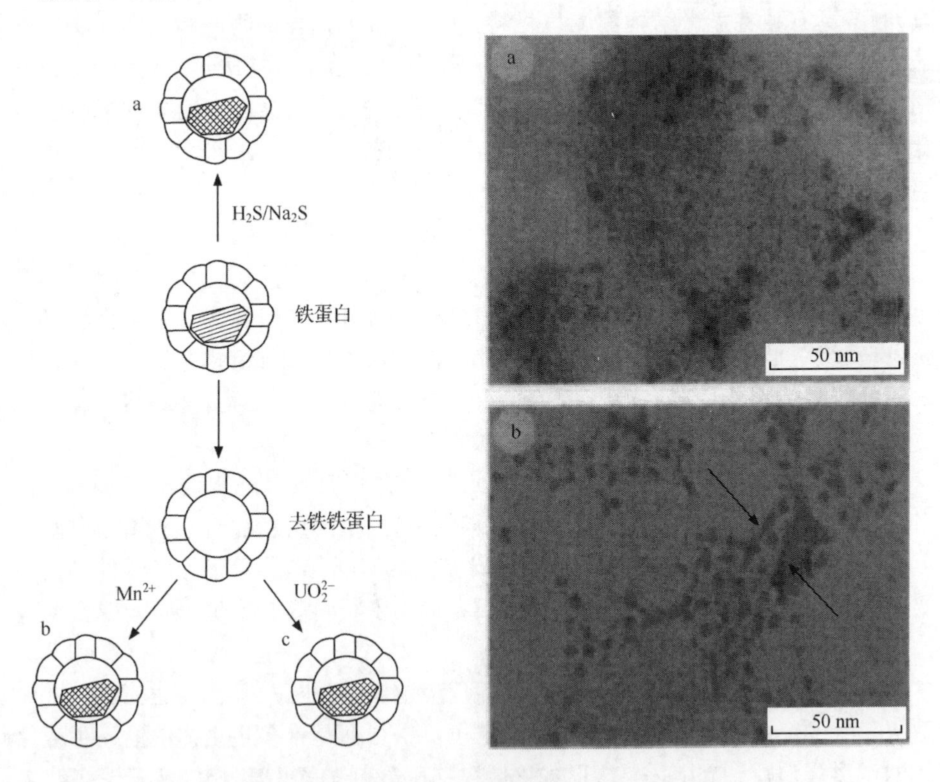

图 2.1　铁蛋白合成纳米材料的示意图(左)，铀氧羟化物的 TEM 图和其外部蛋白壳的染色证据(右)[49]

丝状蛋白在生命体中有很多种，如肌动蛋白、胶原蛋白、角蛋白、淀粉样蛋白、弹性蛋白、纤维蛋白原、鞭毛蛋白、肌球蛋白、微管蛋白、丝素蛋白及一些植物和微生物的DNA外壳蛋白等,能够自组装形成纤维状的蛋白结构,可作为模板矿化合成金属纳米材料,或者直接构筑出预期的纳米结构。Patolsky等[58]利用肌动蛋白丝产生可导电和带图案的Au纳米线。Mayes等[59]利用蜘蛛丝形成具有磁性、半导体和导电的良好机械性能纤维材料。陈文兴等[60]用丝素蛋白原位还原贵金属前驱体制备了纳米级贵金属胶体,即用蚕丝蛋白质溶液,在室温下不加任何还原剂,形成具有新颖核壳结构的丝素蛋白-Au或丝素蛋白-Ag纳米粒子。

近来,还有一类蛋白作为生物模板在矿化合成金属纳米材料方面备受人们关注,它就是病毒外壳蛋白。病毒外壳蛋白一般是由上百个亚基自组装而成的蛋白笼,是用来运输病毒核酸的。这一功能的实现得益于此蛋白笼具有可逆的结构变化,能够通过开关门孔让外部物质进入笼内。基于这一特性,1998年,Douglas等[61]以豇豆褪绿斑驳病毒蛋白笼(virus protein cage)作为合成材料主体,通过控制pH来开关笼孔使客体分子进入笼内,进而矿化合成纳米级的仲钨酸铵盐和十钒酸盐两种聚氧金属盐。图2.2为该病毒蛋白笼内矿化合成纳米材料的示意流程图,分为两个步骤:步骤Ⅰ涉及病毒RNA的去除和用蔗糖梯度离心纯化空病毒蛋白笼;步骤Ⅱ涉及在pH 6.5和6℃下,在此病毒蛋白笼范围内选择性矿化合成无机仲钨酸铵盐和十钒酸盐。图2.3为由蔗糖梯度离心分离的病毒蛋白矿化合成仲钨酸铵盐的TEM图。其中,a显示未经染色的样品有离散电子的致密核;b为a的负染样品,表明它是由病毒蛋白笼包围的矿化核。

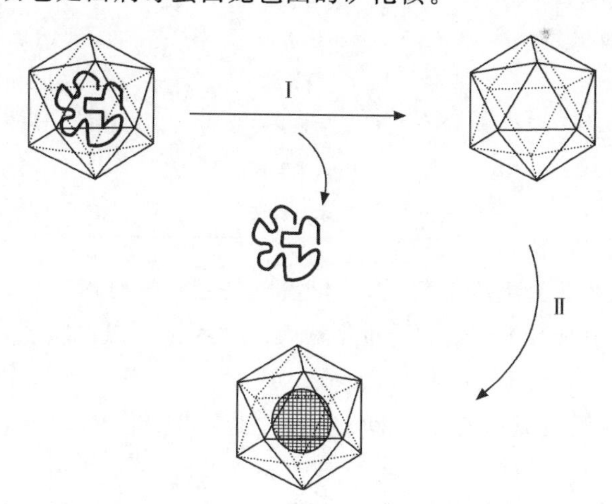

图2.2 豇豆褪绿斑驳病毒蛋白笼内矿化合成纳米材料的示意流程图[61]

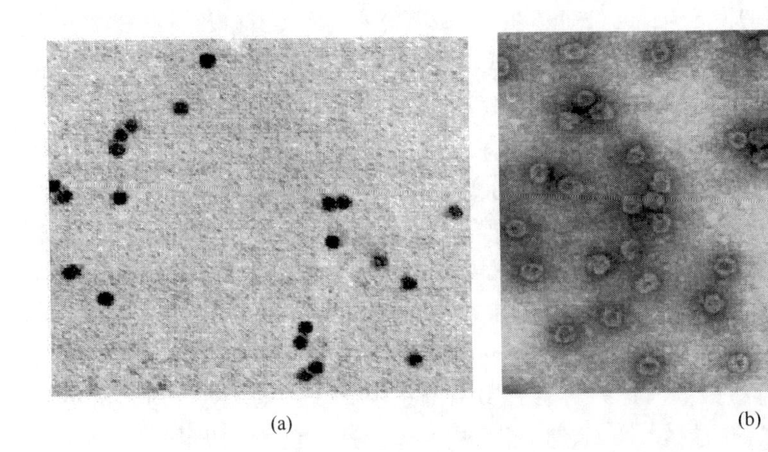

(a) (b)

图 2.3 由蔗糖梯度离心分离的病毒蛋白矿化合成仲钨酸铵盐的 TEM 图[61]

目前用于合成金属纳米材料的病毒已有多种，见表 2.1[62]。由于病毒种类、大小、形状具有多样性，所以这一方法在材料合成和分子包埋上具有灵活性和通用性，在药物输送和分子催化等方面也有其独特的优越性。

表 2.1 以病毒为模板合成的金属纳米材料[62]

病毒模板	材料形态	合成的金属纳米材料
烟草花叶病毒(TMV)	纳米线	金、银、铂、铜、镍、钴
烟草花叶病毒(TMV)	纳米管	氧化铁
M13 噬菌体	纳米线	铂化钴、铂化铁
豇豆褪绿斑驳病毒(CCMV)	纳米粒子	钨、钒、钼
黑眼豆花叶病毒(CPMV)	纳米粒子	金
T7 噬菌体	纳米粒子	钴

多肽以 α-氨基酸为组成单位，因而与蛋白质之间没有严格的区别。通常认为相对分子质量在 10 000 以下、能透过半透膜以及不被三氯乙酸或硫酸所沉淀的是多肽。一些多肽，如具有双头基两亲分子的多肽，其一端有亲水性，另一端有疏水性，能够灵活地自组装成不同形态的超分子结构，如球形、纤维状、直管和弯曲等，其形态取决于它们的黏性末端残基，因而可以通过工程化氨基酸和其序列来设计预期的多肽，用于合成形式多样的纳米材料。

众所周知，含组氨酸的多肽与金属离子具有高的亲和力，因而含组氨酸的特定序列可用来矿化合成特异的金属或半导体纳米晶体。例如，Banerjee 等[63]利用富含组氨酸的多肽链 HG12 构造出 Cu 纳米管。通过控制 pH 和离子浓度等环境条件来调节纳米 Au 和 Pt 的生长[64,65]，纳米 Ag 的形状[66]及纳米 Ni 和 Co 的尺寸

(调节 Ni 和 Co 的磁性)[67]。目前利用多肽构造纳米材料的研究报道很多,这里不再赘述。

2) 核酸模板

核酸是由核苷酸单体组成,再通过磷酸二酯键连接而成的生命遗传物质。从材料学角度来看,核酸也可看成是由不同类型和性质的核苷酸构成的自组装结构,其长度和大小不一,但是一般在纳米范围内。它分为脱氧核糖核酸(DNA)和核糖核酸(RNA)。近年来,用核酸和核苷酸作为生物矿化的模板来合成多种纳米材料引起学者们的广泛兴趣。源自核酸的生物矿化过程之所以吸引人,主要来自于以下几个理想的功能[68]:①核酸能与金属离子通过多种已建立的结合模式发生相互作用;②溶液中的核酸具有精细的三维构象,它强烈地依赖于核苷酸序列,能提供矿化合成所必需的微环境,同时矿化过程又受其限制和控制;③与依赖人工合成、酶和体外进化技术的多肽序列库相比,数以百万计不同序列组成的核酸库能更有效地合成,而且成本更低;④通过化学法或酶法可以为合成的核苷酸修饰上不同的官能团,因而由此组装的核酸所具有的识别功能和化学活性能够很容易地被扩展开来。下面将对以 DNA、RNA 和肽核酸(PNA)为模板合成金属纳米材料作一介绍。

DNA 遵循碱基配对原则,是由含 A、T、C、G 四种碱基的核苷酸自组装而成的生物大分子,主要以双螺旋结构存在,长度约为几个微米,直径为 2 nm,其结构与生物体的遗传和变异密切相关。DNA 结构能够在短时间内通过聚合酶链式反应(PCR)以指数级扩增而得到,其碱基对之间的特异性结合使其能用来获得更复杂的纳米结构。因此,DNA 分子自组装结构是极富吸引力的生物模板系统。1991年,Coffer 等[69]最先将 DNA 作为模板用于纳米粒子的合成,发现 DNA 序列能稳定 CdS 纳米粒子,影响 CdS 的光致发光和其水溶液的稳定性,其后开始应用在金属纳米粒子的合成上。目前人们以 DNA 分子模板表面化学沉积制备了银、钯、金、铂、铜纳米粒子和纳米线,也制备了一维平行的纳米线或二维交叉的纳米线阵列[70]。Richter 等[71]在 DNA 分子模板表面化学沉积纳米金属钯,形成单分散规则取向的钯团簇,直径为 1~5 nm,有可能用于在室温下研究纳米材料的单电子隧道效应和库仑阻塞效应。当反应时间延长或镀液的还原剂浓度提高时,钯颗粒变大(20 nm)进而相互接触,可形成连续钯纳米线,可用做分子导线。同时,DNA 分子模板的一个优势是可用于构建小尺寸的网状结构,如纳米大小的 Aharonov-Bohm环,这些环具有电子波函数的干涉效应,因而有利于开展微型电路所需的电接触线的研究。Richter 等[72]还进一步开展了 DNA 模板金属纳米线的低温阻抗研究,测定了单个 DNA 分子/钯纳米线在室温条件下的导电性,结果表明 DNA /钯纳米线具有欧姆输运性能,电导率为体相钯的 1/10。因此,DNA 分子将是制备导线的理想模板,可用于从下而上构建微型电路和器件。

RNA 也是生命遗传物质,包括 mRNA、tRNA 和 rRNA,负责传递 DNA 上的遗传信息,将氨基酸运送到核糖体上,帮助编码多肽链。它与 DNA 的唯一区别在于它以含羟基的五碳糖环形式存在。它有稳定而精细的结构,是优良的生物模板。2004 年,Eaton 等[73]开创性地利用体外进化技术来选择 RNA 序列,形成了稳定的六方纳米钯,表明单链 RNA 能催化钯纳米粒子的形成,序列与纳米粒子形成率和形状有直接关系。此后,Kumar 等[74]用酵母 RNA 合成了 PbS 纳米粒子,实验表明其光学特性取决于所用的实验条件。有趣的是,以 DNA 为模板合成的 PbS 纳米粒子的最大发射波长在 1100 nm 的红外光区处,而以 RNA 为模板合成的却在约 675 nm 的可见光区。

PNA 是人工合成的一类聚合物,其核苷酸中的磷酸二酯键已由肽键或酰胺键取代。虽然核苷酸的自我识别功能和序列决定形状的特点被保留下来,但是这些合成分子具有高的抗酶性以及骨架上缺乏静电荷。Wang 等[75]报道,在 PNA 模板上键合 Pt 前驱体,通过化学还原法合成了 Pt 纳米粒子链,表明 Pt 纳米粒子尺寸受还原时间调控。目前关于这方面的研究还不多。

总体来说,生物大分子的自组装结构可为纳米材料研究提供更多的模板材料。生物分子易于进行修饰,能在温和条件下组装成形式多样的模板来构造出形状大小各异,功能多样的纳米材料,将在传感器、开关和作为电磁装置的纳米组件等方面有着广泛应用,尤其是它易于偶合上不同生物分子来提高金属纳米材料的生物相容性,因而在生物探针等领域有着巨大优势。

2. *微生物模板合成法*

微生物个体微小、种类众多,存在于地球上所有生物圈内,具有极强的环境适应性。微生物一般需要显微镜才能观察到,包括细菌、真菌、古细菌和原生生物。它的环境适应性来自于其多种生存策略,包括生物矿化,以此来避免遭受环境毒性物质伤害,摄取营养物质,提供或消耗能量等,由此也产生了多种纳米级矿物质,包括金属、硫化物和氧化物。这些矿物质可存在于微生物周质、内部或胞外部分,这主要取决于微生物的矿化机理以及有机/无机界面之间的相互作用。正因为如此,利用微生物能够在自然温和的条件下制备出纳米材料,具有环境友好型的特点。目前已有许多利用微生物模板合成金属纳米材料的报道,下面作一简单介绍。

已知细菌是单细胞生物,其大小一般在微米级范围内。它的矿化过程与其代谢活动及响应环境刺激有关,通过矿化代谢过程能够改变毒性金属离子的价态和可溶性,达到降低毒性和自我保护的目的。1980 年,Beveridge 等[76]首先发现枯草芽孢杆菌(*Bacillus subtilis* 168)能在温和条件下将 Au(Ⅲ)在细胞壁内还原成 5～25 nm Au 纳米粒子。Klaus 等[77]用从银矿分离出来的斯氏假单胞菌(*Pseudomonas stutzeri* AG259)在细胞周质内形成 Ag 和 Ag_2S 纳米粒子。Ahmad 等[78]用放线菌(*Thermomonospora* sp.)在胞外合成了单分散的 8 nm Au 纳米粒子。

Bharde 等[79]利用从暴露在空气中两周的铁氰化钾/亚铁混合污染水分离出来的不动杆菌(*Actinobacter* spp.)在完全有氧条件下与合适的铁前驱体溶液发生反应合成了铁磁纳米粒子(图 2.4)。此外,利用细菌模板还可获得合金纳米粒子,如 Nair 等[80]用乳杆菌(*Lactobacillus*)菌株在细胞内合成了 Au、Ag 及 Au-Ag 合金纳米粒子。利用这一功能,还能期望合成其他合金纳米粒子,如磁性 CoPt 和 FePt 等。

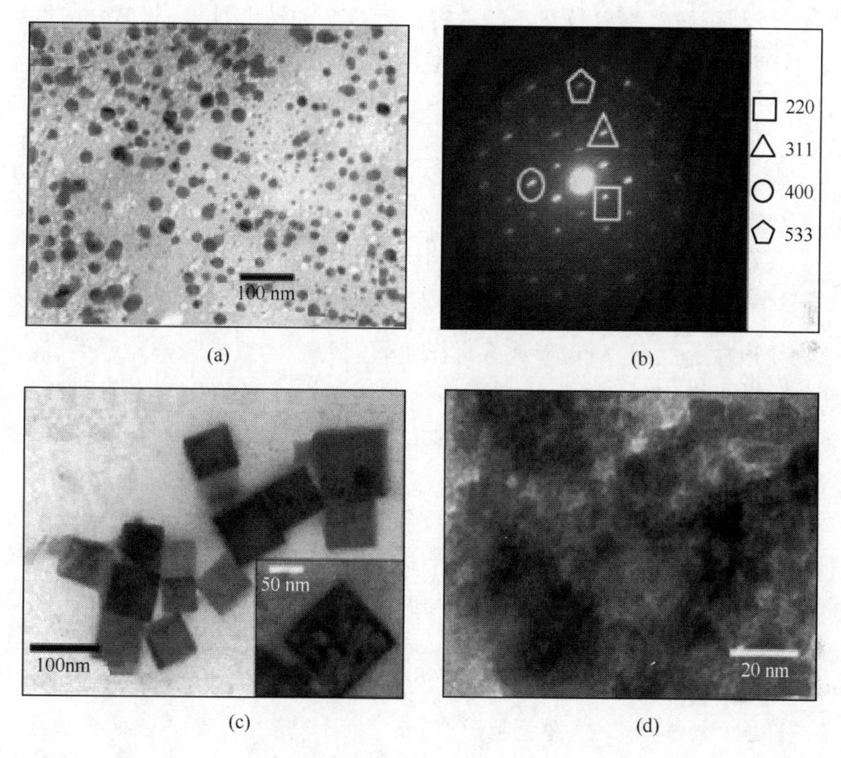

图 2.4　与不动杆菌反应 24 h 后合成的铁磁纳米粒子 TEM 图(a)和选区电子衍射(SAED)图(b),与不动杆菌反应 48 h 后合成的铁磁纳米粒子 TEM 图(c)及其在 350 ℃下烧结 3h 后的 TEM 图(d)[79]

真菌同样具有类似细菌的矿化功能来合成纳米材料。Kowshik 等[81]用耐银酵母菌株 MKY3 分泌的金属还原酶在胞外合成了 2～5 nm 的 Ag 纳米粒子。Jha 等[82]用酿酒酵母(*Saccharomyces cerevisiae*)在室温下低成本地合成了 2～10 nm 的 Sb_2O_3 纳米粒子。Shankar 等[83]用炭疽菌属(*Colletotrichum* sp.)合成了形貌多样的 Au 纳米粒子,如棒状、平板状和三角形 Au 纳米粒子。最近,Das 等[84]利用米根霉 (*Rhizopus oryzae*)的菌丝体原位还原氯金酸,在其表面产生 10 nm 的 Au 纳米粒子,并将其用于水卫生管理中,表明该生物结合的 Au 纳米粒子能对不同有机磷农药有很强的吸收能力,对多种革兰氏阳性菌、革兰氏阴性菌和酵母菌有高的杀菌活性。

总体上说,微生物具有多种多样的几何形状,如球状、杆状、片状、丝状和螺旋状等,这些极小的三维标准形状为纳米材料的合成提供了丰富的模板。利用微生物模板合成金属纳米粒子这一技术路线,具有成本低廉、简单易行、能耗低及可在常温常压下操作的特点,能应用在处理污染的水体和土壤中的有毒金属离子等领域中。不过,利用微生物模板并不能获得所有金属的纳米粒子,其单分散性也有待提高,而且金属离子能够抑制微生物的生长,不能持续地获得纳米粒子。近来基因工程技术的引入为微生物矿化合成金属纳米粒子注入了强大的活力,可以通过人为控制获得大量模板制备出不同形状、不同性质、具有不同功能的纳米材料,使工程化制备和应用研究成为可能,有望用于药物筛选和输送及生物探针制备等领域中[85,86]。

3. 植物材料模板合成法

植物在地球上广泛分布,形式多样丰富,包括藻类、蕨类、苔藓、草类、灌木、藤、花草和树木等。它们的微观结构和形态已被用做模板来矿化合成不同形状、结构和功能的金属纳米材料,如植物纤维[87-89]、木材组织[90]、叶[91]、茎[92]和生物膜[93]等。

一些植物的提取液也常被用来合成金属纳米粒子。Gardea-Torresdey 等[94]用紫花苜蓿提取液还原氯金酸形成了 Au 纳米粒子。Ahmad 等[95]用印度楝树叶子汁液简单快速地合成了 Au、Ag 及其核壳纳米粒子,其后他们还用柠檬草提取液合成了三角形 Au 纳米粒子[96]。Chandran 等[97]用芦荟提取液合成了三角形 Au 和 Ag 纳米粒子。Ankamwar 等[98]用余甘巴戟果汁提取液合成了 Au 和 Ag 纳米粒子。Narayanan 等[99]用香菜叶提取物作为还原剂将金离子还原合成了 Au 纳米粒子。Sharma 等[100]将田菁幼苗生长在氯金酸溶液中,观察到在植物组织中有稳定的 Au 纳米粒子形成(图 2.5),可能是由于细胞中次级代谢产物还原金离子产生的。该富含 Au 纳米粒子的生物质具有还原 4-硝基苯酚的生物催化功能,可直接减少有毒污染物 4-硝基苯酚。此外,Singaravelu 等[101]用海藻(*Sargassum wightii* Greville)在胞外合成了单分散性的 Au 纳米粒子。Lengke 等[102]将丝状蓝藻与氯化钯相互作用合成了 Pd 纳米粒子。

4. 动物材料模板合成法

以动物材料为模板进行矿化合成纳米材料对于我们并不陌生。例如,人与动物的骨骼、牙齿及贝类的壳等都是动物在细胞控制下矿化合成的优质的纳米材料,是由定向排列的纳米晶粒、晶柱或晶层所构成的。正是因为动物细胞具有如此多样的矿化能力,吸引越来越多的材料科学家借鉴并利用仿生矿化思路来合成金属

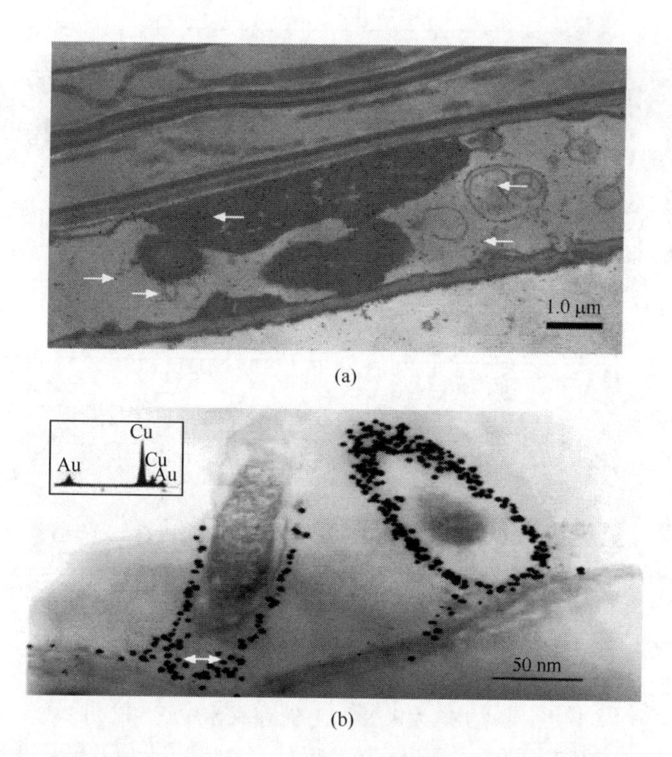

(a)

(b)

图 2.5 田菁根细胞产生的 Au 纳米粒子(箭头所示)的 TEM 图(a),放大的 TEM 图表明在其细胞器周围有大量的 Au 纳米粒子产生(b)[100]

纳米材料。Anshup 等[103]在人胚胎肾细胞 HEK-293、人宫颈癌细胞 HeLa 和 SiHa、人神经母细胞瘤细胞 SKNSH 中都合成出 20～100 nm 的 Au 纳米粒子(图 2.6),并观察到癌细胞与非癌细胞对金离子生物还原过程存在明显差异,这可能由细胞代谢的差异产生的。王娜等[104]用蛋壳薄膜作为生物活性载体,利用蛋膜上特定周期性分布的大分子与无机前驱体离子之间的螯合作用和电荷作用来控制硒化铅微晶的形成、聚集和分布,成功制备了具有规则形状的硒化铅纳米团簇。

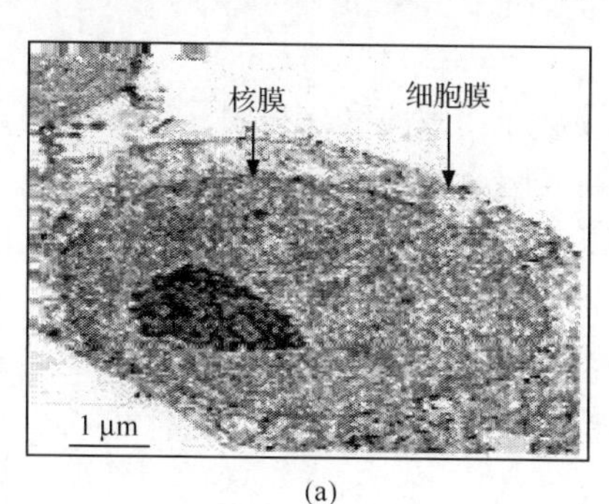

(a)

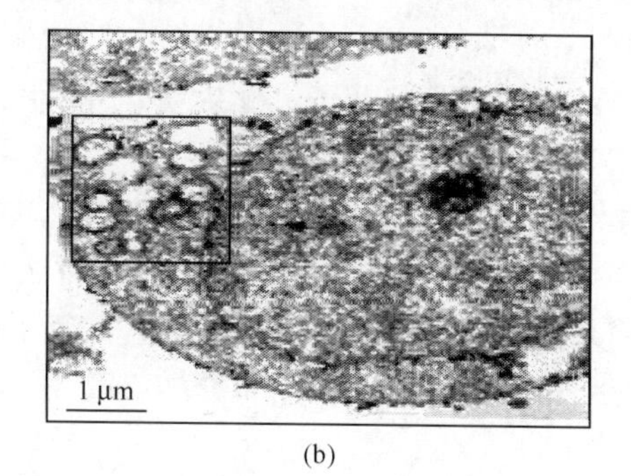

(b)

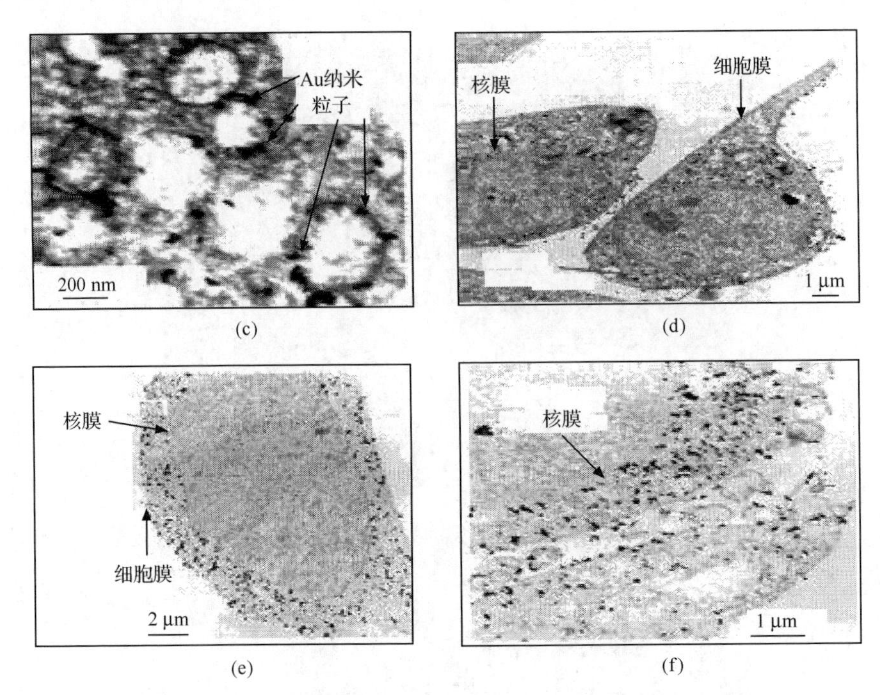

图 2.6　以动物细胞为模板合成的 Au 纳米粒子 TEM 图[103]

(a)～(c) 为人胚胎肾细胞 HEK-293，其中(c)为(b)中方框部分的放大图；(d) 为人宫颈癌细胞 HeLa；(e) 为人宫颈癌细胞 SiHa；(f) 为人神经母细胞瘤细胞 SKNSH

综上所述，随着生物矿化研究的不断深入，用做模板的材料不断扩大，模板的概念也被应用于更多的领域。应运而生的仿生合成技术使纳米材料的合成朝着分子设计和化学“裁剪”的方向发展，必将在合成新型金属材料途径方面发挥重要的作用。其温和绿色的制备路径，使所得金属纳米材料在生物活性陶瓷、功能生物材料、生物探针、药物载体和释放等领域有着广阔的应用前景。

2.4　金属纳米颗粒的表征

纳米粒子具有量子尺寸效应、小尺寸效应、表面效应和宏观量子隧道效应等一系列特殊性质，使其表现出不同于体相材料的独特的物理化学性质。纳米粒子的化学组成及其结构是决定其性能和应用的关键因素，而要弄清楚纳米粒子的结构与性能之间的关系，对其在原子尺度和纳米尺度上进行表征是至关重要的。其表征内容包括：尺度及微观结构测量、表面分析和化学成分分析等，相应地发展出多种分析测试技术。下面简单介绍金属纳米粒子的主要表征手段。

2.4.1　尺度及微观结构测量

金属纳米粒子尺度的测量包括粒径、形貌、微观结构及分散状况等信息，适于其表征的主要技术有：透射电子显微镜（TEM）、扫描电子显微镜（SEM）和 X 射线衍射技术（XRD）等。

TEM 为观察测定颗粒的形貌和尺寸大小等提供了一种很好的方法和手段，具有可靠性和直观性。TEM 足以在胶体尺度范围内提供晶体的结构对称性、缺陷及样品的结晶状态等信息，可用于研究金属纳米颗粒及其壳层的结晶情况，观察颗粒的形貌、分散情况及测量和评估金属纳米颗粒的粒径（包括纳米壳层的厚度）。用高分辨透射电镜可以得到其原子级的形貌图形，还可结合能谱分析合金纳米颗粒及其纳米壳层的组分及其相对含量[105]。

SEM 是材料显微形貌观察方面最主要、使用最广泛的分析仪器，也是纳米材料研究中的重要表征工具，可以用来观察金属纳米粒子的粒径和立体形貌。表征依据是电子与物质的相互作用，可从样品中激发出各种有用的信息，包括二次电子、透射电子、俄歇电子和 X 射线等，反映出样品本身不同的物理和化学性质，具有视野宽、景深长、仪器操作方便和试样制备简单的特点。

XRD 是通过对 X 射线衍射分布和强度的解析，获得有关晶体的物质组成、结构（原子的三维立体坐标、化学键、分子立体构型和构象、价电子云密度等）及分子间相互作用的信息。它不仅可以确定试样物相及其相含量，还可判断颗粒尺寸大小。X 射线衍射是研究金属纳米粒子的常用测量手段，主要用于表征金属纳米颗粒的结构和粒径、合金或核壳纳米粒子的组分等[106]。

2.4.2　表面分析

金属纳米粒子的物理、化学乃至生物性质与其表面性质密切相关。其表面性质的主要表征手段有：扫描显微镜技术、谱分析技术和热分析技术等。

扫描显微镜技术利用探针与样品的不同相互作用，在纳米级至原子级水平上研究物质表面的原子和分子的几何结构及与电子行为有关的物理、化学性质，主要包括扫描隧道显微镜（STM）和原子力显微镜（AFM）。STM 可以观察到金属纳米材料表面的原子或电子结构，表面有吸附物覆盖后的重构结构，以及表面存在的原子台阶、平台、坑、丘等结构缺陷。AFM 弥补了 STM 只能直接观察导体和半导体的不足，可以极高分辨率研究绝缘体表面，其横向分辨率可达 2 nm，纵向分辨率为 0.1 Å，这样的横向、纵向分辨率都超过了普通扫描电镜的分辨率，而且对工作环境和样品制备的要求比电镜要求低得多。这两种显微镜都具有进行原位形貌分析的特点，且在成像时对样品破坏性小。

谱分析技术包括紫外-可见光谱（UV-vis）、红外光谱（IR）、拉曼光谱和傅里叶变换远红外光谱和共振瑞利散射(RRS)光谱等。紫外-可见光谱是由于金属粒子内部等离子体共振激发或由于带间吸收,在紫外-可见光区具有吸收谱带。不同的元素离子具有其特征吸收谱,因而通过紫外-可见吸收光谱,特别是与理论的计算结果相配合时,能够获得关于粒子粒度和结构等方面的许多重要信息,具有简单易操作的特点,是表征液相金属纳米粒了最常用的技术。红外和拉曼光谱的强度分别依赖于振动分子的偶极矩变化和极化率的变化,因而可用于揭示材料中的空位、间隙原子、位错、晶界和相界等方面的关系,提供相应信息,可用做金属纳米材料的分析。傅里叶变换远红外光谱可检验金属离子与非金属离子成键、金属离子的配位等化学环境情况及变化。共振瑞利散射光谱是一种具有相同入射和散射波长的弹性光散射现象,当入射光波长接近或位于溶液中散射分子的吸收带时,此分子的瑞利散射光能得到显著加强,当所有的测定条件保持一定时,共振瑞利光散射强度与散射分子的浓度成正比。从纳米微粒和界面形成这一观点出发,通过对一些无机纳米粒子的 RRS 光谱研究,人们发现:①一些金属纳米粒子具有量子呈色效应和 RRS 效应,并产生 RRS 峰;②根据物理学共振原理,结合金属纳米微粒体系的光谱研究,RRS 系纳米微粒界面超分子(特征)能带中的电子(为一振动体系)与入射光子(为另一振动体系)相互作用导致瑞利散射光信号急剧增大的现象;③较大粒径纳米粒子和界面的形成是导致散射光信号增强的根本原因;④纳米粒子的 RRS 效应、光源发射光谱和检测器光谱响应曲线、光吸收是产生 RRS 峰的 3 个重要因素。金、银、硒、氧化铁和碘化汞等液相纳米粒子能产生特征 RRS 峰,也能与一些物质借静电引力、疏水作用和电荷转移作用而形成缔合物产生增强的 RRS 信号。利用这一特性,RRS 光谱可作为研究金属纳米粒子与生物大分子、药物等相互作用的一种分析技术,它具有灵敏度高、简便、快速和可用普通荧光分光光度计实现操作等优点,在生命科学、纳米材料及环境科学等方面有广阔的应用前景。

热分析技术主要是指差热分析(DTA)、示差扫描量热法(DSC)及热重分析(TG)。3 种方法常常相互结合,并与 XRD 和 IR 等方法结合用于研究金属纳米粒子的以下性质:①表面成键或非成键有机基团或其他物质的存在与否、含量多少和热失重温度等;②表面吸附能力的强弱与粒径的关系;③升温过程中粒径的变化;④升温过程中的相转变情况及晶化过程。

2.4.3 化学成分分析

金属纳米粒子的化学成分表征主要利用各种化学成分的特征谱线,手段包括原子吸收光谱(AAS)、原子发射光谱(AES)、电感耦合等离子体质谱(ICP-MS)、能量色散 X 射线(EDX)分析、X 射线荧光光谱 (XFS)和 X 射线光电子能谱(XPS)等。前三者需要破坏样品后才能检测,而后三者可以直接对固体样品进行测定,不具破坏性。EDX 分析是由透射电镜或扫描电镜与 X 射线能谱仪组合而成,用聚焦电子束(电子探测针)照射在样品表面的单个纳米粒子上,激发样品中诸元素的不同能量的特征 X 射线。用 X 射线能谱仪探测这些 X 射线,得到 X 射线谱。根据特征 X 射线的能量和强度进行元素定性和定量分析。它是测定金属纳米粒子平均组成的常用手段,可以测定粒子中各元素的摩尔分数。XFS 可以对固体样品进行直接测定,元素的 X 射线荧光的能量或波长是特征性的,因此只要测出荧光 X 射线的波长,就可以知道元素的种类,荧光 X 射线的强度与相应的元素含量有一定关系。由此可进行金属纳米粒子成分的定性或定量分析。XPS 具有分析纳米粒子表面元素化学价态的功能,并能对表面元素进行半定量分析。

总之,随着现代技术的不断革新,将会不断涌现出表征金属纳米材料的新方法、新技术和新仪器来满足纳米技术发展的需要。

2.5　金属纳米颗粒的表面修饰

金属纳米粒子属亚稳态材料,对周围环境(温度、振动、光照、磁场和气氛等)特别敏感,有可能在常温下自行长大,极易自发团聚,使其固有特性受到限制而不能得到充分或完全发挥,因而在应用金属纳米粒子之前,一般都需对其进行表面修饰处理。表面修饰,又称表面改性,是 20 世纪 90 年代中期发展起来的一门新兴技术,是指通过物理或化学方法改变物质表面的结构和状态,赋予其新的功能,实现对物质表面的控制。表面修饰的方法主要分为物理修饰法和化学修饰法,常用的修饰剂有硫醇、胺类、膦、各种聚合物、表面活性剂和天然大分子(如糖类、核酸、蛋白质等),以及无机类聚合物(如由硅酸酯或钛酸酯的醇解和缩聚产生的 SiO_2 或 TiO_2)等。对金属纳米粒子而言,表面修饰主要是为了减小合成中粒子的长大及团聚,改善其分散性、稳定性和生物相容性,提高其表面活性,并赋予纳米粒子新的功能。

2.5.1　表面修饰方法

表面物理修饰法主要是通过吸附、涂敷和包覆等物理手段对纳米粒子表面进行改性,包括表面吸附和表面沉积。表面吸附是通过范德华力将异质材料(以表面活性剂为主)吸附到纳米粒子表面进而包覆改性。表面活性剂的作用是能在粒子表面形成一层分子膜,避免粒子之间的相互接触,阻止架桥羟基和真正化学键的形成。例如,十二烷基磺酸钠、油酸和柠檬酸等表面活性剂对一些磁性金属纳米粒子的表面吸附作用,可达到稳定分散的目的。表面沉积是在纳米粒子表面沉积一层与表面无化学结合的异质包覆层。例如,纳米 TiO_2 具有强极性,易在极性介质中团聚,不易在非极性介质中分散,影响其优异性能的发挥。为了解决此问题,可利用无机化合物(水合 Al_2O_3、水合 SiO_2 和水合 Fe_2O_3 等)作为修饰剂,通过沉淀反

应在纳米 TiO_2 表面上形成包覆层，改善其粒度大小、分散性和稳定性。此外，将 $ZnFeO_3$ 纳米粒子放入 TiO_2 溶胶中，TiO_2 溶胶沉积到 $ZnFeO_3$ 纳米粒子表面形成包覆层，其光催化效率大大提高。

表面化学修饰法是目前最常用的纳米粒子表面修饰方法，是通过纳米粒子表面原子与修饰剂分子发生化学反应，改变其表面结构和状态，达到纳米粒子分散、稳定、复合和赋予新功能的目的。概括起来纳米粒子表面发生的化学反应分为3种类型。①酯化反应，就是酯化剂与纳米粒子表面原子反应，由原来亲水疏油的表面变成亲油疏水的表面，该法适用于表面为弱酸性或中性的纳米粒子，如 Fe_2O_3、TiO_2 等的改性。②偶联反应，就是用偶联剂处理表面活性高的纳米粒子，使其与有机物具有很好的相容性，如硅烷偶联剂常用于表面具有羟基的纳米粒子的表面修饰中，效果很好。③表面接枝改性反应，分为偶联接枝、聚合生长接枝、聚合和接枝同步。偶联接枝反应是高分子物质与纳米粒子表面官能团直接反应实现接枝。聚合生长接枝反应是聚合物单体在纳米粒子表面聚合生长，形成对纳米粒子的包覆；聚合和接枝同步是聚合物单体在聚合的同时被纳米粒子表面强自由基捕获，形成高分子链与纳米粒子表面的化学连接。该法能大大提高金属纳米粒子在有机溶剂和高分子物质中的分散性，制备出高质量的复合材料。

当然，在实际应用中具体采用哪种方法，要从方法的合理性、改性效果及成本、环保等方面进行综合考虑。

2.5.2 常用的表面修饰剂

1. 小分子修饰剂

小分子修饰剂包括含巯基有机物、油酸、油胺、硅烷偶联剂、2，3-二巯基丁二酸、α-溴异丁酸和多巴胺等，可以通过与金属粒子表面的化学键结合，达到粒子表面修饰改性的目的。例如，Li 等[107]以含有巯基的羧酸为稳定剂在水溶液中制备了尺寸分布窄的直径为 17 nm 的球形 Ag 纳米粒子。De la Presa 等[108]在苯乙醚中还原 Au^{3+} 合成了具有铁磁性的油酸或油胺包覆的 Au 纳米粒子，指出铁磁性是由 Au 原子与有机分子之间的共价键诱导产生的。Mott 等[109]在油胺和油酸存在的情况下制备了尺寸和形貌都可控的 Cu 纳米粒子。Xu 等[110]利用多巴胺与氨基三乙酸(NTA)结合，对磁性纳米粒子进行表面改性。改性后的磁性纳米粒子在细胞裂解液中对六聚组氨酸标记的蛋白进行分离，每毫克磁性纳米粒子能够分离的最大蛋白载荷为 2～3 mg，是商品化微米级粒子的 200 余倍，其最小分离浓度达到 313×10^{-10} mol·L^{-1}，充分体现了磁性纳米粒子在生物分离领域的巨大优势。

2. 大分子修饰剂

大分子修饰剂主要包括聚合物分子和生物大分子。常用的聚合物分子有聚乙烯吡咯烷酮(PVP)、聚乙二醇(PEG)、聚乳酸(PLA)、聚苯胺(PANI)和聚酰胺-胺(PAMAM)等,可通过化学转移、包埋、分散聚合、乳液聚合和活性聚合等方式对金属纳米粒子进行修饰和稳定,具有灵活好用的特点。

PVP属于非离子型聚合物,在使用中常与乙二醇(EG)搭配,用于合成不同形貌的金属纳米粒子,其中EG在反应过程中承担着还原金属盐制备金属纳米粒子的作用,PVP用于控制粒子在不同晶面上的生长速率,形成各向异性的金属纳米粒子。Sun等[111]以PVP为稳定剂,以乙二醇为还原剂,通过改变PVP浓度和相对分子质量等条件来调控Ag纳米粒子的形貌,从而制备了线状、三角片状和立方体等不同形貌的Ag纳米粒子。通常认为PVP上羰基中的氧原子与Ag粒子表面原子发生了配位作用,进而钝化和稳定了Ag纳米粒子。

PANI和聚甲氧基苯胺(POMA)等类聚合物都属于导电聚合物,具有特殊的光电子特性。将它们用于金属纳米粒子的表面修饰,能改变金属纳米粒子的光电性能,使其在光学和微电子器件、化学传感、催化、药物的靶向传输和能量存储等方面有着广阔的应用前景。Dawn等[112]在硝酸银水溶液中加入POMA的氯仿溶液,避光反应即可得到单分散的Ag纳米粒子。Sarma等[113]在水溶液中用双氧水还原氯金酸,同时诱导苯胺聚合制备了PANI稳定的Au纳米粒子,PANI与Au纳米粒子形成的配合物的电导率显著提高。

PAMAM类聚合物属于树枝状聚合物,是目前研究最广泛和最深入的树状大分子之一,含有大量含N官能团(伯胺、叔胺和酰胺),具有良好的生物相容性,低的熔体黏度和溶液黏度,独特的流体力学性能和易修饰性。它们可通过氨基吸附金属离子到聚合物分子内部并将其还原形成分子内配合物,也可以通过官能团与颗粒表面的金属原子形成分子间配合物来稳定金属纳米颗粒,所得金属纳米粒子在化学传感、膜化学、选择性电化学反应和催化等领域有着广阔的应用前景。Esumi等[114]以$NaBH_4$为还原剂,PAMAM为稳定剂,合成了形貌和尺寸可控的Au、Ag和Pd纳米粒子。此外,氨基封端的PAMAM-NH_2可作为还原剂和稳定剂,在常温、常压和水溶液环境下制备和修饰Ag纳米粒子,所得Ag纳米粒子尺寸小、粒径分布窄、稳定且能抑制多种细菌的生长和繁殖[115]。

生物大分子修饰剂包括糖类、核酸和蛋白质等,来源广泛,具有很好的降解性和生物相容性,通过吸附到金属纳米粒子表面上的生物大分子携带的特殊官能团,能改善金属纳米粒子的稳定性、水溶性、毒性和生物相容性,并赋予其特殊的生物活性,可应用在生物探针和生物医药等领域。目前常用的生物大分子修饰剂有多糖类聚合物和氨基酸类聚合物。

多糖类聚合物常用的有淀粉、葡聚糖、壳聚糖和藻酸盐等,它们修饰的金属纳米粒子具有良好的水溶性、生物相容性和可降解性。以淀粉为例,淀粉是以葡萄糖为单元聚合而成的多糖,是最常见的一种天然生物大分子,具有价廉、无毒和可降解等优点。Raveendran 等[116]以 β-D-葡萄糖为还原剂,水溶性淀粉为稳定剂合成了约 20 nm 的 Ag 纳米粒子。Vigneshwaran 等[117]将水溶性淀粉同时作为还原剂和稳定剂合成了 Ag 纳米粒子。Sarma 等[118]在淀粉水溶液中用双氧水超声还原氯金酸得到了尺寸和形貌可调控的 Au 纳米粒子,当氯金酸浓度较低时得到 15～20 nm 的球形颗粒;氯金酸浓度增大则得到主要为 90～110 nm 的三角形纳米片;氯金酸浓度继续增大则得到 120 nm 的六边形纳米片。He 等[119]以水溶性淀粉为稳定剂制备了铁以及 Fe-Pd 双金属纳米颗粒。

常用的氨基酸类聚合物如白明胶、酶和蛋白质等,具有优异的生物活性,能够与许多活性物质如 DNA、抗体和药物等发生偶联,将其用于金属纳米粒子的表面修饰,可使所得的复合金属纳米粒子应用在生物探针以及药物输送和释放等领域。Liu 等[120]用白明胶化学修饰 Fe_3O_4,制备了白明胶-Fe_3O_4 复合磁性纳米粒子,有望用于药物输送和释放。Soenena 等[121]在磁性纳米粒子表面修饰上牛血清白蛋白和卵黄高磷蛋白,制备了水溶性和稳定性良好的蛋白质-磁流体复合物,有望用于药物载体或生物传感器中。

近年来,金属纳米粒子的表面修饰技术发展迅猛,修饰剂种类越来越多,合成修饰剂的手段日益成熟,相关报道大量涌现。以上仅简单介绍了表面修饰技术在金属纳米粒子中的应用,从中能了解到表面修饰技术极大地改善了金属纳米粒子表面的物理、化学和生物学性能,使其在更多领域中得到广泛应用,尤其在生物探针、生物医学、药物输送和释放等生命科学领域有着不可比拟的优越性。尽管如此,开发新型表面修饰剂,以制备更多性能优越的复合金属纳米粒子,拓宽复合金属纳米粒子的应用领域仍是今后研究的重点。

2.6 金属纳米颗粒作为探针的应用

2.6.1 在核酸检测中的应用

核酸是一种非常重要的生物大分子,它在生命起源、生物遗传和变异、物种进化等方面起着决定性作用。1953 年 DNA 双螺旋结构模型的提出,揭开了分子生物学研究的序幕,为分子遗传学的研究奠定了基础。20 世纪 70 年代建立的 DNA 重组技术催生了基因工程,为进一步揭露生命的奥秘提供了有利工具,使得分子生物学和分子遗传学迅速发展。20 世纪 90 年代人类基因组计划的实施使得以核酸作为药物靶标的研究成为热点,为基因治疗奠定了基础,对核酸分子实现极微量以至单分子水平的超灵敏检测,具有极其重要的意义。

大量实验和理论分析证实当 Au 纳米粒子分散在溶液中时,如果纳米粒子之间的距离远大于其自身的平均粒径,溶液呈红色;如果纳米粒子之间的距离接近或小于其平均粒径，则溶液就会变成蓝色。这一变化是由 Au 纳米粒子的表面等离子体共振红移引起的。这一物理特性告诉人们，Au 纳米粒子可用做标记物，通过溶液颜色的变化分析其中物质的反应情况。由于 Au 纳米粒子具有量子尺寸效应和表面效应，其表面容易与一些化学基团通过共价或静电作用结合，形成纳米生物复合物。Au 纳米粒子与巯基之间有很强的共价键合作用[122]，使得胶体金与巯基标记的生物活性分子结合后形成的探针可以很方便地用于生物体系中核酸的检测，并且标记了纳米 Au 的核酸具有更好的杂交特异性，寡核苷酸的修饰也更有利于纳米 Au 的稳定。

1. 利用金属纳米粒子探针的光学特性检测核酸

美国西北大学的 Mirkin 小组用 Au 纳米晶连接的寡聚核苷酸为探针，对 DNA 片断进行识别[123]。首先将 13 nm 的金颗粒用 3′端带有巯基丙烷的两种不互补的寡聚核苷酸探针修饰，这种修饰使得微粒之间不再相互聚集，当加入具有双链多核苷酸时，靶序列就会与纳米 Au 颗粒上的寡聚核苷酸探针互补，从而形成由双链多核苷酸相互连接而成的宏观聚合网络结构，这时其等离子共振吸收峰由 520 nm红移到 600 nm，颜色从红变蓝，实验结果无需任何仪器就很容易通过肉眼进行观察，而且这种颜色变化可以随着 DNA 的变性-复性过程可逆地进行。鉴于 Au 纳米粒子标记的 DNA 探针与寡聚核苷酸杂交后 Au 纳米粒子所形成的聚合网络结构具有特殊光学性质，Mirkin 等又将体系推广至 DNA 芯片的检测中。传统的基因芯片检测技术基于对杂交在探针阵列上目标 DNA 的量的检测，靶序列与不同探针杂交量的比值决定了检测的效率。用 Au 纳米粒子标记的 DNA 探针检测的方法中，被固定的寡核苷酸探针与靶序列结合，再结合与靶序列互补的 Au 纳米粒子标记的 DNA 探针，产生粉红色斑点。此反应可以通过加入银显影液放大。通过特定温度及特定盐浓度缓冲液洗涤，检测产生信号的灰度，可以定量研究靶序列的杂交。该方法具有单碱基错配的选择性及超过荧光检测 100 倍的灵敏度。Mirkin 等设计了特定位点碱基分别为 A、T、G 和 C 的 4 条探针并把它们固定在玻璃片上，一条与靶序列完全互补，3 条单碱基错配，检测了不同浓度的靶序列与芯片的杂交并与相应 Cy3 标记探针的杂交做了比较。结果检测到的最低靶浓度为 50 fmol · L^{-1}，比荧光检测的灵敏度（5 pmol · L^{-1}）提高了 100 倍。洗涤后各个点上杂交信号出现区别，Au 纳米粒子标记的 DNA 探针检测到的完全互补序列的信号大大高于荧光探针，完全互补与单碱基错配序列间的信号比（10∶1）也明显高于荧光检测（2.6∶1），如在适宜温度下洗涤，该比值更高[124]。Mirkin 小组还合成了 Ag/Au 核壳结构纳米粒子用于 DNA 的检测[125]。纳米 Au 和 Ag 的粒径相同时，Ag 的吸光系数约是 Au 的 4 倍，Ag 的光学性质比 Au 的优越，但纳米 Ag 的稳定性差，容易聚集，难以被经巯基修饰的 DNA 链钝化。采用 Au 壳包覆后，不但没有影响 Ag 的光学性质，而且由于 Au 的稳定性和与巯基的强亲和性，提高了复合粒子的稳定性。用 Ag/Au 核壳结构纳米粒子作探针检测寡核苷酸时，在 DNA 复性后，其颜色由黄色变为深褐色，这与纳米 Au 探针的红色变为蓝色不同，为 DNA 的比色检测提供了一种新的方法。Mirkin 领导的实验小组在纳米 Au 探针检测核酸方面做了大量开拓性的研究工作，为核酸检测建立了一种快速、简单的方法，并且该研究小组正在此基础上进行深入细致的研究[126,127]。除了 Mirkin 小组外，还有很多研究小组都在这一新兴领域作出了杰出的工作。为了识别和检测特异的 DNA 序列或单碱基突变，Nie 等[128]发展了一种新型的纳米生物换能器。他们利用直径为 2.5 nm 的纳米 Au 作为核，使一端用巯基修饰的、另一端用荧光素修饰的寡核苷酸分子的两端均附着到 Au 核上。这种杂合的生物/无机结构共轭物分子起着“纳米脚手架”和“纳米猝灭剂”的作用，能够自发地在粒子表面组装成一个受力变形的拱形构象。当与靶分子杂交后，构象发生变化，DNA 链展开，荧光素被猝灭的荧光得以恢复:具有传统生物传感器无法比拟的优点。Bao 等[129]利用纳米 Au 探针共振光散射(RLS)法研究了 DNA 的杂交，并与传统的荧光染料标记和生物素标记法进行了对比，发现虽然探针不同，但两种方法的性能并无显著性差异，且纳米 Au 探针比荧光染料标记法可更好地排除背景干扰，检测限比荧光染料标记法低 1 个数量级。Jiang 课题组[130]也是利用纳米 Au 免疫共振散射探针检测痕量血清蛋白。在 pH 7.6 的 NaH_2PO_4-Na_2HPO_4 缓冲溶液中，标记有羊抗人血清蛋白抗体的纳米 Au 探针与抗原结合后其共振散射强度在 580 nm 处显著增强，通过检测散射强度的变化来定量检测人血清中血清蛋白的含量，这种方法的检出限可达 4.1 ng · mL^{-1}。

印度国家化学实验室的 Gourishankar 等[131]一改表面等离子体共振(SPR)，表面增强拉曼光谱(SERS)等传统研究方法，利用等温滴定热分析法研究 DNA 与纳米 Au 的作用。这种研究方法刚刚起步，目前只停留在 DNA 与 Au 粒子作用机理的研究上，但这种方法的高灵敏度有望改变传统的纳米 Au 探针检测 DNA 的方法，且不需用巯基修饰 DNA。宁琴等[132]将 Au 纳米粒子通过金-硫(Au-S)共价键结合烷基硫醇修饰的寡核苷酸，制备检测探针。用荧光标记法检测 Au 纳米粒子表面寡核苷酸的覆盖率和与其互补的寡核苷酸的杂交效率。检测探针与固定在尼龙膜上的捕获探针构成双探针，用斑点杂交法检测乙肝病毒(HBV) DNA，加入银离子(Ag^+)-对苯二酚液染色观察结果。制备的 Au 纳米粒子粒径为(12±5) nm，分散良好，在 520 nm 有最大吸收峰，经寡核苷酸修饰后，最大吸收峰改变为 524 nm。Au 纳米粒子表面寡核苷酸的最大覆盖量为(132±10)条，最大杂交效率为(22±3) %。在尼龙膜上用斑点杂交法可检出低至 10 fmol 的合成靶 DNA，可目视化检出乙肝患者血清中 HBV-DNA 的 PCR 产物。此方法具有灵敏度高、特异性好、简单和价廉的特点。莫志红等[133]将链置换的高度特异性与纳米 Au 凝聚变色的光学特性相结合，设计了一种新型的单碱基突变比色检测方法。该方法直接采用纳米 Au 作为比色报告基团，以两个末端均带有巯基的双链 DNA 为特异捕获探针，利用互补序列和单碱基突变序列对双链探针置换能力的差异，实现了对单碱基突变的检测。本检测方法直观、快速、简便、成本低，pmol 级的样品无需仪器就可以观察到颜色的变化。检测原理见图 2.7。

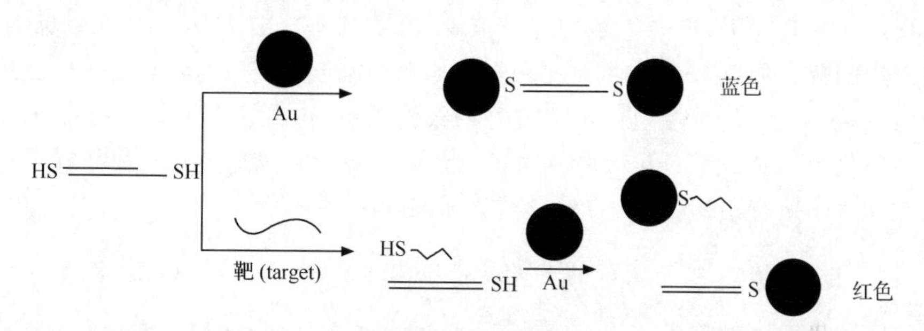

图 2.7　基于纳米 Au 和双链探针的比色检测方法示意图[133]

最近几年建立的分子信标识别荧光纳米探针技术为 DNA 的高灵敏度检测提供了新方法。Taylor[134] 在他的博士论文中设计了一种巧妙的纳米 Au 光学探针，他将 DNA 的 3′端修饰巯基，5′端修饰荧光染料，利用巯基与纳米 Au 之间的共价吸引力将 DNA 连接到纳米 Au 上制成探针，同时 5′端的荧光染料也由于化学键的作用连到了纳米 Au 颗粒上，造成荧光染料 100% 的荧光猝灭，当该探针与其互补的靶序列杂交后，5′的荧光染料会从纳米 Au 颗粒上脱离，荧光信号恢复，从而可用于 DNA 的超灵敏检测。具体的检测过程如图 2.8 所示。

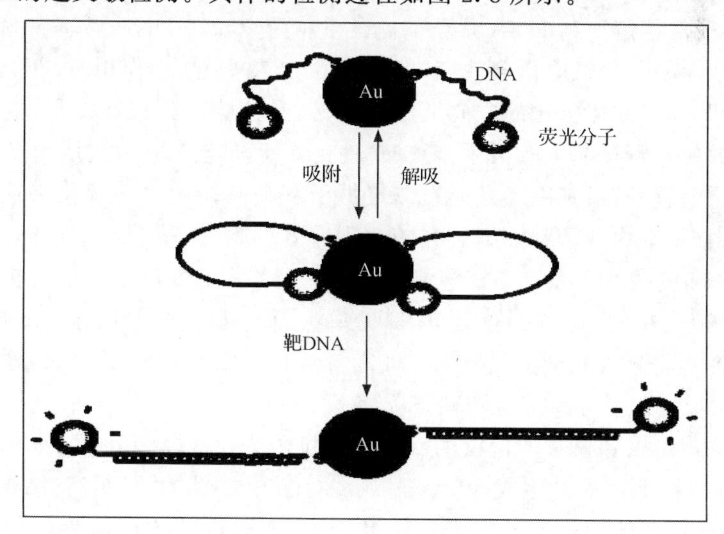

图 2.8　超灵敏 DNA 检测示意图[134]

王周平等[135]以羊抗人免疫球蛋白(IgG)标记的异硫氰酸荧光素(FITC)为核材料,成功制备了 FITC-IgG@SiO_2核壳荧光纳米粒子,有效防止了传统方法中采用单一 FITC 制备纳米颗粒时泄漏严重的问题。随后以 FITC-IgG@SiO_2荧光纳米粒子和纳米 Au 分别标记单核细胞增生李斯特菌序列特异性分子信标探针 5′端和 3′端,成功构建了单核细胞增生李斯特菌序列特异性分子信标荧光纳米探针。在优化的实验条件下,荧光信号响应数值 α(令 $\alpha=F/F_0$,F 代表 MB 和目标 DNA 杂交以后的荧光强度,F_0 代表 MB 完全闭合时的荧光强度)与目标 DNA 浓度在 1～200 pmol · L^{-1}的浓度范围内呈良好的线性关系,检出下限为 0.3 pmol · L^{-1},相对标准偏差为 2.6% (50 pmol · L^{-1},$n=11$)。将该方法应用于食品样品中单核细胞增生李斯特菌的检测,结果与国家标准方法的一致。

2. 利用金属纳米粒子探针的电学特性检测核酸

在不断发掘利用纳米 Au 光学特性检测 DNA 的同时,科学家们还注意纳米 Au 介电特性的应用。Authier 等[136]用电化学方法定量检测了 406 个碱基对的人类细胞巨型病毒 DNA 序列(human cytomegalovirus DNA,HCMV-DNA)。Park 等[137]发现,结合了纳米 Au 的寡核苷酸发生特异性结合反应后,含有纳米 Au 的微粒薄膜直流导电性能发生很大变化,利用这一原理检测 DNA,检测下限可达 500 fmol。蔡宏等[138]以纳米 Au 胶为标记物将其标记于人工合成的 5′端巯基修饰的寡聚核苷酸片段上,制成具有电化学活性的 Au 胶标记 DNA 电化学探针,在一定条件下使其与固定在玻碳电极表面的靶序列进行杂交反应,利用 ss-DNA 与其互补链杂交的高度序列选择性和极强的分子识别能力,以及纳米 Au 胶的电化学活性,实现对特定序列 DNA 片段的电化学检测以及对 DNA 碱基突变的识别。

压电效应是一种机电耦合效应,即晶体受外界机械压力作用时,在其表面会产生电荷。相反,在晶体极化的方向上施加电场,晶体会产生机械变形,这种现象称为逆压电效应。石英晶体微天平(QCM)就是基于压电效应和逆压电效应而建立的一种质量响应平台,其原理是通过测定振子基频共振频率的变化来检测微小的质量变化,它是生物分子和细胞研究的非常有效的平台,检测灵敏度达到纳克级。基于 QCM 和核酸纳米探针的核酸检测方法原理如图 2.9 所示。这种方法包含两种探针,一种是在 QCM 金片表面的捕获探针,另一种是核酸纳米 Au 探针,核酸纳米 Au 探针同靶核酸杂交后被 QCM 芯片表面的捕获探针所捕获,通过相应纳米 Au 的质量变化信号间接检测靶核苷酸[139]。

Zhou 等[140]以寡核苷酸包覆的 Au 纳米粒子为放大探针,通过靶标分子与固定在 QCM 电极上的探针形成探针-靶-Au 纳米粒子探针的“三明治”结构来进行信号检测,与核酸相比 Au 纳米粒子的质量较大,因此得到的振荡频率的变化也较大,从而提高了检测的灵敏度。刘涛等[141,142]进一步确定该方法所用纳米 Au 的最

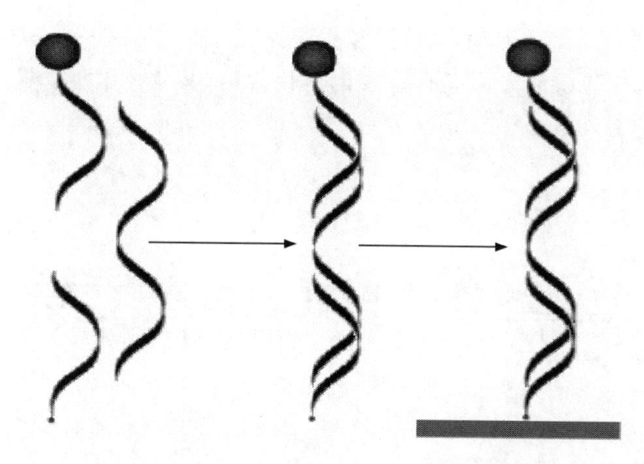

图 2.9　基于 QCM 和核酸纳米金探针的“三明治”核酸检测方法示意图[139]

佳粒径为 20 nm，并在 Zhou 等的基础上将 QCM 法的灵敏度由 10^{-14} mol · L^{-1} 改善为 10^{-16} mol · L^{-1}。

3. 基于纳米 Au 探针和基因芯片的核酸检测

基因芯片技术是通过缩微技术，根据分子间特异性结合的相互作用原理，将生命科学研究中不连续的分析过程集成于硅芯片或玻璃芯片表面的微型分析系统，以实现对细胞、蛋白质、基因及其他生物组分的准确、快速和大信息量的检测。基因芯片的工作原理与经典的核酸分子杂交方法（southern、northern）相似，均采用已知核酸序列作为靶基因与互补的核苷酸序列杂交，通过随后的信号检测进行定性或定量分析。应用基因芯片的优点在于：首先，使以往需多次处理的分析在同一时间和条件下快速完成；其次，芯片面积较小，每个阵列中阵点样品的用量少，试剂用量和反应体积明显减少，反应效率却成百倍地提高；最后，基因芯片技术易与其他常规生物技术相互融合交叉，在临床医学中显示出广阔的应用前景[143]。

将纳米 Au 探针与基因芯片结合检测核酸是目前较为新型的技术，其基本方法是将纳米 Au 颗粒标记的探针结合到基因芯片上，通过碱基互补配对的特性原理检测 DNA。贾春平等[144]运用荧光纳米 Au 探针和基因芯片杂交建立了一种新的 DNA 检测方法。荧光纳米 Au 探针表面标记有两种 DNA 探针：一种为带有 Cy5 荧光分子的信号探针 BP_1，起信号放大作用；另一种为与靶 DNA 部分互补的检测探针 $P53_2$，两种探针比例为 5 ∶ 1。当有靶 DNA 存在时，芯片上的捕获探针（与靶 DNA 的另一部分互补）通过碱基互补配对结合靶 DNA，将靶 DNA 固定于芯片上；荧光纳米 Au 探针通过检测探针与靶 DNA 及芯片结合，在芯片上形成“三明治”复合结构，最后通过检测探针上荧光分子的信号强度来确定靶 DNA 的量。该方法检测灵敏度高，可以检测浓度为 1 pmol · L^{-1} 的靶 DNA，操作简单，检测时间短。通过改进纳米 Au 探针的标记和优化杂交条件,可进一步提高核酸检测的灵敏度,这将在核酸检测方面具有重要的应用价值,其具体过程如图 2.10 所示。

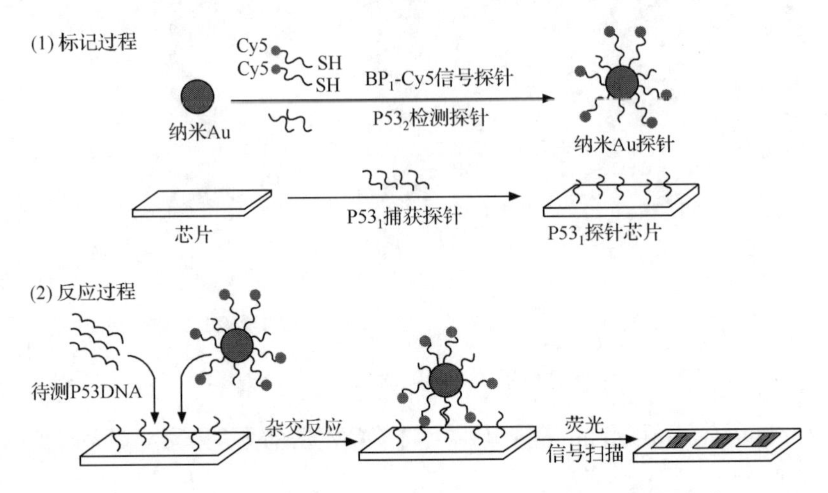

图 2.10 纳米 Au 探针标记过程和 DNA 检测过程示意图[144]

近年来利用纳米 Au 探针标记技术检测 HBV-DNA 已有报道。毛红菊等[145]利用两组探针修饰的微粒:①表面标记有可与 HBV-DNA 另一端结合的纳米 Au 探针-1(信号探针)及可与信号探针部分结合的纳米 Au 探针-2(检测探针);②表面标记有可与待测 HBV-DNA 一端结合的磁珠探针(捕获探针-1)。检测靶 HBV-DNA 时,磁珠探针与信号探针在液相中可分别与 HBV-DNA 靶序列一端结合以形成"三明治"样结构,再以磁场将"三明治"样复合物从反应液中分离,以 DTT 溶液将信号探针从纳米 Au 颗粒上洗脱。洗脱后的信号探针数量反映靶基因的多寡,信号探针的一段与预先点样的基因芯片上的捕获探针-2 结合,检测探针与信号探针的另一段相结合,最后用银染液将检测探针显色,从而得到靶目标 DNA 相对定量信息。结果表明,检测方法的检测灵敏度达到 10～15 mol · L^{-1} 水平。检测时间少于 1.5 h,检测结果与 HBV-DNA 水平呈现较好的线性关系且无假阳性结果,这一方法有望用于乙肝患者血清中 HBV-DNA 的快速筛查及其他微生物基因的检测,其检测过程如图 2.11 所示。

万志香[146]将芯片技术和纳米技术有机地结合在一起,充分利用纳米 Au 与银反应可将信号放大 10^6 倍的优势,建立了应用纳米 Au 探针的目视化 HAV 基因芯片技术。主要原理是 3′端-SH 基修饰的寡核苷酸与纳米 Au 颗粒标记作为检测探针,5′端-NH_2 修饰的寡核苷酸基因探针与硅烷化玻片共价连接作为捕获探针。捕获探针按预先设计的阵列点样在处理好的玻璃基片上,再与待检测的甲肝病毒(HAV)扩增目的核酸片段及检测探针以双探针夹心方式杂交,并进一步进行银染增强显色,用肉眼观察或用平面扫描仪分析结果。实验优化了 HAV 捕获探针的

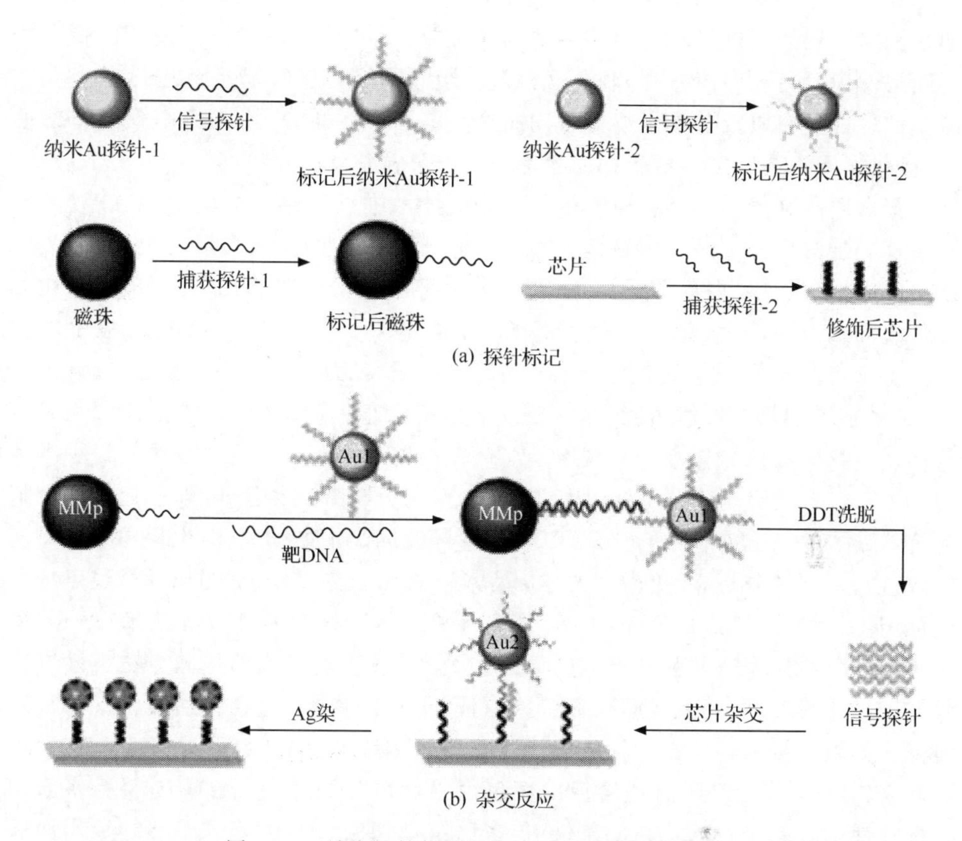

图 2.11　纳米探针标记及杂交检测过程示意图[145]

浓度,纳米 Au 探针的用量,银染时间及封闭剂的选择,建立了目视化 HAV 基因芯片,并探讨了 HAV 基因芯片的检测灵敏性,在银染 12 min 的情况下可以检测 100 f mol · L^{-1} HAV 扩增子,并对小量 HAV 临床标本进行了检测,结果与 ELISA 检测抗 HAV-IgM 的结果无显著差别。

目前,基因芯片检测 DNA 的技术多数都是在一个芯片上进行定量分析,而 Chen 等[147]利用比色法在一个芯片上既可以进行定量分析又可以完成杂交。

总的来说,采用纳米 Au 作为探针检测核苷酸一般包括以下步骤:①纳米 Au 制备;②烷巯基化寡核苷酸探针的合成与纯化;③3′烷巯基或 5′烷巯基标记的寡核苷酸在纳米 Au 颗粒上的修饰;④靶序列的测定。

2.6.2　在蛋白质检测中的应用

蛋白质是生命活动的执行者,负责完成生物体所需的各种功能。蛋白质的分析一直是生命科学中的重要课题。蛋白质在疾病诊断、食品安全和生化反恐等重要领域面临如何简便快速分析极微量成千上万种蛋白的重要任务。随着人类和其他基因组计划的完成以及蛋白质组计划的实施,具有诊断治疗应用前景的蛋白质不断被发现。另外,各种内外刺激、信号传导和转录调控等,都会使组织、细胞及体液中的多种蛋白质及其他生物分子同时产生各种水平的变化。因此,研究普适性好、操作简便和灵敏度高的蛋白质检测技术已日益迫切。

蛋白质修饰的Au纳米粒子在生物分析技术中已得到广泛的应用。Au纳米粒子标记蛋白质的原理一般认为是当pH等于或稍偏碱于蛋白质等电点时,蛋白质呈电中性,此时蛋白质分子与Au纳米粒子相互间的静电作用较小,但蛋白质分子的表面张力却最大,处于一种微弱的水化状态,较易吸附于Au纳米粒子的表面。由于蛋白质分子牢固地结合在Au纳米粒子表面,形成一个蛋白层,阻止了Au纳米粒子的相互接触,使纳米Au处于稳定状态。Au纳米粒子探针可用于定量标记生物体的抗原位点。常规电子显微镜能够观测到Au纳米粒子的最小半径为1.4 nm,当共价连接到抗体时有7 nm的空间分辨率。在组织学上,用表面吸附有抗体分子的Au纳米粒子(10～40 nm)特异性标记生物样品,对生物样品的不同区域进行标记和分析,而更微小的Au晶体(0.8 nm或1.4 nm)可以通过位点特异性标记生物大分子[148]。Cuarise等[149]基于在一定pH条件下Au纳米粒子与蛋白质结合后共振光散射强烈增强的原理,建立了微量蛋白质的检测方法。该方法具有很高的灵敏度,并且实验操作快速方便,干扰因素少,适合普通实验室的检测研究。如果把目标多肽链两端修饰上半胱氨酸,使Au纳米粒子通过多肽链自组装起来,可导致Au纳米粒子溶液的颜色由粉红色变为蓝色。在有对目标多肽序列选择性水解的蛋白酶存在的条件下,多肽链被切断,Au纳米粒子不能聚集而保持单分散状态,颜色不变,由此可指示出该蛋白酶的存在[150]。

近年来,国内刘绍璞和蒋治良等[148,151-153]在共振光散射技术方面做了大量的工作,并将Au纳米粒子作为探针应用共振散射方法定量检测微量蛋白质,取得了显著进展。

2.6.3 在免疫分析中的应用

免疫分析是基于抗原抗体的特异性反应而进行的一种分析方法。基于抗原和抗体本身结合前后物理和化学性质的变化建立的免疫分析方法为非标记免疫分析,如压电免疫分析法等。但是,作为分析信号,这种物理和化学信号难以直接被检测,因此免疫反应中常引入探针系统,即用标记技术来实现检测,以探针信号的变化来间接地得到抗原抗体反应的信息,实现对抗原或对抗体的分析。由于灵敏的探针分子和新的检测原理的引进,探针免疫分析开创了微量和超微量物质分析的新天地。标记物主要有放射性同位素、酶和荧光素三大类,此外还有化学发光试剂、金属离子和稀土元素(镧系元素)等。

免疫胶体金技术是20世纪80年代继三大标记技术(荧光素、放射性同位素和酶)后发展起来的固相标记免疫测定技术。最初该方法仅用于免疫电镜技术,现在已经发展到被动凝集试验、光镜染色、免疫印迹、免疫斑点渗滤法以及免疫层析技术等。目前免疫胶体金技术已广泛应用于临床诊断,尤其是在医学临床检验中的应用,如早孕、乙肝、寄生虫、性病和病毒细菌病的检测[154]。1978 年 Holgate 等[155]发表了银增强免疫金方法的论文,他把胶体金对于溶液中银离子的还原有催化作用这一性质运用到组织化学中来,建立了免疫金银染色法(IGSS),大大提高了纳米 Au 免疫光镜检测的灵敏度。又由于胶体金颗粒在电镜下具有很高的电子密度,大小颗粒清晰可辨,且不影响对原有超微结构的观察,因此胶体金作为免疫电镜的标记物得到广泛应用。目前,胶体金免疫分析法的研究主要基于胶体金的颗粒表面带有较多的电荷,能够对蛋白质等高分子物质进行吸附结合。这种表面吸附作用使蛋白质吸附在金溶胶颗粒表面就得到胶体金标记蛋白质。抗原和抗体都是免疫球蛋白,因而也可通过吸附作用与胶体金结合。吸附在胶体金表面的抗体或抗原能定向将胶体金颗粒载运到组织或细胞中的相应抗原位置或固相载体上抗原、抗体的相应位置。由于胶体金颗粒具有高电子密度的特性,且这些标记物在固相载体上抗原抗体反应处聚集达到一定密度时可出现肉眼可见的粉红色斑点,所以既可用于免疫电镜、光镜下的抗原定位、定量和定性研究,也可作为指示物,用于体外免疫夹层试验中检测抗原或抗体的存在。以硝酸纤维素为固相膜的胶体金标记免疫渗滤法已用在结核病、淋球菌抗原、肾综合征出血和不孕症等的临床诊断中。

1. 免疫胶体金探针在免疫分析中的应用

彭玲等[156]利用胶体金标记免疫电镜法观察了间充质干细胞及再生纤维的超微结构,研究神经再生过程中雪旺氏细胞的功能和作用。郁毅刚等[157]发表了“神经细胞膜 NMDA 受体蛋白单分子胶体金标记扫描电镜定位研究”的文章。马立人等[158]研制了金自组装膜免疫芯片。常文保等[159]将胶体金标记物引入到相变免疫分析中,建立了吗啡免疫分析的新方法,即先将吗啡抗体与温度敏感型水凝胶偶联,在进行胶体金标记吗啡全抗原相变分离后,用吸收光谱进行测定。Limoge 等[160]提出了一种灵敏的胶体金粒子标记的电化学免疫分析技术。Jiang 等[161]建立了一种免疫胶体金催化 Cu_2O 粒子,共振散射测定免疫球蛋白的分析方法,其原理是在标记有羊抗人 IgG 的纳米 Au 存在下,纳米 Au 可以催化葡萄糖与费林试剂的反应,使反应快速进行生成 Cu_2O 粒子。Cu_2O 在 505 nm 处有共振散射,并且散射强度与 IgG 浓度在 0.13～53.3 nm · mL^{-1} 范围内呈线性关系,利用这一原理对 IgG 进行定量检测具有灵敏度高、选择性好和成本低廉的优点。其检测示意图见图 2.12。

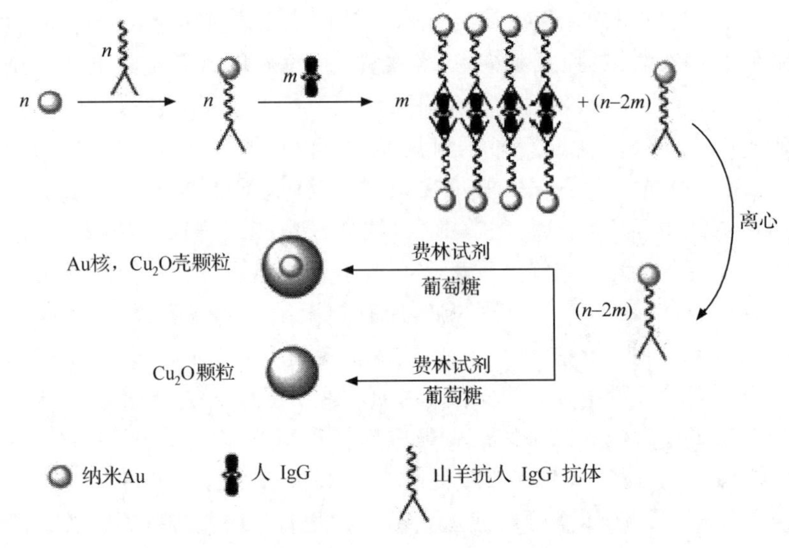

图 2.12　免疫金催化 Cu_2O 信号放大检测原理图[161]

几乎是根据同样的原理 Jiang 等[162]还研究了纳米 Au 对 Cu-EDTA-N_2H_4 体系的催化作用，并将其用于免疫分析。α-烯醇化酶（ENO1）广泛存在于人体组织中，有研究表明 ENO1 在某些人类癌症中其表达量之高低和肿瘤转移及病患之存活有密切关系，如颈部癌症、肺部癌症等。Ho 等[163]将抗 ENO1 单克隆抗体通过物理吸附固定到聚乙二醇修饰的印制电极上作为检测平台，将修饰有抗 ENO1 的多克隆抗体与纳米 Au 结合，作为电化学探针，通过用方波伏安法检测 $AuCl_4^-$ 的减少量来定量检测 ENO1，检测示意图如图 2.13 所示。

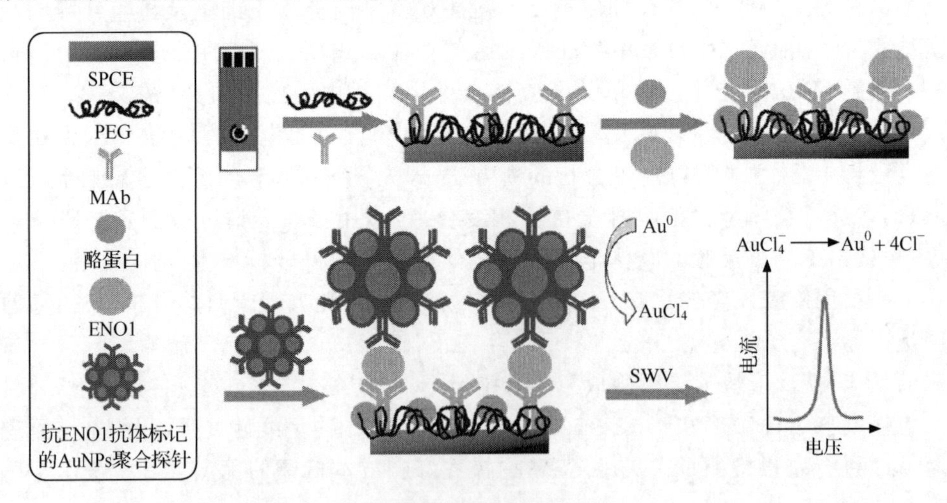

图 2.13　电化学免疫传感器检测 ENO1 操作方法示意图[163]

Li等[164]利用纳米Au覆盖磁性粒子自组装免疫电化学传感器检测另一种诊断肺腺癌特异性较强的肿瘤标志物CEA,先将Au/Fe_2O_3核壳结构纳米粒子氨基化,然后再将纳米Au多层组装到已氨基化的核壳纳米粒子表面,之后将CEA抗体吸附到纳米粒子表面并固定到电极上成为传感器,CEA、HRP标记的CEA与CEA抗体发生免疫竞争反应,用CHI 6608电化学工作站以溶出伏安法检测CEA,检出限为0.001 ng·mL^{-1},是传统酶联免疫法的1/500。关于纳米Au自组装并结合电化学进行免疫检测的研究成果还有很多[165-167]。

另外,Jiang等[168]分别用8 nm、10 nm、13 nm的免疫纳米Au(ING)与兔绒毛腺性激素抗体(HCG)相连制成3种纳米Au共振散射探针(ING-RSS),通过测定共振散射强度的变化(ΔI_{RSS})来检测HCG抗原,3种ING检测HCG的检出限分别为19.4 MIU·mL^{-1}、15.3 MIU·mL^{-1}、13.6 MIU·mL^{-1}。

2. 与银染色技术配合使用的免疫胶体金探针

银增强免疫金标记物方法最早被应用于光学显微镜下。近年来,发展的电化学银增强放大的原理是在免疫金标记物的表面沉积金属银,用酸性溶液溶解后可释放出大量的银离子,结合高灵敏度的电化学检测方法,极大地提高了金属免疫分析的灵敏度。

免疫分析技术作为一种简便、快速和直观的分析方法,在分析化学研究中发展越来越快。楚霞等[169]建立了一种新的基于银增强免疫金标记物的电化学分析方法——阳极溶出伏安法。他们首先将补体C_3抗体通过物理吸附固定于聚苯乙烯微孔板壁上,再与相应的抗原(即待测物)C_3发生特异性的抗原和抗体免疫反应,然后再通过夹心模式捕获相应的纳米Au标记的C_3抗体,加入银增强溶液后,由于纳米Au能催化银离子的还原,因此通过银增强放大,可在纳米Au表面催化沉积大量的金属银,用酸溶解后,在玻碳电极上用阳极溶出伏安法对银离子进行检测,溶出峰电流的大小间接与待分析物C_3的浓度成正比。该方法极大地提高了金属纳米粒子免疫分析的灵敏度,达到或超过了酶联免疫分析和时间分辨荧光免疫分析的灵敏度。使用该方法检测抗原C_3的检测限为7.0 ng·mL^{-1},检测信号与待测抗原C_3的浓度对数在7.2 ～7.33 μg·mL^{-1}范围内呈线性相关。

Su等[170]研制了一种超灵敏的QCM生物传感器。这种生物传感器与用一般的荧光体系检测相比,由纳米Au粒子催化产生沉积银引起的质量增加导致在癌抗原检测中灵敏度的改善达5个数量级。

Cui等[171]采用晶种生长法制备了球形的Ag/Au核壳纳米粒了,将其用在表面增强拉曼光谱(SERS)的免疫分析中,方案见图2.14。以苯硫酚(TP)作为报告分子先与Ag/Au核壳纳米粒子结合,然后加入山羊抗鼠抗体,形成TP标记的免疫Ag/Au核壳纳米粒子。在处理过的玻璃基底上滴上山羊抗鼠抗体,制成捕获抗体的基底。以人 IgG 和山羊 IgG 分别作为抗原测试对象，采用典型的免疫夹心法用表面增强拉曼光谱进行检测，取得了较好的结果。

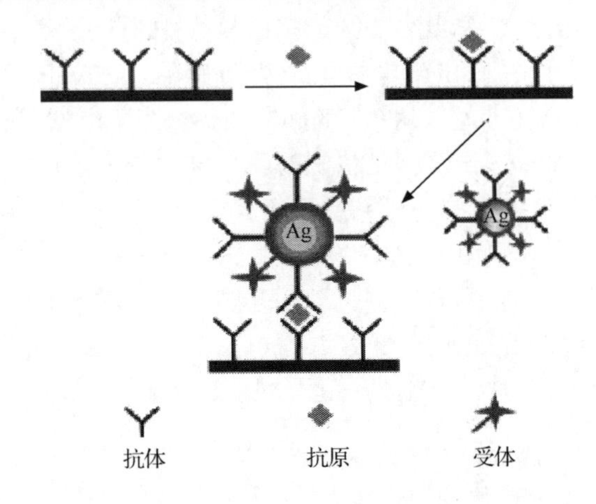

图 2.14 用报告基团标记免疫 Ag/Au 核壳双金属纳米粒子以自组装夹心方式免疫固定在基底的过程示意图[171]

Lin 等[172]用银增强纳米 Au 探针结合电微芯片检测技术建立了一种免疫分析方法，其基本原理也是利用银的沉积使电信号放大，与以往研究的最大不同就是使用了电微芯片，其最大的好处就是使免疫分析操作更简单，试剂用量更小。

斑点金免疫分析是比较经典的分析方法，Hou 等[173]利用银增强技术将斑点金免疫测定生物素的方法检出限改善到 10^{-19} mol · L^{-1}。

2.6.4 在细胞成像中的应用

细胞是生命体结构与生命活动的基本单位，没有细胞就没有完整的生命。一切生命的关键问题都要到细胞中去寻找答案。目前，细胞研究已经从单细胞整体提高到分子水平，把细胞看做物质、能量和信息诸过程的结合，并在分子水平上深入探索细胞的生命活动规律。纳米 Au 由于具有良好的稳定性、细胞穿透性及易与生物大分子偶联等优点，特别适合于目前单细胞研究发展的需要。纳米 Au 作为免疫标记物在电镜检测中应用十分广泛，用高电子密度的纳米 Au 标记抗体能增强显色效果，在电子显微镜下能准确定位抗原在细胞内外的分布位置[174]。纳米 Au 作为标记物还用于原位细胞杂交实验来检测细胞中的基因或 DNA 序列，这对于基础研究及病理学研究都是非常重要的。例如，人乳突淋瘤病毒 HPV-16 与宫颈癌是密切相关的，Her/2-new 的基因增殖对于乳腺癌诊断与治疗是至关重要的，尽管荧光和比色原位杂交测试已被广泛使用，相对于其他细胞着色方法而言，纳米 Au 检测为光镜观察提供了一种优良的黑色着色方法。与荧光法相比，纳米

Au检测不需要昂贵的荧光仪器，也不会随着观察时间的延长而漂白或退色[175]。整合素是一类细胞粘连的受体，具有增加细胞与有益基质的粘连从而促进细胞存活的能力。Hussain等[176]将纳米Au标记的缩氨酸配体与细胞一起孵育，使其进入细胞内，用原子力显微镜观察细胞内配体与血小板整合素受体在细胞内的键合作用，这种方法为未来研究正常病理过程中蛋白质/受体的相互作用打下了基础。Wang课题组[177]提出一种新的方法合成金纳米颗粒。此方法用叶酸还原氯金酸，一步法合成了金纳米颗粒，金纳米颗粒能靶向识别HeLa细胞，从而进行细胞成像。此方法操作简单，合成的颗粒尺寸均一，粒子大小可调控，并且细胞毒性小，在靶向治疗中可以得到很好的应用。

大多数癌细胞的表面都覆盖着一种特殊蛋白质，这种蛋白质被称为表皮生长因子受体(epidermal growth factor receptor，EGFR)，其表达得比正常细胞多很多。EGFR为癌症的治疗提供了新靶点，而健康细胞则不会明显地显示出这种蛋白质，如何探测这种蛋白质就成了判断体内是否带有癌细胞的关键。El-Sayed课题组[178]研究发现，金纳米颗粒与癌细胞的结合能力是其与正常细胞结合能力的600倍。将金纳米颗粒与EGFR的抗体结合，就会使金纳米颗粒附着在癌细胞上。在显微镜下，金纳米颗粒的超强吸光能力，使得癌细胞"原形毕露"。金纳米颗粒对可见光的强吸收特性可以使光能转换为热能。因此，可以在局部范围进行激光选择性加热，非常适合于分子或细胞的靶向。采用这种金纳米颗粒辅助激光热作用方法，可以对癌细胞进行选择性破坏，和正常细胞相比，杀死癌细胞只需一半的激光能量，而且不损害正常细胞。张秀丽[179]用一步法合成了能主动识别肝癌细胞的半乳糖保护的金纳米颗粒探针，其原理是哺乳动物的肝实质细胞上存在一类受体，能专一识别半乳糖。肝癌细胞是发生病变的肝实质细胞，所以它的细胞膜上也具有这种半乳糖受体。这样就可以利用我们制备的金纳米颗粒探针靶向识别肝癌细胞来进行细胞成像，从而诊断肝癌，如图2.15所示。

此外，纳米Au还被用于单细胞的超灵敏拉曼光谱测定[180]。结合在细胞中的纳米Au作为表面增强拉曼散射激活剂会使细胞中相应化学组分的拉曼信号显著增强，这些增强的拉曼信号使得单细胞的拉曼检测于400～1800 cm^{-1}范围内在比较短的收集时间里具有1 μm的横向分辨率。收集到的拉曼信号可以反映细胞的不同化学组成，因此活细胞中基于纳米Au的拉曼光谱提供了一种灵敏的、有选择地检测细胞中化学成分的工具。正是基于这一原理，kneipp等[181]将修饰有靛青绿的纳米Au光学探针(ICG-gold)与小鼠的前列腺癌活细胞一起孵育，使探针进入细胞内部，通过孵育前后ICG-gold的SERS信号的变化，得到细胞内部的成分组成以及宿主细胞在生物环境中的结构信息。

除了纳米Au用于细胞成像的研究外，银纳米粒子也可作为一种探针用于细胞成像研究。Nallathamby等[182]合成(13.1±2.5)nm和(91.0±9.3)nm两种粒

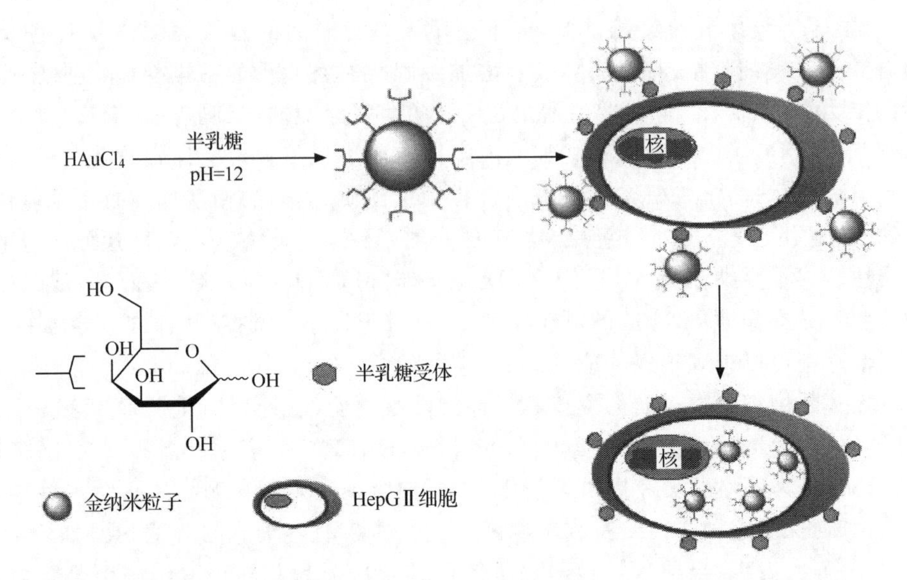

图 2.15 合成半乳糖保护的金纳米颗粒及其主动靶向 HepGⅡ细胞示意图[179]

径的银纳米粒子,并将其作为探针在纳米尺度上研究铜绿假单细胞菌 MexAB-OprM 尺寸依赖性转运的动力学。用紫外-可见分光光度计测定银的浓度,发现银纳米粒子在野生种类细胞内的积累要比在 MexAB-OprM 过度表达的细胞内多很多,但要比没有 MexAB-OprM 的细胞内低得多,这说明银纳米粒子是被 MexAB-OprM 挤出细胞的,同时银纳米粒子也成为一种运输器。他们还发现,银纳米粒子的粒径越小,在细胞内停留的时间越长。基于这一研究,将来可用纳米银模拟不同尺度的抗生素作为单体活细胞多药膜转运的探针。

2.6.5 在其他领域中的应用

1. 在药物分析中的应用

纳米药物载体技术是以纳米颗粒作为药物的携带载体,将药物分子包裹在纳米颗粒之中或吸附在其表面。若同时结合靶向药物技术,即在颗粒表面偶联特异性的靶向分子(如特异性配体和单克隆抗体等),通过靶向分子与细胞表面特异性受体结合,并在细胞摄粒作用下将药物分子引入到细胞内,就可以实现安全有效的靶向给药了。此外,随着载药纳米微粒定位问题的解决,不仅可以减少药物不良反应,而且还可将一些特殊药物输送到机体天然的生物屏障部位,来治疗以往只能通过手术治疗的疾病。近年来,国内外学者对纳米载体在靶向药物中的应用进行了大量的研究,下面只就以金纳米粒子为载体的一些研究加以简单介绍。

Tom 等[183]利用抗菌药物环丙沙星(cfH)对二氮环上的 NH 与金键合的原理,包覆 4～20 nm 不同粒径的金纳米颗粒获得稳定的 cfH-Au 复合物,这种复合物在干燥的室温条件下很稳定,且所键合的 cfH 药物分子在一定条件下可以解吸。这一研究表明金粒子可以作为 cfH 这类含单喹啉基团的药物分子的载体。Ramin 等[184]还利用短时间(小于 20 min)紫外光照射还原缩氨酸通过自组装作用而形成的纳米圆环结构中的金粒子,制备单分散的金纳米粒子,纳米粒子的尺寸由缩氨酸圆环中腔体的大小来控制。然后通过长时间(大于 10 h)的紫外光照射破坏缩氨酸纳米圆环而使金纳米粒子得以释放,具体过程见图 2.16。这种方法预示了缩氨酸-金纳米复合结构在药物释放和运输中的应用前景。与此研究类似,Joshi 等[185]的研究发现,将胰岛素固载于天冬氨酸修饰的纳米 Au 表面,通过口鼻黏膜注射到患有糖尿病的小鼠身上,进入血液后,固载的胰岛素会自动释放,从而降低血糖,达到治疗的目的,注射法降糖效果更好。

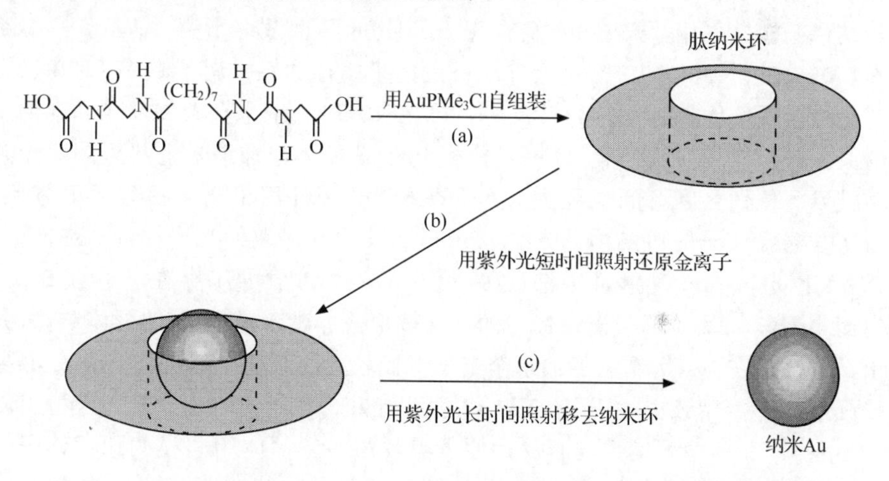

图 2.16　缩氨酸自组装和作为纳米反应器的反应过程模拟图[184]

除了在靶向药物方面的应用外,纳米 Au 还可用于痕量药物残留的检测。亚甲蓝是一种杀菌解毒药,近年来在光敏灭活病毒方面得到越来越广泛的应用,但其残留有致基因突变的可能,故痕量的亚甲蓝检测非常重要。刘绍璞等[186]建立了纳米 Au 作探针通过瑞利共振散射测定亚甲蓝的方法,为亚甲蓝的痕量检测提供了新方法。该方法根据在 pH 为 6.15～9.15 的中性或弱碱性介质中,金纳米微粒可与亚甲蓝阳离子靠静电引力及疏水作用力结合,形成粒径较大的聚集体(平均粒径从 12 nm 增至 20 nm),这种聚集体的形成导致共振瑞利散射(RRS)强度显著增强,最大散射峰位于 371 nm。在适当条件下,散射强度 (ΔI)与亚甲蓝浓度成正比。该法具有高灵敏度,将金纳米微粒作为测定亚甲蓝的高灵敏 RRS 探针,对亚甲蓝的检出限为 217 ng · mL^{-1},操作简便、快速,且有较好的选择性,可用于血液中亚甲蓝的测定。

2. 在金属离子检测中的应用

金属离子的检测方法有很多，目前常用检测方法有原子光谱法、紫外-可见分光光度法、质谱法、中子活化法和电化学分析法等。这些检测方法有的已经使用了几十年，是非常经典的检测方法。但传统的检测方法检测设备庞大，检测过程费时、费力。近年来，随着纳米技术的不断发展，基于金属纳米探针检测金属离子的方法越来越受到人们的青睐。纳米金粒子在较高离子浓度下极易发生聚合使共振散射强度发生变化，人们利用这一性质将纳米金作为检测金属离子的一种手段。

蒋治良等[187]利用纳米金共振散射原理测定废水中的钼，取得了满意的效果。粒径为 70 nm 的纳米金在硫酸/硫脲 2/ KSCN 介质中共振散射信号较弱，Mo(Ⅵ)被硫脲还原为 Mo(Ⅴ)后与硫氰酸钾生成橙红色配合物$[Mo(SCN)_5]^{2-}$，该配合物与纳米金探针作用，导致纳米金在 402nm 处的共振散射增强，增强信号与钼浓度在$1.0\times10^{-6}\sim20\times10^{-6}$ $mol\cdot L^{-1}$范围内呈线性关系。蒋治良等[188]基于铅离子与纳米金适配体探针的特异性反应，将适配体反应、纳米金聚集反应和金纳米微粒的共振散射效应有机结合，发展了检测 Pb^{2+} 适配体修饰纳米金共振散射光谱探针新技术。他们将制备的粒径为 5 nm 的纳米金探针用铅离子核酸适配体保护，制得了检测铅离子的适配体纳米金(aptamer-NG)共振散射光谱探针。在 pH 7.0 的 Na_2HPO_4-NaH_2PO_4缓冲溶液中及 30 $mmol\cdot L^{-1}$ NaCl 存在下，aptamer-NG 稳定而不聚集。Pb^{2+}可与该探针中的适配体形成非常稳定的 G-四分体结构，并释放出纳米金。在 NaCl 作用下纳米金聚集形成较大的微粒，导致 552 nm 处共振散射峰强度增大。用该方法检测 Pb^{2+} 线性范围为 0.07～42 $nmol\cdot L^{-1}$，检出限为 0.03 $nmol\cdot L^{-1}$，检测结果与石墨炉原子吸收法一致。应用同样的原理该研究小组制备了适配体修饰的纳米金，并建立了在 540 nm 处检测水中 Hg^{2+} 的高灵敏度、高选择性 RRS 检测方法[189]。

除了利用瑞利共振散射原理检测金属离子外，还有人将纳米金表面功能化，作为纳米生物探针检测金属离子。杨琳玲[190]在她的硕士论文里建立了 4 种表面功能化的纳米金检测 Pb^{2+} 和 Hg^{2+} 的方法。方法一：单链 DNA 静电吸附到纳米金表面，由于纳米金表面吸附的 DNA 分子具有较高的负电荷，此时即使在高离子强度时，纳米金仍旧呈分散状态。当有 Hg^{2+} 存在时，由于 Hg^{2+}-DNA 的特异性结合，导致纳米金表面富含碱基 T 的寡核苷酸在 Hg^{2+} 介导配对下自身弯折形成 T-Hg^{2+}-T 双链结构，纳米金表面的 Zeta 电压降低，纳米金表面的静电排斥降低，在高离子强度时发生凝聚，溶液的颜色由红色变为蓝色。这种基于纳米金和 DNA 的生物传感方法检测 Hg^{2+} 的最低检测限可达 5.0 $nmol\cdot L^{-1}$，Ca^{2+}、Mg^{2+} 等其他 8 种二价金属离子无明显干扰。该方法不仅具有灵敏度高、选择性好的特点，而且方法简单、快速、成本低、便于普及。方法二：利用 Hg 与 DNA 中胸腺嘧啶(T)结合的高度特异性和纳米金在 QCM 上的信号放大作用，设计了一种简便灵敏的 Hg^{2+} 检测方法。纳米金采用柠檬酸钠还原法制备，其表面用末端带巯基的寡核苷酸探针进行自组装修饰，并用 6-巯基己-1-醇(MCH)部分取代表面探针，以减少杂交空间位阻。结果表明，寡核苷酸链长为 9 bp、T 个数为 7 的序列具有较高灵敏度，线性范围为 5.0～100 $nmol \cdot L^{-1}$，检出限为 2.0 $nmol \cdot L^{-1}$，Ca^{2+}、Mg^{2+} 等其他金属离子无明显干扰，用于环境水样中 Hg^{2+} 的测定，加标回收率为 97.3%～101.2%。方法三：用带有巯基的随机序列修饰纳米金，制备核酸纳米探针用做纳米放大子，设计了一种新型的基于对 Pb^{2+} 敏感的 17E 脱氧核酶(17E DNAzyme)生物传感器，当有 Pb^{2+} 存在时，DNAzyme 被激活，酶链催化分裂底链，分裂的底链片段和酶链与纳米放大子杂交，使纳米金形成了网状聚集体结构，导致纳米金之间的距离缩短，从而发生凝聚，溶液颜色由红色变蓝紫色。这种基于纳米金和 17E DNAzyme的生物传感检测 Pb^{2+} 的方法，与目前的比色检测方法中 Pb^{2+} 的存在导致凝聚的纳米金分散的原理相反，本法的核心是 Pb^{2+} 的存在使分散的纳米金凝聚。实验结果表明该方法的背景干扰小，灵敏度高，检测限可达到 3.0 $nmol \cdot L^{-1}$，Ca^{2+}、Mg^{2+} 等其他金属离子无明显干扰。该法简便易行，用肉眼就能实现对 Pb^{2+} 的特异性检测。方法四：柠檬酸钠还原法制备的纳米金表面覆盖一层柠檬酸盐，柠檬酸中的羧基对金属离子 Pb^{2+}、Cu^{2+}、Cd^{2+} 和 Fe^{3+} 具有亲和性，在酸性溶液中纳米金表面的羧基与金属离子络合，从而导致纳米金凝聚，但在 pH 为 11.5 的强碱溶液中，金属离子形成了比羧基化合物更稳定的氢氧化物，导致纳米金表面的羧基不能与金属离子络合，但两性氢氧化物 $Pb(OH)_2$ 在碱性溶液中可电离出金属离子，与纳米金表面的羧基结合，导致纳米金凝聚，从而可实现 Pb^{2+} 的选择性检测。实验结果表明该法灵敏度可达 50 $nmol \cdot L^{-1}$，且简便易行、快速、成本低，在室温下就可快速实现对 Pb^{2+} 的检测。柴芳[191]在她的博士论文里建立了 3 种表面被功能化的纳米金粒子检测金属离子的方法。方法一：L-半胱氨酸功能化的纳米金颗粒(Cys-GNPs)并结合紫外光源的辅助用于检测水溶液中的 Hg^{2+}。在水溶液中如果存在 Hg^{2+}，Cys-GNPs 就会与其发生比色响应，达到检测水溶液中 Hg^{2+} 的目的。通过对其灵敏度和选择性的实验研究，证明该方法中紫外光源的照射提高了检测的灵敏度，并且在其他二价离子中具有很好的选择性，该方法检测 Hg^{2+} 可以达到的最低检测限为 100 $nmol \cdot L^{-1}$，检测结果可以通过裸眼观察到。方法二：基于谷胱苷肽功能化的纳米金颗粒(GSH-GNPs)比色检测 Pb^{2+} 的方法。通过 GSH-GNPs 对 Pb^{2+} 灵敏度和选择性的实验研究，水体中的 Pb^{2+} 可以被 GSH-GNPs 快速准确地检测出来，并且有高的灵敏度，与其他金属离子(Hg^{2+}、Mg^{2+}、Zn^{2+}、Ni^{2+}、Cu^{2+}、Co^{2+}、Ca^{2+}、Mn^{2+}、Fe^{2+}、Cd^{2+}、Ba^{2+} 和 Cr^{3+})相比具有高的选择性。方法三：一种简单、方便的基于牛血清白蛋白功能化纳米金颗粒(BSA-GNPs)荧光检测探针用于检测 Hg^{2+}。牛血清白蛋白功能化纳米金颗粒在 470 nm 处激发,在640 nm处有强的红光发射。据此检测水溶液中的 Hg^{2+},结果证明该法具有非常高的灵敏度,检测限为 0.1 nmol · L^{-1},而且 BSA-GNPs 荧光检测探针具有很好的选择性,其他金属离子都不能使 BSA-GNPs 的荧光完全猝灭。通过对实际环境水样进行检测,证明 BSA-GNPs 荧光探针具有很好的实用性和环境适用性。

还有很多其他方法通过用纳米金作探针来检测金属离子。Lin 等[192]在纳米金微粒表面修饰 15-冠-5 的巯烷基衍生物,通过 15-冠-5 的超分子作用与 K^+ 形成 2∶1夹心式结构,建立了通过凝聚反应测定血清中 K^+ 的新方法。研究表明,冠醚能够对碱金属离子选择性识别,溶液中存在的其他碱金属离子和碱土金属离子对检测均没有影响。也有人利用 2,9-二丁基-1,10-菲咯啉-5,6-氨基乙硫醇与 Li^+ 形成夹心结构的性质检测污染物中的 Li^+ [193]。Hupp 等[194]利用羧基与 Pb^{2+}、Cd^{2+} 和 Hg^{2+} 形成 2∶1 配位化合物的特性建立了简便快速的方法,检测环境水污染物中的 Pb^{2+}、Cd^{2+} 和 Hg^{2+}。Zamborini 利用羧基与 Cu^{2+} 的配位作用,在电极表面捕捉金纳米探针,建立了电化学法检测 Cu^{2+} 的方法[195]。许鑫华等[196]改进了活细胞内游离钙离子浓度的测定方法,即用惰性基体纳米微粒包埋荧光材料,将荧光纳米微球转运进细胞,实时测定细胞内游离的钙离子浓度。与传统方法相比,该方法染料不易泄漏,不会出现分室现象,不易光漂白,是一种非常有实用价值的测量活细胞内游离钙离子浓度的方法。

3. 在生物传感器中的应用

生物组分及试剂、疾病和有毒有害物质的准确快速检测是生物医学检测的重要目标,它为临床诊断提供了重要信息。一般来讲,生物传感器由两部分组成:生物识别系统和信号转换系统。在生物传感器中,生物识别元件的基底是一些具有分子识别功能的材料,具有专一的选择性,可以获得极高的灵敏度,采用固定化技术,将这些功能材料固定在载体上,形成分子识别功能薄膜;而信号转换器件通常是一个独立的化学或物理敏感元件,可采用电化学、光学、热学和压电等多种不同原理工作[197]。纳米粒子具有独特的物理化学性质及增强信噪比的优势,基于纳米粒子的生物传感器占据着重要地位。

1) 基于纳米金的光学检测技术

金纳米粒子聚集后粒子间距减小,将导致表面等离子体传播(surface plasmon polariton,SPP)模式和传播特性的改变及局域化表面等离子体(localized surface plasmon,LSP)模式和 SPP 模式的相互作用。这种相互作用同时也受到外界环境介电特性的影响[197],以致出现吸收光谱发生蓝移等现象。Mirkin 等[199]根据这种特性采用直接的颜色检测法来分析寡聚核苷酸的杂交特性,他们还通过改变温度,造成生物分子变性，观察到原先聚集的纳米粒子的重新分散，证明纳米金-生物分子聚集过程的可逆性。蔡新霞等[200]将 HCG 抗体吸附在纳米金表面，以纳米金为示踪标记物，制备出 HCG 快速定量生物传感器试条，根据检出限金颗粒富集程度不同，使用配套的光学定量检测系统，检测其特征波长反射率，以获得 HCG 浓度。该传感器试条可实现系统集成小型化，在临床急诊和社区农村卫生等领域有很好的应用潜力。王业富等[201]建立了一种应用金标链霉亲和素探针的目视化高灵敏度检测单纯疱疹病毒 2 型(HSV-2)的基因芯片，该芯片以 HSV-2DNA 聚合酶高保守区为靶序列，设计 HSV-2 特异性引物和探针，通过 PCR 反应使扩增产物标记上生物素，氨基修饰的探针固定在活化的玻片上，与生物素标记扩增产物杂交，由于生物素与链霉亲和素之间的高亲和力特性，加入纳米金标记的链霉亲和素后形成生物素-链霉亲和素-纳米金生物反应放大系统，银染反应后达到目视化检测 HSV-2 的效果，该 HSV-2 检测基因芯片能目视化检测出 100 $fmol \cdot L^{-1}$ HSV-2 扩增产物。而从经典的 SPR 检测的角度考虑，由于纳米金属颗粒可以结合更多的生物大分子，单位面积质量变化增大，导致折射率变化增大，所以 Lyon 等[202]采用纳米金或纳米金标记的生物大分子来修饰金膜，构造 SPR 检测系统的敏感薄膜，从而检测到具有较大偏移的反射波谷，达到对 SPR 信号的放大作用。由于纳米金属颗粒造成光散射，这种等离子体的散射特性又是和外周紧邻介质的介电常数相关的，所以其散射谱也可以用来描述表面局部的介电常数变化。日本的 Himmelhaus 等[203]采用漫反射结构的检测系统所得到的研究结果进一步表明，金属粒子所产生的等离子体可以增强其表面周围环境的电场。这种增强的电场和周围的环境发生相互作用，可以明显地改变共振粒子和周围环境的散射谱特性。例如，表面增强拉曼光谱就是利用局域化的等离子体共振来增强其散射特性的[204,205]。胶体金对 SPR 的增强作用在一个三明治夹心结构[206](图 2.17)中得到应用，右旋糖酐经 NHS 活化后，一端与金相连，另一端与氨化的 DNA 相连，形成靶分子，与被寡核苷酸修饰的金纳米粒子杂交，增强了 SPR 的信号，达到提高 DNA 检出限的目的。

2) 基于纳米金标记物介电特性的检测技术

纳米金作为光学标记在免疫检测领域已经获得了广泛的应用。最近的研究发现，纳米金不仅是非常好的光学标记物，也许更能成为免疫检测中很好的电化学标记物。金是非常好的导电材料，而在纳米金免疫检测过程中出现的纳米金的大量聚集，必定会使体系的电导增强，从而使通过电导检测免疫反应成为可能[207]。最近科学家开始注意纳米金介电特性的应用，如 Park 等[137]研究表明，结合了纳米金的寡聚核苷酸，在发生特异性结合反应后，薄膜的导电性发生很大变化，对这样的体系同样还可以采用 $AgNO_3$ 增强，检测下限可达 $5\times10^{-13}\ mol \cdot L^{-1}$。类似地，Kim 等[208]通过交流电导法检测了在交叉电极上的纳米金标记的免疫凝聚物，从

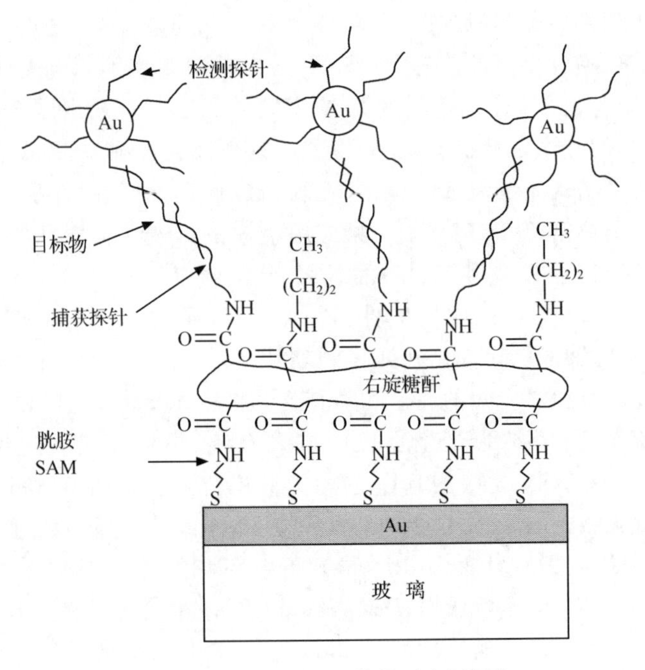

图 2.17　三明治夹心结构示意图[206]

而实现了对经典纳米金免疫层析法的电化学检测,并通过在纳米金上包被导电聚合物聚苯胺,提高交流电导法测定金标免疫反应的灵敏度。研究表明,电导的大小与纳米金标记抗体的浓度在一定范围内有很好的线性关系。Syvanen 等[209]认为,这种纳米金电化学检测的思路无疑是一种简便有效的解决方案,但还存在一定的问题,如检测下限还有待降低、检测电路设计有待进一步优化等。

Gonzalez-Garcia 等[210-212]把纳米金作为电化学标记物。其中,纳米金直接作为电化学反应物质,参与氧化还原反应。其电化学过程为

$$Au + 4\ Cl^- \longrightarrow AuCl_4^- + 3e \quad (1.25\ V) \tag{2.1}$$

$$AuCl_4^- + 3\ e \longrightarrow Au + 4\ Cl^- \quad (0.43\ V) \tag{2.2}$$

研究者采用碳糊电极吸附生物素化的牛血清白蛋白,并与标记有纳米金的亲和素进行免疫反应。在 0.1 mol · L^{-1} 的盐酸溶液中,对修饰电极应用极化电位 1.25 V 进行氧化,然后进行伏安扫描,检测还原峰电流。研究表明,峰电流的大小与纳米金颗粒的浓度有很好的线性关系。

3) 基于纳米金催化性质的检测技术

随着纳米金直径减小,比表面积增大,表面原子数增多及表面原子配位不饱和性增强导致大量的悬键和不饱和键等,这使得纳米金具有很大的生物活性和很好的催化作用,并且提高化学反应的选择性。因为纳米金有促进电子传递和电荷传导的作用,所以对于那些有氧化还原电位较小的生物大分子参加的生化反应,具有

很强的催化作用，能明显提高生物大分子的活性。因此，也可以通过对生物大分子活性的变化测定纳米金标记抗体的浓度。例如，应用纳米金增强葡萄糖氧化酶(GOD)的活性[213]。研究发现，当颗粒小到一定程度时，GOD分子与纳米金能够发生电子传递，进而增强GOD催化能力，所以纳米金修饰的葡萄糖氧化酶可以增强酶的催化活性，提高灵敏度。江丽萍等[214]利用金纳米颗粒与明胶一起固定GOD，大幅度地提高了固定化酶的催化活性，制得具有纳米增强效应的葡萄糖传感器。

金纳米粒子作为标记物的优点主要体现在：①可以通过物理吸附作用，标记几乎所有的大分子物质，且操作方便，标记后大分子物质的活性基本不发生改变；②仪器设备简单，将金纳米粒子接上抗原或抗体，就能通过目视间接凝集实验而进行快速诊断；③免疫金探针的特异性强，而非特异性吸附作用小，较少受生物组织背景影响；④标记简单的抗体、凝聚素、酶和激素等，很容易形成稳定的金标记复合物，可长期保存，在检测中免疫胶体金和被检测的样本用量极小，检测速度较快；⑤可以制备不同粒径的金纳米粒子用于多重标记；⑥纳米金粒子的电子密度很大，特别适合于TEM或SEM观察，检测抗原或抗体的敏感性远远超过了酶反应物。因此，纳米金及其复合纳米粒子在生命科学领域具有广阔的应用前景。

参考文献

[1] 徐辉碧，杨祥良．纳米医药．北京：清华大学出版社，2004.

[2] 李宇农，何建军，龙小兵．稀有金属与硬质合金，2003，31(4)：45-50.

[3] Jeong U，Teng X，Wang Y，et al. Advan Mater，2007，(19)：33-60.

[4] 王伟，吴尧，顾忠伟．中国材料进展，2009，28(1)：43-48.

[5] 胡永红，容建华，刘应亮．化学进展，2005，17(6)：994-1000.

[6] Oldenburg S J，Averitt R D，Westcott S L，et al. Chem Phys Lett，1998，288：243-247.

[7] Tian N，Zhou Z Y，Sun S G，et al. Science，2007，316：732-735.

[8] Tian N，Zhou Z Y，Sun S G. Chem Commun，2009，(12)：1502-1504.

[9] Zhou Z Y，Huang Z Z，Chen D J，et al. Angew Chem Int Ed，2010，49：411-414.

[10] Chen Y X，Chen P S，Zhou Z Y，et al. J Am Chem Soc，2009，131：10 860-10 862.

[11] Wei G Z，Lu X，Ke F S，et al. Adv Mater，2010，22：4364-4367.

[12] 宗璟，陈英文，祝社民，等．化工学报，2006，57(8)：1776-1781.

[13] Zhao J，O' Day J P，Henkens R W，et al. Biosens Bioelectron，1996，11(5)：493-502.

[14] Gole A，Dash C，Soman C，et al. Bioconjugate Chem，2001，12(5)：684-690.

[15] 侯士敏，陶成钢，刘虹雯，等．物理学报，2001，50(2)：223-224.

[16] Geiter H. Science，1989，33：223-227.

[17] Mafune F，Kohno J，Takeda Y，et al. J Phys Chem B，2001，105(22)：5114-5120.

[18] Kenneth J K，Jane S，Olga K，et al. J Phys Chem，1996，100：12 142-12 153.

[19] 张黎明，齐晓周，秦永宁，等．化学通报，2001，11：696-700.

[20] 李喜波，唐晓红，吴卫东，等．强激光与离子束，2006，18 (6)：1023-1026.

[21] Frens G. Nature Phys Sci,1973,241: 20-22.
[22] Prasad B L V,Stoeva S I,Sorensen D M,et al. Chem Mater,2003,15: 935-942.
[23] Kim K S,Demberelnyamba D,Lee H. Langmuir,2004,20: 556-560.
[24] Corbierre M K,Cameron N S,Sutton M,et al. J Am Chem Soc,2001,123: 10 411-10 412.
[25] Shimmin R G,Schoch A B,Braun P V. Langmuir,2004,20: 5613-5620.
[26] Dykman L A,Lyakhov A A,Bogatytev V A,et al. Colloid J,1998,60(6): 700-704.
[27] 吴青松,赵岩,张彩碚. 高等学校化学学报,2005,26(3): 407-411.
[28] 曹璨. 树状体包被的纳米金的制备、表征及生物分子修饰. 沈阳:东北大学硕士学位论文,2006
[29] 王楠,徐淑坤,周宇. 分析科学学报,2007,23(2): 189-192.
[30] 黄玉萍,徐淑坤,王文星,等. 无机化学学报,2007,23(10): 1683-1688.
[31] Wang W X,Chen Q F,Jiang C,et al. Colloids Surf A,2007,301:73-79.
[32] Wang W X,Huang Y P,Chen Q F,et al. Spectrosc Spect Anal,2008,28(8): 1726-1729.
[33] 王文星,黄玉萍,徐淑坤. 分析化学,2011,39(3): 356-360.
[34] Wei G T,Liu F K,Wang C R C. Anal Chem,1999,71: 2085-2091.
[35] 齐航,朱涛,刘忠范. 物理化学学报,2000,16(10): 956-960.
[36] 张韫宏,谢兆雄. 中国科学(B辑),1996 ,26(6): 522-528.
[37] 廖学红,赵小宁. 南京大学学报(自然科学版),2002,38(1): 119-123.
[38] Chiang C L. J Colloid Interface Sci,2000,230(1): 60-66.
[39] Mori Y,Okamoto S I,Aashi T. Kagaku Kogaku Ronbunshu,2001,27(6): 736-741.
[40] Brown K R,Natan M J. Langmuir,1998,14: 726-729.
[41] Jana N R. Chem Comm,2001,7: 1950-1951.
[42] Murphy C J,Jana N R. Adv Mater,2002,14(1): 80-82.
[43] Mallick K,Wang Z L,Pal T. J Photochem Photobiol A,2001,140(1): 75-80.
[44] Sau T K,Pal A,Jana N R,et al. J Nanopart Res,2001,3(4): 257-261.
[45] Pal A. Materials Letter,2004,58: 529-534.
[46] 姚素薇,刘恒权,张卫国,等. 物理化学学报,2003,19(5): 464-468.
[47] Esumi K,Hosoya T,Suzuki A,et al. J Colloid Interface Sci,2000,229(1): 303-306.
[48] Tsutsui G,Huang S J,Sakaue H,et al. Jpn J Appl Phys,2001,40(1): 346-349.
[49] Meldrum F C,Wada V J,Nimmo D L,et al. Nature,1991,349 (21): 684-687.
[50] Wong K K W,Mann S. Adv Mater,1996,8 (11): 928-932.
[51] Galvez N,Sanchez P,Dominguez-Vera J M,et al. J Mater Chem,2006,16: 2757-2761.
[52] Okauda M,Iwahori K,Yamashita I,et al. Biotechnol Bioeng,2003,84: 187-194.
[53] Hoinville J,Bewick A,Gleesson D,et al. J Appl Phys,2003,93: 7187-7189.
[54] Wong K K W,Douglas T,Gider S,et al. Chem Mater,1998,10: 279-285.
[55] Polanams J,Ray A D,Watt R K. Inorg Chem,2005,44: 3203-3209.
[56] Douglas T,Stark V T. Inorg Chem,2000,39: 1828-1830.
[57] Kim J W,Choi S H,Lillehei P T,et al. Chem Commun,2005,32: 4101-4103.
[58] Patolsky F,Weizmann Y,Willner I. Nat Mater,2004,3: 692-695.
[59] Mayes E L,Vollrath F,Mann S. Adv Mater,1998,10: 801-805.
[60] 陈文兴,吴雯,陈海相,等. 中国科学(B辑),2003,33(3): 185-191.
[61] Douglas T,Young M. Nature,1998,393: 152-155.

[62] Fan T X, Chow S K, Zhang D. Prog Mater Sci, 2009, 54: 542-659.
[63] Banerjee I A, Yu L, Matsui H. PNAS, 2003, 100: 14 678-14 682.
[64] Djalali R, Chen Y, Matsui H. J Am Chem Soc, 2002, 124: 13 660-13 661.
[65] Yu L, Banerjee I A, Matsui H. J Mater Chem, 2004, 14: 739-743.
[66] Yu L, Banerjee I A, Matsui H. J Am Chem Soc, 2003, 125: 14 837-14 840.
[67] Yu L, Banerjee I A, Shima M, et al. Adv Mater, 2004, 16: 709-712.
[68] Berti L, Burley G A. Nat Nanotechnol, 2008, 3(2): 81-87.
[69] Coffer J L, Chandler R. Mater Res Soc Symp Proc, 1991, 206: 527-531.
[70] Deng Z, Mao C. Nano Letters, 2003, 3(11): 1545-1548.
[71] Pompe W, Meritig M, Kirsch R, et al. Z Metalikd, 1999, 90(12): 1085-1091.
[72] Richter J, Mertig M, Pompe W, et al. Appl Phys, 2002, 74: 725-728.
[73] Gugliotti L A, Feldheim D L, Eaton B E. Science, 2004, 304: 850-852.
[74] Kumar A, Jakhmola A. Langmuir, 2007, 23: 2915-2918.
[75] Wang X, Chen P L, Liu M H. Nanotechnology, 2006, 17: 1177-1183.
[76] Beveridge T J, Murray R G E. J Bacteriol, 1980, 141: 876-887.
[77] Klaus T, Joerger R, Olsson E, et al. Proc. Natl Acad Sci, 1999, 96:13 611-13 614.
[78] Ahmad A, Senapati S, Khan M I, et al. Langmuir, 2003, 19: 3550-3553.
[79] Bharde A, Wani A, Shouche Y, et al. J Am Chem Soc, 2005, 127: 9326-9327.
[80] Nair B, Pradeep T. Cryst Growth Des, 2002, 2: 293-298.
[81] Kowshik M, Ashtaputre S, Kharrazi S, et al. Nanotechnology, 2003, 14: 95-100.
[82] Jha A K, Prasadb K, Prasad K. Biochem Eng J, 2009, 43: 303-306.
[83] Shankar S S, Ahmad A, Parischa R, et al. J Mater Chem, 2003, 13: 1822-1826.
[84] Das S K, Das A R, Guha A K. Langmuir, 2009, 25: 8192-8199.
[85] Chiang C Y, Mello C M, Gu J J, et al. Adv Mater, 2007, 19: 826-832.
[86] Singh P, Gonzalez M J, Manchester M. Drug Develop Res, 2006, 67: 23-41.
[87] Huang J, Kunitake T. J Am Chem Soc, 2003, 125: 11 834-11 835.
[88] He J, Kunitake T, Nakao A. Chem Mater, 2003, 15(23): 4401-4406.
[89] Li X, Fan T, Zhou H, et al. Micropor Mesopor Mater, 2008, 116: 478-484.
[90] Liu Z, Fan T, Zhang D. J Am Ceram Soc, 2006, 89: 662-665.
[91] Li X, Fan T, Zhou H, et al. Adv Funct Mater, 2009, 19: 45-56.
[92] Bhattacharya A K, Heinrich J G. J Mater Sci, 2006, 41: 2443-2448.
[93] Li L, Wu Q S, Ding Y P. Nanotechnology, 2004, 15: 1877-1881.
[94] Gardea-Torresdey J L, Tiemann K J, Game Z G, et al. J Nanopart Res, 1999, 19(3): 397-404.
[95] Shankar S S, Rai A, Ahmad A, et al. J Colloid Interface Sci, 2004, 275: 496-502.
[96] Rai A, Singh A, Ahmad A, et al. Langmuir, 2006, 22(2): 736-741.
[97] Chandran S P, Chaudhary M, Pasricha R, et al. Biotechnol Progr, 2006, 22(2): 577-583.
[98] Ankamwar B, Damle C, Ahmad A, et al. J Nanosci Nanotechnol, 2005, 5(10): 1665-1671.
[99] Narayanan K B, Sakthivel N. Mater Lett, 2008, 62: 4588-4590.
[100] Sharma N, Sahi S, Sudipnath, et al. Environ Sci Technol, 2007, 41: 5137-5142.
[101] Singaravelu G, Arockiamary J S, Kumarb V G, et al. Colloids Surf B, 2007, 57: 97-101.
[102] Lengke M F, Fleet M E, Southam G. Langmuir, 2007, 23: 8982-8987.

[103] Anshup A, Venkataraman J S, Subramaniam C, et al. Langmuir, 2005, 21: 11 562-11 567.
[104] 王娜,苏慧兰,董群,等．无机材料学报,2007,22: 209-212.
[105] 杜学礼,潘子昂．现代仪器分析——扫描电子显微镜分析技术．北京: 化学工业出版社,1986.
[106] 王世平,王静,仇厚援．现代仪器分析原理与技术．黑龙江: 哈尔滨工程大学出版社,1999.
[107] Li X L, Zhang J H, Xu W Q, et al. Langmuir, 2003, 19: 4285-4290.
[108] De la Presa P, Multigner M, De la Venta J, et al. J Appl Phys, 2006, 100: 123 915 123 916.
[109] Mott D, Galkoski J, Wang L Y, et al. Langmuir, 2007, 23: 5740-5745.
[110] Xu C J, Xu K M, Gu H W, et al. J Am Chem Soc, 2004, 126(11): 3392-3393.
[111] Sun Y A, Xia Y N. Adv Mater, 2003, 15: 695-699.
[112] Dawn A, Mukherjee P, Nandi A K. Langmuir, 2007, 23: 5231-5237.
[113] Sarma T K, Chowdhury D, Paul A, et al. Chem Commun, 2002, (10): 1048-1049.
[114] Esumi K, Suzuki A, Yamahira A, et al. Langmuir, 2000, 16: 2604-2608.
[115] Zhang Y W, Peng H S, Huang W, et al. J Phys Chem C, 2008, 112: 2330-2336.
[116] Raveendran P, Fu J, Wallen S L. J Am Chem Soc, 2003, 125: 13 940-13 941.
[117] Vigneshwaran N, Nachane R P, Balasubramanya R H, et al. Carbohydr Res, 2006, 341: 2012-2018.
[118] Sarma T K, Chattopadhyay A. Langmuir, 2004, 20: 3520-3524.
[119] He F, Zhao D Y. Environ Sci Technol, 2005, 39: 3314-3320.
[120] Liu T Y, Hua S H, Liu K H, et al. J Magn Magn Mater, 2006, 304: 397-399.
[121] Soenena S J H, Hodeniusb M, Schmitz R T, et al. J Magn Magn Mater, 2007, 8: 1-8.
[122] 胡瑞声,刘善堂,朱涛,等．物理化学学报,1995,15(11): 961-964.
[123] James J S, Robert E, Robert C M, et al. J Am Chem Soc, 1998, 120: 1959-1964.
[124] 李井泉．基于纳米探针技术的 DNA 杂交分析与免疫分析方法研究．无锡:江南大学硕士论文,2008.
[125] Cao Y W, Jin R C, Mirkin C A. J Am Chem Soc, 2001, 123: 7961-7962.
[126] Lee J S, Ulmann P A, Han M S, et al. Nano Lett, 2008, 8(2): 529-533.
[127] Hurst S J, Hill H D, Mirkin C A. J Am Chem Soc, 2008, 130(36): 12 192-12 200.
[128] Dustin J, Maxwell, Jason R T, et al. J Am Chem Soc, 2002, 124(32): 9606-9612.
[129] Bao P, Frutos A G, Greef C, et al. Anal Chem, 2002, 74(8): 1792-1797.
[130] Hou M, Sun S J, Jiang Z L. Talanta, 2007, 72: 463-467.
[131] Gourishankar A, Shukla S, Ganesh K N, et al. J Am Chem Soc, 2004, 126(41): 13 186-13 187.
[132] 习东,宁琴,卢强华,等．中国生物医学工程学报,2006,25(1): 30-34.
[133] 莫志红,郭昆鹏,杨小超．分析化学,2008,36(4): 518-520.
[134] Taylor J R. Bioconjugated nanoparticle probes for ultrasensitive DNA diction. Indiana University, Bloomington, Indiana, USA, 2002.
[135] 王周平,徐欢,段诺,等．化学学报,2010,68(9): 909-916.
[136] Authier L, Grossiord C, Limoges B, et al. Anal Chem, 2001, 73(18): 4450-4456.
[137] Park S J, Taton T A, Mirkin C A, et al. Science, 2002, 295(22): 1503-1505.
[138] 蔡宏,王延琴,何品刚,等．高等学校化学学报,2003,24(8): 1390-1394.
[139] 杨小超．核酸纳米探针的制备与应用研究．重庆:重庆大学硕士论文,2007.
[140] Zhou X C, O'Shea S J, Li S F Y. Chem Commun, 2000, (11): 953-954.
[141] 刘涛,唐季安,韩梅梅,等．科学通报,2003,48(4): 342-344.

[142] Liu T,Tang J A,Jiang L. Biochem Biophys Res Commun,2004,313(1): 3-7.
[143] 包华. 应用DNA-纳米金探针和基因芯片检测基因突变的研究. 上海:华东师范大学,2009.
[144] 包华,贾春平,周忠良,等. 化学学报,2009,67(18): 2144-2148.
[145] 汪毅,毛红菊,臧国庆,等. 分析化学,2010,38(8): 1133-1138.
[146] 万志香. 应用DNA-纳米金探针的目视化甲型肝炎病毒检测基因芯片的研究. 武汉:武汉大学硕士学位论文,2005.
[147] Hsiao C R,Chen C H. Anal Biochem,2009,389: 118-123.
[148] 张淑红. 蛋白质纳米粒子共振光散射探针的研究. 保定:河北农业大学硕士学位论文,2004.
[149] Cuarise G,Pasquato L,Filippis V D,et al. PNAS,2006,103 (11): 3978-3982.
[150] Grubisha D S,Lipert R J,Park H Y,et al. Anal Chem,2003,75 (21): 5936-5943.
[151] Jiang Z L,Liu S P,Chen S. Spectrochim Acta Part A,2002,58(14): 3121-3126.
[152] 蒋治良,冯忠伟,李廷盛,等. 中国科学(B辑),2001,31(2):183-188.
[153] Liu S P,Yang Z,Liu Z F,et al. Anal Biochem,2006,353: 108-116.
[154] 董守安,唐春. 贵金属,2005,26(1): 53-61.
[155] Holgate C S. J Histochem Cytochem,1978,26(12): 1074-1081.
[156] 彭玲,郑姝颖,张培训,等. 电子显微学报,2004,23(4): 503.
[157] 郁毅刚,徐如祥,姜晓丹,等. 解放军军医杂志,2004,29(8): 722-724.
[158] 姜雄平,许丹科,马立人. 分析化学,2002,30: 784-787.
[159] 吕伸,常文保,李元宗,等. 分析化学,2000,28(11): 1321-1325.
[160] Dequaire M,Degrand C,Limoges B. Anal Chem,2000,72(22): 5521-5528.
[161] Jiang Z L,Wang S M,Liang A H,et al. Talanta,2009,77: 1191-1196.
[162] Jiang Z L,Liao X J,Deng A H,et al. Anal Chem,2008,80(22): 8681-8687.
[163] Ho J A,Chang H C,Shih N Y,et al. Anal Chem,2010,82(14): 5944-5950.
[164] Li J P,Gao H L,Chen Z Q,et al. Anal Chim Acta,2010,665(1): 98-104.
[165] Liu H M,Yang Y D,Chen P,et al. Biochem Eng J,2009,45(2): 107-112.
[166] Phadtare S,Kumar A,Vinod V P,et al. Chem Mater,2003,5(10): 944-949.
[167] Tang D,Sauceda J C,Lin Z,et al. Biosens Bioelectron,2009,5(2): 514-518.
[168] Jiang Z L,Zou M J,Liang A H. Clin Chim Acta,2008,387(1): 24-30.
[169] 楚霞,傅昕,沈图励,等. 高等学校化学学报,2005,126(9):1637-1639.
[170] Su X,Li S F Y,O'Shea S J. Chem Commun,2001,755-756.
[171] Cui Y,Ren B,Yao J L,et al. J Phys Chem B,2006,110(9): 4002-4006.
[172] Yeh C H,Huang H H,Chang T C,et al. Biosens Bioelectron,2009,24(6): 1661-1666.
[173] Hou S Y,Chen H K,Cheng H C,et al. Anal Chem,2007,79(3): 980-985.
[174] Kreuter J. Microcapsules and nanoparticles in medicine and pharmacy. Boca Raton: CRC Press,1992.
[175] 程介克. 单细胞分析. 北京: 科学出版社,2005:333.
[176] Hussain M A,Agnihotri A,Siedlecki. Langmuir,2005,21(15): 6979-6986
[177] Li G P,Li D,Wang E K,et al. Chem Eur J,2009,15(38): 9868-9873.
[178] Jain P K,El-Sayed I H,El-Sayed M A. Nanotoday,2007,2(1):18-29.
[179] 张秀丽. 金纳米颗粒生物探针的制备及其在生物医学中的应用. 长春:东北师范大学硕士学位论文,2010.
[180] Kenipp K,Haka A S,Kneipp H,et al. Appl Spectrosc,2002,56(2): 150-154.

[181] Kneipp J,Kneipp H,Rice W L,et al. Anal Chem,2005,77(8):2381-2385.
[182] Nallathamby P D,Lee K J,Desai T,et al. Biochemistry,2010,49(28):5942-5953.
[183] Tom R T,Suryanarayanan V,Reddy P G,et al. Langmuir,2004,20(5):1909-1914.
[184] Ramin D,Jacopo S,Hiroshi M. J Am Chem Soc,2004,126(25):7935-7939.
[185] Joshi H M,Bhumkar D,Joshi K,et al. Langmuir,2006,22(1):300-305.
[186] 鲁群岷,何佑秋,刘绍璞,等. 高等学校化学学报,2006,27(5):849-852.
[187] 张静,梁爱惠,蒋治良. 分析测试技术与仪器,2008,14(4):199-201.
[188] 凌绍明,范燕燕,蒋治良,等. 化学学报,2010,68(4):339-344.
[189] Jiang Z L,Fan Y Y,Chen M L,et al. Anal Chem,2009,81(13):5439-5445.
[190] 杨琳玲. 纳米探针在重金属检测中的应用研究. 重庆:重庆大学硕士学位论文,2009.
[191] 柴芳. 基于金纳米颗粒生物探针的制备及其检测重金属离子的应用研究. 长春:东北师范大学博士学位论文,2010.
[192] Lin S Y,Liu S W,Lin C M,et al. Anal Chem,2002,74 (2):330-335.
[193] Obare S O,Hollowell R E,Murphy C J. Langmuir,2002,18 (26):10 407-10 410.
[194] Kim Y,Johnson R C,Hupp J T. Nano lett,2001,1(4):165-167.
[195] Zamborini F P,Leopold M C,Hicks J F,et al. J Am Chem Soc,2002,124 (30):8958-8964.
[196] 许鑫华,傅英松,韩波,等. 科学通报,2003,19 (4):282-284.
[197] 刘传银. 郧阳师范高等专科学校学报,2009,29(6):59-62.
[198] Kume T,Nakagawa N,Hayashi S,et al. Solid State Commun,1995,93(2):171-175.
[199] Elghanian R,Storhoff J J,Mucic R C,et al. Science,1997,277:1078-1081.
[200] 郭宗慧,刘军涛,刘春秀,等. 传感技术学报,2008,21(3):373-376.
[201] 刘明贵,王业富,隋放,等. 中国病毒学,2006,21(3):294-297.
[202] Lyon L A,Musick M D,Smith P C,et al. Sens Actuators B,1999,54 (1-2):118-124.
[203] Himmelhaus M,Takei H. Sens Actuators B,2000,63 (1-2):24-30.
[204] Prochazka M,Mojzes P,Vickova B,et al. J Mol Struct,1997,410-411:209-211.
[205] Freeman R G,Grabar K C,Allison K J,et al. Science,1995,267:1629-1632.
[206] Yao X,Li X,Toledo F,et al. Anal Biochem,2006,354 (2):220-228.
[207] Liu Y J,Wang Y X,Claus R O. Chem Phys Lett,1998,299 (3-4):315-321.
[208] Kim J H,Cho J H,Cha G S,et al. Biosens Bioelectron,2000,14 (12):907-915.
[209] Syvanen A C,Soderlund H. Nature,2002,120:349-350.
[210] Gonzalez-Garcia M B,Fernandez-Sanchez C,Costa-Garcia A. Biosens Bioelectron,2000,15 (5-6):315-321.
[211] Gonzalez-Garcia M B,Costa-Garcia A. Biosens Bioelectron,2000,15(11-12):663-670.
[212] Hernandez-Santos D,Gonzalez-Garcia M B,Costa-Garcia A. Electrochim Acta,2000,46(4):607-615.
[213] Chen X Y,Li J R,Li X C,et al. Biochem Biophysl Res Commun,1998,245 (2):352-355.
[214] 江丽萍,吴霞琴,朱柳菊,等. 上海师范大学学报(自然科学版),2003,32 (1):48-52.

第3章 量子点荧光探针

3.1 引 言

量子点(quantum dots,QDs)是一种三维团簇,由有限数目的原子组成,其3个维度尺寸均在纳米数量级。它可以解释为粒径小于或接近于激子玻尔半径的半导体纳米晶粒,是半导体介于分子和晶体之间的过渡态。它由Ⅱ-Ⅵ族或Ⅲ-Ⅴ族元素组成,具有类似于体相晶体的规整原子排布,其主要类型如表3.1所示,目前研究较多的主要是CdX(X = S、Se和Te)等几种。

表3.1 量子点的类型

类型	量子点
Ⅱ-Ⅵ	MgS、MgSe、MgTe、CaS、CdSe、CdTe、SrS、SrSe、SrTe、BaS、BaSe、BaTe、ZnS、ZnSe、ZnTe、CdS、CdSe、CdTe、HgS、HgSe
Ⅲ-Ⅴ	CaAs、InGaAs、InP、InAs

量子点的粒径一般为1~10 nm,由于粒径很小,电子和空穴被量子限域,连续能带变成具有分子特性的分立能级结构,受激后可以发射荧光,并且通过调控量子点的大小可以严格控制其光吸收和发射特征。由于量子点具有一般有机荧光染料无法比拟的独特的荧光光谱性能,它已引起生命科学领域研究者的广泛兴趣。图3.1为量子点与有机荧光染料的吸收光谱和荧光光谱比较图。由图可以看出,量子点的吸收光谱为一连续的谱图,而有机染料只能在特定的波长区域才具有明显吸收。因此,量子点可以在较大的波长范围内被激发放出荧光,而有机染料则只能在较窄的波长范围被激发。比较两者的荧光发射谱图可以看出,量子点的荧光谱图半峰宽窄且谱线对称,而有机染料的谱图较宽且有明显的拖尾现象。总体来讲,量子点区别于有机荧光染料的特点表现为以下5点:①具有宽的激发波长范围,可以使用小于其发射波长10 nm的任意波长激发光来激发,这样就可以使用同一种激发光同时激发多种量子点,从而发射出不同波长的荧光;而有机荧光染料的激发光波长范围较窄,需要多种波长的激发光来激发多种荧光染料,给实际工作带来了很多不便。②量子点的发射峰窄而对称、重叠小,大小均匀的量子点发射光谱峰呈现对称高斯分布;而有机荧光染料发射峰宽且峰形不对称,且拖尾现象严重,给分析检测带来难以解决的问题。③量子点的发射波长可以通过控制纳米颗

粒的尺寸和组成来调谐,因此可以合成所需任意波长的量子点(图 3.2)。④量子点的荧光强度及稳定性比普通荧光染料高 1~2 个数量级,几乎没有光褪色现象,可以长时间观察所标记的对象。⑤量子点的生物相容性好,尤其是经过各种化学修饰之后,不仅可以进行特异性偶联,对生物体危害小,且可进行生物活体标记和检测;而有机荧光染料一般毒性较大,生物相容性差。由于上述诸多优点,10 多年来,有关量子点的合成、修饰及在各个领域的应用研究得到了迅速的发展,取得了一系列突破性的成果。

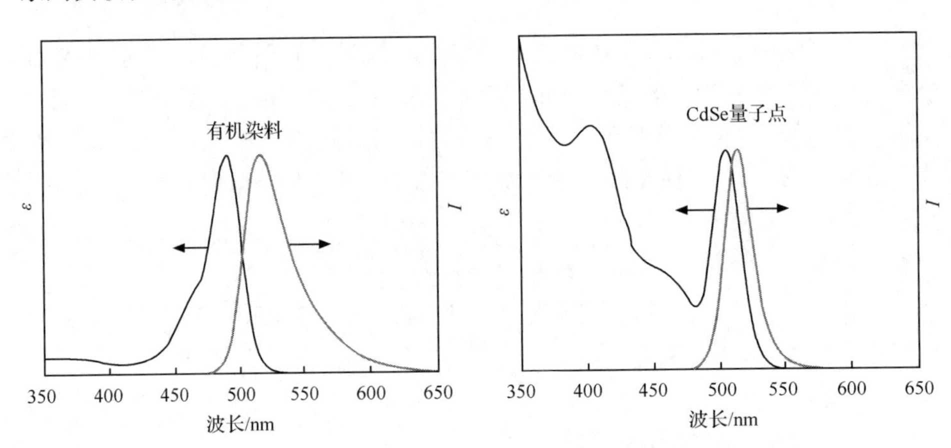

图 3.1 有机荧光染料和量子点的荧光激发和发射性能[1]

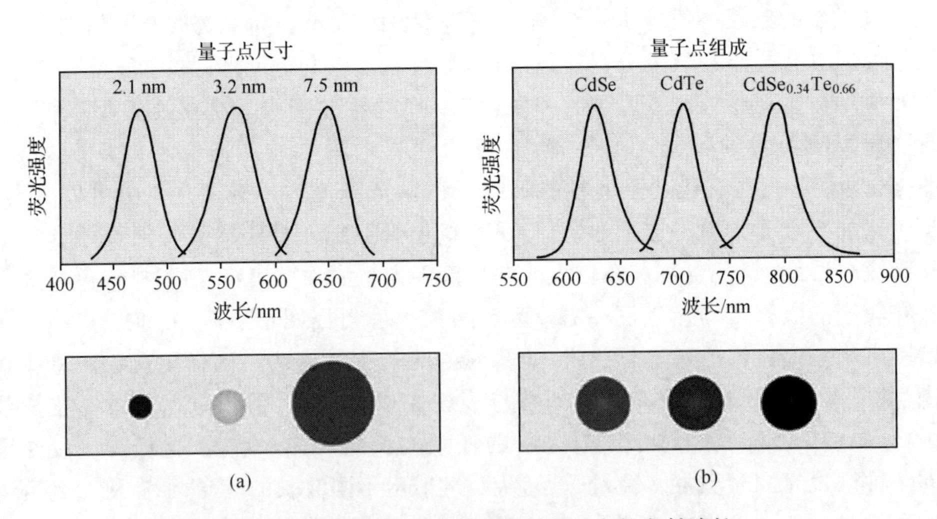

图 3.2 通过改变尺寸和组成调整量子点的发射波长

(a) 粒径为 2.1~7.5nm 的 CdSe 量子点;(b) 相同直径(5nm)而不同组成的量子点

3.2　量子点的合成

近十几年来，从有机相到水相，从低荧光产率到高荧光产率，从短荧光寿命到长荧光寿命，量子点的合成技术在不断发展。目前，用于荧光探针的量子点的合成大部分采用胶体化学法，该方法是在胶体溶液中进行量子点的合成，主要有有机金属合成法和水相合成法，除此之外还有溶胶-凝胶法、微乳液法和仿生法等。

3.2.1　有机金属合成法

有机金属合成法通常是在无水无氧的条件下，使金属有机化合物在具有配位性质的有机溶剂环境中生长而形成纳米晶粒，即将反应前驱体注入到高沸点的溶剂中，然后通过调节反应温度来控制微粒的成核与生长过程。它是目前合成量子点最常用的一种胶体化学方法，也是合成高质量纳米粒子的方法之一，已用于Ⅱ-Ⅵ族和Ⅲ-Ⅴ族量子点的合成。

最为常用的有机相合成量子点的体系是三辛基膦(TOP)/三辛基氧化膦(TOPO)组成的混合溶液，其中 TOP 作为还原剂和溶剂，而 TOPO 作为金属离子的络合剂。在 TOPO 中，可在 350℃的温度下使粒子快速成核，然后通过降温来控制粒子的生长，从而控制颗粒的尺寸分布。研究最早且目前应用最为广泛的是 CdSe QDs，其反应试剂为二甲基镉 $Cd(CH_3)_2$ 和硒粉(Se)。1993 年，Murray 等[2]采用 TOPO 作为有机配位溶剂，二甲基镉和三辛基硒膦(TOPSe，由 TOP 和硒粉制得)作前驱体，将 TOPSe 迅速注入热的有机溶剂 TOPO 中，350℃高温下合成出单分散的 CdSe QDs。然后，迅速降低温度至 240℃以阻止 CdSe 纳米粒子继续成核，再升温到 260～280℃并维持一定时间，使 CdSe 纳米粒子缓慢生长，每隔一段时间(5～10 min)取出部分反应液，通过控制反应时间可以得到粒径不同的纳米颗粒，并根据其吸收光谱跟踪纳米颗粒的生长状况。用上述方法合成的量子点荧光效率高，半峰宽较窄，表现出了优良的光谱特性。利用此方法他们还合成了 CdS 和 CdTe QDs，采用按尺寸分级沉淀的方法得到单分散的纳米量子点。有关用此类方法合成Ⅲ-Ⅴ族元素量子点的报道也逐渐增多，发展也很快。2003 年 Wuister 等[3]用 TOP 和十二烷胺(DDA)混合物作配体，用二甲基镉和碲粉作原料，在相对较低的温度下合成了 CdTe QDs。但上述合成方法均采用二甲基镉等有机金属化合物作为原料，而二甲基镉的毒性很大，且价格昂贵、易燃易爆、在室温下不稳定，当二甲基镉注入热的 TOPO 后，可能会产生金属沉淀，在合成上存在控制困难及重现性不佳等问题，这些缺点限制了这种方法的推广使用。Peng 等[4]对前述合成方法进行了改进，他们用氧化镉(CdO)代替了二甲基镉，采用一步合成法制备出高荧光产率的 CdS、CdSe 和 CdTe QDs，所合成的量子点尺寸分布小、荧光产率高，是一种绿色化学合成方法。2005 年 Chen 等[5]采用硬脂酸镉和硒粉为原料在 TOPO 中合成了粒径为 2 nm 的 CdSe QDs,并通过光学技术、高分辨透射电镜(HR-TEM)和 X 射线粉末衍射仪(XRD)研究了量子点的生长过程。2006 年有文献[6]报道,在油酸存在下,通氮气保护,采用乙酸镉代替二甲基镉与 TOPSe 反应,制备了 CdSe QDs,并通过紫外-可见吸收光谱(UV-Vis)、荧光光谱、X 射线衍射和透射电镜(TEM)对合成的量子点进行了表征。

在有机溶剂中合成的量子点变成水溶性量子点后,其荧光产率会大大下降,当把 CdS 或 ZnS 包覆在 CdSe QDs 表面制成核壳结构的量子点后,其表面缺陷得以消除,使得荧光产率大大提高。在有机溶剂中,具有各种不同性能的 CdSe/ZnS、CdSe/CdS、CdSe/ZnSe 等核壳型量子点已被相继研制出来。1996 年 Hines 等[7]合成了 ZnS 包覆的 CdSe QDs,室温下其荧光产率可达 50%。1997 年 Dabbousi 等[8]报道合成了 CdSe/ZnS 核壳量子点,其 CdSe 核的直径为 2.3～5.5 nm,具有窄的荧光发射半峰宽(FWHM≤40 nm),其发射出的荧光从蓝光到红光,量子产率可达 30%～50%。2004 年 Corrigan 等[9]合成了 CdSe/ZnSe 和 CdTe/ZnTe 核壳量子点。实验证明,这些具有核壳结构的量子点,当其表面经过修饰具有水溶性之后,仍能保持较高的量子产率。

在量子点的有机相合成方法探索中,虽然进行了很多研究,也取得了突破性的进展,但是合成体系仍然不能脱离 TOP/TOPO 环境,实验仍然需要氮气或其他无氧条件,合成步骤十分烦琐,排氧步骤占用了绝大部分合成时间。研究发现,大部分长链脂肪酸、脂肪胺和某些磷酸氧化物均可以作为配体来生成稳定的纳米量子点。2005 年唐方琼研究小组[10]提出利用石蜡/油酸体系合成 CdSe QDs 的方法。方法中采用石蜡作为硒粉的还原剂和溶剂,油酸作为镉的络合剂,将镉与油酸形成的络合物快速加入高温(大于 170℃)硒溶液,CdSe 纳米粒子会在短时间内快速生成,通过改变反应参数如反应时间和反应温度,可以合成出不同尺寸的 CdSe QDs。经 UV-Vis 和荧光光谱表征,通过这种方法合成的 CdSe QDs 具有很高的量子产率,荧光性能优良。而且,这种方法采用油酸和石蜡为溶剂环境,试剂稳定、安全,合成时不需要完全排除体系中的氧气,既可以在氮气中进行合成,也可以在空气中完成反应。因此,这种方法又被称为绿色有机化学合成法,它的出现大大提高了反应速率和安全系数,简化了操作步骤。随后,杨冬芝等[11,12]选用长链不饱和酸——油酸作为反应配体和稳定剂,常见无机试剂为反应原料,合成出 CdS、CdSe/CdS 及 Se 掺杂 CdS 三种量子点。经光学性能表征,所合成的三种量子点均具有荧光产率较高、半峰宽窄和峰形对称等优良的光谱性能。

目前合成的大多数是含镉的量子点,如果用其作为生物荧光探针,量子点中重金属镉的存在,必然会对生物体及环境等产生不利的影响。因此,低毒或无毒的无镉量子点成为人们研究的热点。Pradhan 等[13]用低毒的过渡金属 Mn 或 Cu 掺杂，用 ZnSe 和 ZnS 等作为主体，在有机溶剂中合成出了 Mn 或 Cu 掺杂的无镉量子点。这种掺杂量子点，除了用 Zn 代替 Cd 使毒性降低外，还具有抗环境干扰，热、化学和光化学性稳定，发射光谱窄（FWHM≤65 nm），颜色可调和荧光量子产率高等优点。量子点要在人体中进行实际应用，必须能够发出比可见光更容易穿透组织的红外线才行。因此，这种发射近红外光谱的掺杂型量子点，也是今后研究的重点，有望取代某些含镉量子点。

虽然在有机溶剂中利用前驱体进行热解合成量子点反应条件过于苛刻，有时需要严格的无水无氧操作，但通过该法合成的量子点光化学稳定性强、量子产率较高、荧光半峰宽较窄、合成方法成熟，仍然是目前合成高质量量子点最成功的方法之一。

3.2.2　水相合成法

有机金属法合成的量子点尺寸分布范围窄，荧光量子产率高，但是上述量子点无法直接应用于生物体系，因此在用于生物标记之前需要经过水溶性基团进行表面修饰。修饰过程步骤烦琐，且处理后得到的量子点在水溶液中的发光效率和稳定性会大大降低，甚至会发生荧光猝灭现象。水相体系合成的量子点具有试剂无毒、廉价、操作简单、重现性好和生物相容性好等优点，因此，水相体系中合成量子点已成为量子点合成中的新宠。

1. 水相回流法

研究初期，由于水相合成法制得的半导体纳米粒子量子产率低、尺寸分布宽，并没有受到人们的重视。直到 1993 年 Rajh 等[14]首次报道在水溶液中直接合成巯基甘油包覆的 CdTe QDs，研究者才开始朝着该方向努力并取得显著进步。人们用水溶性巯基羧酸作为稳定剂直接在水相中合成了多种量子点。水相合成法多选用 Zn^{2+}、Cd^{2+} 作阳离子前驱体，Se^{2-} 或 Te^{2-} 作阴离子前驱体，多官能团巯基小分子作保护剂，如巯基乙醇、巯基乙酸（TGA）、巯基乙胺、谷胱甘肽（GSH）和半胱氨酸等，通过加热回流前驱体混合溶液使量子点逐渐成核并成长。这种方法操作简单、材料价廉、毒性小，标记生物分子时不需要进行相转移，对量子点表面性质影响也很小。但是巯基羧酸并不是很稳定，容易从量子点表面脱附，从而导致量子点团聚和沉淀、荧光量子产率较低和荧光半峰宽较宽，且难以合成出发红色荧光的量子点。针对上述问题，2004 年，Guo 等[15]通过改变镉单体形式，优化保护剂与镉的比例，合成了 TGA 包被、荧光量子产率高达 50%的 CdTe QDs。利用类似方法，Rogach 等[16]将 TGA 包被的 CdTe QDs 荧光产率提高到 60%。2004 年，Li 等[17]系统地探讨了合成 MPA 包被的 CdTe QDs 的反应条件，合成出了荧光产率达到 40%～67%的发射不同波长荧光的 CdTe QDs。2007 年，Chen 等[18]在水相中合成了半胱胺包裹的 CdTe QDs,并利用半胱胺上的氨基实现了与 DNA 分子的直接偶联。同年,Jiang 等[19]用 GSH 作保护剂合成了 CdS QDs,荧光产率提高至36%。Yang 等[20]用物质的量比为 1∶3 的 GSH 和半胱氨酸作保护剂合成了 CdTe QDs,由于两种保护剂都含有氨基和羧基,水溶性好,能形成氢键,且能够阻止量子点表面巯基的扩散,因此,可制得荧光产率高达 70%的 CdTe QDs。除上述量子点外,在水相中还可以合成出合金型量子点。Liu 等[21]在水相中采用半胱氨酸作保护剂,首次用一步法合成出在蓝绿光区发光的 $ZnS_xCd_{1-x}Se$ 合金型量子点,此量子点经紫外光照后,半胱氨酸分解出硫,量子点表面结构重组,从而使量子产率提高至 26.5%。2008 年,Deng 等[22]选用 3 种不同的保护剂(MPA、TGA 和 GSH)在水相中合成了 ZnSe QDs 和 $Zn_xCd_{1-x}Se$ QDs,实验发现保护剂直接影响量子点的生长速度和最终尺寸。除了用巯基小分子作稳定剂外,最近用氨基葡聚糖作稳定剂,在室温下合成的 CdSe QDs,其稳定性也得到了提高[23]。

与高温金属有机化学法相比,水相合成法操作简单、成本低。由于纳米粒子是直接在水相中合成的,不仅解决了纳米粒子的水溶性问题,而且大大提高了量子点的稳定性,在暗处可以放置 1 年以上。但水相回流法较费时,在得到量子点前驱体后,需要经过长时间的回流过程才会得到具有理想荧光性能和尺寸分布的量子点,如合成发射红色荧光巯基羧酸类配体稳定的量子点需要 2～3 天,硫醇类配体稳定的量子点需要两周左右。为解决这一问题,研究者采用了水热/溶剂热合成、微波辅助合成等改进方法,使合成效率大大提高。

2. *水热/溶剂热合成法*

水热合成法或溶剂热合成法是指在特制的密闭反应器(高压釜)中,采用水或其他溶剂作为反应体系,通过将反应试剂加热至临界温度或接近临界温度,在体系中产生高压环境,从而进行无机合成与材料合成的方法。钱逸泰等[24]成功地将这种合成方法应用于各种类型、各种形状的纳米粒子的合成。张浩等[25]利用水热法合成了 CdTe 纳米晶,即将 CdTe 前驱体溶液放入 50 mL 规格的聚四氟乙烯内胆的不锈钢反应釜中,将反应釜放在 160℃或 180℃的烘箱中,保持特定的时间后,取出冷却,无需尺寸分离,所得纳米晶的发光效率可以超过 30%。这种方法不仅继承和发展了水相法的全部优点,而且克服了常压下水相法高温回流温度不能超过 100℃的缺点。由于合成温度的提高,量子点的合成周期明显缩短,因成核与成长过程的相互分离,量子点表面缺陷明显改善,显著提高了量子点的荧光量子产率。用水热法合成 TGA 包裹的 CdTe QDs,不经任何后处理,其荧光量子产率可超过 30%[26],而核壳式结构的量子点,荧光量子产率可达 50%,甚至更高[27]。所以,水热法已经成为应用于生物领域的荧光量子点的主要合成方法之一。

3. 微波辅助合成法

微波辅助法是利用微波辐射从分子内部加热，避免了普通水浴或油浴局部过热以及量子点生长速度缓慢的问题，制得的量子点具有尺寸分布均匀、半峰宽较窄和荧光量子产率高等特点。近年来，用微波辅助加热合成量子点也得到了很快的发展。将 $CdSO_4$ 或 $Pb(AC)_2$ 与 Na_2SeO_3 在水溶液中混合后，经微波回流系统处理，即可得到 CdSe 或 PbSe QDs，改变微波反应时间，可以得到不同状态的产物[28]。Li 等[29]采用 MPA 作稳定剂通过微波辐射合成了水溶性 CdTe QDs，最高量子产率达到了 60%。陈启凡等采用微波辅助加热技术，在水相中合成出不同粒径的水溶性 CdTe QDs，发射峰位从 535 nm 跨越到 660 nm(绿色荧光到红色荧光)。微波辅助加热法大大缩短了合成时间，提高了合成效率。以合成发射红色荧光的 CdTe QDs 为例，采用水相回流法，要用 23 h 量子点的荧光发射峰位才能达到 626 nm，而用微波辅助加热方法在 160℃ 加热 10 min 发射峰位即可达到 620 nm[30]。因此，采用微波辐射加热技术进行量子点的合成，操作简单、反应快速，但是非热效应和超热效应等一些人们还不甚了解的微波现象，可能会影响产物的均匀性等性质。

3.2.3 溶胶-凝胶法

溶胶-凝胶法是 20 世纪 60 年代发展起来的，主要反应步骤是前驱体溶于溶剂(水或有机溶剂)中形成均匀的溶液，溶质与溶剂产生水解或醇解反应，反应生成物聚集成 1 nm 左右的粒子并组成溶胶，溶胶经蒸发干燥转变为凝胶。溶胶是固体颗粒分散于液体中形成的胶体，当移去稳定剂粒子或悬浮液时，溶胶中的粒子形成连续的三维网络结构。湿凝胶是由固体骨架和连续液相组成的，除去液相后，凝胶收缩成为干凝胶。

近年来，溶胶-凝胶法被成功用于量子点的合成。采用溶胶-凝胶技术，CdS 纳米粒子在含有正硅酸乙酯[TEOS，$Si(OC_2H_5)_4$]、C_2H_5OH 和 H_2O 的混合液中被合成出来。在酸或碱催化剂的作用下，将 Cd 盐溶液加入到上述混合液中，之后逐渐加入硫盐溶液可制得 CdS 纳米颗粒；或者将 H_2S 气体通入含 Cd 盐的溶胶中[31]，得到 CdS 纳米颗粒。采用溶胶-凝胶法还可以实现 CdS QDs 在纤维网状结构中的包埋，从而合成功能性纳米复合材料[32]。Kumar 等[33]在硅衬底上采用溶胶-凝胶技术合成了 CdS 纳米粒子，尺寸为 0.4～1.6 nm。除了硅衬底，CdS 纳米粒子也可以被包埋在氧化锆或氧化钛衬底上以合成功能性的纳米结构，如 Morita 等[34]采用锆-溶胶-凝胶法成功合成了 Mn 和 Eu 离子掺杂的 CdS 纳米粒子。

与其他化学合成方法相比较，溶胶-凝胶法合成 CdS QDs 具有许多独特的优点，如可重复获得 CdS 纳米粒子均匀掺杂的功能性薄膜、通过与有机功能基团的共混可实现材料的改性和方法简单可控等。其不足之处在于整个溶胶-凝胶过程所需时间较长,常需要几天或几周;凝胶中存在大量微孔,在干燥过程中,又会逸出许多气体及有机物,并产生收缩;量子点尺寸分布宽,这主要是由纳米材料在一定温度和时间时的凝结和分解等原因所造成的。

3.2.4 微乳液法

两种互不相溶的溶剂在表面活性剂的作用下会形成微乳液。微乳液一般由4种组分组成,即表面活性剂、助表面活性剂(一般为脂肪醇,也可不用)、有机溶剂(一般为烷烃)和水。当表面活性剂在有机溶剂中的浓度超过临界胶束浓度(CMC)时,就会形成油相包着水相(W/O)的具有反胶束结构的微乳液。这些粒径均匀且为纳米级的水核均匀地分散在作为连续相的油相中,形成透明的、各向同性的热力学稳定体系。这些反胶束结构为纳米粒子的形成提供了良好的微反应器。金属盐类可以溶解在水相中,与沉淀剂作用后,便可在水核内形成纳米粒子。水核的尺寸可通过改变水与表面活性剂的物质的量比值来得到调控。用这种微乳液技术合成CdS QDs是比较成功的。将$CdCl_2 \cdot 5H_2O$加入到环己胺和表面活性剂的水溶液中[35],之后加入正戊醇,在剧烈搅拌下形成微乳液;同时采用相同的表面活性剂合成$Na_2S \cdot 9H_2O$微乳液。将这两种微乳液等体积混合在一起,进行振荡,放置12 h以后可形成不同形貌的CdS QDs。加入丙醇破乳便可得到大量的CdS QDs产物。反应产生的沉淀物和过量的表面活性剂可以通过反复离心去除,最终产物为黄色物质,不溶于水和乙醇,但能储存在乙醇中。Wang等[36]采用反胶束技术,将CdS纳米粒子包埋在聚苯乙烯纤维中,形成了CdS/PS纳米纤维束结构。

与沉淀法相比,微乳液法在量子点尺寸和形貌控制方面有明显的优势,由于反应被限定在微乳液滴内部,可以避免粒子之间的团聚,因而可以得到粒径小且分布范围较窄、形貌较为规则的产物。该方法的不足之处是使用大量的表面活性剂,清除往往比较困难,影响了产物纯度;同时,由于反应温度低(通常为室温),所制得的纳米粒子结晶不完善,内部缺陷多。特别是所制得的半导体纳米粒子,其荧光光谱表现为极强的缺陷发光和极低的发光效率。

3.2.5 仿生法

化学法中常用的有机镉前驱体具有剧毒,且在常温下不稳定,这些限制了CdS QDs的合成,同时该方法对环境也极为不利。而仿生法以基因工程化细菌为模板,通过人为的控制制备出具有不同形状、性质和功能的纳米材料,不失为合成CdS纳米粒子的一种新型的、绿色的合成方法。

Sweeney等[37]首次成功地以野生型大肠杆菌为载体合成出CdS QDs。实验中分别讨论了菌株的类型和生长时期对纳米粒子形成过程的影响,结果表明野生

型的大肠杆菌 *E. coli* ABLE C 和 *E. coli* TG1 可用于 CdS QDs 的合成，而野生型的 *E. coli* R189 和 *E. coli* DH10B 菌株不可合成 CdS QDs，并且以稳定期纳米粒子产量最高。之后 Kang 研究组[38]以基因工程化的 JM109 和 R189 大肠杆菌为载体，成功合成出 CdS QDs。首先分别将质粒 pQE60-SpPCS 和 pMMB277-Ptac-isoILR1-gshI 插入到 JM109 和 R189 载体中，实现对大肠杆菌的基因工程化，然后将 Cd^{2+}、S^{2-} 与大肠杆菌同时孵育，得到 CdS QDs。Williams 等[39]首次报道了通过冻融的方法选择性地释放出细胞内具有多肽[$(\gamma$-Glu-Cys$)_n$-Gly]包被结构特征的 CdS QDs，并对放置时间对 CdS QDs 与蛋白键合稳定性的影响进行了研究。该方法无需将细胞机械破碎，就可以得到纯度较高的 CdS QDs。文章表明 Cd^{2+} 和 S^{2-} 是以 CdS 的形式从冻存的细胞中释放出来。Kowshik 等[40]将 $CdSO_4$ 溶液加入到裂殖酵母菌株细胞内合成出 CdS QDs。X 射线散射结果显示，纳米粒子为 $Cd_{16}S_{20}$ 型——六方晶型的纤锌矿结构，粒径范围为 1～1.5 nm。然后经过浓缩、柱处理等一系列步骤后用原子吸收检测含镉碎片并用 UV-Vis 光谱表征，发现碎片中物质的特征吸收峰与 CdS 的重合。Williams 等[41]用裂殖酵母(*S. pombe*)和光滑念珠菌(*C. glabrata*)菌株合成 CdS QDs。*S. pombe* 和 *C. glabrata* 对重金属具有内在的解毒作用，因为 Cd^{2+} 的存在引发酶反应，Cd^{2+} 结合结构为[$(\gamma$-*Glu-Cys*$)_n$-Gly(n=2～5)]的多肽(即植物螯合素)，阻止了 Cd^{2+} 的堆积及在特异性细胞库里的积累，从而避免了 DNA 的破坏或重要生化路线和细胞循环的扰乱。与 *C. glabrata* 相比，*S. pombe* 吸收 Cd^{2+} 的浓度更高。

Bai 等[42]使用沼泽红假单胞菌在室温下通过简单的方法合成出 CdS QDs。TEM 表明合成的颗粒分散性较好，平均粒径为(8.01±0.25)nm，粒子形状为面心立方。实验推测存在于细胞质中的 C-S-lyase 对量子点的合成具有重要作用，且此种细菌能够将粒子转移到细胞外部。Holmes 等[43]发现由于 Cd^{2+} 的存在，在克雷伯氏菌的表面形成了致密的粒子。这些微粒的尺寸范围为 20～200 nm，定量能量散射 X 射线分析表明这些微粒中镉和硫的比例为 1∶1，证明了所合成的粒子为 CdS 晶体，也证明了细菌处于稳定期时所合成的 CdS QDs 最多，并且阐述了介质组成的重要性。Ma 等[44]通过监测大肠杆菌 $tRNA^{Leu}$(WT+tRNA)在水相合成中对 CdS QDs 的影响，探索了使用 tRNA 作为半导体纳米晶体的结构配体系统的可能性。为了探究 tRNA 对 CdS QDs 结构与性能的影响，他们在 WT tRNA 基因序列中引进 23 个突变体破坏在苜蓿二级结构中存在的 5 个分支进而得到了 MT tRNA。结果显示，核酸导向的量子点生长可能涉及核苷酸在晶核成核、生长和钝化方面起到的作用，三维 RNA 结构内的核苷酸比非结构化的 RNA 更有利于产品的合成，表明以生物分子为平台改造得到的材料性质可以被遗传和基因工程化。庞代文课题组[45]用活酵母细胞为生物合成剂(载体)，将时空均不相关的生物化学反应进行巧妙的科学偶合，在 30℃下可控地合成了多色的 CdSe QDs，表明可以将生物系统创造性地用于实现非天然性的生物合成，为可持续性化学的发展提供了新的思路。赵东元课题组[46]建立了简单有效地用酵母菌合成蛋白包被的 CdTe QDs 的方法，产物发射波长为 490～560 nm，粒径分布为2～3.6 nm，具有很好的生物相容性。Singh 等[47]最近首次报道了用双功能肽仿生合成核壳型 CdSe/ZnS QDs 的方法，合成产物具有完好的晶型和明显的核壳结构。密丛丛等[48]以基因工程化的大肠杆菌 *E. coli* BL21 为载体，在室温下合成出高质量的 CdS QDs，并研究了 $CdCl_2$ 浓度、Na_2S 用量等条件对其光学性能的影响。

王娜等[49]报道了用蛋壳薄膜作为生物活性载体，设计一种在生物活性材料参与下室温原位合成硒化铅纳米团簇的新方法，该方法利用蛋膜上特定周期性分布的大分子与无机前驱体离子之间的螯合作用和电荷作用来控制硒化铅微晶的形成、聚集和分布，成功制备了具有规则形状的硒化铅纳米团簇。吴庆生课题组[50]曾经研究过利用具有有序孔道结构的植物体豆芽作为载体制备硒化物纳米材料，该方法的原理是利用这些植物的天然孔道，将无机离子吸附进入孔道内后得到产物。这种方法利用生物载体，通过活体控制，同步诱导合成出不同形貌的半导体硒化物纳米材料。用该方法还制备出 PbSe、CdS、CdSe 和 ZnSe 等纳米材料[51]。

3.2.6 其他方法

除上述方法外，纳米量子点的制备方法还有模板法和均匀沉淀法等。

纳米材料在合成过程中所遇到的一个最大难题就是制成的纳米粒子很容易团聚成大的粒子。而模板法正是为解决这一难题而提出的。利用沸石、分子筛、胶束和共聚物的空腔，可以根据模板的空间限域作用和模板剂的调控作用对所合成材料的大小、形貌、结构和排布等进行控制以完成合成过程。目前研究者选择沸石分子筛这种既具有空旷骨架结构(防止了微粒相互接触而聚结长大)，又具有孔径分布均匀、尺寸一定等结构优点的无机微孔晶体作为封装超微粒子的模板。许燕等[52]采用离子交换法在沸石分子筛中合成出了稳定的、具有固定尺寸且粒度分布均匀的 CdSe QDs。合成过程中，模板既是纳米反应器又是产物的稳定剂，模板的大小直接影响量子点的尺寸，进而影响量子点的光谱性质。模板表面的大量功能基团使产物几乎可以溶于任何溶剂，还可以与生物配体和 DNA 等目标物结合。Lakowicz 等[53]研究用 4.0 代树状聚酰胺-胺为模板合成了 CdS 纳米团。结果表明，这种纳米团表现出特有的恒定正偏振的蓝光发射以及长达几个月的稳定性。虽然可以在多种多样的局域模板里合成一系列纳米粒子，但是合成以后，如何去掉模板，或者将粒子从模型中有效分离出来而不影响粒径、形状等性质则是一个比较麻烦的问题。

均匀沉淀法是在金属盐溶液中加入沉淀剂溶液时不断搅拌，从而缓慢生成沉淀的方法。在这种方法里，所加入的沉淀剂不直接与被沉淀组分发生反应，而是通过化学反应使沉淀剂在整个溶液中均匀缓慢地释放出结晶离子，进而与金属离子作用产生纳米粒子。例如，硫代乙酰胺作为沉淀剂在加热条件下会缓慢释放出硫化氢，硫化氢再与镉盐反应即可制得均匀硫化镉量子点。Vacassy 等[54]采用均匀沉淀法，利用硫代乙酰胺的热分解，通过控制温度、浓度和 pH 等工艺参数，制备出纳米尺度的球形 ZnS 粉末。

每种合成方法均表现出本身的优缺点，应根据实际条件和目的选择不同的方法进行制备。

3.3 量子点的表面修饰

量子点纳米粒子具有较大的比表面积，因此具有较高的表面活性，很容易发生团聚，形成带有若干弱连接界面的尺寸较大的团聚体。对量子点表面形态的研究指出，粒子的表面并不光滑，存在着许多缺陷。上述性质都会影响量子点的发光效率。研究表明，利用各种有机或无机材料对量子点的表面进行修饰，可以有效地消除表面缺陷(即表面钝化)，从而实现对量子点性质的微观调控。在有机溶剂中合成的量子点表面被 TOPO 或 TOP 修饰，使量子点水溶性较差，此状态的量子点不能直接与生物物质作用制成探针。为了能将量子点应用于生物学研究，必须对其表面进行修饰，使量子点具有亲水性。下面介绍几种纳米量子点的表面修饰方法。

3.3.1 无机壳层修饰法

顾名思义，核壳结构一般由中心的核以及包覆在外部的壳组成，壳层部分可由多种材料组成，包括高分子、无机物和金属等。很多情况下，通常采用超声化学法和种子生长法在核的表面直接沉积壳层的物质得到核壳结构，或者利用量子点之间的静电相互作用，通过组装技术把不同粒径的量子点构筑成核壳结构。

1. 核壳结构修饰

单独的量子点颗粒易受杂质和晶格缺陷的影响，荧光量子产率很低，核壳结构量子点作为一种有序的复合结构，拥有许多单一量子点所不具备的性能。目前研究者一般在一种量子点的外面再包裹一层高能带隙的量子点物质，来增加发光效率，减少非辐射弛豫，防止光化学降解。要合成出核壳结构的半导体量子点，需要符合下面几个条件：首先，为了保证壳层的均匀生长，核层的半导体量子点微粒必须具有窄的尺寸分布；其次，壳层的禁带宽度要比核层的大，这样才能够保证核层表面的电子运动被壳层所限域，从而使核层被有效地钝化而提高纳米微粒的光化学稳定性；最后，当采用半导体晶体作为修饰壳层时，两种半导体材料的晶格常数要匹配，以便减少界面张力。

起初,由于 CdTe QDs 的合成较少而 CdSe QDs 的性能相对较好,所以多采用 CdSe 作核,较宽带隙的 CdS、ZnS 作壳,来合成核壳式量子点。1993 年,Murray 等[2]用一种高温有机金属盐体系合成了高效发光的由 CdSe 内核和 ZnS 外壳组成的核壳结构量子点,直径为 2~6 nm。其 ZnS 外壳不但可以保护内核原子,还可以和某些功能基团如巯基、亲和素等结合,为量子点提供新的特性。1996 年,Hines 等[7]采用 Murray 的合成路线成功合成具有更强荧光特性的核壳结构 CdSe/ZnS QDs。2003 年,Larson 等[55]合成了用 ZnS 包裹的 CdSe QDs,使 CdSe 的荧光强度增加了 35%~50%,而且 ZnS 能减少 CdSe QDs 的降解和聚集,使量子点保持稳定长达数月。近年来,随着 CdTe QDs 的大量合成,研究者们开始以其为核来合成各种核壳结构的量子点。2006 年,Thomas 等[56]用金属有机相合成法合成了 CdTe/CdS 核壳型量子点体,半径约为 7 nm,并对其成核和生长过程进行了机理讨论。同年,Farias 等[57]以多磷酸盐为稳定剂,合成了 CdTe/CdS 和 $CdS/Cd(OH)_2$ 两种核壳结构的量子点,并与戊二醛偶联后完成对多种细胞的标记。Bae 等[58]用有机法合成出 CdTe/CdS QDs,并用不同的修饰剂,如 TGA 和 TEOS 酸盐对其表面进行修饰,进而用于细胞毒性研究。

与此同时,在水相中合成核壳结构量子点的方法也不断增多。虽然水相中合成的量子点荧光效率没有有机相中的高,但是得到的量子点具有水溶性,可以直接应用于分析或生命科学等领域。2007 年,Peng 等[59]以 TGA 为配体,以硫代乙酰胺为硫源,合成出荧光稳定的 CdTe/CdS 核壳量子点。Yu 等[60]则用 MPA 合成出 CdTe/CdS 核壳量子点,对合成条件进行优化后用其作荧光探针来检测牛血清白蛋白。Santos 等[61]以 TGA 为稳定剂,在室温下合成了波长为 480~640 nm 的 CdSe 和 CdTe/CdS QDs,并用于活细胞标记,表明其具有生物应用的潜力。2008 年,Zeng 等[62]在水介质中通过连续离子层吸附反应,以 MPA 为修饰剂,制得 CdTe/CdS QDs,量子产率由 CdTe 的 8%增加到 40%,CdTe/CdS 的荧光光谱相对 CdTe 的核也发生了红移,而且 CdS 壳的厚度可以得到很好的控制。2009 年,Su 等[63]以 MPA 为稳定剂,合成出高量子产率的 CdTe、CdTe/CdS 和 CdTe/CdS/ZnS 三种量子点,并将其用于人白血病细胞和人胚肾细胞的毒性研究,结果表明 CdTe 对细胞的毒性最大,CdTe/CdS 其次,而 CdTe/CdS/ZnS 在 48 h 后仍然不会对细胞产生明显毒性作用。

采用某种辅助方法,可能会使合成的量子点合成效率或荧光产率提高。He 小组[64]利用微波辅助法合成出高荧光强度的水溶性 CdTe/CdS 核壳量子点,该量子点以 MPA 为配体,其荧光发射波长范围为 535~623 nm。2007 年,Wang 等[65]以巯基甘油为配体,利用超声法,在水相中合成出 CdTe/CdS 核壳型量子点,并对其进行了表征,证明 CdS 壳生长在 CdTe 核上。

总之，核壳结构量子点的荧光性能比单独的量子点性能更好，已成为量子点合成的趋势。目前，不仅双层核壳结构的量子点被大量合成，三层核壳结构量子点的合成吸引了更多研究者，主要是因为其光学性能更好，毒性更小。所以设计和可控构筑具有核壳结构的复合纳米材料已经成为最近几年材料科学的重要前沿研究领域。

2. 硅烷化修饰

所谓硅烷化修饰就是在晶体表面生成二氧化硅层。1998 年，Bruchez 小组[66]最先采用这种方法在量子点表面覆盖一层二氧化硅。首先，他们合成了 CdSe/ZnS 核壳结构的量子点，在合成过程中，利用巯基与量子点表面的配位作用将 3-(巯基丙基)三甲氧基硅烷吸附在 TOPO 保护的 ZnS 包覆的 CdSe QDs 上，在量子点表面生长一层巯基化的三甲氧基硅烷。接着，将 TOPO 分子取代下来，再将溶液调成碱性，使甲氧基硅烷水解，从而使量子点的表面形成了一层带有二氧化硅/硅氧烷的壳，通过量子点外层三甲氧基硅烷之间发生的交联反应，将量子点包覆到一起。由于增加了一层 SiO_2 壳，所以量子点在水相中可溶，同时增加了量子点的稳定性。在水溶液中，如果三甲氧基硅烷的类型不同，稳定量子点的方式也不同。在中性溶液中表面带有正电荷或者负电荷的硅烷主要是靠静电的排斥力使粒子稳定存在，而带有长链的亲水硅烷分子主要是靠分子之间的空间位阻使量子点稳定存在。因此，通过改变亲水溶液中三甲氧基硅烷的成分，可以获得表面带有不同电荷的水溶性量子点，从而与不同结构的生物分子通过相互作用而连接在一起。用此方法得到的核壳结构量子点可溶于水或缓冲溶液，量子产率高并且稳定。如图 3.3所示，Gerion 等[67]将非水溶性的 CdSe/ZnS 核壳量子点嵌入硅烷的壳中，在硅烷壳的外部再连上巯基和氨基等功能性基团，从而使量子点具有水溶性的同时又有了可与生物分子结合的官能团。用该方法合成的水溶性量子点的荧光发射宽度为 32～35 nm，得到发射蓝光到红光的一系列量子点，量子产率达到 18%。这种具有亲水基团的巯基配体取代量子点表面的疏水基团后，由于巯基基团在氧气和光的作用下容易被氧化形成双硫键而沉淀，不稳定，这对于生物标记是不利的。最近，Wolcott 等[68]在水相中合成了硅烷包被的 CdTe QDs，通过调整硅烷壳层的厚度能够得到发射近红外光的量子点。硅烷壳层的存在一方面减少了镉离子的毒性，另一方面增加了能与蛋白质结合的功能性基团，将硅烷包被的量子点进一步与聚乙烯醇交联，然后通过其外端的巯基实现了与免疫球蛋白的连接。这种硅烷包覆的量子点合成方法简单、安全，便于与生物分子相连，且相连后仍然保持着生物体的活性，在生物体的标记和检测中有着潜在的应用价值。

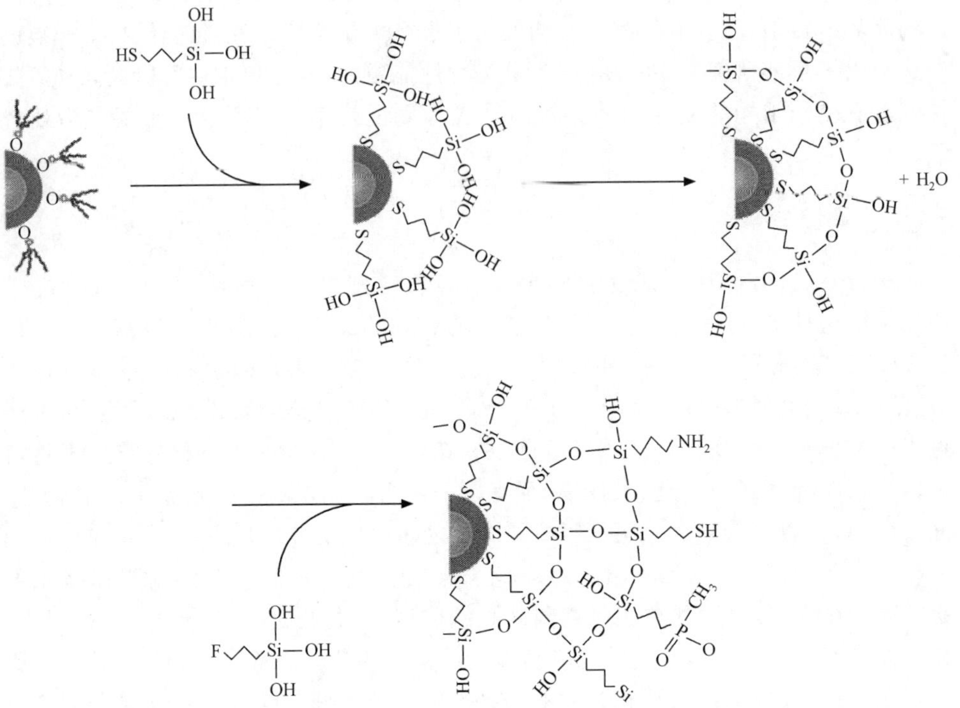

图 3.3　CdSe/ZnS QDs 硅烷化及多功能化修饰过程[67]

3.3.2　有机配体修饰法

1. 配体交换法

常用修饰试剂主要是巯基羧酸。巯基上的 S 容易与 Cd 或 Zn 作用,而极性羧基可以增加 QDs 的溶解度,羧基可以与蛋白质等物质发生反应,从而生成稳定探针。最早提出配体交换的是 Nie 研究小组[69],他们利用 TGA 取代量子点表面的 TOPO 配体,一方面化合物的巯基与量子点表面的 ZnS 进行配位,另一方面 TGA 的羧基基团是亲水端,它能使量子点溶解在水溶液中。美国海军实验室 Anderson 研究小组[70]进一步研究了对疏水表面量子点的配体交换,为防止配体被氧化,增加量子点的稳定性,他们将短链的配体换为链更长的巯基配体,然后利用聚合酶链式反应(PCR)技术使量子点与蛋白偶联。Kho 等[71]在合成过程中通过表面修饰实现了量子点的水溶性和生物相容性。他们引进竞争机制,首先向金属离子溶液中加入螯合剂(双功能基团的巯基丙氨酸),然后引入 S^{2-},由于 ZnS 的溶解度远远大于螯合物,故 S^{2-} 将取代有机螯合离子,或钻入核内与未来得及与螯合剂反应的 Zn^{2+} 结合,通过控制螯合剂和 S^{2-} 的浓度来获得覆盖着有机壳的量子点。这种量子点在存放3个月后光学和电学性质没有明显的改变。

利用配体的亲水基团与量子点表面的疏水基团的交换反应，通过控制溶液的pH能够使量子点靠电荷之间的排斥力在溶液中稳定的存在。但巯基与量子点之间的配位是一个动力学过程，巯基在配位与非配位之间存在一个平衡的过程，这必然会导致连接到量子点上的配体与未连接的配体之间有一个动力学的交换过程，因此在用于生物标记的过程中，生物分子与量子点的偶联具有不确定性，也就是生物分子也有可能与游离在溶液中的巯基化合物连接到一起。同时巯基基团在氧气和光的作用下能够被氧化形成双硫键而沉淀，这对于生物标记是不利的。

为了增加量子点的胶体稳定性，减少非特异性吸附及细胞内聚集，并减少被网状内皮细胞吞噬的机会，常对其进行亲水性处理：①用表面活性剂，如二氢硫辛酸处理其表面，或用聚乙二醇(PEG)修饰包被的聚合物。②在其表面包被蛋白质，如抗生物素蛋白(avidin)、生物素(biotin)及链霉亲和素(streptavidin biotin)等，这样可使其表面获得亲有机物的巯基、羧基等活性基团，以便结合蛋白质、抗体、肽或核酸。Nie等[72]报道，用蛋白质包覆的QDs在缓冲液中可以存在两年，其发射光谱半峰宽为25 nm，量子产率接近50%。而且，蛋白质外层能够提供多个功能基团(如氨基、羧基和巯基丙氨酸)与生物分子偶联。另外，由于CdSe与ZnS是以静电吸引的方式而结合的，表面带有负电荷，可结合带中性电荷或阳性电荷的蛋白质及抗体(如IgG等)[73]。③直接用含磷脂的亲水性的聚乙二醇(PEG)/脑磷脂(PE)/卵磷脂(PC)混合物包被CdSe/ZnS QDs，整个量子点核心及磷脂类外壳的大小、形状、结构规则、免疫原性和抗原性的强弱、含量及大小均可精确调整[55]。通过与适当抗体结合，量子点便可十分容易地进入细胞，特异性地标记不同的细胞、细胞器、蛋白质、肽或核酸。

2. 树状配体包覆法

树状大分子是一种具有特殊结构的新型高分子，具有高度支化、结构规整和单分散性好等特点。这类化合物由小分子通过重复的反应过程来合成，分子质量、分子尺寸、形状和表面官能团等都可控。Peng(彭笑刚)等[74]先后采用了不同结构的树状体材料实施了对疏水性量子点的表面包覆，树状体材料对量子点的包覆是对简单配体交换的进一步改进。如图3.4所示，所用树状体一般是一端具有能够与量子点表面基团形成较强配位的基团，另一端是能够与生物体系进行偶联的亲水基团(如—OH、—COOH和—NH_2等)。用这种树状体对量子点进行包覆，克服了原有短链巯基分子(如TGA)易氧化、易脱落的缺点。并且，通过一系列生物实验发现，这种合成的树状体分子的表面氨基基团能够与生物素结合，由于生物素与亲和素有着特异性的识别作用，因此它能够作为生物检测的特异性材料。但同时也可以看出，由于树状体是一种复杂的有机物质，从合成的角度来说，它是烦琐的，

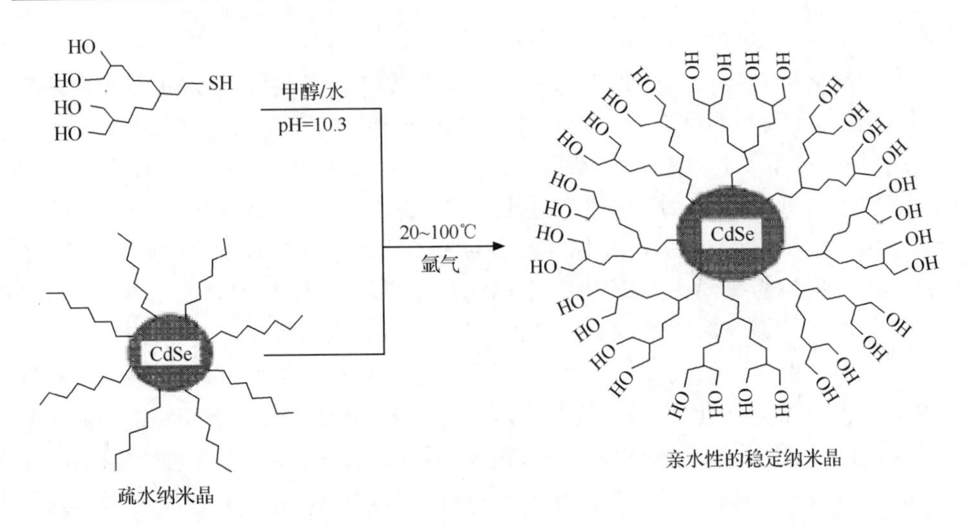

图 3.4 用含有巯基和羟基的树状体对 CdSe QDs 进行包覆[74]

这也限制了量子点的应用。

3. 胶束包覆法

用胶束包覆荧光量子点是基于量子点表面的配体与表面活性剂之间的疏水作用。2002 年,Dubetret 小组[73]用卵磷脂胶束包覆表面带有疏水基团的荧光量子点,同时用这种材料进行了体内和体外的研究实验,结果发现与其他的体系相比较,该体系提供了较好的荧光效率。利用这种材料监测蝌蚪胚胎分裂情况的实验证明,样品是稳定的,同时生物毒性也很小。另外,其他的研究小组[75]也尝试了采用不同的胶束材料(如硅胶束)以及聚电解质(如葡聚糖等)对量子点进行包覆。

4. 高分子材料包覆法

高分子材料对量子点的包覆,一方面,在高分子的乳液聚合形成高分子小球的过程中,量子点凭借与高分子之间的疏水作用而被包覆到小球内部;另一方面,具有双官能团的高分子可以吸附到量子点表面而使得量子点具有亲水的特性。最近,Wu 研究小组[76]采用一种十八胺修饰的聚丙烯酸的高分子材料实施了对量子点的表面包覆,并用包覆后的荧光材料实现了对乳腺癌细胞 HER2 的标记,同时完成了用量子点对细胞核与细胞微管双重标记的成像。Luccardini 等[77]采用两性聚合物分子烷基改性的多聚腺苷酸通过非共价键包覆 CdSe/CdS QDs,使其分散在水溶液中,并研究了量子点在水溶液中的性质。吉林大学苏星光课题组[78]在水相中合成了 MPA 包覆的 CdTe QDs,并通过聚电解质与量子点的静电引力作用将量子点与聚苯乙烯偶联,研究了偶联产物的光学性质。为实现量子点荧光探针的智能化，且更多地应用于生物医学领域，武汉大学庞代文课题组[79]利用双功能聚合物包覆量子点和磁纳米粒子制成荧光和磁敏双功能纳米球，并用共价偶联的方式将其与免疫球蛋白、抗生物素蛋白和生物素等连接，形成新的具有荧光、磁性和生物靶向的三功能纳米球，应用于生物医学领域；他们还利用此方法[80]研制成功具有多色荧光和磁性的多功能纳米球，将其作为智能化生物探针，可以同时捕获、识别和分类检索各种细胞，其应用前景得到了高度评价。

聚合物包覆的量子点具有较高的荧光强度和荧光稳定性，但是由于聚合物本身的合成和改性工作比较复杂，多数聚合物本身生物降解性和生物相容性较差，且聚合物本身也具有在水中溶胀的特性，从而使得这种量子点的应用受到了限制。Yang研究小组[81]报道采用聚乙丙交酯对CdSe QDs进行了表面改性，成功地解决了聚合物包覆的量子点生物降解性和生物相容性差的问题。他们对包覆后量子点的荧光稳定性进行了系统研究，得到了荧光稳定性强的量子点，将在生物标记和医学诊断中显示出巨大的应用潜力。

3.4　量子点探针的应用

量子点这一研究领域已经活跃了20多年，早期的研究主要集中在光学和传输技术等基本特性方面。近年来，量子点独特的理化、光学性质使其在各种功能器件的应用中发挥着重要作用。例如，2004年，加拿大科学家研发出一种含有量子点的荧光墨水，可提供肉眼看不见的识别码，具有防伪功能，适用于识别和验证护照或身份证等证件[82]。

随着量子点制备技术的提高，粒径可控的高发光性能的量子点得以合成，且其表面还可修饰上不同的化学基团，这使量子点在生物、化学领域的应用前景逐渐凸现。量子点在细胞定位、信号传导、细胞内分子的运动和迁移等研究中发挥着重要的作用，已报道的量子点应用主要集中在两个方面：①量子点作为生物探针的应用；②量子点作为离子和小分子探针的应用。

3.4.1　量子点作为生物探针的应用

量子点较有前途的应用领域是作为荧光探针来标记生物体系。最早提出这一思想的是美国加利福尼亚大学伯克利分校的Alivisatos小组[66]和印第安那大学的Nie小组[69]，1998年他们同时在*Science*上发表了各自的研究结果。他们的工作充分展示了荧光量子点作为一种新型的生物标记试剂，完全可以取代传统的有机染料，其优异的荧光性能将为生物标记技术带来新的突破，并由此拉开荧光量子点在生物技术中应用研究的序幕。

将量子点作为荧光标记物一般是通过偶联的方式将其与生物分子结合，偶联的方法主要有两种。一种是共价结合法，即利用某些基团之间的化学反应，通过偶联剂的活化作用或偶联作用将特异性生物大分子与量子点连接。较为典型的例子是通过1-乙基-3-(3-二甲基氨基丙基)碳化二亚胺(EDC)和*N*-羟基丁二酰亚胺(NHS)的共同作用有效地促进伯胺和羧基的缩合反应[83,84](图3.5)。该方法虽然操作步骤相对复杂一些，但结合牢固，显示出明显的优越性，可用于较复杂的研究体系，如抗原-抗体之间的识别、活体标记及特异性标记等。另一种是静电吸附方法，带电荷的量子点可以与带相反电荷的生物分子通过相互静电吸附作用偶联，该方法适用于简单体系。

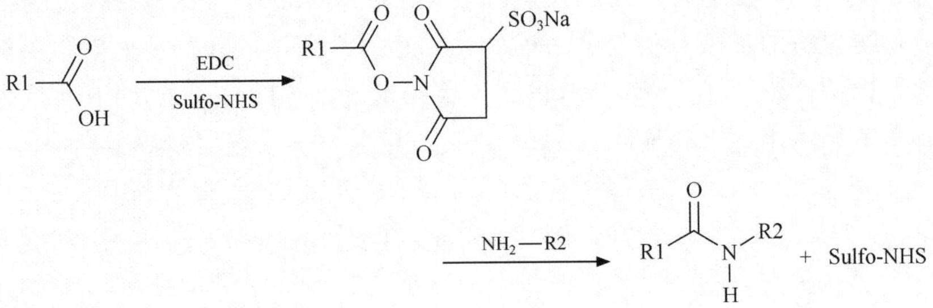

图3.5　量子点与蛋白质的共价偶联机理

1. 生物大分子标记

量子点最初应用于生命科学领域是用来测定简单的生物大分子。连接方法是用带有氨基或羧基的试剂修饰量子点，调节溶液环境，通过量子点表面的功能基团和生物分子上的氨基或羧基实现共价偶联或通过静电作用等来完成量子点与生物大分子的连接。目前这一领域的应用仍然非常活跃。

Anderson课题组[85]将生物素化的CdSe/ZnS量子点用于免疫检验，他们首先将碱性条件下带负电荷的水溶性量子点包裹上带正电荷的麦芽糖结合蛋白。将这些蛋白量子点结合物进行生物素化后用于测定低至10ng/mL的B型葡萄球菌肠毒素。此前，他们[70]还利用表面修饰后的量子点与生物材料间的静电吸引作用，实现了对大肠杆菌麦芽糖结合蛋白的荧光标记，并可用做激光扫描成像及免疫分析的荧光探针。林章碧等[86]用MPA包覆的CdTe纳米粒子在选定的pH条件下，通过静电相互作用使纳米粒子与带正电荷的生物分子木瓜蛋白酶相结合，并通过光谱数据和TEM图像证实了这一结果。吉林大学的周弛等[87]采用水相合成的量子点标记了菠萝蛋白酶，并以此为生物探针，检测了其与纤维蛋白原的反应过程，结果表明，连接量子点的菠萝蛋白酶仍然保持着77.5%的原酶活性，可以作为荧光探针用于纤维蛋白原的检测。Goldman等[88]将量子点与抗体结合，首先将重组蛋白通过静电作用结合到量子点上，然后再与抗体相连接。反应物浓度不同，结合抗体的数目也不相同，通过色谱将结合与未结合的分子分离，他们成功地对一种蛋白质毒素和2,4,6-三硝基甲苯进行了荧光免疫分析。Ghazani等[89]将组织微阵列技术、光谱分析技术与QDs相结合，发展了一种用于定量测定肿瘤中蛋白质表达的新方法。Koji等[90]构建了一种更为新颖、快捷的基于量子点的蛋白质芯片，可根据光连接器提供的信息调整记录、阅读荧光蛋白的排列，清晰地读出蛋白质配体复合物的组成，该技术对生物芯片的微型排列具有重要的意义。

量子点经过恰当的修饰可以与DNA分子进行连接，目前已经有较多有关用量子点标记DNA的报道。Alivisatos研究小组[91]将CdSe/ZnS核壳量子点用硅烷进行包覆，使其具有水溶性，同时由于硅烷外层连接不同的功能基团，通过交联剂与单链或双链DNA进行共价偶联，偶联后量子点的光学性质没有改变而荧光稳定性增强。Chang等[92]将量子点与纳米金两种纳米材料用于蛋白酶水解研究，当纳米金与连有蛋白质的量子点偶联后，其复合物的荧光强度大大减小，但当加入蛋白水解酶后荧光强度又逐渐恢复，说明量子点与纳米金之间发生了能量转移。Krull研究小组[93]通过改变溶液的pH和离子强度，使TGA包覆的CdSe/ZnS QDs与低聚核苷酸通过氢键连接。将两条互补的DNA单链分别连接于不同的量子点上，然后将其混合在一起，观察其荧光变化，可以判定其杂交情况。Ebenstein等[94]采用单量子点识别DNA结合蛋白。先将DNA与DNA结合蛋白交联，然后用偶联逆转录因子抗体的4种不同颜色的QDs标记上述交联复合物，经过一系列处理后在单一光源激发下，4种QDs分别于605 nm、625 nm、655 nm及705 nm发出4种不同颜色的光，并通过荧光显微技术来分析判断以确定DNA分子上的多个蛋白质的位置。Pang课题组[95]将巯基化的单链DNA(与质粒pUC18上多个克隆位点相互补)与量子点连接制备DNA探针，首次在大肠杆菌中进行了原位杂交，该探针具有很高的生物活性和特异性。Qi等[96]采用amphipol修饰QDs，amphipol具有交错的亲水性和疏水性侧链，可携带siRNA进入细胞质并保护siRNA防止其被酶解，实时监测QDs-siRNA在细胞中的进出，内吞小生物体的逃逸、运输和传递过程。这种多功能QDs的出现，促进了实用基因组学和基因治疗学的研究。Shi等[97]利用QDs连接寡核苷酸检测了前列腺癌中Sonic Hedghog mRNA的表达，发现QDs连接寡核苷酸作为原位杂交探针优于标准的原位杂交，适合标记低表达的基因。

由于量子点的荧光强度可在较长时间内保持稳定，在一定条件下，多种物质能够引起量子点荧光强度的增强或降低，经过修饰的量子点还可特异地检测某些生物活性分子，使得量子点在生物分析领域也得到广泛的应用。伊魁宇等[98]利用血红蛋白对CdTe QDs体系的荧光猝灭作用，对牛血中的血红蛋白含量进行了定量检测，检出限为0.3$\mu g \cdot mL^{-1}$，检测结果与标准方法无显著性差异。Zhang等[99]合成了半胱氨酸稳定的核壳型 CdTe/CdS QDs，并将其作为荧光探针对胰蛋白酶进行了定量测定。该方法简便、快速，样品不需要复杂的前处理，胰蛋白酶浓度在 0.02～50.0 mg・L^{-1}范围内，QDs-胰蛋白酶的荧光增强程度(ΔI)与胰蛋白酶浓度之间存在良好的线性关系。Yuan 等[100]报道，以 GSH 为配体的 CdTe QDs 对葡萄糖氧化酶氧化葡萄糖的产物 H_2O_2 有较高的敏感性，他们用 CdTe QDs 测定了血浆样本中的葡萄糖含量，与临床常用的方法所得数据进行比较，结果数据相近，证实了该方法的可行性。Chen 等[101]报道将某些多肽加到 ZnS QDs 溶液中会引起量子点荧光强度的变化，变化程度与所加入的多肽浓度相关。郭应臣等[102]研究表明量子点与 DNA 之间存在强烈的相互作用，加入 DNA 会引起量子点荧光猝灭，进而建立了一种以水溶性 CdTe 作为荧光探针测定 DNA 的方法。本研究小组也在用量子点进行生物大分子的检测上做了一些研究，杨冬芝等[103]在石蜡/油酸体系中制备的 CdSe QDs，经 TGA 修饰后分别与胰凝乳蛋白酶和牛血清白蛋白进行偶联，推断胰凝乳蛋白酶(pI=8.3)或牛血清白蛋白(pI=4.7)与量子点之间存在两种结合方式：一种方式是，量子点经 TGA 修饰后表面带有负电荷，可以与蛋白质表面所带正电荷产生静电作用；另一种方式是，通过 TGA 上的—COOH 与蛋白质的氨基酸残基在偶联剂作用下发生共价偶联。

2. 细胞和组织的标记与成像

随着量子点与不同分子间连接技术的不断发展和完善，量子点逐渐成为极有前途的荧光标记物，尤其在细胞成像方面。观察量子点标记分子与靶分子相互作用的部位及其在活细胞内的运行轨迹，可为了解信号传递的分子机制提供线索，为阐明细胞生长发育的调控及癌变规律提供直观依据，这是众多荧光染料分子所不能比拟的特点之一。

量子点应用于细胞成像的研究工作主要集中在两个方面：一方面是固定细胞的成像，包括细胞膜标记、细胞核标记、细胞骨架标记和组织的成像等；另一方面是离体活细胞成像，包括膜表面受体的显像，细胞器及胞内特定大分子的示踪。1998 年 Chan 课题组[69]用 TGA 修饰的 QDs 标记转铁蛋白，再与 HeLa 细胞共同孵育，发现其可以被 HeLa 细胞表面的受体识别并吞噬进入细胞内部，首次实现了将 QDs 应用于离体活细胞实验，开创了量子点标记细胞研究的先河。在 Wu 等[76]的实验中，用量子点标记的细胞与有机染料 Alexa 488 标记比较，发现量子点发射的荧光较强且不易被漂白。用量子点标记的抗体能特异性地识别亚细胞水平的分子靶点。他们用量子点标记的羊抗鼠 IgG 为二抗，观察到乳腺癌细胞表面的 HER2。用抗生素标记蛋白偶联不同颜色的量子点，与生物素标记的二抗和特异性单抗相结合，这样可以同时识别细胞表面的 HER2 和核抗原。2004 年，Gerion 课题组[104]首次报道将量子点与标记分子的复合物通过转染进入细胞核，在实验中他们将量子点与SV40(猴病毒40)的T抗原核定位信号(NLS)结合,并经转染进入活细胞,通过荧光成像系统监测到复合物从细胞质到细胞核的运动过程,经一周多的培养观察没有发现量子点对细胞有负面影响,长时间观测后可以看到复合物堆积在细胞核中。这一工作首次将量子点用在细胞核中对生物现象进行长时间实时观测,为研究细胞核的交换机制及过程提供了一种新的无细胞毒性成像技术。Gao等[105]将QDs包于PEG-PLA中,连接麦胚芽凝集素(WGA-QDs-NP)后注入鼻腔,QDs经嗅觉黏膜组织进入大脑皮层细胞标记大脑组织中的病变部位,促进了对中枢神经系统疾病的诊断和治疗方面的研究。Alivisatos研究小组[106]利用硅烷化的绿色量子点对细胞核具有高度亲和力的特点,直接用这种量子点标记鼠纤维原细胞的细胞核。同时利用静电作用将亲和素连接到硅烷化的红色量子点表面,并通过生物素-亲和素特异性作用将量子点标记于细胞表面的F-肌动蛋白上,首次实现了双色量子点同时标记单个细胞。同时,量子点颜色的可调性,使其可实现同一细胞不同部位的多色标记。有文献报道[10],用发青色荧光的量子点标记细胞核;发洋红色荧光的量子点标记Ki-67蛋白;发橙色荧光的量子点标记线粒体;发绿色荧光的量子点标记微管;发红色荧光的量子点标记肌动蛋白。如图3.6所示,经单一波长的光激发后,5种颜色同时显现,这是常用的标记物和荧光染料所无法做到的。量子点可以用来标记细胞,标志着以量子点为荧光手段研究生物现象的时代已经来临。

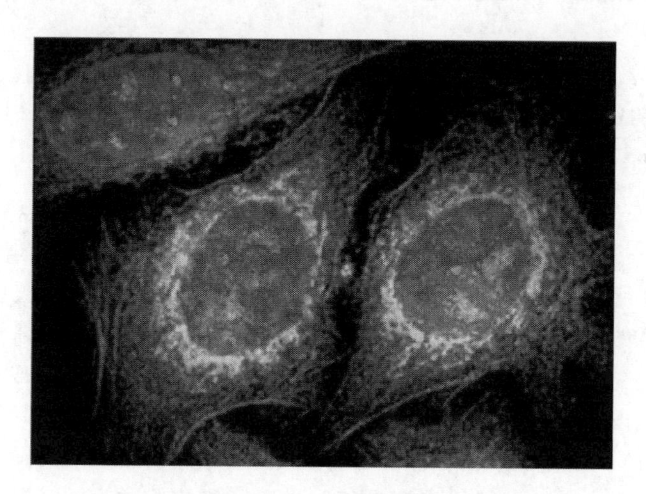

图3.6 量子点标记人上皮细胞的多色成像[107]

2008年,本研究小组中Dong等[108]利用GSH稳定的CdTe QDs外层的羧基和氨基与抗体上的氨基和羧基共价结合,将CdTe QDs与大鼠抗小鼠CD4抗体连接,制备出水溶性CdTe-CD4复合物探针,然后再与淋巴细胞涂片共同孵育,通过细胞表面的膜抗原和一抗之间的特异性免疫反应,实现了CdTe QDs对鼠淋巴细胞的标记。在此基础上他们还对 CdTe-CD4 荧光探针与 FITC 标记的大鼠抗小鼠 CD4 对鼠淋巴细胞标记后的光稳定性作比较。结果发现了 CdTe-CD4 复合探针标记的鼠淋巴细胞在受激发 30 min 后,荧光仍无明显衰退,而 FITC 绿色荧光从激发开始就出现明显衰退的趋势,在 30 min 内基本完全猝灭(图 3.7)。这表明两种荧光探针存在着明显的光稳定性差异,量子点探针具有稳定性高,荧光寿命长,特异性好等特点,更具备在长时间示踪性生物荧光标记领域应用的优势。同时,董微等[109]又以 GSH 作为稳定剂合成核壳结构的 CdSe/CdS QDs,并与人血淋巴细胞 CD3 抗体共价结合,将其作为荧光探针对人血淋巴细胞进行标记。

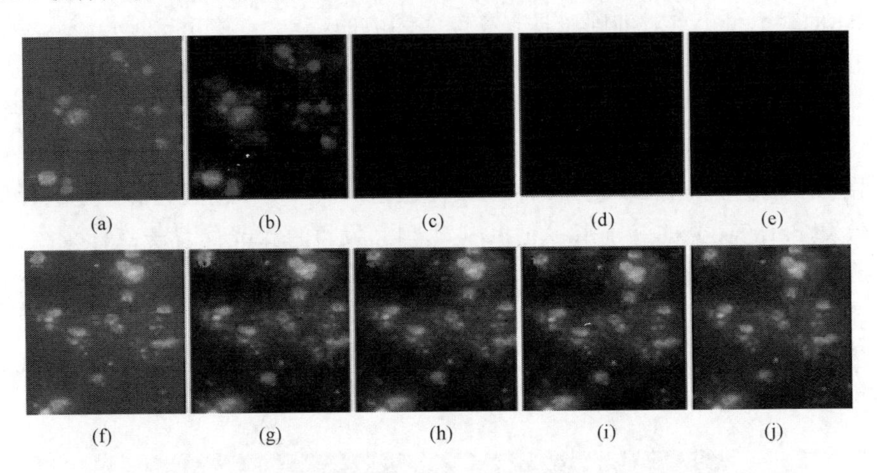

图 3.7 CdTe QDs 荧光探针和 FITC 标记的大鼠抗小鼠 CD4 分别标记鼠淋巴细胞后的光稳定性比较:FITC-CD4[(a)~(e)]和 CdTe-CD4[(f)~(j)]探针依次在 0 min、5 min、10 min、20 min 和 30 min 时的荧光图像[107]

Jaiswal 等[107]用量子点对活细胞进行标记,进入细胞的量子点探针不影响细胞形态和繁殖过程中信号传递以及运动情况,培育 12 天后仍然可看到细胞内的量子点荧光。利用这些进展,人们可以达到长期观察和追踪被不同颜色量子点标记的活细胞的目的。2008 年,Chan 等[110]报道了用于活细胞标记和细胞质中不同靶点成像的可生物降解的量子点,提供了无创伤地对活细胞中的亚细胞结构进行标记和成像的新方法。他们通过将连接了抗体的量子点装进生物可降解的聚合物纳米微球中,设计了生物敏感输送体系,当聚合物微球进入细胞质后即因水解而释放出量子点探针。这种方法可以在无需细胞固定和细胞膜透化的情况下实现细胞内亚细胞结构的多元同时标记。与传统方法相比,这种方法能在最小细胞毒性或损伤的情况下实现高通量的胞浆 QDs 输送(图 3.8)。2009 年,Lim 等[111]将 CD56 抗体与 QD_{705} 相连制成近红外探针,用于追踪 NK 细胞(自然杀伤细胞)在体内的分布情况。研究表明,量子点标记到 NK 细胞上并不影响其活性,且量子点对 NK 细胞有较好的成像效果。量子点技术同样可用于神经元和神经胶质,Dahan 等[112]

采用抗体结合 QDs 示踪经培养的初级脊索神经元。Vu 等[113]将标记 QDs 的神经生长因子(βNGF)用于增强嗜铬细胞瘤细胞(PC12)向神经细胞转化的培养。

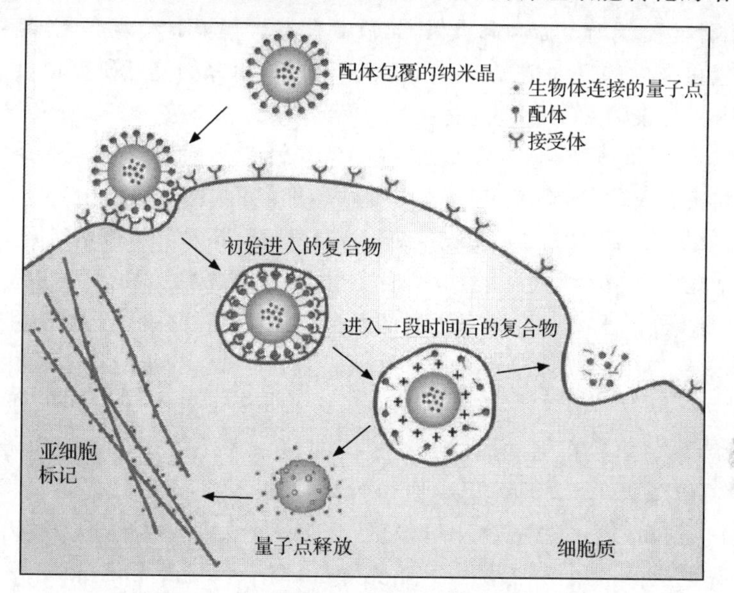

图 3.8 量子点纳米复合物和亚细胞胞浆交换机制[110]

组织光学成像是量子点应用的另一领域。水溶性量子点包被生物分子(如特异性抗体)后增加了其生物兼容性,可使量子点进入组织进行光学成像,这是众多荧光染料分子所不能比拟的。Santra 将量子点与 TAT(一种细胞敏感的缩氨酸)结合后可以通过血脑屏障。组织学数据显示,除了内皮细胞外,TAT 连接的量子点都可到达脑组织,未连接 TAT 的量子点则不能进入[114]。这为脑内药物靶向递呈研究和神经科学及开发人工智能提供了强有力的工具。余伟民等[115]采用 QDs 对膀胱肿瘤组织中前列腺干细胞抗原进行检测,发现量子点能分别显示出不同表达强度的组织标本,并且荧光强度在两周内保持稳定。2008 年,本研究组 Dong[108]用水溶性 CdTe QDs 对鼠脾脏进行标记。研究表明,鼠脾脏能够被 CdTe-CD4 复合生物探针特异性识别,并发出明亮的绿色荧光。

近年来,量子点在细胞生物研究应用领域得到进一步拓宽,在肿瘤细胞标记研究中的应用尤为引人注目。量子点与抗体结合,可以通过荧光免疫反应特异性识别组织中的抗原,从而实现对病体肿瘤细胞的识别与检测,也可以通过一抗或二抗与量子点偶联来实现对肿瘤细胞的标记。Gao 等[116]用无肿瘤的小鼠作为对照,运用结合 PSMA 抗体的 QDs 通过小鼠尾静脉注射和靶向识别,能够表达与 PSMA 免疫结合的前列腺癌细胞并成像。研究发现,结合了 PSMA 抗体的 QDs 在肿瘤生长部位定位、积累并且发出很强的荧光信号,而对照组则无明显信号。进一步研究表明,这种通过肿瘤特异性抗原-抗体结合的 QDs 主动靶向比单纯的被动靶向要迅速、高效得多。这为前列腺癌诊断和预后的研究开辟了一条新的思路。Tada 等[117]采用背部皮肤固定器和高灵敏 CCD 高速共聚焦显微镜观察乳腺癌细胞特异性探针在老鼠体内的运动情况,这种高灵敏可视化示踪为癌症研究提供了新方法。Nida 等[118]将高表达 EGFR(表皮生长因子受体)的宫颈癌 SiHa 细胞与生物素化的 EGFR 单克隆抗体结合后,被 QDs-亲和素探针特异性地识别,分别用共聚焦显微镜的两种激发光照射,其荧光强度均明显高于空白组。Rahman 等[119]在此基础上采用相同的方法识别宫颈癌 SiHa 细胞立体模型,得到了类似的结果,且用 QDs 探针可将肿瘤细胞从生物组织中识别出来,比传统造影剂更具优势,进一步证明了 QDs 探针可在分子水平上检测宫颈癌的发生,为宫颈癌的早期诊断提供了一条新途径。2003 年,Wang 等[120]用最大发射波长为 605 nm 的量子点来检测各类型样本卵巢癌中癌抗原 125(CA125)的表达。结果发现,与传统的异硫氰酸荧光素(FITC)荧光染色信号相比,所有 QDs 标记的信号都比荧光标记的信号强。连续长达 1h 的激光激发没有引起 QDs 信号荧光漂白,而 FITC 荧光染色信号很快就发生了漂白,且 24 min 就消失了。Li 等[121]应用量子点成功实现了对人肝癌细胞株的体外标记成像。用鼠抗人 AFP 单克隆抗体作为一抗,用 CdSe/ZnS QDs 标记的羊抗鼠多克隆抗体作为二抗,标记高转移性人肝癌细胞株 MHCC97-H,该细胞表面能表达高浓度的 AFP 抗原。通过荧光显微镜观察到 QDs 结合在细胞表面并发出明亮的红色荧光,且荧光持续时间较长。这为量子点应用于肝癌的诊断奠定了基础。庞代文课题组[122]将发近红外光(710nm)的 CdSe/ZnS 量子点和发可见光(595nm)的 CdSe 量子点用于胃癌组织中肿瘤标志物的免疫荧光成像。结果表明,这两种量子点可以用于同时检测胃癌组织中的角蛋白 20 和增生的细胞核抗原。而且,由于发近红外光量子点具有较高的灵敏度和对比度,在癌组织实时成像领域具有很好的应用前景。Yong 等[123]则报道用非镉前驱体的 InP/ZnS 核壳量子点作为无毒的高效探针,成功地进行了胰腺癌细胞的标记和成像。

本研究小组也在量子点标记肿瘤细胞上做了一些研究。Dong 等[124]将 GSH 修饰后的 CdTe QDs 作为生物荧光探针引入前列腺癌研究中。我们将合成好的水溶性 CdTe QDs 与前列腺癌特异性抗体共价结合,得到量子点-抗体复合物,利用抗原与鼠抗人 PSA 抗体之间的特异性结合作用,实现了 CdTe QDs 对前列腺癌细胞的直接标记。利用 anti-PSA 与羊抗鼠免疫球蛋白(IgG)之间的特异性结合作用,实现 CdTe QDs 对前列腺癌细胞的间接标记。结果显示,尽管直接法和间接法均可以实现对前列腺癌细胞的标记,但是间接法具有更好的特异性,可以有效降低量子点在细胞表面的非特异性吸附。同时,我们还对 CdTe-IgG 荧光探针和传统的 FITC 标记的羊抗鼠 IgG 抗体对前列腺癌细胞标记后的光稳定性进行了比较,结果显示量子点比传统的有机荧光染料具有更高的稳定性和抗光漂白能力。

Yang 等[125]利用油酸/石蜡体系中制备的 CdSe QDs 与兔抗人癌胚抗原抗体(CEA8)之间的特异性结合作用,实现了 CdSe QDs 对 HeLa 细胞标记;在研究中,采用直接和间接标记法对 HeLa 细胞标记,如图 3.9 所示,结果同样表明间接法具有更好的特异性,可以有效减少量子点在细胞表面的非特异性吸附。

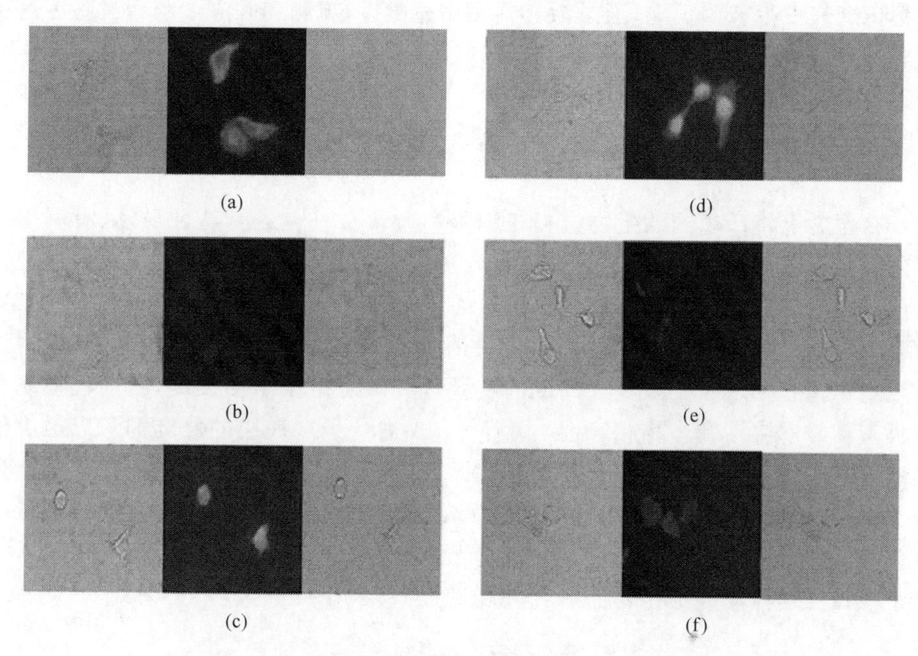

图 3.9　CdSe QDs 对 HeLa 固定[(a)、(b)、(c)]和活细胞[(d)、(e)、(f)]间接法免疫标记的荧光显微成像[125]

(a) 与 QDs-IgG 孵育 1 h;(b) 与 CdSe QDs 孵育 1 h;(c) 与 QDs-IgG 孵育 24 h;(d) 与 QDs-IgG 孵育 1 h;(e) 与 CdSe QDs 孵育 1 h;(f) 与 QDs-IgG 孵育 24 h

量子点细胞标记成像技术不仅可以应用于动物细胞和癌细胞中,还可用于植物细胞。Ravindran 等[126]将与花粉粘着素(SCA,一种花粉管粘着蛋白质)结合的量子点加入已发芽的百合花花粉颗粒中,在共聚焦显微镜下对这种蛋白质进行了定位观察。这是首次将纳米量子点用于植物系统的实时生物成像研究,为量子点的应用开拓了新的领域。武汉大学生命科学院 Yu 等[127]用量子点和 γ-氨基丁酸(GABA)偶联,制备出 QD-GABA 探针并标记了花粉表面 GABA 的结合位点。Etxeberria 等[128]利用 CdSe/ZnS QDs 作为液相胞吞的标记物,对量子点及其他生物大分子通过液相胞吞进入植物细胞后的定位及分布情况进行了观察。研究发现,量子点进入植物细胞后仅分布于细胞膜区域,而不与其他溶质一样能够进入液泡、内涵体等膜结构。2009 年,研究人员发现 QDs 标记的钙调蛋白(CaM)能与植物细胞的浆膜结合,并通过 TEM 技术观察到植物细胞膜上的 QDs-CaM,证实了

CaM 在植物细胞的跨膜信号传递过程中具有重要意义[129]。

量子点不仅可以在细胞水平应用,在细胞亚结构中甚至在激素和生物因子水平的应用也有报道。Matsuno 等[130]利用量子点的特性和激光共聚焦扫描显微镜对生长激素和泌乳刺激素及它们的 mRNA 进行了三维成像。Lidke 等[131]将量子点标记到表皮生长因子上,通过激光共聚焦显微镜,观测到肿瘤细胞通过胞吞途径特异性摄取这种表皮生长因子的全过程,这些成果将为生长发育学和内分泌学的研究打开一个新窗口。

3. 动物活体标记

在医学上将活体内的生物过程在细胞和分子水平上进行特征显示,有利于疾病的无创诊断,从而有助于制订出更为合适的治疗方案。量子点极强的荧光稳定性使其在活体动物研究方面展现出明显的优越性。由于生物体内有大量各种各样的生物分子,容易与量子点表面的基团产生非特异性结合,所以在活体或组织内进行生物标记就要求量子点具有高度的特异性。随着量子点的发展,目前已能制备出具有良好水溶性和生物相容性的量子点,改进量子点外层的修饰剂可以最大限度地减少与细胞膜和细胞外基质的非特异性结合,采用基于如生物素-抗生物素蛋白、抗原-抗体、受体-配体等特异性结合作用的生物分子偶联方法,就能保证量子点作为活体细胞和组织标记物的高度特异性。2006 年,李步洪等[132]总结了有关量子点作为活体动物标记物的研究进展,如表 3.2 所示。

表 3.2 量子点在活体动物中的实验研究

研究内容	实验结果	文献
量子点经过不同的多肽(GFE、F3、LyP21)表面修饰后注入小鼠	利用量子点特异性地标记了肺血管内皮细胞 MDA-MB-435 乳腺癌异种移植肿瘤,首次证明了量子点在活体标记中的灵敏度和特异性;量子点表面修饰 PEG(聚乙二醇)后,可以减少其在网状内皮系统的非特异性聚集	[133]
量子点注入青蛙胚胎	量子点可以稳定地潴留在胚胎内;可用于观察胚胎的发育过程	[73]
量子点注入小鼠	通过双光子荧光成像观察到皮下毛细血管的三维高清晰度图像和每分钟 640 次的搏动	[55]
量子点注入裸鼠体内观察体内的潴留情况	量子点在肝脏、淋巴结和骨髓中至少可以潴留 1 个月,133 天后的验尸实验中仍然可以检测到量子点的存在	[134]
量子点注射到小鼠的前肢皮下和猪的腹股沟皮下	量子点被引流到前哨淋巴结,并观察到了量子点荧光图像。首次证实了近红外量子点应用于外科手术的可能性	[135]

续表

研究内容	实验结果	文献
量子点注入小鼠标记细胞	量子点在小鼠的肾、肝、肺和脾等部位都有分布，量子点可以用于活体内 T 淋巴细胞的跟踪观察	[136]
多功能量子点注入小鼠	首次成功标记了活体小鼠中的前列腺癌细胞，奠定了活体实验基础	[116]
近红外量子点注入小鼠	验证了近红外量子点应用于活体深部组织成像的可行性	[137]
量子点注入小鼠	从肿瘤周围的血管和细胞基质中清晰分辨出肿瘤血管	[138]

近年来，人们更多关注的是近红外荧光活体成像(700～900 nm)。因为生物分子在这个区域内的光吸收值最低，对体内光学成像的干扰小，而近红外量子点对深层组织和器官的检测具有较高的灵敏度和对比度，促进了活体动物实时荧光成像技术的发展。Cai 等[139]将 QD_{705} 与精氨酸-甘氨酸-门冬氨酸(RGD)肽共价连接制成了靶向荧光探针，并在小鼠体内植入人胶质瘤细胞(U87MG)。在尾静脉注射荧光探针 6 h 后，荧光信号聚集在小鼠的肿瘤部位，而在 RGD 阴性细胞 MCF-7 中则未检出荧光信号。Takeda 等[140]制备了 HER2 抗体与 CdSe QDs 的复合物，对活体原发性肿瘤进行成像。结果表明，该复合物可靶向到表面表达 HER2 蛋白的乳腺癌细胞上，提高荧光标记的特异性，较好识别特定肿瘤细胞，并进一步探索了该复合物在小鼠体内的转运机制，为纳米药物或纳米材料靶向于肿瘤的研究提供帮助。Bhang 等[141]使用透明质酸和 QDs 偶联，成功地实现了对体内外淋巴管的实时成像，也可以用于癌细胞的成像。Al-Jamal 等[142]把 2 nm 左右的 CdSe/ZnS 包进由 1,2-二油酰-3-三甲基胺-丙烷组成的脂双层中，通过小鼠实验发现包被的 QDs 能与生物膜进行疏水自结合，构建了一种新颖的传输系统，将成为在体内外癌细胞组合治疗和形态特征诊断的潜在工具。

4. 生物编码

随着人类基因组测序计划的完成，生命科学的研究已进入后基因组时代，研究人员急需新技术来筛选大量的蛋白质结构数据。目前常用的标记物为放射性同位素、酶或底物以及有机染料荧光物质，这些标记物都存在各自的缺陷。基于量子点的优良光学特性，科学家们希望利用量子点开发出识别 DNA 序列或抗体的特别编码方式。Nie 等[143]巧妙地将不同数量、不同荧光特征的量子点(CdSe/ZnS)组合到内部镂空的高分子小球，从而形成具有不同光谱特征和亮度特征的可标记到生物大分子上的微球。他们发现将五六种颜色、六种发光强度的量子点进行不同组合即可形成 1 万～4 万种可识别编码的量子点微球。如果发光强度的变化增加到 10 种，就可以提供 100 万种可识别的编码微球，理论上就可以对 100 万种不同的 DNA 或蛋白质进行识别。事实上，即使要达到精确、不带有任何光谱重叠的检测,使编码量子点微球达到1万～4万种也是不会有问题的。根据前不久完成的人类基因组测序草图,人类具有的基因不超过4万种,所以该技术可对所有这些基因进行编码,由此可推想出这一研究的意义。在模型实验中利用这些微球在混合的DNA试样中进行检测,研究人员准备了3种颜色的微球,并将它们连接到遗传物质DNA片段上,每种颜色对应一种特定的DNA序列。将这些序列作为探针用于检测DNA混合物中相对应的遗传物质,获得初步成功。2007年,Ma等[144]用逐层组装法制备出了不同颜色的量子点-编码微球。即以直径为3 μm的聚苯乙烯微球为模板,通过静电作用沉积了不同尺度的CdTe QDs与聚电解质交替的多层结构,同时制备出了连接有抗人IgG、抗兔IgG两种不同抗体的生物功能性多色微球,将人IgG和兔IgG作为靶向抗原在多元荧光免疫分析中检测出来。此外,他们将多色量子点-编码微球与微流控芯片装置联用来检测两种抗原,基于荧光信号的差异,可以将不同的微球彼此区分。

5. 微生物的检测

利用量子点的优越荧光性能对微生物进行标记检测是近几年来量子点应用研究的新领域。Goldman等[145]将量子点用于霍乱毒素(CT)、蓖麻毒素(RIC)、志贺菌毒素(SLT)和葡萄球菌肠毒素(SEB)的同时分析。用发射波长为510 nm、555 nm、590 nm、610 nm的量子点分别标记4种毒素抗体,在同一个微孔板上对4种毒素进行同时检测。在混合物中每种毒素浓度较高(1000 ng · mL^{-1})和较低(30 ng · mL^{-1})的情况下,均实现了对4种毒素的同时检测。Su等[146]利用量子点实现致病性大肠杆菌O157 : H7的分离检测,可达到10^3 CFU · mL^{-1}的检测限。Hahn等[147]用链霉亲和素修饰的量子点荧光探针检测O157 : H7,其检测灵敏度比使用普通有机荧光染料探针要高出两个数量级。链霉亲和素-生物素体系的放大作用提高了检测灵敏度,实现了单细胞的检测。

3.4.2 量子点作为离子探针的应用

作为荧光探针,量子点具有用量少、重现性好、灵敏度高、设备简单和操作简便等优点,很有发展潜力。近年来,将量子点作为离子荧光探针应用于离子检测,备受各研究小组的关注并取得了相当大的进展。由于离子、无机小分子与量子点之间的化学或者物理作用,量子点的表面电荷或表面结构发生了变化,影响了电子与空穴的结合效率,影响了激子的产生,进而对量子点的荧光产生猝灭或增强作用,可以据此原理对这些离子、无机小分子作定量或定性分析。此后,学者们对量子点在金属离子、氢离子和阴离子的测定应用上进行了深入的研究,并且开发出了基于量子点荧光增强测定离子等新方法,使得量子点离子荧光探针成为检测无机离子的重要手段。

1. 金属离子的检测

量子点的荧光性能在很大程度上取决于其表面状态和所处的物理、化学环境。待测物与量子点表面之间发生各种各样的物理、化学作用，如吸附、静电、键合和能量转移等作用，很容易改变量子点电子与空穴的直接复合效率，甚至引起核心电子空穴的重组从而引起量子点的荧光信号的改变。对于金属离子而言，有些金属离子可以钝化量子点的表面，使得表面态被填充或更加靠近带边，从而使得量子点荧光增强；有些金属离子可以通过内滤效应、非辐射结合通道、电子传输和离子绑定反应等猝灭量子点的荧光。量子点与不同的金属离子发生作用，在一定的条件下，这种作用表现为荧光猝灭或荧光增强，且金属离子浓度与引起荧光猝灭或荧光增强的变化强度呈一定的线性或指数关系。利用这种数学关系，可以实现量子点对金属离子含量的测定。

近年来使用量子点荧光探针测定金属离子的报道层出不穷，测定方法不断更新。Isarov等[148]报道Cu^{2+}能引起CdS QDs的荧光猝灭，并推测其猝灭机理为Cu^{2+}和量子点的表面结合，Cu^{2+}快速还原成Cu^{+}，而Cu^{+}会引起量子点的导带激发态电子与价带空穴产生重组，导致量子点的荧光猝灭。这是首次关于金属离子与量子点相互作用机理的报道。Rosenzweig小组[149]率先实现了量子点对金属离子的选择性测定并发现配体在量子点识别离子的过程中起关键作用。他们分别合成了聚磷酸盐、L-半胱氨酸和TGA修饰的CdS QDs，并研究了这些量子点对不同离子的响应情况。结果发现：聚磷酸盐修饰的量子点对几乎所有的一价、二价阳离子都有响应；对L-半胱氨酸修饰的量子点来说，仅Zn^{2+}对其有增强作用，其他的生理离子如Cu^{2+}、Mn^{2+}和Ca^{2+}则对其不敏感；而对TGA修饰的CdS QDs来说，仅Fe^{3+}和Cu^{2+}对其有猝灭作用，类似浓度的其他生理离子如Zn^{2+}、Ca^{2+}、Na^{+}、K^{+}对这种量子点的荧光性质没有影响，若向溶液中加入适量的F^{-}，由于F^{-}与Fe^{3+}结合后生成无色的FeF_6^{3-}，可掩蔽Fe^{3+}对量子点荧光的影响。Gattás-Asfura等[150]利用多肽(Gly-His-Leu-Leu-Cys)修饰CdS QDs首次实现了低至0.5 mol·L^{-1}的Ag^{+}和Cu^{2+}的同时检测，并且发现量子点的猝灭程度与Ag^{+}或Cu^{2+}的浓度符合良好的指数关系。严秀平等[151]发现，GSH修饰的CdTe可以选择性地被Fe^{2+}和Fe^{3+}猝灭，并且基于这两种金属离子对量子点荧光猝灭速度的不同，首次实现了对同种金属不同价态离子的分别检测。在测定手段上，由于有时量子点荧光探针对金属离子的选择性不是很理想，所以量子点磷光探针和近红外荧光探针也越来越多地被用以消除基体和光散射的干扰，提高测定的选择性。除上述提到的几种测定金属离子的方法外，国内外研究者分别用不同的量子点，实现了对Hg^{2+}、Cd^{2+}、Pb^{2+}、Au^{3+}、Zn^{2+}、Mn^{2+}、Co^{2+}和V^{5+}等多种金属离子的检测，极大地拓展了量子点离子荧光探针的应用范围。

目前,量子点与金属离子间的作用机理仍不明确,现有的成果也大多是根据实验所得现象对作用机理进行适当的解释和推理。由于金属离子不具有发光性质,所以可以排除由其吸收光谱与量子点发射光谱重叠引起的能量转移导致荧光猝灭的可能。目前关于金属对量子点的荧光猝灭或增强的机理大致有以下几种:能量转移,电子转移及吸附其他物质致使量子点表面能态改变等。例如,电子从修饰剂的基团转移到被测金属离子,金属离子被还原,这样有利于量子点内核导带中激态电子与价带中空穴产生重组,从而导致量子点的荧光猝灭。猝灭机理还可能是发生化学取代反应:金属离子与量子点作用,生成新物质,使得荧光物质浓度减小,增加了非辐射概率,从而使荧光猝灭。若作用生成新的荧光物质,则增加了新的辐射中心,就表现为荧光增强。在实际应用中,由于使用量子点的类型和测定对象不尽相同,产生的试验结果和现象各有差异,所以对量子点检测的机理有着不同的解释。Isarov 等[148]以 CdS QDs 测定了 Cu^{2+}。他认为:Cu^{2+} 处于 CdS QDs 表面时会被迅速地还原为 Cu^{+},而 Cu^{+} 会引起量子点内核导带中激发态电子与价带中空穴产生重组,导致量子点荧光猝灭,同时还会使得量子点发射峰红移。Xia 等[152]认为,Hg^{2+} 能与羰基中的氧原子发生配位作用结合到量子点的表面,直接从量子点的导带捕获电子,导致量子点的电荷转移,引起荧光猝灭。Cai 等[153]认为,Hg^{2+} 置换 CdS QDs 中的 Cd^{2+},形成的 HgS 的带隙比 CdS 的带隙小,导致量子点的荧光猝灭。2007 年,Ying 小组[154]利用 GSH 修饰的 CdTe QDs 作为探针实现了高通量、高选择性地检测 Pb^{2+}。通过荧光光谱、电镜成像和动力学光散射等多种手段证明了其猝灭机制,即 Pb^{2+} 与 CdTe QDs 表面的 Cd^{2+} 竞争性地与配体 GSH 结合,使量子点表面失去 GSH 的保护,引起量子点的荧光猝灭。

用量子点荧光探针测定金属离子含量的方法灵敏度很高,但同时也容易受到共存非待测物质的干扰,所以如何提高金属探针的选择性是其应用研究中所面临的重要问题。不同于传统的荧光探针分析法,量子点荧光探针分析的选择性与探针本身的关系不大,而与用于量子点改性的表面物质有关。如表 3.3 所示,CdSe 量子点经过不同的表面改性后可对不同的物质进行选择性的分析。

表 3.3 改性后的 CdSe QDs 在离子、小分子测定上的应用

量子点	分析对象	配体	检出限	文献
CdSe	Cu^{2+}	2-巯基乙酸	0.2 $\mu g \cdot L^{-1}$	[155]
CdSe	Ag^{+}	牛血清白蛋白+巯基乙醇	70 $nmol \cdot L^{-1}$	[156]
CdSe	螺内酯(药物)	—	0.2 $mg \cdot L^{-1}$	[157]
CdSe	CN^{-}	叔丁基-*N*-(巯基乙基)氨基甲酸酯	2.9 $\mu g \cdot L^{-1}$	[158]
CdSe/ZnS	Hg^{2+}	硫杂杯芳烃	3 $\mu g \cdot L^{-1}$	[159]
CdSe/ZnS	OH^{-}	[1,3]噁嗪环	—	[160]
CdSe/ZnS	磷酸二乙基对硝基苯基酯	2-巯基乙醇+有机磷水解酶	10 $nm \cdot L^{-1}$	[9]

量子点的发光性质对它们的表面状态非常敏感，很多金属离子可以通过不同的作用机制对量子点的光学性质产生显著影响。量子点的荧光强度会随着被测物浓度的变化而变化，它们的关系可用荧光猝灭方程或荧光增强效应方程来描述。因此，利用金属离子与量子点作用引起荧光猝灭或荧光增强的变化，可以建立金属离子浓度与荧光强度的关系，从而实现量子点对金属离子含量的测定。基于量子点荧光变化的分析技术作为一种多学科交叉技术，具有极高的灵敏度，目前已逐渐被应用于金属离子的研究中并取得丰硕成果，可以对多种离子实现灵敏反应，甚至是选择性的定量测定。下面就几种研究较多的离子作一简要论述。

1）Cu^{2+} 的测定

目前，量子点对 Cu^{2+} 的测定是其应用于测定金属离子中最为成熟和完善的技术。早在 1997 年 Isarov 等[148]就已经提出了用 CdS QDs 测定 Cu^{2+} 含量的方法，并解释了其作用机制。其他用水溶性的 CdS 测定 Cu^{2+} 的研究亦有报道。Sanz-Medel 等[155]采用 CdSe QDs 测定 Cu^{2+}，他们比较了两种不同的稳定剂 2-巯基乙基磺酸和 TGA 修饰的 CdSe QDs，实验证明，2-巯基乙基磺酸修饰的 CdSe QDs 对 Cu^{2+} 具有更高的灵敏度，共存的 Na^+、K^+、Ca^{2+}、Mg^{2+}、Zn^{2+}、Mn^{2+} 和 Co^{2+} 等阳离子对量子点荧光信号几乎无影响。Fe^{3+} 的干扰可通过加入 NaF 使其形成 FeF_6^{3-} 去除。赖艳等[161]以巯基乙醇为稳定剂，合成了具有特殊光学性质的水溶性 CdSe/CdS QDs，建立了一种在 pH7.4 的磷酸盐缓冲溶液中测定 Cu^{2+} 的新方法，用于检验头发与茶叶中的 Cu^{2+}，检出限为 8.5 $\mu g \cdot L^{-1}$。随后，Xie 等[162]和严拯宇等[163]对量子点的修饰进行了改进，将 ZnS 包被的 CdSe 核壳型量子点（CdSe/ZnS）表面用牛血清白蛋白（BSA）进行修饰，利用 QDs-BSA 作为发光探针，分别用于 Cu^{2+} 及中药饮片中铜的含量测定。他们认为猝灭原因是发生了化学取代反应，即 Cu^{2+} 取代了 Cd^{2+} 生成溶解度更低的 CuSe。因此，随着取代反应的进行，溶液中荧光物质 CdSe/ZnS 浓度逐渐减小，荧光强度逐渐降低。将 CdTe QDs 应用于 Cu^{2+} 的研究报道也层出不穷。闫玉禧等[164]以半胱氨酸和 GSH 为稳定剂，在温和条件下制备了 CdTe QDs，在系统考察了影响其发光强度的各种因素的基础上，建立了一种 CdTe QDs 检测 Cu^{2+} 的方法，拓宽了检测的线性区间，提高了检测灵敏度。其机理可能是在 CdTe QDs 的表面有丰富的羧基、氨基等基团，通过配位作用使 Cu^{2+} 结合到量子点表面，进而使其还原为 Cu^+，导致 CdTe QDs 的荧光猝灭。

2）Ag^+ 的测定

目前用量子点对 Ag^+ 进行选择性测定的报道相对较少。Liang 等[156]用 MPA 修饰的 CdSe QDs 在牛血清白蛋白体系中测定了 Ag^+。但这种方法灵敏度相对较低，且空白值较高，所以在 Ag^+ 的分析应用中受到限制。Lai 等[165]选择铋试剂Ⅱ作为 CdS QDs 的修饰剂，合成了表面修饰的量子点，利用其有效官能团与 Ag^+ 作用，导致修饰的量子点荧光增强，从而建立了测定 Ag^+ 的方法，检出限为

1.6 nmol · L^{-1}。Chen 等[166]以 L-半胱氨酸对 CdS QDs 表面进行修饰，为了提高稳定性及增强量子点与 Ag^{+} 之间的作用而加入了一定量的新制备的 L-半胱氨酸，使量子点在 545 nm 处的荧光显著增强。同时，量子点的发射谱带发生明显红移。该法的灵敏度显著提高，检测限达到了 5.0 nmol · L^{-1}。而 Xia 等[167]则合成了 4 种不同粒径(1.9 nm、2.6 nm、3.1 nm 和 4.2 nm)的水溶性 CdTe QDs，并用 MPA 包覆，首次系统地研究了不同粒径的 CdTe QDs 与 Ag^{+} 的相互作用。研究发现，对于小粒径的量子点，低浓度的 Ag^{+} 对其有光致增强作用，但随着 Ag^{+} 浓度的增加，则呈现出显著的荧光猝灭；然而，对于大粒径的量子点，随着 Ag^{+} 的加入，发生持续猝灭，并没有观察到荧光增强。通过对其机制的研究发现，小粒径量子点表面存在较多的自身缺陷，低浓度的 Ag^{+} 可以使其表面钝化，导致荧光增强。当缺陷饱和以后，过量的 Ag^{+} 与量子点间发生非辐射结合，导致荧光猝灭。对于大粒径的量子点来说，即使 Ag^{+} 浓度很小，但由于表面缺陷较少，非辐射重组始终占优势，从而持续发生荧光猝灭。该研究组不仅研究了 Ag^{+} 对量子点的猝灭过程，还解释了不同粒径量子点与 Ag^{+} 的作用机制，对以后的研究工作具有很大的参考价值。实验还发现，小粒径的 CdTe QDs 对 Ag^{+} 具有更高的选择性和灵敏度，因此更适于 Ag^{+} 的分析。

3) Hg^{2+} 的测定

汞在自然界中分布极广，几乎所有的矿物中都含有汞，在人类的生产活动中起着重要作用。但汞及其部分化合物属于剧毒物质，可以在人、畜体内蓄积引起全身中毒。因而环境试样中汞的测定一直是人们关注的重要课题。近年来，CdTe 和 CdSe 等量子点常用于 Hg^{2+} 的含量测定。Chen 等[168]将 TGA 包裹的 CdTe QDs 用于 Hg^{2+} 的检测，认为荧光猝灭可能是由于发生了从巯基(—SR)到 Hg^{2+} 的电子转移，Hg^{2+} 可以与量子点表面的羧基结合，导致量子点导带中的激发电子和价带中的空穴发生了非辐射再结合而使量子点荧光猝灭。Xia 等[152]利用 Cu^{2+}、Ag^{+} 与 Hg^{2+} 对量子点猝灭机理的不同，将 TGA 修饰的 CdTe 量子点用变性的牛血清白蛋白(dBSA)包覆起来，阻止了 Cu^{2+}、Ag^{+} 等离子与量子点表面的键合作用，从而消除了这些离子对测定的干扰而达到对 Hg^{2+} 进行选择性测定的目的。但是，上述量子点均用巯基类化合物修饰，为有毒物质。另外，巯基类化合物对光催化氧化十分敏感，容易从量子点表面脱落，导致量子点团聚和降解。后来的一些研究工作采用 L-半胱氨酸修饰量子点，不仅降低了毒性，而且提高了水溶性和生物相容性。例如，Gao 等[169]将单分散 CdSe QDs 用 L-半胱氨酸进行修饰，经修饰的 CdSe QDs 与 Hg^{2+} 显示出很强的特异亲和力，从而建立了一种简便、快速测定 Hg^{2+} 的方法。在最佳条件下，该法对 Hg^{2+} 的检出限可达 6.0×10^{-9} mol · L^{-1}，并且已成功应用于 4 种实际样品如尿液、河水等的 Hg^{2+} 测定，取得了满意的结果。李梦莹等[170]以半胱氨酸为修饰剂，在恒温 100℃条件下，用水热法合成了 CdTe QDs。经过条件优化后将合成的量子点用于测定 Hg^{2+}。在最佳实验条件下,CdTe QDs 的荧光猝灭程度与 Hg^{2+} 浓度之间存在很好的线性关系,Hg^{2+} 的检出限为 0.07 μg・L^{-1},可用于实际水样中 Hg^{2+} 的测定。关于其他稳定剂,文献中亦有报道。例如,Li 等[159,171]用硫杂杯芳烃包覆的 CdSe/ZnS 核壳型量子点在乙腈中测定 Hg^{2+},可以不受 Mg^{2+}、Ca^{2+}、Cu^{2+}、Zn^{2+}、Mn^{2+}、Co^{2+} 和 Ni^{2+} 等离子的干扰,进而能实现选择性地测定 Hg^{2+},首次从方法上根本地消除了 Cu^{2+} 对测定 Hg^{2+} 的干扰。因杯芳烃具有大小可调节的“空腔”,能够形成主-客复合物,与环糊精、冠醚相比,是一类更具广泛适应性的模拟酶,被称为继冠醚和环糊精之后的第三代主体化合物。进一步的研究将是围绕经杯芳烃修饰的半导体量子点表面结构的主-客体识别研究。

2. 基于氢离子浓度变化的检测

研究表明,量子点的荧光强度通常随介质 H^+ 浓度的改变而变化,这使得量子点可以作为酸度敏感探针用于酸度及相关化学反应中间产物的检测。Susha 等[172]合成的 CdTe QDs 的荧光强度在 pH6～12 范围内无明显变化,在 pH4～6 范围内随酸度增强,荧光强度与酸度呈线性相关,且最大发射峰位基本不变。据此,他们首先提出水溶性的 CdTe QDs 能够发展成为一种很有研究前景的氢离子探针。此外,不同种类量子点对介质酸度产生的灵敏度不同,如硫醇修饰的 CdTe QDs 比 CdSe QDs 用做酸度探针的前景更好,因为前者在低温(80～100℃)就可以被合成出来,且量子产率较高,粒径可调,合成过程中很容易被 TGA、L-半胱氨酸等生物分子修饰进而用于生物样品的测定。

量子点之所以可以用做酸度敏感探针进行定量检测,是因为在一定的酸度范围内量子点的荧光强度与酸度值呈良好的线性关系。以 TGA 包被的 CdTe QDs ($c = 5.0\times10^{-3}$ mol・L^{-1},$\lambda_{em} = 561$ nm)为例[173],在不同酸度(pH 4.8～11.9)的 B-R 缓冲溶液中,量子点的荧光强度值呈现先增大后减小的变化规律[图 3.10(a)];B-R 缓冲液的 pH 由 7.5 下降至 5.4 时,量子点的荧光强度下降了 98%,其强度变化灵敏且线性相关(R=0.9994)[图 3.10(b)]。

目前,量子点酸度敏感探针已经应用于生物领域中。Zhang 等[174]用 CdTe QDs 作为质子传感器检测了在色素体中合成三磷酸腺苷时产生的质子流量。他们[175]还报道了使用绿色和橙色两种颜色的 CdTe QDs 作为方便、廉价、可逆和高灵敏的酸度探针,通过检测有病毒参与的抗原-抗体反应中 ATP 合成时产生的质子(H^+)流,间接测定了参与反应的病毒的含量。研究中使用的两种颜色量子点可以同时检测两种病毒(H9 禽流感病毒和 MHV68 病毒),测定时两者不发生相互干扰。应用酸度敏感的 CdTe-ZnS QDs,Yu 等[176]成功地监测了猪胰腺脂肪酶催化丁酸缩水甘油酯的水解反应,此外,他们还尝试了使用量子点检测在培养基中培养细菌时释放的酸性物质。Liu 等[177]发现,TGA 包覆的核壳量子点(CdSe/

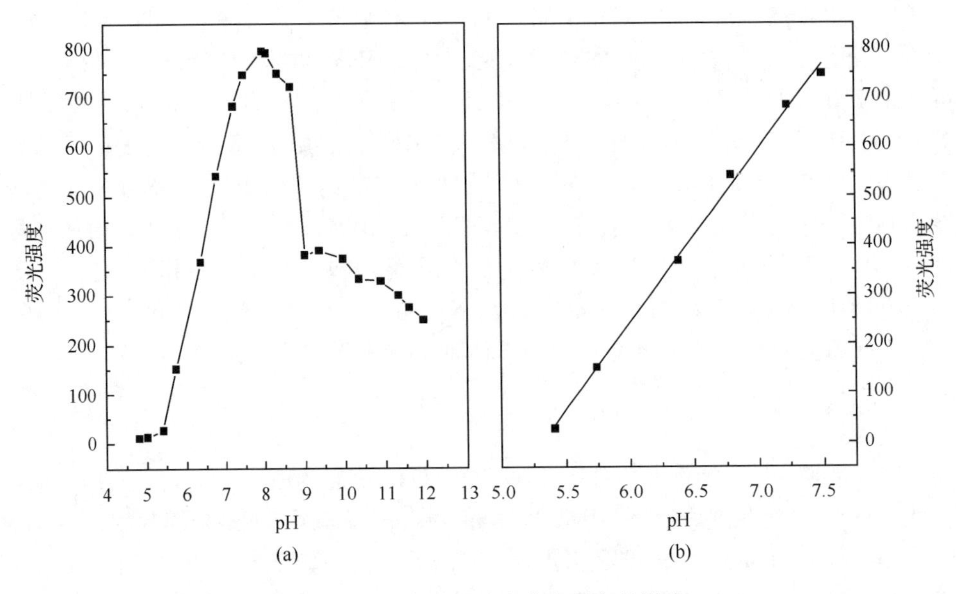

图 3.10 酸度对量子点荧光强度的影响

ZnSe/ZnS)在缓冲溶液和 SKOV-人卵巢癌细胞中与体系酸度均有着良好的相关性。该核壳结构量子点的荧光强度随缓冲溶液或细胞培养液酸度增强而降低，随酸度降低而增强。溶液酸度值在 pH4～10 范围内，TGA 包覆的核壳量子点荧光强度增加近 5 倍，同样酸度范围内，细胞中量子点的荧光强度可增强 10 倍。在活细胞内，当细胞囊泡变得碱性更强时，可观察到此核壳量子点荧光强度增强，这与 FITC-右旋糖苷酸度探针所表现出的现象一致。

利用量子点酸度敏感探针还可以通过对酸性物质或某一反应产生的酸性中间产物响应，实现对待测物质的定量检测。Wang 等[178]使用 CdTe QDs 定量检测了药片中酸性药物硫普罗宁的含量，该方法简单、快速、准确，提供了一种检测药物的新方法。Huang 等[179]提出了一种可以用来检测生物体内尿素含量的新方法，他们使用 CdSe/ZnS 核壳量子点作为酸度探针测定尿素含量，与以往方法相比，检出限和线性范围均有明显改善。由于巯基丁二酸(MSA)包覆的 CdSe/ZnS QDs 对酸度敏感，Huang 等[180]利用葡萄糖氧化酶催化葡萄糖与氧气反应所生成的葡萄糖酸为酸介质，使用 CdSe/ZnS QDs 作为酸度探针，得到了量子点荧光强度随葡萄糖加入量的变化规律。研究表明，在浓度分别为 10 mmol · L^{-1}和 30 mmol · L^{-1}的 pH8.0 的磷酸盐缓冲体系中，量子点荧光强度与葡萄糖浓度近似呈线性，线性范围分别为 0.2～10 mmol · L^{-1}和 2～30 mmol · L^{-1}。该研究说明，使用量子点酸度敏感探针测定痕量葡萄糖是可行的。

3. 阴离子的检测

量子点在阴离子传感器领域的应用起步较晚。利用量子点检测阴离子的种类较有限,量子点和阴离子作用机理的解释也不完善。目前量子点阴离子探针的研究对象主要是 CN^- 和 I^-。

对于氰化物传感器的研究,近些年来已经取得了很大的进展。有研究表明,氰化物在量子点薄膜上的吸附可以增加其表面的尺寸,这种效应主要归因于带负电荷氰化物的强吸附增加了电子在量子点表面的富集,导致量子点荧光的猝灭。Sanz-Medel 课题组[158]发现,对叔丁基-*N*-(巯基乙基)氨基甲酸酯(BMC)修饰的量子点可以成为一种非常成功的、高灵敏度的氰化物的传感器,在甲醇中对 CN^- 检测限可达 1.1×10^{-7} mol·L^{-1},并具有一定的选择性。该研究表明 CN^- 与量子点的作用是动态和静态的联合猝灭,是一种复杂的猝灭模型。但由于这种方法只适用于有机相介质,因此在应用上大大受限。他们还合成了 2-巯基乙烷磺酸修饰的水溶性发光量子点,并将其用于测定水溶液中氰化物的含量,表面活性剂的加入起到了稳定量子点的作用。结果表明,当 NO_3^-、Cl^- 和 SCN^- 浓度小于 2×10^{-3} mol·L^{-1},I^- 和 NO_2^- 浓度小于 4×10^{-4} mol·L^{-1},Br^- 浓度小于 1×10^{-3} mol·L^{-1} 时,对荧光信号干扰小,可直接选择性地测定水溶液中 CN^- 的含量[181]。

通过内滤效应、非辐射组合及电子转换过程,碘化物可以猝灭量子点的荧光,导致发光强度的强弛豫(达到 10 μs)。Lakowicz 等[53]认为以多磷酸盐稳定的 CdS QDs 产生的荧光强度和发光时间都强于传统的荧光素,而且荧光强度不会受到溶解氧的猝灭。当 I^- 引入 CdS QDs 表面时会使量子点荧光强度产生巨大的衰减,可以用来作为荧光探针测定溶液中的 I^-,实现在有氧条件下灵敏地测定碘化物。Li 等[182]用硫脲型配体修饰 CdSe QDs,在三氯甲烷和乙醇的混合溶液中实现了对碘离子(I^-)的选择性检测,检出限达 1.5 nmol·L^{-1}。

此外,Callan 等[183]用 1-(2-巯基-乙基)-3-苯基-硫脲修饰 CdSe-ZnS QDs,由于 Cl^-、F^- 和 AcO^- 能够促进受体与量子点之间的光诱导电子转移作用,所以会使得量子点荧光猝灭,从而实现了对 Cl^-、F^- 和 AcO^- 的识别。Wu 等[184]合成了 MPA 包覆的水溶性 CdS QDs(CdS-MPA),并实现了水溶液中硒氢根离子(HSe^-)含量的高灵敏度、高选择性测定。应该指出的是,量子点作为阴离子传感器的研究才刚刚起步,无论在机理解释还是在测定阴离子的种类上都还很有限。因此,如何选择合适的量子点修饰剂和控制合成各种不同功能的量子点是未来阴离子探针的发展方向。

3.4.3 量子点作为小分子探针的应用

近年来,基于量子点的分子传感器越来越受到科学家的关注,特别是对药物小分子、环境污染物、葡萄糖分子及一些生物分子的检测取得了较大的进展。由于待测分子与量子点发生物理、化学作用,所以会引起荧光增强或荧光猝灭,从而实现对无机或有机分子含量的测定。

1. 检测有机小分子

量子点在作为有机分子传感器的应用方面已有较大进展。Diao 等[185]利用 TGA 修饰的 CdTe QDs 通过荧光猝灭来检测阳离子表面活性剂,如十六烷基三甲基溴化铵和十六烷基氯化吡啶等。Yuan 等[186]利用巯基丁二酸修饰的 CdTe QDs-山葵过氧化物酶体系来检测酚类化合物,在过氧化氢和山葵过氧化物酶存在的条件下,酶催化氧化酚类化合物过程中所产生的醌中间体,导致量子点的荧光猝灭,检测限可达到 10^{-7} mol · L^{-1}。Li 等[187]利用环糊精包被的 CdSe/ZnS QDs 来检测酚类化合物,首先合成 TOPO 修饰的 CdSe/ZnS QDs,然后通过超声的方法合成环糊精包被的 CdSe/ZnS QDs。对硝基苯酚和萘酚分别能猝灭 α-环糊精和 β-环糊精修饰的 CdSe-ZnS QDs 的荧光强度,因此建立了检测该两种物质的方法,对硝基苯酚和萘酚的检测限分别达到 7.92×10^{-9} mol · L^{-1}和 4.83×10^{-9} mol · L^{-1}。Wang 等[188]利用油酸包裹的 CdSe QDs 通过荧光猝灭来检测 2,4,6-三硝基甲苯(TNT),2,4-二硝基甲苯(DNT)、硝基苯(NB)、2,4-二硝基氯苯(DNBC)和对硝基苯(NT)等微量的硝基化合物,检测限达到 $10^{-6}\sim10^{-7}$ mol · L^{-1}。Tu 等[189]合成了水溶性的巯基乙胺包覆的 ZnS/Mn QDs,配体与三硝基甲苯之间的酸碱作用使得三硝基甲苯与量子点之间发生电荷转移,导致量子点荧光猝灭,实现了对溶液和大气中含量很低的三硝基甲苯的检测。也有人利用间接反应来猝灭量子点的荧光,建立检测反应物的方法。

开发新型、快速、高效检测乳酸脱氢酶(LDH)活性水平的方法可实现对常见的心肌炎、心肌梗死、肾病和肝癌等疾病的早期诊断和实时调控,具有重要的临床意义。唐芳琼研究员领导的纳米材料可控制备与应用研究室一直致力于用价廉、可工程化的方法制备量子点并应用于生化检测[190],他们采用超声雾化法制备的水溶性碲化镉(CdTe)量子点实现对乳酸脱氢酶(LDH)活性的定性定量分析。该生物传感器的检测范围为 150～1500 U · L^{-1},最低检测限达 75 U · L^{-1}。所构建的新型光学生物传感器不需要昂贵而复杂的生化分子修饰,方法简单快捷,操作易于掌握,大大减少了生物传感器从组装到检测的时间,有利于传感器的小型化和家庭化。

2. 检测药物小分子

量子点极高的灵敏度使其在药物含量的测定中渐显优势,一些用常规方法难以定量的药物只要能对量子点产生猝灭或光致增强都可以尝试用量子点进行测定。目前此类文献还很有限,在量子点合成技术完善的基础上有待进一步扩大其应用范围。2006年,Liang等[157]首次将CdSe QDs用于螺内酯的含量测定,拉开了量子点用于药物分子检测的序幕。在其研究中,EDTA、纤维素、$CaSO_4$、葡萄糖、蔗糖、淀粉、甘露醇和梨酸醇等药片中的常用辅药成分对螺内酯的测定无影响,可选择性地测定螺内酯。2009年,Ding小组[191]将基于量子点的荧光免疫法用于检测鸡肌肉组织中的恩诺沙星,使得量子点检测药物分子具有了实用性。Wang小组[192]将量子点用于抗癌药物米托蒽醌(mitoxantrone)的测定。米托蒽醌静电吸附在量子点上,通过光诱导电子转移猝灭量子点的荧光,加入DNA后量子点的荧光恢复。用该方法可以推断出米托蒽醌和DNA的作用位点在鸟嘌呤氨基的N-2或者N-7。Liao等[193]将水溶性的CdS QDs用TGA包覆,通过阿霉素与其作用引起的荧光猝灭建立了定量测定方法,解决了阿霉素含量测定的难题。在B-R缓冲液中(pH 7.0),阿霉素对CdS QDs的猝灭很弱,故不能直接用于阿霉素的测定。加入阳离子表面活性剂如十六烷基三甲基溴化铵(CTAB)后,阿霉素可与量子点通过静电作用相结合,形成一种新的化合物,使猝灭幅度显著增加,实验结果理想,检测限达10^{-9} mol · L^{-1}。目前用量子点对药物进行含量测定的研究才刚刚起步,尚处于摸索阶段,随着对量子点研究的深入,相信量子点将在药物的含量测定领域开辟一片新的天地。

3. 检测环境污染物

量子点对环境污染物的检测也取得了一些进展。Li等[194]将CdTe QDs包埋在硅球中,再用杯芳烃修饰,用于检测氨基甲酸酯和有机磷类的杀虫剂,取得了较好的效果。Yuan等[186]提出了量子点-酶杂化体系测定酚类污染物,该方法具有简便、灵敏和检测线性范围更宽等优点。硝基芳烃类的物质也是量子点检测的一类重要分析物,研究人员对不同的量子点进行化学修饰,能够实现有机相和水相中硝基芳烃类物质的高灵敏检测。卞倩茜等[195]研究了用硫普罗宁(tiopronin,TP)作为稳定剂合成的水溶性CdTe/CdS QDs与10种农药的相互作用。实验发现,当农药浓度为4.76×10^{-6} mol · L^{-1}时,农药百草枯(paraquat)能显著猝灭CdTe/CdS QDs的荧光,使其荧光强度下降87.3%,而分别加入乙酰甲胺磷及辛硫磷等其他9种农药,仅能使CdTe/CdS QDs的荧光强度下降0.1%~5.1%,这表明了该CdTe/CdS QDs对百草枯的特异性传感作用。用该方法对3种食品和3种水样中残留农药进行了检测,加标回收率均为82.2%~98.5%,其相对标准偏差为2.62%~8.35%。

4. 量子点用于其他分子的检测

葡萄糖是维持生命活动必不可少的物质,是许多疾病的诊断、治疗监控和预防必不可少的首选指标,因此对葡萄糖的准确检测具有十分重要的意义。2006 年,Singaram 小组[196]基于电子转移原理实现了量子点对葡萄糖的传感。该方法简单、灵敏,具有通用性,可以根据特定检测需要来选择量子点的组分和受体猝灭剂。Huang 等[180]以葡萄糖氧化酶催化葡萄糖与氧气反应所生成的葡萄糖酸为酸介质,使用 CdSe/ZnS QDs 作为酸度探针,得到了加入不同量葡萄糖时量子点荧光强度的变化规律。该研究工作为使用量子点酸度敏感探针测定痕量葡萄糖提供了可能。董再蒸等[197]以 CdTe QDs 为酸度敏感探针,考察了葡萄糖在适当条件下与葡萄糖氧化酶作用后对量子点酸度敏感探针荧光强度的影响,并特异性地测定了人唾液样品中葡萄糖的含量。此外,葡萄糖被葡萄糖氧化酶催化完全后,量子点酸度敏感探针在荧光强度变化的同时,荧光发射峰位有着较大的蓝移,并且在紫外灯下可以观察到反应前后,量子点发射光颜色的明显变化。这一现象为使用量子点对唾液葡萄糖进行半定量分析及高灵敏唾液葡萄糖试纸条的开发应用开拓了良好的前景。

抗坏血酸是一种弱酸,是保持人体健康不可或缺的维生素(V_C)。抗坏血酸对维持人体健康起着十分关键的作用,它能够预防人体血管老化和很多慢性疾病,如心脏血管失调和癌症。然而,人体自身无法合成抗坏血酸,只能通过膳食和药物汲取,因此准确检测药物中抗坏血酸的含量具有十分重要的意义。由于抗坏血酸具有弱酸性,可用量子点酸度敏感探针对其进行直接测定。严秀平等[198]还利用荧光增强法实现了量子点对抗坏血酸的定量检测。他们先用 $KMnO_4$ 猝灭 GSH 修饰的 CdTe QDs 的荧光,随后加入抗坏血酸使量子点荧光恢复,从而实现了对抗坏血酸的定量检测。此方法检出限可低至 74 $nmol \cdot L^{-1}$,并成功地应用于实际生物样品的测定。

研究发现,量子点可以被开发成气体分子传感器。Myung 等[199]等发现氧气使得溶解于氯仿中的量子点的荧光强度增强,他们认为这是由于溶解于氯仿中的氧气与 CdSe QDs 发生作用从而导致量子点表面钝化所引起的,由此提出量子点有望成为氧气传感器。Nazzal 等[200]将 CdS QDs 固定在高分子薄膜中,发现许多气体可以对这种薄膜发生快速的响应,致使其荧光强度增强或猝灭,表明不同种类和尺寸的量子点可以对氩气、三乙胺和苄胺等多种气体同时进行快速检测。由于这种装置加工方法简单、灵敏度较高,所以有望发展成一种基于不同成分和尺寸的高质量半导体纳米晶及分散在不同聚合物介质中用于检测一系列分析物的微传感器,这种微传感器可以作为现有金属氧化物气体传感器的一种良好的补充。

3.4.4 基于荧光增强的量子点"开关"荧光探针

近 10 年来,以量子点同金属离子直接反应为基础的量子点离子探针得到广泛研究,并取得一系列成果。但由于许多物质并不能直接与量子点发生作用且量子点与金属离子间的反应通常不具有特异性,所以这些方法能测定的离子种类和选择性有限。尽管将诸如五肽、冠醚和 DNA 等配体键合到量子点表面后可以改善对特定离子的选择性,但往往由于这些配体与被识别离子间的结合能力不强而使得识别效果欠佳,并且将这些配体连接到量子点表面也需要十分缜密的设计和复杂的操作。此外,基于量子点的荧光探针多数是通过荧光的猝灭来实现对分析物的检测的。这种荧光猝灭型的传感器或者光学探针由于具有较高的荧光背景,往往没有荧光增强型的灵敏度高。基于此,具有更强选择性、基于荧光增强检测的量子点“开关”荧光探针成为这一领域的新亮点。

众所周知,量子点在激发光作用下可发射荧光,当量子点表面被修饰某种配体后,由于该配体能够与激发态的量子点交换电子或能量,阻止量子点高能级激发态的电子返回基态,所以使得其荧光猝灭。当修饰配体与被分析物结合后,这种配体失去了与激发态的量子点交换电子或能量的能力,使得其荧光恢复,其原理见图 3.11。这种量子点“开关”荧光探针以荧光增强为定量基础,具有较低的光学背景,往往具有更低的检出限。

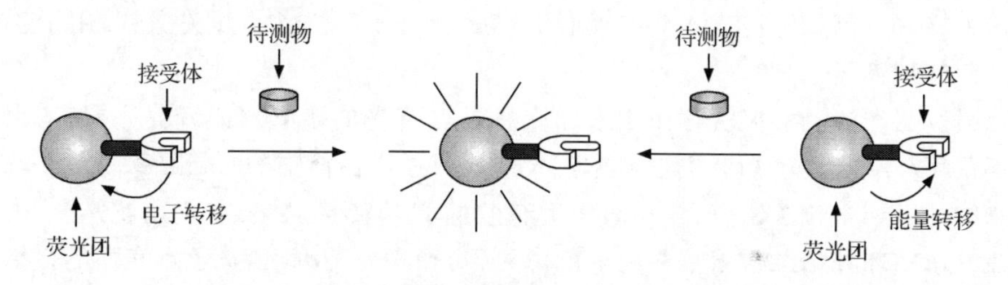

图 3.11　量子点“开关”荧光探针示意图[201]

量子点荧光开关的转换可以通过电子转移和能量转移两种途径实现。采用不同的实验手段,电子受体和电子供体都可以连接到量子点表面,由于二者之间发生有效的电子转移而使得量子点的荧光被猝灭。电子受体或电子供体在这一过程中充当猝灭剂的作用。当目标分析物存在时,猝灭剂与其间的超分子结合导致猝灭剂与量子点物理分离,从而使得量子点的荧光恢复。类似地,当可以吸收量子点发射光波长范围的生色团被连接到量子点表面时,二者之间因发生荧光共振能量转移而使量子点荧光猝灭。当目标分析物存在时,生色团与目标分析的分子识别过程会导致生色团与量子点的物理分离或改变量子点发射谱带与生色团吸收谱带的重叠程度而使量子点恢复荧光。依据这些原则,量子点“开关”荧光探针在定量分析上已取得了丰硕成果。

在光诱导电子转移过程中,量子点既能作电子受体也能作电子供体。要发生有效的电子转移,猝灭剂与量子点之间必须足够接近。Sandros 等[202]利用光诱导电子转移调控量子点的荧光实现了对麦芽糖的识别。他们将麦芽糖结合蛋白-金属硫蛋白嵌合蛋白与钌的配合物结合在一起,此复合物通过蛋白的巯基吸附到量子点的表面,使得钌的配合物足够接近量子点的表面,光激发后将电子有效地转移给量子点,猝灭量子点的荧光。当蛋白结合麦芽糖后,构型发生明显变化,钌的配合物远离量子点的表面,电子转移效率降低,量子点荧光得到恢复。Singaram等[196]先用硼酸取代的紫精通过电子转移过程将CdSe/ZnS QDs的荧光猝灭,然后加入葡萄糖使得量子点荧光恢复,从而实现水溶液中葡萄糖的检测。研究表明其机理为:量子点表面配体带负电荷,硼酸取代的紫精带正电荷,由于静电作用两者形成复合物,使得两者距离足够接近,激发态的量子点将电子转移给硼酸取代的紫精,量子点自身荧光猝灭。而葡萄糖能够与硼酸取代的紫精结合,阻止了电子转移的发生,量子点荧光得到恢复。严秀平课题组[203]在量子点"开关"荧光探针的应用上取得了令人瞩目的成果。他们提出了以CdTe QDs为荧光探针,EDTA为猝灭剂测定Cd^{2+}的新方法。实验表明,Cd^{2+}、Zn^{2+}、Co^{2+}、Ni^{2+}、Mn^{2+}、Fe^{3+}、Pb^{2+}和Cr^{3+}对量子点荧光几乎无影响,其中只有Cd^{2+}对被EDTA猝灭的量子点探针有显著的荧光增强作用而其他离子没有,可见该探针对Cd^{2+}有良好的选择性。依据上述策略,也可以制成EDTA猝灭的ZnS或ZnSe等相似的开关探针,用于检测Zn^{2+}等金属离子。

通过荧光能量共振转移作用来调控量子点荧光的传感器或者荧光探针,大多数都采用金纳米粒子和有机染料作猝灭剂。刀豆蛋白修饰的CdTe QDs与β-环糊精修饰的金纳米粒子结合在一起,发生有效的能量转移,量子点荧光被猝灭;由于葡萄糖比β-环糊精结合刀豆蛋白的能力更强,加入葡萄糖后,量子点表面的金纳米粒子被取代,能量转移效率大大降低,量子点荧光得到恢复,实现对葡萄糖的检测,检出限为50 $nmol \cdot L^{-1}$。Rosenzweig等[204]利用麦芽糖结合蛋白作为生物识别分子,设计了检测麦芽糖的生物传感器。以组氨酸片断为中介,将麦芽糖结合蛋白修饰到量子点上,当麦芽糖结合蛋白上的麦芽糖结合位点被连接有荧光猝灭基团的β-环糊精占据时,构成了荧光共振能量转移体系的供体-受体对。当检测体系中存在麦芽糖时,麦芽糖取代了β-环糊精的位置,量子点荧光强度将随着麦芽糖浓度的增加而增加,从而达到检测麦芽糖的目的。

参考文献

[1] Bailey R E, Smith A M, Nie S M. Physica E, 2004, 25: 1-12.

[2] Murray C B, Norris D J, Bawendi M G. J Am Chem Soc, 1993, 115: 8706-8715.

[3] Wuister S F, van Driel F, Meijerink A. Phys Chem Chem Phys, 2003, 5: 1253-1258.

[4] Peng Z A, Peng X G. J Am Chem Soc, 2001, 123: 183-184.

[5] Chen X B, Samia A C S, Lou Y B, et al. J Am Chem Soc, 2005, 127: 4372-4375.

[6] He R, Gu H C. Colloid Surface A, 2006, 272: 111-116.

[7] Hines M A, Guyot-sionnest P. J Phys Chem, 1996, 100: 468-471.

［8］ Dabbousi B O, Rodriguez-Viejo J, Mikulec F V, et al. J Phys Chem B, 1997, 101: 9463-9475.
［9］ DeGroot M W, Taylor N J, Corrigan J F. J Mater Chem, 2004, 14: 654-660.
［10］ Deng Z T, Cao L, Tang F Q, et al. J Phys Chem B, 2005, 109: 16 671-16 675.
［11］ Yang D Z, Xu S K, Chen Q F, et al. Colloid surface A, 2007, 299: 153-159.
［12］ Yang D Z, Chen Q F, Xu S K. J Lumin, 2007, 126: 853-858.
［13］ Pradhan N, Peng X G. J Am Chem Soc, 2007, 129(11): 3339-3347.
［14］ Rajh T, Mićić O I, Nozik A J. J Phys Chem, 1993, 97(46): 11 999-12 003.
［15］ Guo J, Yang W, Wang C. J Phys Chem B, 2005, 109(37): 17 467-17 473.
［16］ Rogach A L, Franzl T, Klar T A, et al. J Phys Chem C, 2007, 111(40): 14 628-12 637.
［17］ Li L, Qian H F, Fang N H, et al. J Lumin, 2006, 116(1-2): 59-66.
［18］ Chen Q F, Wang W X, Ge Y X, et al. Chinese J Anal Chem, 2007, 35(1): 135-138.
［19］ Jiang C, Xu S K, Yang D Z, et al. Luminescence, 2007, 22(5): 430-437.
［20］ Yang Y X, Mu Y, Feng G D, et al. Chem Res Chinese U, 2008, 24(1): 8-14.
［21］ Liu F C, Cheng T L, Shen C C, et al. Langmuir, 2008, 24(5): 2162-2167.
［22］ Deng Z T, Lie F L, Shen S Y, et al. Langmuir, 2009, 25(1): 434-442.
［23］ Alivisatos A P. Science, 1996, 271: 933-937.
［24］ 舒磊，俞书宏，钱逸泰. 无机化学学报，1999，15(1)：1-7.
［25］ Zhang H, Cui Z C, Wang Y, et al. Adv Mater, 2003, 15(10): 777-780.
［26］ Zhang H, Wang L P. Adv Mate, 2003, 15(20): 1712-1715.
［27］ Liu Y C, Kim M, Wang Y J, et al. Langmuir, 2006, 22(14): 6341-6345.
［28］ Zhu J, Palchik O, Chen S, et al. J Phys Chem B, 2000, 104: 7344-7347.
［29］ Li L, Qian H F, Ren J C. Chem Commun, 2005: 528-530.
［30］ 陈启凡，杨冬芝，徐淑坤，等. 光谱学与光谱分析，2007，27(4)：650-653.
［31］ Spanhel L, Arpac E, Schmidt H. J Non-Cryst Solids, 1992, 147-148: 657-662.
［32］ Boev V I, Soloviev A, Gonzalez B R, et al. Mater Lett, 2006, 60: 3793-3796.
［33］ Lal M, Joshi M, Kumar D N, et al. Mater Reach Soc Symposium, 1998, 519: 217-225.
［34］ Morita M, Rau D, Fujii H, et al. J Lumin, 2000, 87-89: 478-481.
［35］ Hullavarad N V, Hullavarad S S, Karulkar P C, et al. J Nanosci Nanotechnol, 2008, 8(7): 3272-3299.
［36］ Lu X, Mao H, Zhang W, et al. Mater Lett, 2007, 61: 2288-2291.
［37］ Sweeney R Y, Mao C B, Gao X X, et al. Chem Biol, 2004, 11: 1553-1559.
［38］ Kang S H, Bozhilov K N, Myung N V, et al. Angew Chem Int Ed, 2008, 47: 5186-5189.
［39］ Williams P, Moore E, Dunnill K P. Enzyme Microb Technol, 1996, 19: 206-213.
［40］ Kowshik M, Deshmukh N, Vogel W, et al. Biotechnol Bioeng, 2002, 78: 582-588.
［41］ Williams P, Moore E, Dunnill K P. J Biotechnol, 1996, 48: 259-267.
［42］ Bai H J, Zhang Z M, Guo Y, et al. Colloid Surface B, 2009, 70: 142-146.
［43］ Holmes J D, Smith P R, Gowing R E, et al. Arch Microbiol, 1995, 163: 143-147.
［44］ Ma N, Dooley C J, Kelley S O. J Am Chem Soc, 2006, 128 (39): 12 598-12 599.
［45］ Cui R, Liu H H, Xie H Y, et al. Adv Funct Mater, 2009, 19: 2359-2364.
［46］ Bao H F, Hao N, Yang Y X, et al. Nano Res, 2010, 3: 481-489.
［47］ Singh S, Bozhilov K, Mulchandani A, et al. Chem Commun, 2010, 46: 1473-1475.

[48] Mi C C, WangY Y, Zhang J P, et al. J Biotechnol, 2011,153:125-132.
[49] 王娜，苏慧兰，董群，等. 无机材料学报，2007，22：209-212.
[50] 吴庆生，丁亚平. 高等化学学报，2000，21(10)：1471-1472.
[51] Li L, Wu Q S, Ding Y P. Nanotechnology, 2004, 15(12): 1877-1881.
[52] 许燕，林兆军，陈伟，等. 半导体学报，1998，19(3)：181-184.
[53] Lakowicz J R, Gryczynski I, Gryczynski J, et al. J Phys Chem B, 1999, 103: 7613-7620.
[54] Vacassy R, Scholz S M, Dutta J, et al. J Am Ceram Soc, 1998, 81: 2699-2705.
[55] Larson D R, Zipfel W R, Williams R M. Science, 2003, 300(5624): 1434-1436.
[56] SchÖlps O, Thomas N L, Woggon U, et al. J Phys Chem B, 2006, 110(5): 2074-2079.
[57] Farias P M A, Santos B S, Menezes F D, et al. Phys Status Solidi, 2006, 3(11): 4001-4008.
[58] Bae P K, Kim K N, Lee S J, et al. Biomaterials, 2009, 30(5): 836-842.
[59] Peng H, Zhang L J, Soeller C, et al. J Lumin, 2007, 127: 721-726.
[60] Yu Y, Lai Y, Zheng X L, et al. Spectrochim Acta A, 2007, 68(5): 1356-1361.
[61] Santos B S, Farias P M A, Fontes A, et al. Appl Surf Sci, 2008, 255(3): 796-798.
[62] Zeng Q H, Kong X G, Sun Y J, et al. J Phys Chem C, 2008, 112(23): 8587-8593.
[63] Su Y Y, He Y, Lu H T, et al. Biomaterials, 2009, 30: 19-25.
[64] He Y, Lu H T, Sai L M, et al. J Phys Chem B, 2006, 110(27): 13 370-13 374.
[65] Wang C L, Zhang H, Zhang J H, et al. J Phys Chem C, 2007, 111(6): 2465-2469.
[66] Bruchez Jr M, Moromme M, Gim P, et al. Science, 1998, 281: 2013-2016.
[67] Gerion D, Pinaud F, Williams S C, et al. J Phys Chem B, 2001, 105(37): 8861-8871.
[68] Wolcott A, Gerion D, Visconte M, et al. J Phys Chem B, 2006, 110: 5779-5789.
[69] Chan W C W, Nie S M. Science, 1998, 281(5385): 2016-2018.
[70] Mattoussi H, Matthew J M, Goldman E R, et al. J Am Chem Soc, 2000, 122: 12 142-12 150.
[71] Kho R, Torres-Martnez C, Mehra R K. J Colloid Interface Sci, 2000, 227(2): 551-556.
[72] Chan W C W, Nie S M. Curr Opin Biotechnol, 2002, 13: 40-46.
[73] Dubetret B, Skourides P, Norris D J, et al. Science, 2002, 298: 1759-1762.
[74] Wang Y A, Li J J, Chen H, et al. J Am Chem Soc, 2002, 124(10): 2293-2298.
[75] Robert W, David G S, Alison B, et al. Chem Mater, 2010, 22 (23): 6361-6369.
[76] Wu X Y, Liu H I, Liu J Q, et al. Nat Biotechnol, 2003, 21(1): 41-46.
[77] Luccardini C, Tribet C, Vial F, et al. Langmuir, 2006, 22: 2304-2310.
[78] Wang X Y, Ma Q, Li B, et al. Luminescence, 2007, 22(1): 1-8.
[79] Wang G P, Song E Q, Xie H Y, et al. Chem Commun, 2005, 34: 4276-4278.
[80] Xie H Y, Zuo C, Liu Y, et al. Small, 2005, 1(5): 506-509.
[81] Guo G N, Liu W, Liang J G, et al. Mater Lett, 2006, 60: 2565-2568.
[82] Chang S, Zhou M, Grover C. Optics Express, 2004, 12: 143-148.
[83] Schroedter A, Weller H, Eritja R, et al. Nano Lett, 2002, 2: 1363-1367.
[84] Hoppe K, Geidel E, Weller H, et al. Phys Chem Chem Phys, 2002, 4: 1704-1706.
[85] Lingerfelt B M, Mattoussi H, Goldman E R, et al. Anal Chem, 2003, 75: 4043-4049.
[86] 林章碧，苏星光，张皓，等. 高等学校化学学报，2003，24(2)：216-220.
[87] 周弛，王鑫岩，黄中秀，等. 吉林大学学报(自然科学版)，2006，44(5)：812-815.
[88] Goldman E R, Anderson G P, Tran P T. Anal Chem, 2002, 74: 841-847.

[89] Ghazani A A, Lee J A, Klostranec J, et al. Nano Lett, 2006, 6(12): 2881-2886.
[90] Koji N, Takashi T, Tetsuro M, et al. Langmuir, 2008, 24(5): 1625-1628.
[91] Parak W J, Gerion D, Zanchet D, et al. Chem Mater, 2002, 14: 2113-2119.
[92] Chang E, Miller J S, Sun J T, et al. Biochem Bioph Res Co, 2005, 334: 1317-1321.
[93] Algar W R, Krull U J. Langmuir, 2006, 22(26): 11 346-11 352.
[94] Ebenstein Y, Gassman N, Kim S, et al. Nano Lett, 2009, 9(4): 1598-1603.
[95] Wu S M, Zhao X, Pang D W, et al. Chem Phys Chem, 2006, 7(5): 1062-1067.
[96] Qi L F, Gao X H. ACS Nano, 2008, 2(7): 1403-1410.
[97] Shi C, Zhu Y, Cerwinka W H, et al. Urol Oncol, 2008, 26 (1): 86-92.
[98] 伊魁宇. CdTe量子点的合成及其基于荧光淬灭作用的分析应用. 沈阳:东北大学硕士学位论文, 2009年.
[99] Zhang H Y, Sun P, Liu C, et al. Luminescence, 2011, 26(2): 86-92.
[100] Yuan J, Guo W, Yin J, et al. Talanta, 2009, 77(50): 1858-1863.
[101] Chen X, Dong Y, Fan L, et al. Anal Chem Acta, 2007, 582 (2): 281-287.
[102] 郭应臣,包晓玉,赵一阳,等. 化学研究与应用, 2010, 22(1): 33-37.
[103] 杨冬芝,孙世安,陈启凡,等. CdSe量子点与蛋白质的作用研究. 激光生物学报, 2007, 16(5): 527-531.
[104] Chen F Q, Gerion D. Nano Lett, 2004, 4(10): 1827-1832.
[105] Gao X L, Chen J, Chen J Y, et al. Bioconjugate Chem, 2008, 19(11): 2189-2195.
[106] Gao J H, Xu B. Nano Today, 2009, 4: 37-51.
[107] Jaiswal J K, Mattoussi H, Mauro J M, et al. Nat Biotechnol, 2003, 21(1): 47-51.
[108] Dong W, Ge X, Xu S K. Luminescence, 2010, 25: 55-60.
[109] 董微,葛欣,徐淑坤. 光谱学与光谱分析, 2010, 30(1): 118-122.
[110] Kim B Y S, Jiang W, Oreopoulos J, et al. Nano Lett, 2008, 8(11): 3887-3892.
[111] Lim Y T, Cho M Y, Noh Y W, et al. Nanotechnology, 2009, 20(47): 475 102.
[112] Dahan M, Levi S, Luccardini C, et al. Science, 2003, 302(5644): 442-445.
[113] Vu T Q, Maddipati R, Blute T A, et al. Nano Lett, 2005, 5 (4): 603-607.
[114] Santra S, Yang H, Stanley J T, et al. Chem Commun, 2005,(25): 3144-3146.
[115] 余伟民,程帆,张孝斌,等. 中华实验外科杂志, 2009, 26(1): 92-93.
[116] Gao X H, Cui Y, Levenson R M, et al. Nat Biotechnol, 2004, 22 (8): 969-976.
[117] Tada H, Hideo H, Wanatabe T M, et al. Cancer Res, 2007, 67(3): 1138-1144.
[118] Nida D L, Rahman M S, Carlson K D, et al. Gynecol Oncol, 2005, 99: S89-S94.
[119] Rahman M, Abd-El-Bar M, Mack V, et al. Gynecol Oncol, 2005, 99: S112-S115.
[120] Wang H Z, Wang H Y, Liang R Q, et al. Acta Biochim Binphys Sin, 2004, 36(10): 681-686.
[121] Li Y, Tang Z Y, Ye S L, et al. World J Gastroenterol, 2001, 7(5): 630-636.
[122] He Y,Xu H,Chen C,et al. Talanta,2011,85:136-141.
[123] Yong K T, Ding H, Roy I, et al. ACS Nano, 2009, 3(3): 502-510.
[124] Dong W, Guo L, Xu S K. J Lumin, 2009, 129(9): 926-930.
[125] Yang D Z, Chen Q F, Xu S K. Luminescence, 2008, 23: 169-174.
[126] Ravindran S, Kim S, Martin R, et al. Nanotechnology, 2005, 16(1): 1-4.
[127] Yu G H, Liang J G, He Z K, et al. Chem Biol, 2006, 13: 723-731.

[128] Etxeberria E, Gonzalez P, Baroja-Femandez E, et al. Plant Signaling and Behaviour, 2006, 1: 196-200.
[129] Liu P, Zhang M Z, Wang Y Q, et al. Biol Chem, 2009, 284(18): 12 000-12 007.
[130] Matsuno A, Itoh J , Takekoshi S, et al. Brain Tumor, 2006, 23(1): 1-5.
[131] Lidke D S, Nagy P, Heintzmann R, et al. Nat Biotechnol, 2004(2): 198-203.
[132] 李步洪，张镇西，谢树森. 激光生物学报，2006, 15(4): 214-220.
[133] Akerman M E, Chan W C W, Laakkonen P, et al. Proc Natl Acad Sci USA, 2002, 99: 12 617-12 621.
[134] Ballou B, Lagerholm B C, Ernst L A, et al. Bioconjugate Chem, 2004, 15(1): 79-86.
[135] Kim S, Lim Y T, Soltesz E G, et al. Nat Biotechnol, 2004, 22(1): 93-97.
[136] Hoshino A, Hanaki K, Suzuki K, et al. Biochem Biophys Res Commun, 2004, 314(1): 46-53.
[137] Morgan N Y, English S, Chen W, et al. Acad Radiol, 2005, 12(3): 313-323.
[138] Stroh M, Zimmer J P, Dudad G, et al. Nat Med, 2005, 11(6): 678-682.
[139] Cai W, Shin D W, Chen K, et al. Nano Lett, 2006, 6(4): 669-676.
[140] Takeda M, Tada H, Higuchi H, et al. Breast Cancer, 2008, 15(2): 145-152.
[141] Bhang S H, Won N, Lee T J, et al. ACS Nano, 2009, 3(6): 1389-1398.
[142] Al-Jamal W T, Al-Jamal K T, Tian B, et al. ACS Nano, 2008, 2(3): 408-418.
[143] Agrawal A, Zhang C Y, Byassee T, et al. Anal Chem, 2006, 78(4): 32-42.
[144] Ma Q, Wang X Y, Li Y B, et al. Talanta, 2007, 72(4): 1446-1452.
[145] Goldman E R, Clapp A R, Mattoussi H, et al. Anal Chem, 2004, 76: 684-688.
[146] Su X L, Li Y B. Anal Chem, 2004, 76 (16): 4806-4810.
[147] Hahn M A, Tabb J S, Kranss T D. Anal Chem, 2005, 77(15): 4861-4869.
[148] Isarov A V, Chrysochoos J. Langmuir, 1997, 13(12): 3142-3149.
[149] Chen Y, Rosenzweig Z. Anal Chem, 2002, 74(19): 5132-5138.
[150] Gattás-Asfura K M, Leblanc R M. Chem Commun, 2003, 21: 2684-2685.
[151] Wu P, Li Y, Yan X P. Anal Chem, 2009, 81(15): 6252-6257.
[152] Xia Y S, Zhu C Q. Talanta, 2008, 75(1): 215-221.
[153] Cai Z X, Yang H, Zhang Y, et al. Anal Chim Acta, 2006, 559(2): 234-239.
[154] Ali E M, Zheng Y G, Yu H H, et al. Anal Chem, 2007, 79(24): 9452-9458.
[155] Fernandez-Arguelles M T, Jin W J, Costa-Fernandez J M, et al. Anal Chim Acta, 2005, 549(1): 20-25.
[156] Liang J G, Ai X P, He Z K, et al. Analyst, 2004, 129(7): 619-622.
[157] Liang J G, Huang S, Zeng D Y, et al. Talanta, 2006, 69(1): 126-130.
[158] Jin W J, Costa-Fernandez J M, Pereiro R, et al. Anal Chim Acta, 2004, 522(1): 1-8.
[159] Li H B, Zhang Y, Wang X Q, et al. Mater Lett, 2007, 61(7): 1474-1477.
[160] Tomasulo M, Yildiz I, Raymo F M. J Phys Chem B, 2006, 110(9): 3853-3855.
[161] 赖艳，钟萍，俞英. 化学试剂，2006, 28(3): 135-138.
[162] Xie H Y, Liang J G, Zhang Z L, et al. Acta Part A, 2004, 60(11): 2527-2530.
[163] 严拯宇，庞代文，邵秀芬，等. 中国药科大学学报，2005, 36(3): 230-233.
[164] 闫玉禧，牟颖，金钦汉. 生命科学仪器，2007, 5(3): 14-18.
[165] Lai S J, Chang X J, Mao J, et al. Anal Chim, 2007, 97(1-2): 109-121.

[166] Chen J L, Zhu C Q. Anal Chim Acta, 2005, 546(2): 147-153.
[167] Xia Y S, Cao C, Zhu C Q. J Lumin, 2008, 128(1): 166-172.
[168] Chen B, Yu Y, Zhou Z T. et al. Chem Lett, 2004, 33(12): 1608-1609.
[169] Chen J L, Gao Y C, Xu Z B, et al. Anal Chim Acta, 2006, 577(1): 77-84.
[170] 李梦莹，周华萌，董再蒸，等. 冶金分析，2008，28(12): 7-11.
[171] Li H B,Xiong W,Yan Y,et al. Mater Lett,2006,60(5):703-705.
[172] Susha A S, Javier A M, Parak W J, et al. Colloid Surf A, 2006, 281(1-3): 40-43.
[173] 董再蒸，周华萌，徐淑坤，等. 分析化学，2009，37(7): 1215-1218.
[174] Zhang Y, Deng Z T, Yue J C, et al. Anal Biochem, 2007, 364(2): 122-127.
[175] Deng Z T, Zhang Y, Yue J C, et al. J Phys Chem B, 2007, 111(41): 12 024-12 031.
[176] Yu D H, Wang Z, Liu Y, et al. Enzyme Microb Tech, 2007, 41(1-2): 127-132.
[177] Liu Y S, Sun Y H, Vernier P T, et al. J Phys Chem C, 2007, 111(7): 2872-2878.
[178] Wang Y Q, Ye C, Zhu Z H, et al. Anal Chim Acta, 2008, 610(1): 50-56.
[179] Huang C P, Li Y K, Chen T M. Biosens Bioelectron, 2007, 22(8): 1835-1838.
[180] Huang C P, Liu S W, Chen T M, et al. Sens Actuators B, 2008, 130(1): 338-342.
[181] Jin W J, Fernandez-Argiielles M T, Costa-Fernandez J M, et al. Chem Commu 2005,7: 883-885.
[182] Li H B, Han C P, Zhang L. J Mater Chem, 2008, 18(38): 4543-4548.
[183] Callan J F, Mulrooney R C, Kamila S, et al. J Fluoresc, 2008, 18(2): 527-532.
[184] Wu C L, Zhao Y B. Anal Bioanal Chem, 2007, 388(3): 717-722.
[185] Diao X L, Xia Y S, Zhang T L, et al. Anal Bioanal Chem, 2007, 388(5-6): 1191-1197.
[186] Yuan J P, Guo W W, Wang E K. Anal Chem, 2008, 80(4): 1141-1145.
[187] Li H B, Han C P. Chem Mater, 2008, 20(19): 6053-6059.
[188] Shi G H, Shang Z B, Wang Y, et al. Spectrochimica Acta Part A, 2008, 70(2): 247-252.
[189] Tu R Y, Liu B H, Wang Z Y, et al. Anal Chem, 2008, 80(9): 3458-3465.
[190] Ren X L, Yang L Q, Tang F Q, et al, Biosensors and Bioelectronics, 2010, 26: 271-274.
[191] Chen J X, Xu F, Jiang H Y, et al. Food Chem, 2009, 113(4): 1197-1201.
[192] Yuan J P, Guo W W, Yang X R, et al. Anal Chem, 2009, 81(1): 362-368.
[193] Liao Q G, Li Y F, Huang C Z. Chem Res Chinese U, 2007, 23(2): 138-142.
[194] Li H B, Qu F G. Chem Mater, 2007, 19: 4148-4154.
[195] 卞倩茜，刘应凡，于俊生. 高等学校化学学报，2010，31(6): 1118-1125.
[196] Gordes D B, Gamsey S, Singaram B. Angew Chem Int Ed, 2006, 45(23): 3829-3832.
[197] 董再蒸，周华萌，徐淑坤. 分析化学，2009，37(增刊): C052.
[198] Chen Y J, Yan X P. Small, 2009, 5(17): 2012-2018.
[199] Myung N, Bae Y, Bard A J. Nano Lett, 2003, 3(6): 747-749.
[200] Nazzal A Y, Qu L H, Peng X G, et al. Nano Lett, 2003, 3(6): 819-822.
[201] Raymo F M, Yildiz I. Phys Chem Chem Phys, 2007, 9(17): 2036-2043.
[202] Sandros M C, Gao D, Benson D E. J Am Chem Soc, 2005, 127(35): 12 198-12 199.
[203] Wu P, Yan X P. Chem Commun, 2010, 46: 7046-7048.
[204] Shi L F, Paoli V D, Rosenzweig N, et al. J Am Chem Soc, 2006, 128(32): 10 378-10 379.

第4章　稀土下转换发光纳米探针

4.1 引　　言

稀土发光材料是指含有稀土元素的发光材料。稀土发光材料由基质材料和激活剂(发光中心)两部分组成,其中,以稀土离子作为激活剂的发光材料是最主要的稀土发光材料,通常所说的稀土发光材料即指这一类材料。稀土元素,是指镧系(La至Lu)的15种元素以及与镧系元素同属于ⅢB族的钪(Sc)和钇(Y)[1],共17种元素。常见的稀土掺杂发光中心多为三价的镧系离子,由于其具有未充满的4f电子壳层,因而产生了丰富的电子能级,相应也具有众多的激发态数目。尽管f-f间的电子跃迁是宇称选择规则禁止的,但是在无机晶体基质材料中,由于晶体场的微扰作用及稀土离子自身较强的自旋-轨道耦合等原因,使跃迁禁阻在一定程度上得以解除,使得f-f跃迁得以实现。稀土元素的4f电子在轨道间的任意排布产生了众多的能级和光谱项,能级对之间可能的跃迁通道更是高达近20万个。因此,基于稀土离子掺杂的发光材料的发光波长范围非常宽,覆盖了从真空紫外区到近红外区的各个波段的电磁辐射。正是由于种类繁多、光学性能优异,关于稀土发光材料的研究引起了科研工作者的极大兴趣[2-5],稀土发光材料在发光器件、显示技术,尤其是在生物标记、医学成像等方面有着广泛的应用[6-8]。

随着纳米科技的不断深入和发展,稀土发光纳米材料的研究方兴未艾。稀土发光纳米材料是指基质的颗粒尺寸为1～100 nm的发光材料,受纳米尺寸效应的影响,纳米材料呈现出很多不同于体相材料的特性。例如,电荷迁移态的红移,发射峰谱线的宽化,猝灭浓度的升高,发光寿命和量子效率的改变等[9]。和量子点相比,稀土发光纳米颗粒发射波长不依赖于颗粒尺寸的大小,因此可以降低合成中对于颗粒单分散性的要求;因为它的发光是稀土离子内层电子跃迁引起的,所以表面修饰不会对纳米颗粒的光学性质有很大的影响。和有机荧光染料相比,由于在一个纳米颗粒里有很多发光离子,所以稀土发光纳米颗粒没有光漂白现象。当用稀土发光纳米颗粒标记抗原/抗体以进行免疫分析时,由于其光学和化学性质都很稳定,所以克服了同位素、酶等标记物的缺点。综上所述,稀土发光纳米材料非常适合在复杂的生物体系中被作为标记材料使用[10]。

4.2 稀土发光纳米材料简介

4.2.1 稀土材料的发光特性

稀土元素的三价态是稀土离子的特征氧化态，除钪、钇、镧外，其他稀土元素都具有 $4f^n5d^m6s^2$ 的外层电子结构，而内层 4f 电子能级相近。稀土离子的发光是基于它们的 4f 电子在 f-f 组态之内或 f-d 组态之间的跃迁。不同稀土离子中 4f 电子的最低激发态能级和基态能级之间的能量差不同，致使它们在发光性质上有一定的差别。一般来讲，La^{3+}($4f^0$)和 Lu^{3+}($4f^{14}$)因无 4f 电子或 4f 轨道已充满而没有 f-f 能级跃迁；Gd^{3+} 的 4f 电子为半充满的稳定结构，f-f 跃迁的激发能级太高，这些离子都属于在可见区不发光的稀土离子。Sm^{3+}($4f^5$)、Eu^{3+}($4f^6$)、Tb^{3+}($4f^8$)和 Dy^{3+}($4f^9$)最低激发态和基态间的 f-f 跃迁能量频率落在可见区，f-f 电子跃迁能量适中，是具有较强下转换发光特性的稀土离子。稀土发光材料表现出如下的优点。

(1) 稀土离子具有丰富的发光特性。大部分稀土离子的 4f 电子可在 7 个 4f 轨道之间任意分布，从而产生了丰富的电子能级，可吸收或发射从紫外光、可见光到近红外区各种波长的光。

(2) 稀土离子的 4f 电子处于内层轨道，由于外层 s 和 p 轨道的有效屏蔽，受到外部环境的干扰小，f-f 跃迁呈现尖锐的线状光谱，发光的色纯度高，且具有较大的 Stokes 位移，激发光谱和发射光谱不发生重叠。

(3) 发光寿命从纳秒到毫秒跨越 6 个数量级。长寿命发光是稀土离子的重要特性之一。

(4) 通过改变掺杂的稀土离子或发光基质，很容易实现多色发光。

(5) 物理化学性质稳定，可承受大功率的电子束、高能辐射和强紫外线的作用。

4.2.2 研究进展

稀土离子独特的光谱学特征，使得它们在生命科学研究中起着重要作用。近年来，纳米生物标记技术在人类重大疾病诊断、生物芯片技术、细胞和生物成像技术、强致病性病原菌的快速检测与预警、生物反恐等诸多领域已显示出良好的应用前景。

稀土发光材料应用于生物检测是从稀土螯合物开始的。稀土离子不能直接标记在生物分子上，必须通过具有双功能基团的螯合剂桥连于生物分子上。稀土螯合物结构稳定，克服了同位素、酶等标记物的缺点。稀土螯合物吸收波长由配体决定，而发射光的波长取决于稀土元素，不随配体的改变而变化。稀土螯合物的另一显著特点就是其发光寿命较长，比普通荧光物质的寿命高几个数量级，因此通常与时间分辨荧光检测技术联用以消除来自散射光、样品和试剂的本底荧光的干扰。常用的配体有β-二酮、芳香胺衍生物等[11]。

虽然螯合配体与稀土离子形成的螯合物有诸多优于有机染料的光谱特性，但是其发光易被环境中的水分子或羟基猝灭。为了解决这一问题，研究人员发展了以稀土螯合物为发光核，以 SiO_2、ZrO_2 和 TiO_2 等为壳的核壳型发光纳米颗粒，所得的纳米颗粒具有发光稳定性好、泄漏率低等特点[12-16]。同时，一个纳米颗粒中包裹了几百甚至上千个发光的稀土螯合物分子，从而使更多的发光分子连接在生物分子上，当产生信号响应时，很多发光分子同时产生光信号，大大提高了发光强度和检测的灵敏度。

核壳型稀土螯合物发光纳米颗粒在生物检测领域中得到应用。但是，螯合配体的种类有限，而制备新的配体合成路线较长，操作条件苛刻，产率较低，这制约了其在实际需要中的应用和推广。与稀土螯合物颗粒相比，无机稀土发光纳米颗粒合成简单，化学稳定性好，不受配体能级限制，可以实现从紫外光到可见光的激发。并且，通过改变掺杂离子或基质，很容易实现多色发光；易于进行表面修饰，可以方便地与生物分子进行连接。目前，关于无机稀土发光纳米颗粒的研究主要集中在以下两个方面：①发展稀土发光纳米材料的可控制合成方法，研究合成路线、合成体系、基质的结构及形貌等对纳米颗粒发光性能的影响；②发展具有实际应用价值的稀土发光纳米材料的表面改性及功能化方法，从而实现其在各领域的实际应用。

稀土发光纳米颗粒种类很多，按照发光机理的不同，可分为下转换发光和上转换发光。所谓下转换发光，是指发光材料吸收高能量的短波辐射，发射出低能量的长波辐射，服从 Stokes 规则，这是一种常见的发光现象。和下转换发光相反，上转换发光是指发光材料吸收低能量的长波辐射，发射出高能量的短波辐射，这称为反 Stokes 效应。本章讨论的内容是稀土下转换发光纳米颗粒，稀土上转换发光纳米颗粒将在第 5 章中进行介绍。

4.3 稀土下转换发光纳米材料分类

对无机稀土发光纳米颗粒进行分类，依据的标准不同，分类的结果不同。根据基质材料的不同，目前广受关注的无机稀土纳米颗粒主要有氧化物基质纳米颗粒、含氧酸盐基质纳米颗粒和氟化物基质纳米颗粒。

4.3.1 氧化物基质纳米颗粒

Gd_2O_3 : Eu 和 Y_2O_3 : Eu 是重要的以氧化物为基质的红色发光材料，具有发光效率高，色纯度好的特性。Eu^{3+} 作为掺杂离子，其电子可以直接被激发到 4f 高能态。除此之外，在激发过程中，还可以发生电子从O离子向Eu离子的转移，即从O^{2-}的2p态转移到Eu^{3+}的4f态。这样一来，Eu^{3+}就变成Eu^{2+}，而O^{2-}变成O^{-}，此时，Eu^{3+}所处的能态称为电荷迁移态。电荷迁移态不能直接产生光发射，只有当电子从电荷迁移态返回周围阴离子时，将激发能交给发光中心Eu^{3+}，Eu^{3+}被激发，使Eu^{3+}电子跃迁到^5D态，然后发光。电荷迁移态的激发光谱通常表现为带谱[18]。在610 nm发射光监测下，Y_2O_3∶Eu激发光谱如图4.1(a)所示[19]。由图可以看出，Y_2O_3∶Eu在259 nm处有一宽激发带，对应于电荷迁移态激发。在259 nm紫外光激发下，其发射光谱表现为Eu^{3+}的特征发射，最强的$^5D_0$-$^7F_2$跃迁位于610 nm处[图4.1(b)]。

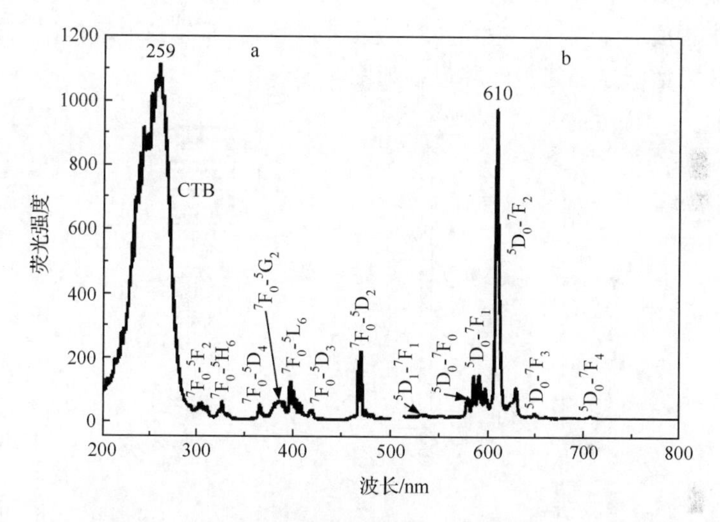

图4.1　Y_2O_3∶Eu微球的激发(a)和发射(b)光谱[19]

最近，稀土氧化物基质的纳米颗粒在控制合成及生物分析应用中都取得了很大的进展。但是，由于其主要的激发为电荷迁移态激发，最大激发波长一般小于300 nm[20,21]，而短紫外光对生物细胞或组织可能产生一定的损害，这使得氧化物基质纳米颗粒在生物样品分析中的应用受到限制。

4.3.2　含氧酸盐基质纳米颗粒

1. 磷酸盐基质纳米颗粒

稀土离子掺杂的磷酸盐基质发光材料的优点是吸收能力强、转换效率高、在紫外-可见-红外区域有很强的发射能力，具有良好的物理、化学稳定性，且对生物分子无毒副作用，因此在生物样品的发光检测中得到应用。大部分磷酸盐基质的研究集中在Y^{3+}、Gd^{3+}、Lu^{3+}和La^{3+}上，这主要是因为这些离子具有全空、半充满或全充满的4f层，不会产生f-f跃迁而消耗能量。Eu^{3+}、Tb^{3+}在磷酸盐基质中的发光比较强，因而对这两种离子的发光研究也较多。

$LaPO_4$：Ce，Tb 是目前较理想的绿色发光材料，在这个体系中，$LaPO_4$ 是基质材料，Ce^{3+} 为敏化剂，Tb^{3+} 为激活剂。在 $LaPO_4$：Ce，Tb 体系中，其基质本身在紫外和可见区不存在吸收和发射，发光能量主要来源于掺杂离子（Ce^{3+} 和 Tb^{3+}）自身的吸收以及它们之间有效的能量传递，$LaPO_4$：Ce，Tb 纳米粒子的最大发射峰位于 545 nm，属于 Tb^{3+} 的 $^5D_4$-$^7F_5$ 跃迁发射[10]。严纯华等[22]合成了一系列稀土正磷酸盐纳米晶，其中不同形貌的 $LaPO_4$：Ce，Tb 纳米晶（纳米线、纳米棒、准纳米棒和纳米多面体）都存在 Ce^{3+}-Tb^{3+} 间有效的能量传递。由于 Ce^{3+} 在紫外区有宽带吸收和发射，而 Tb^{3+} 在紫外区有吸收带，Ce^{3+} 的发射带和 Tb^{3+} 的吸收带有一定程度的重叠，Ce^{3+} 将能量传递给 Tb^{3+}，因而起到了敏化作用，提高了发光效率。其光谱跃迁和能量转移过程如图 4.2[23] 所示。

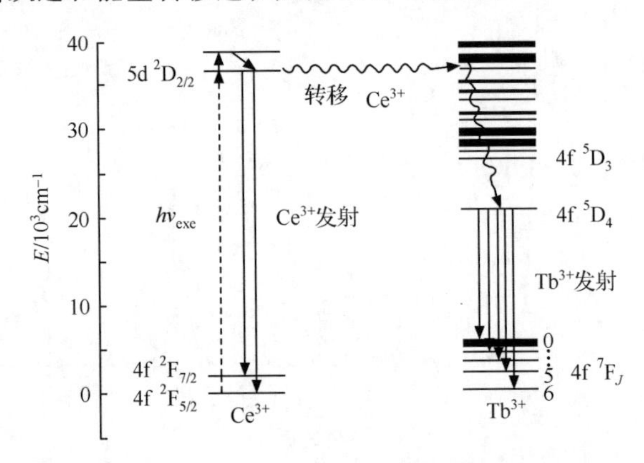

图 4.2 $LaPO_4$：Ce,Tb 光谱跃迁和能量转移示意图[23]

研究表明，通过 Ce^{3+} 直接向 Tb^{3+} 进行能量传递是可行的，但是，只有处在与 Ce^{3+} 相邻晶格位置上的 Tb^{3+} 才能有效捕获 Ce^{3+} 的激发能量，因此，往往需要掺杂较高浓度的 Ce^{3+} 和 Tb^{3+} 以获得高效的能量传递。为了更有效地激发 Tb^{3+} 的发光，近年来合成了 $CePO_4$：Tb 和 $GdPO_4$：Ce，Tb 纳米晶。对于 $CePO_4$：Tb 体系而言，$CePO_4$ 基质是 Tb^{3+} 100％的敏化剂，其激发和发射光谱如图 4.3 所示[24]。从图中可以看出，激发光谱上出现了对应于 Ce^{3+} 的 4f-5d 跃迁带（约 286 nm），表明 Ce^{3+} 被激发后能够将自身能量传递给 Tb^{3+} 从而敏化其发光。在发射光谱上，可以观察到位于 300～375 nm 之间的较宽发射带，对应于 Ce^{3+} 的 5d-4f 跃迁发射。光谱中出现 Ce^{3+} 的发射峰是因为它向发光中心的能量传递不完全，发射光谱中其他一些较强的尖锐发射峰对应于 Tb^{3+} 的特征光学跃迁。在 $GdPO_4$：Ce，Tb 体系中，Ce^{3+} 可以借助 Gd^{3+} 进行能量传递，这样可以实现低浓度 Ce^{3+} 和 Tb^{3+} 掺杂的高效发光。

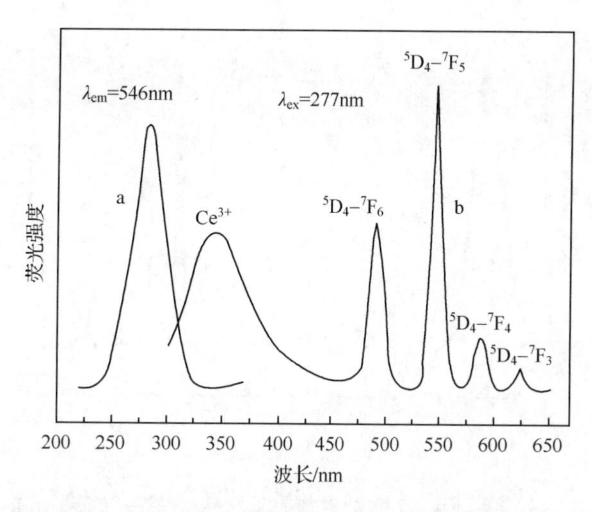

图 4.3　$CePO_4$: Tb 纳米管的激发(a)和发射光谱(b)[24]

虽然纳米发光材料在形态和性质上的特点使其具有体相材料所不具有的优点,但是大量表面态离子的存在使纳米材料的发光效率远低于体相材料。为了提高纳米晶的发光效率,在纳米晶表面生长一层合适的无机材料形成纳米核壳复合结构被认为是一种有效的方式[25-27]。Kömpe 等[28]首次成功地合成了具有核壳结构的 $CePO_4$: Tb/$LaPO_4$ 纳米发光材料,与 $CePO_4$: Tb 相比,发光量子产率由原来的 53%提高到了 80%(包含 Ce^{3+} 的发光发射),该数值已十分接近 Tb^{3+} 在体相材料中 93%的发光量子产率。因此,对于稀土纳米磷酸盐发光材料,核壳结构材料的外壳能有效地抑制无辐射中心的复合,从而产生更多发光中心,提高其发光性能。

对于 YPO_4 : Eu 和 $LaPO_4$: Eu 纳米晶体材料,激发光谱以中心位于 250～260 nm 的宽带激发峰即电荷转移谱带(CTB)为主要激发带;发射谱线集中于可见光谱的红光区域(570～700 nm)。对应于 Eu^{3+} 4f 电子从第一激发态 $^5D_0$ 能级向基态 ^7F_J (J=1,2,3,4)能级的跃迁,$LaPO_4$: Eu 纳米线的激发和发射光谱图如图 4.4所示[29]。

值得一提的是,不同磷酸盐基质晶体结构存在着显著的差别,因而具有不同的物理化学性能。晶体结构不同,离子所受晶体场的作用力就不一样,能级产生的劈裂程度也不一样,不同的劈裂程度会引起劈裂能级的高低变化,从而影响其光谱特点。Lai 等[30]利用水热法,通过调节反应液的 pH 和温度,选择性地合成了单斜晶相和六方相的 Eu^{3+} 掺杂的 $LaPO_4$ 纳米晶。光致发光研究表明,单斜晶相的 $LaPO_4$: Eu 纳米晶比六方相结构的纳米晶具有更高的发光强度。因此,在一定程度上,稀土磷酸盐的晶型结构也是影响稀土磷酸盐纳米材料发光性能的重要因素之一。

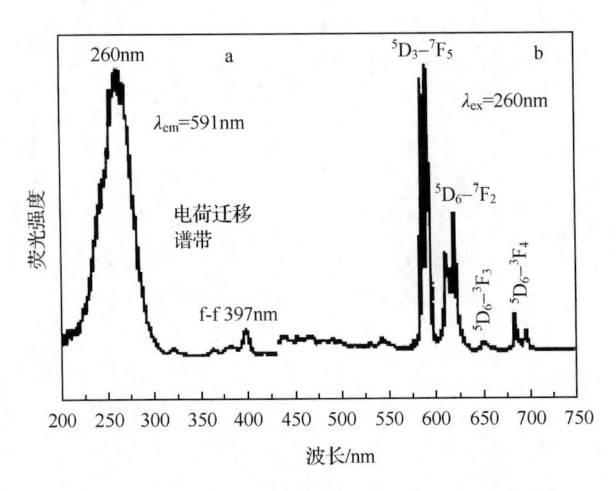

图 4.4　$La_{0.95}Eu_{0.05}PO_4$ 纳米线的激发(a)和发射光谱图(b)[29]

2. 钒酸盐基质纳米颗粒

与稀土离子掺杂的磷酸盐基质相似,大部分钒酸盐基质的研究集中在 Y^{3+}、La^{3+}、Gd^{3+} 和 Lu^{3+} 上,这主要也是因为这些离子具有全空、半充满或全充满的 4f 层,不会产生 f-f 跃迁而消耗能量。但钒酸盐基质与磷酸盐基质也有明显的不同,主要表现在磷酸盐基质几乎不吸收紫外光,发光离子是通过本身吸收能量而发光;而钒酸盐基质发光材料是一类典型的基质敏化发光的材料。钒酸盐基质发光材料具有高的发光效率和发光强度,主要是由于 VO_4^{3-} 在紫外区有较强的吸收并将能量高效地传递给发光离子,进而发射出稀土离子的特征光谱。

YVO_4:Eu 是一种很好的红色发光材料。VO_4^{3-} 在紫外区有较强的吸收,然后能量有少部分通过 $V^{5+}O_n^{2n-}$ 与 $V^{4+}O_n^{1-2n}$ 之间的跃迁而发光,大部分能量首先通过无辐射跃迁转移到 Eu^{3+} 的高能级态,再转移到 $^5D_1$ 发射能级,在此能级上有很少能量通过辐射跃迁而释放;但大部分能量衰减到 $^5D_0$ 能级,Eu^{3+} 电子从 $^5D_0$ 能级跃迁到基态 ^7F_J($J=1,2,3,4$)能级,发出 Eu^{3+} 的特征光谱,YVO_4:Eu 的能量传递过程如图 4.5 所示[31]。

Wang 等[32]利用聚乙烯吡咯烷酮(PVP)辅助的水热法合成了水溶性的 YVO_4:Ln 和 YVO_4:Ln/Ba (Ln = Eu、Dy、Sm 和 Ce)纳米晶。在 VO_4^{3-} 紫外吸收的激发下,Eu^{3+} 呈现出明亮的 $^5D_0$-$^7F_2$ 红光发射,其激发和发射光谱如图 4.6 所示,同时 Ba^{2+} 的引入增强了 YVO_4:Ln 纳米晶的发光。另外,其他稀土离子(Dy^{3+}、Sm^{3+} 和 Tm^{3+})掺杂的钒酸盐基质的发光材料都有类似的能量传递过程[33,34]。

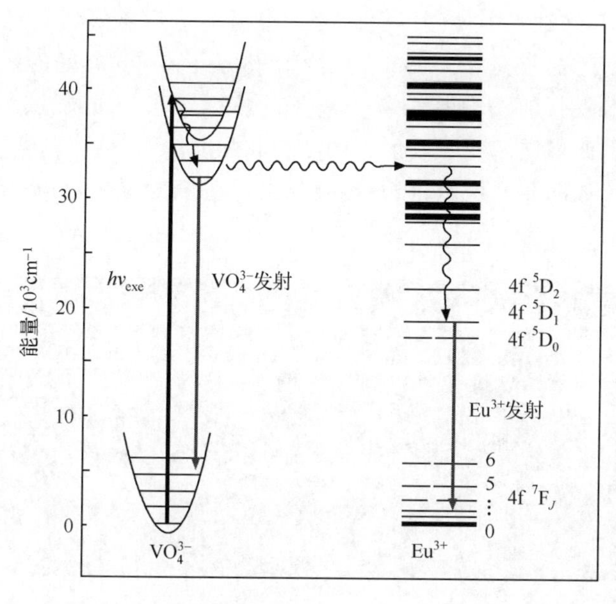

图 4.5 YVO_4 : Eu 的能级图及激发/发射时能量转移过程示意图[31]

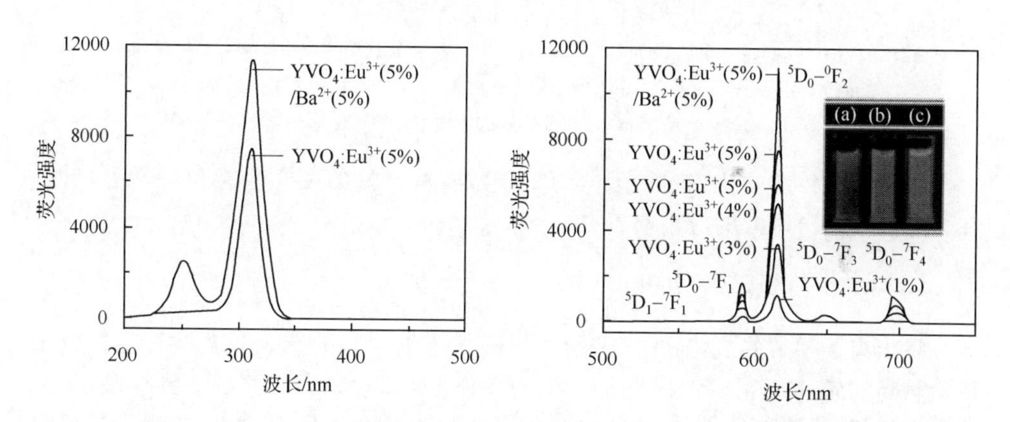

图 4.6 YVO_4 : Eu^{3+} (5%) 和 YVO_4 : Eu^{3+} (5%)/Ba^{2+} (5%) 纳米晶水溶胶的激发光谱(监控波长 616 nm)(左)和在 310 nm 紫外光激发下的发射光谱(右)。插入部分显示了纳米晶水溶胶在 254 nm 紫外光激发下的数码照片[32]

由于钒酸盐基质与磷酸盐基质有着相似的结构,所以二者比较容易互相进入晶格,得到稀土离子掺杂的复合基质的发光材料。研究表明,磷酸盐的加入可以有效地稀释 VO_4^{3-} 的浓度,使 VO_4^{3-} 之间的无效能量传递大大减弱,从而提高发光材料的发光强度。同时,对于多重生物标记的要求使得多重发光颜色的稀土发光纳米材料的制备也成为研究热点。Wang 等[35]合成了(Dy、Eu、Sm)掺杂的单一波长激发的多色发光的 YVO_4 纳米粒子。在 YVO_4 基质中掺入 PO_4^{3-} 基团后发光性质有很大的改变，晶体结构中 VO_4^{3-} 之间的无辐射能量传递受到阻碍。掺入稀土离子后发射光谱由两部分构成，一部分是位于 350～550 nm 之间的蓝光发射，归属于 VO_4^{3-} 的发光；另一部分是掺杂稀土离子的特征发光。通过控制发光离子的掺杂浓度可以精确调节纳米粒子发射光的波长和强度比例，从而调整发光颜色，样品的多色发光照片如图 4.7 所示：(a～f)颜色由深蓝变为绿色，(g～k)为红色，(l～p)为黄色。

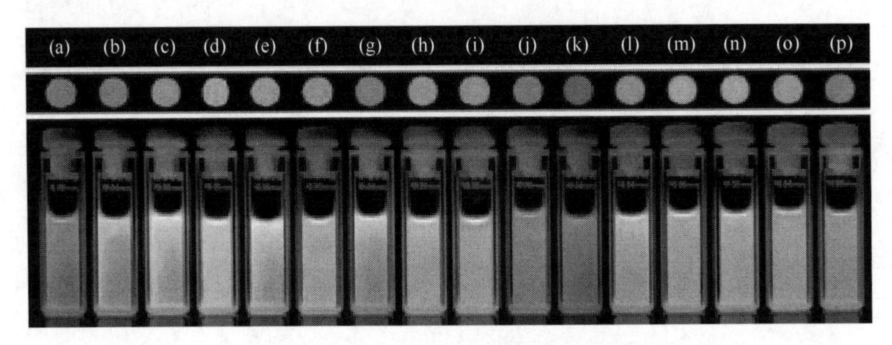

图 4.7　YVO_4 纳米粒子在玻璃片上(顶部)和水溶液中(1 mmol · L^{-1}，下端)的照片

(a) $Y(P_{0.75}V_{0.25})O_4$；(b～f) $Y(P_{0.75}V_{0.25})O_4$: Dy (摩尔分数依次为 0.2%、0.5%、1%、2%和 5%)；(g～k) $Y(P_{0.75}V_{0.25})O_4$: Eu (摩尔分数依次为 0.2%、0.5%、1%，2%和 5%)；(l～p) $Y(P_{0.75}V_{0.25})O_4$: Sm (摩尔分数依次为 0.2%、0.5%、1%、2%和 5%)[35]

稀土离子掺杂的核壳式钒酸盐纳米颗粒具有更好的发光性能和化学稳定性，在多方面显示出诱人的应用前景[36]。

3. 钼酸盐基质微/纳米颗粒

稀土离子掺杂的氧化物、磷酸盐和钒酸盐等纳米晶的有效激发波长主要位于能量较高的紫外区(小于 400 nm)。强的紫外光可能会对被检测的生物样品(如细胞和组织等)造成损伤，不利于长时间的动态发光检测。另外，短脉冲激光光源购置成本高，较难在常规实验中使用，这限制了这些纳米材料作为标记物在生物检测中的推广和应用。因此，开发能够被近紫外光和可见光有效激发的稀土下转换发光标记材料是一项迫切的任务。

最近，稀土离子掺杂的钼酸盐纳米发光材料引起了研究者的广泛关注。钼酸盐纳米材料化学稳定性好，发光强度高；除了在紫外区有电荷转移带外，Eu^{3+} 在约 395 nm 和 465 nm 处的 f-f 跃迁激发带显著增强。这为发展新型的近紫外光和可见光激发的稀土无机发光探针提供了机遇。

Tian 等[37]采用共沉淀的方法合成了尺寸约 4 μm 的花形 $Y_2(MoO_4)_3$: Eu 微晶磷光体，并研究了其光致发光特性。在 394 nm 近紫外光的激发下，$Y_2(MoO_4)_3$:

Eu 在 616 nm 处展现了强的 Eu^{3+} 的 $^5D_0$-$^7F_2$ 跃迁发射。其激发和发射光谱如图 4.8所示。为了增强粒子对近紫外光的吸收，有学者将 Sm^{3+} 引入 $CaMoO_4$ 基质[38]，当 Sm^{3+} 和 Eu^{3+} 共同存在于 $CaMoO_4$ 中时，监测对应于 Eu^{3+} $^5D_0$-$^7F_2$ 跃迁发射(612 nm)的激发光谱，观察到了 405 nm 处对应于 Sm^{3+} $^6H_{5/2}$-$^4K_{11/2}$ 跃迁的吸收；用 405 nm 的光激发 $CaMoO_4$ ：Sm，Eu 时，观察到 612 nm 处 Eu^{3+} 的发射，这说明了该过程中存在能量由 Sm^{3+} 向 Eu^{3+} 的传递。

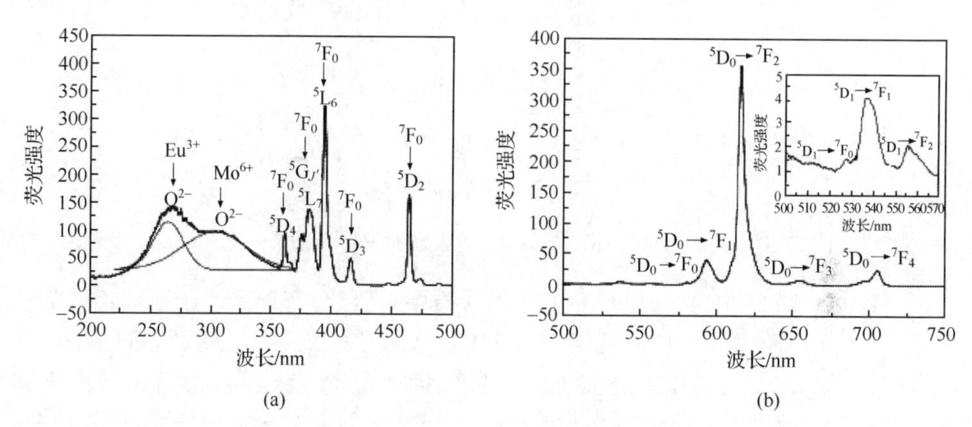

图 4.8　$Y_2(MoO_4)_3$ ：12% Eu(摩尔分数)磷光体的激发(a)和发射(b)光谱[37]

目前，发展新型稀土钼酸盐发光探针还有很多需要解决的问题，主要是生物探针要求发光颗粒粒径小，发光强度高，单分散性好。目前，合成 100 nm 以下单分散的球形钼酸盐纳米颗粒还是一个挑战。

4.3.3　氟化物基质纳米颗粒

作为发光颗粒的基质材料，氟化物声子能量低、离子性强、多声子弛豫率小、电子云扩散效应小、发光效率高，从而被公认为是一种优良的光学基质材料，其中研究较多的是以 LaF_3、YF_3、$NaYF_4$ 和 $NaGdF_4$ 为基质的纳米晶。

田启威等[39]采用高温热分解的方法合成了单分散的 α-$NaYF_4$ ：Eu 和 β-$NaYF_4$ ：Eu纳米晶。不同晶型的 $NaYF_4$ 纳米材料发光性质差别很大，图 4.9 是 β-$NaYF_4$ ：Eu 的特征激发和发射光谱。掺杂 Eu^{3+} 的主要激发峰为 394 nm，而典型的发射峰为 $^5D_0$-$^7F_1$(590 nm)和 $^5D_0$-$^7F_2$(610 nm)的辐射跃迁。Eu^{3+} 在不同晶型的 $NaYF_4$ 基质中的特征发射峰强度比值 I_{610}/I_{590} 有明显不同。

氟化物基质本身的声子能量很低，可以直接激发掺杂稀土离子的 f-f 跃迁吸收。Wang 等[40]通过低温沉淀法制备了水溶性的 LaF_3 ：Ln 近球形纳米晶，粒径小于 30 nm。LaF_3 掺杂不同的镧系离子(Eu^{3+}、Ce^{3+}、Tb^{3+} 和 Nd^{3+})后，能够在可见光区和近红外区展现强的发光，这些纳米晶在水溶液中的发光量子效率约为

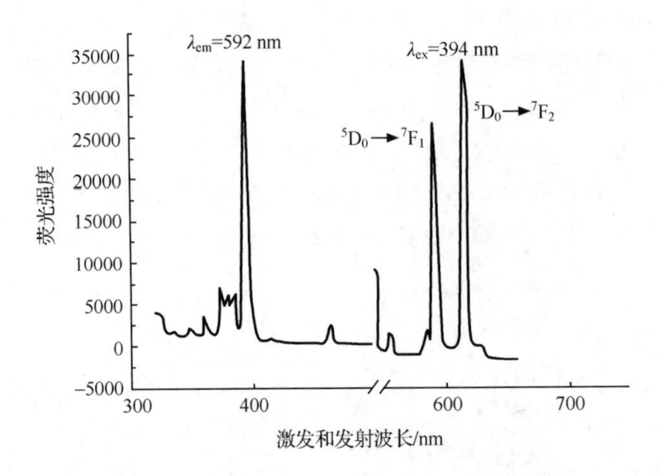

图 4.9 β-$NaYF_4$：Eu 的激发和发射光谱[39]

16%。Boyer 等[41]在油酸、油胺和十八烯介质中，高温分解镧系离子三氟乙酸盐前驱体，合成了 $NaGdF_4$ ：Ce，Tb 和 $NaGdF_4$ ：Ce，Tb/$NaYF_4$ 核壳纳米粒子。在 $NaGdF_4$： Ce，Tb 纳米粒子表面沉积了惰性的 $NaYF_4$ 壳层后，增强了其发光强度，如图 4.10 所示。Tb^{3+} 在核壳纳米粒子中的发光量子产率约为 30%，而且与 $NaGdF_4$ ：Ce，Tb 纳米粒子相比，Ce^{3+} 在核壳纳米粒子中的抗氧化能力显著提高。值得一提的是 Wang 等[42]利用聚电解质的静电作用，通过自组装技术制备了 Fe_3O_4@LaF_3 ：Ce，Tb 纳米复合粒子。这些纳米复合粒子既有很好的磁特性，又能发射强的荧光，在磁性生物分离、磁共振成像和荧光生物标记中有很好的应用前景。

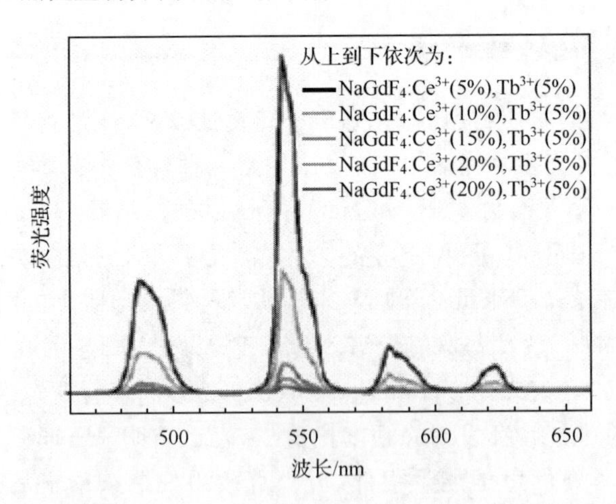

图 4.10 $NaGdF_4$ ：Ce，Tb 和 $NaGdF_4$ ：Ce(20%)，Tb(5%)/$NaYF_4$ 核壳纳米粒子在 1%正己烷溶剂中的发射光谱[41]

本研究小组采用多元醇法合成了 Ce^{3+} 作为敏化剂，镧系离子对(Eu^{3+}/Tb^{3+}、Dy^{3+}/Tb^{3+}、Sm^{3+}/Tb^{3+} 和 Eu^{3+}/Dy^{3+})共掺杂的 $NaGdF_4$ ∶ Ce，Ln 多色纳米晶[43]。在 251 nm 单一波长紫外光激发下，不同共掺杂镧系离子对的纳米晶保持了掺杂离子独立的光谱特性，展现了共掺杂离子对的混合光谱。通过调整掺杂离子对的物质的量比，可以调节混合光谱的强度比例。在 254 nm 紫外灯照射下，这些纳米晶的水溶液呈现出很强的明亮的多色发光，为生物样品的多组分同时测定提供了新的选择。

4.4　稀土下转换发光纳米颗粒的合成

由于纳米稀土发光材料的优异性能及广阔应用前景，其合成和制备技术研究引起了人们的广泛关注。目前常用的方法主要有固相法和液相法。其中液相法应用较多，人们已经利用水热和溶剂热法、沉淀法、微乳液法、多元醇法、有机前驱体热分解法、溶胶-凝胶法等多种方法合成出不同尺寸、不同形貌和不同组成的稀土纳米发光材料，并借助各种表征手段对其形貌、结构、组成及光学特性进行了较为全面的研究。

4.4.1　固相合成法

稀土发光材料的经典合成方法是高温固相合成法，它的弊端在于合成温度高、需多次球磨粉碎、易存在杂相、颗粒粗大且分布宽，难以得到满意的粒度，从而影响产品质量和生产效率。随着科技的发展，对粉体的质量要求越来越高，这种方法已不能满足生产需求，寻求新的制备方法已成为发展趋势。

固相法制备氧化物颗粒的粒径一般都在亚微米级，这样大的颗粒尺寸较难与生物分子结合，而且也不容易分散在水中。对制备的氧化物颗粒进行球磨处理后，粒径会变小，但也会增加颗粒表面的缺陷，对发光性能产生不利的影响，而且不能完全解决与生物分子的连接问题。所以，探索新的合成路线，实现氧化物颗粒作为通用生物探针的应用成为新的研究课题。

同传统的固相法相比，液相合成法可以精确控制各组分的含量，反应组分可以在分子水平上混合均匀。液相合成温度低，所得产品粒度细小均匀，是合成稀土纳米发光材料的首选方法，该方法为稀土纳米发光材料的制备提供了技术保障。

4.4.2　液相合成法

采用液相法合成，通过改变反应条件，可以有效地控制颗粒的成核与生长过程，从而制备出不同形貌、粒径均匀、大小可控的颗粒。

1. *水热和溶剂热法*

水热合成是指在密闭体系中，以水为溶剂，在一定温度和压力下利用溶液中物质发生化学反应而进行的合成。在水热法的基础上，以有机溶剂代替水进行合成的方法称为溶剂热法。溶剂热法是水热法的一种重大改进，可以适用于一些非水反应体系的合成，弥补了水热合成的一些不足。

在高温高压的水溶液中，许多化合物表现出与常温下不同的性质，如溶解度增大、离子活度增加、化合物晶体易转型等。水热法允许在低于传统固相反应所需温度下实现无机材料的合成。与其他制备方法相比，水热法制得的产品纯度高，粒子的单分散性好，形貌和尺寸大小可控、掺杂均匀、晶型好，而且最大限度地降低了合成和后处理过程的难度和毒性，也有利于稀土发光纳米材料的大规模制备。用该方法制备的纳米晶避免了因高温煅烧和球磨等后处理引起的杂质和结构缺陷。另外，利用水热法还可直接生成氧化物，避免了一般液相合成法需要的经过煅烧转化为氧化物这一步骤，从而极大地降低了硬团聚的形成[44]。水热处理过程中温度、压力、处理时间、溶液的 pH 和所用前驱体的种类等对产物的粒径、形貌和发光性能等都有很大的影响。近年来，水热法在稀土氟化物、磷酸盐、钒酸盐和钼酸盐等纳米发光材料的合成中得到了广泛的应用。在合成过程中研究者通常采用以下 3 种方式：①直接将相应阴离子的溶液滴加到稀土阳离子溶液中，得到沉淀，然后进行水热处理；②先用不同的络合剂（油酸、亚油酸、EDTA 和柠檬酸钠）将稀土离子络合，然后加入相应的阴离子盐溶液，再进行水热处理；③先将稀土离子与相应的阴离子盐溶液混合形成沉淀，向沉淀中加入一定量的表面活性剂（PEG、PAA、PVP 和 PEI 等），再进行水热处理[45-47]。

利用该方法已经合成了 $LaPO_4$ ∶ Ln[48]、$NaGdF_4$ ∶ Eu[49] 等发光材料。Hasse 等[50,51]用 $Y(NO_3)_3$ 和 $Eu(NO_3)_3$ 的水溶液，然后加入 Na_3VO_4 的水溶液，得到白色悬浊液，调节 pH 为 4.8，将此样品放入高压釜中，200℃水热 1h，迅速冷却，离心分离得到固体样品，再采用稀酸除去多余的反应物，得到粒径 10～30 nm 的近似球形的 YVO_4 ∶ Eu 粒子。他们对所制备的纳米级 YVO_4 ∶ Eu 粒子进行光谱研究，发现制备的纳米级样品的紫外光谱发生蓝移，但其发光光谱没有大的改变。

以油酸作保护剂和络合剂，能够更好地控制粒子的形状，提高纳米晶的稳定性，合成出油溶性的纳米晶粒子。Li 等[52]用油酸作络合剂成功地合成出菱形、六边形、长方形和棒状磷酸盐纳米晶，纳米晶粒度均匀，分散性良好。最近，Bu 等[53]在油酸和油胺的混合表面活性剂中，利用水热法合成了均匀的、单分散的 $NaLa(MoO_4)_2$ 和 $NaLa(MoO_4)_2$ ∶ Eu 双棱锥型的纳米晶。如图 4.11 所示，其长轴尺寸约 100 nm，4 个底边的长度约 120 nm。作者同时对油酸和油胺共配位控制形成均匀四面体结构的双棱锥形纳米晶的生长机制进行了探讨。

(a)　(b)　(c)　(d)

图 4.11　$NaLa(MoO_4)_2$ 和 $NaLa(MoO_4)_2$：Eu 纳米晶的 FESEM 照片(a，b)，相应试样的 TEM 照片(c，d)[53]

EDTA 和柠檬酸对稀土离子具有很强的螯合作用，近年来在制备稀土纳米材料中得到了广泛的应用。在制备稀土纳米粒子的过程中，它们可以选择性地吸附在生长粒子的不同晶面上，改变了晶面的相对表面能，能够影响不同晶面的生长速率。Zhang 等[54]用 EDTA 作保护剂，通过调节水热反应时间和温度，可以获得长约 560 nm，宽约 240 nm 纺锤状的 Ln^{3+} 掺杂的 YF_3 纳米粒子。研究表明，相同实验条件下，EDTA/Ln^{3+} 物质的量比对于形成均匀的纺锤状的纳米粒子起到关键作用。Sun 等[55]以柠檬酸为络合剂，水热合成出直径约 35 nm 水溶性的 YVO_4：Er 纳米粒子。

2. *沉淀法*

沉淀法是将各种反应原料溶解于同一种溶液中，然后加入沉淀剂或在一定温度下使反应物发生水解，形成不溶的氢氧化物、水合氧化物或盐类，从溶液中析出。

该沉淀可以作为产品，也可以对沉淀进行洗涤、热分解或脱水等后续处理，最终得到产品。用沉淀法制备的组分在溶液状态就已达到混合均匀，前驱体颗粒细、活性大、分布均匀，掺杂离子能够进入基质晶格，优化了材料结构。但对于复杂的多组分体系制备存在一些问题，如选择原料时，各组分应具有相同或相近的水解或沉淀条件，这样就限制了其应用。1996 年 Martin 等[56]用均相沉淀法合成了 1μm 左右的球形 La_2O_3 粒子，详细讨论了起始金属离子浓度、沉淀剂浓度、溶液的 pH 和焙烧温度对粒子形貌的影响。李强等[57]采用均相沉淀法，以尿素为沉淀剂，制备出分散性较好的 Y_2O_3 ：Eu 纳米微粒。Bazzi 等[58]用高沸点聚醇溶液沉淀法制备了 Gd_2O_3 ：Eu 和 Gd_2O_3 ：Tb，制备的纳米粒子平均粒径 5 nm，发光性能良好。该方法合成温度低，重现性良好。闵庆旺等[59]采用草酸盐共沉淀法制备了超微发光粉体 $LaPO_4$ ：Eu 纳米粒子。

沉淀法因其方便、节时等优点而被广泛使用，该方法反应温度低，合成样品具有纯度高、粒径小、分散性好等优点。缺点是对原料的纯度要求较高，合成路线较长，易引入杂质；沉淀通常是胶状物，水洗、过滤较困难，制备的纳米颗粒易发生团聚。

3. 微乳液法

微乳液法是近年来发展的一种较为新颖的制备纳米材料的方法，在实际应用中表现出一定的优越性。该方法将两种互不相溶的溶剂(有机溶剂和水)在表面活性剂作用下形成一个均匀的乳液体系，这种体系是一种分散体系，可以是油分散在水中(O/W 型)，也可以是水分散在油中(W/O 型)。分散相质点为球形，半径非常小，通常在 10～100 nm 范围内，因此又将其称为微反应器。纳米颗粒在微反应器中形成，最后将微乳液体系破坏，得到产品。此法可使成核、生长、聚结和团聚等过程局限在微反应器中进行，避免了颗粒间的进一步团聚。微反应器的尺寸越小，产物颗粒越小。微乳液法具有实验装置简单、操作方便、所得纳米颗粒粒径分布窄、单分散性好、界面稳定性高、与其他方法相比粒径易于控制、适应面广等优点。该方法的缺点是制备纳米颗粒的产量比较小，适合用于实验室研究，难以推广到大规模生产。侯远等[60]对微乳液法制备稀土氟化物纳米材料的研究进行了综述。

4. 多元醇法

多元醇法是在高沸点的多元醇(如乙二醇、一缩二乙二醇等)中发生沉淀反应而得到纳米级产物的方法。在反应过程中，多元醇既作为溶剂又作为稳定剂以限制颗粒的生长并抑制其团聚。多元醇的高沸点可以使反应在较高温度下进行，因此可以得到结晶完好的产物，同时也可通过控制反应温度实现对合成材料粒径的调控。

多元醇法已被广泛用于合成微/纳米尺寸的磷酸盐、氧化物和氟化物等。王振领等[61]以一缩二乙二醇(二甘醇)为溶剂，采用多元醇法合成了粒径为25 nm的球形$LaPO_4$：Eu发光纳米粒子，粒子的结构为独居石型结构，Eu^{3+}的光致发光衰减曲线符合单指数行为，发光寿命为3.9 ms。Feldmann[62]利用多元醇法制备了粒径在30～200 nm范围、结晶完好、球形单分散的Y_2O_3：Eu、$LaPO_4$：Ce，Tb、TiO_2和CeO_2等粒子。Wei等[63]分别在乙二醇、二甘醇和丙三醇中，利用不同的氟源(NH_4F和NaF)合成出近球形，粒径为5～7 nm，水溶性的LaF_3：Yb,Er纳米粒子。Wang等[64]在二甘醇中，200℃下反应得到了六方相、粒径约7 nm的球形CeF_3和CeF_3：Tb纳米粒子。

李锋等[65]以乙二醇为溶剂，采用多元醇法合成了$GdPO_4$：Eu和$GdPO_4$：Ce，Tb纳米晶。研究结果表明，产物为单斜晶系独居石结构正磷酸盐；形貌为梭形，长轴600～700 nm，短轴50～200 nm；纳米晶在水中有良好的分散性。$GdPO_4$：Eu水溶液在251 nm光激发下，发射光谱以Eu^{3+}的$^5D_0$-$^7F_1$(592 nm)磁偶极跃迁强度最大；$GdPO_4$：Ce，Tb纳米晶水溶液的激发光谱在240～300 nm处有一宽带吸收，峰值位于262 nm，为Ce^{3+}的4f-5d跃迁吸收，发射光谱呈现Tb^{3+}的特征绿色，最强峰位于544 nm。在$GdPO_4$：Ce，Tb体系中，通过光谱分析证实了存在Ce^{3+}—Gd^{3+}—Tb^{3+}的能量传递过程。在乙二醇介质中合成出的$CePO_4$：Tb纳米晶形貌为梭形，长70～100 nm，宽30～40 nm[66]。

5. *有机前驱体热分解法*

有机前驱体热分解法是在高温有机溶剂中加热分解稀土有机前驱体来制备稀土纳米发光材料的方法。该方法的优点是：在有机相中进行无机物的合成反应能够更好地控制反应速率，加上高温条件，可使合成颗粒的结晶度更好，而且借助有机分子的保护作用可以大大提高纳米晶的分散性。

Yan等[22]在油酸、油胺和十八烯的混合溶剂中，加热分解$RE(OH)_3$(或$RE(NO)_3$)(RE＝La、Eu、Tb、Y和Ho)和H_3PO_4前驱体，由于油酸分子与稀土离子存在较强的配位作用，可以控制晶体的成核和生长，并抑制粒子的团聚，制备出了单分散的稀土磷酸盐纳米晶，TEM照片如图4.12所示。在油酸和十八烯中，加热分解单源前驱体$La(CF_3COO)_3$，得到了单晶和单分散的三角形LaF_3纳米片[67]。

该方法的缺点是反应条件过于苛刻，需要严格的无水无氧操作、反应温度高、原料价格昂贵、毒性大、易燃易爆且反应过程复杂。

6. *溶胶-凝胶法*

溶胶-凝胶法是指前驱体(水溶性盐或油溶性醇盐)溶于水或有机溶剂中形成均质溶液，溶质发生水解反应生成纳米级颗粒并形成溶胶，溶胶经蒸发干燥转变为

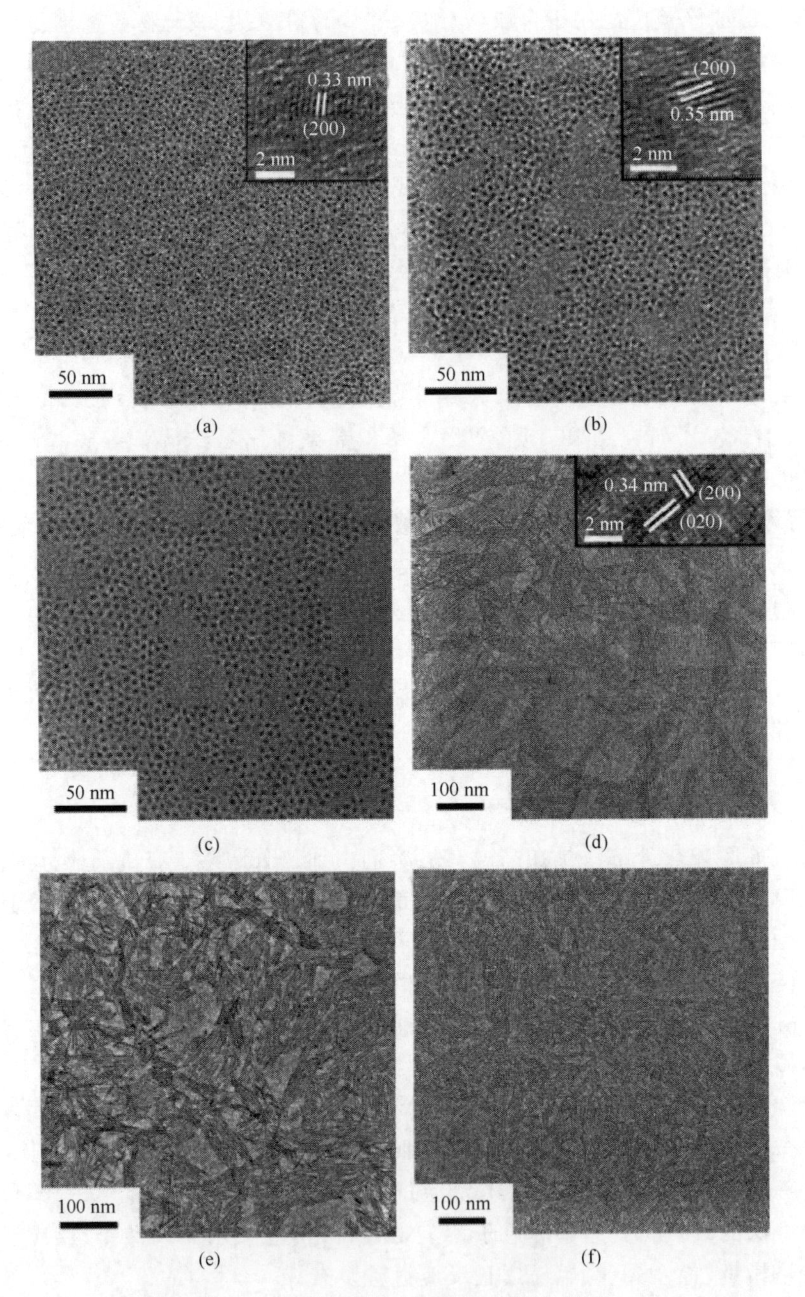

图 4.12 TEM 和 HRTEM（插入）照片

(a) $LaPO_4$ 多面体；(b) $EuPO_4$ 多面体；(c) $TbPO_4$ 多面体；(d) YPO_4 纳米线；(e) $TbPO_4$ 纳米线；(f) $HoPO_4$ 纳米线[67]

凝胶。该法为低温反应过程，允许掺杂大剂量的无机物和有机物，可以制备出许多高纯度和高均匀度的材料，并易于加工成型。该法的优点是设备简单、操作方便、反应温度低、制备产物的纯度高、微粒细小及粒径分布均匀，并且可以通过改变工艺过程制备不同形态的产物。不足之处是原料成本高，制备周期较长，产率低。目前采用溶胶-凝胶法已成功地制备了 Y_2O_3 : Eu[68]、YPO_4 : Eu[69]、YVO_4 : Ln(Ln＝Eu、Dy、Sm 和 Tm)[70]等一系列稀土纳米颗粒。

虽然使用溶胶-凝胶法制备发光材料有了大量的研究，但溶胶-凝胶法不能很好地控制颗粒的尺寸，制备的颗粒在水溶液中易团聚，因此，该方法不适合用于制备生物纳米探针材料。

随着科学技术的不断发展，人们对稀土发光纳米材料的要求越来越高，传统的高温固相反应法的缺点变得越来越突出了。因此，进行稀土发光材料新的合成方法研究已经成为一个热点。对于制备可用于生物分析的稀土发光纳米材料，水热和溶剂热法是比较理想的方法，因为通过这些方法制备出的材料不仅尺寸可以达到纳米级，而且颗粒比较均匀。通过控制反应条件，加入一定的辅助剂，还可以制得所需的纳米球、纳米棒和纳米多面体等特殊形貌的稀土发光材料。

4.5　稀土下转换发光纳米颗粒的修饰

为将制备的稀土下转换发光纳米颗粒用于生物分析，首先必须对合成的颗粒进行表面修饰。表面修饰是指用物理、化学和机械等方法对颗粒表面进行处理，根据应用的需要有目的地改变颗粒表面的物理、化学性质，如表面晶体结构和官能团、表面能、表面润湿性、电性、表面吸附和反应特性等，以满足现代新材料、新工艺和新技术发展的需要。对稀土纳米颗粒进行修饰主要有以下 4 个目的。①水溶性好是稀土纳米颗粒用于生物标记的首要条件，而采用常规方法制备的纳米颗粒通常不具有水溶性或水溶性不好，通过表面修饰，可以改变颗粒表面状态，使纳米颗粒具有亲水性，改善颗粒在水相的分散性；②通过修饰，可以在稀土颗粒表面引入特定的基团，如氨基或羧基等，为后续的生物应用打下基础；③在水溶液体系中，水分子，特别是 OH^-，由于其振动频率高，对稀土颗粒的发光有猝灭效应，导致颗粒发光量子产率降低[71]，通过表面修饰在纳米颗粒表面形成保护层，可以提高稀土纳米颗粒的发光强度；④通过表面修饰，可以改善纳米颗粒的表面缺陷，增大发光强度[72,73]，同时还可以增强其化学稳定性。相对于稀土纳米颗粒的制备，颗粒表面修饰技术的发展较慢，因此导致稀土纳米颗粒在生物分析中的应用在此后相当长时间内没有报道。直到近几年，由于表面修饰技术的发展和生物医学发展的需要，这方面的研究报道逐渐增多。

目前，稀土下转换发光纳米颗粒的表面修饰方法主要可分为以下两类。

4.5.1 有机分子修饰

许多有机分子结构中含有亲水性基团，如羧基、巯基和氨基等。在稀土颗粒的合成过程中或合成之后，使有机分子包覆到稀土颗粒的表面，可以改变颗粒的表面结构，使无机稀土纳米颗粒由疏水性转变为亲水性。同时，在合成过程中加入有机络合剂，可以防止溶液体系中纳米颗粒的团聚，使得纳米颗粒具有良好的分散性和稳定性。目前已经应用于稀土纳米颗粒修饰的有机分子有柠檬酸[74,75]、油酸[76]、聚乙烯酸[77]、多羟基醇[78]、壳聚糖[79]、磷酸单酯基络合剂[80]及其他物质[81]。

2002 年，Boilot 等[82]首先报道了水溶性 YVO_4 ∶ Eu 纳米粒子的制备，该研究具有开创性的意义。以稀土硝酸盐、柠檬酸钠和钒酸钠为反应原料，水浴加热合成了柠檬酸盐稳定的 YVO_4 ∶ Eu 纳米粒子。实验中，首先使稀土硝酸盐和柠檬酸钠反应，生成稀土柠檬酸盐白色沉淀。之后，滴加钒酸钠溶液，沉淀消失，得到无色澄清的溶液。将以上溶液在 60℃下加热反应 30min，冷却透析，得到透明的 YVO_4 ∶ Eu 胶体溶液。将以上溶液通过旋转蒸发除去水分，得到 YVO_4 ∶ Eu 粉体。TEM 实验表明，合成粒子的粒度约 10 nm。核磁共振和红外光谱实验表明，柠檬酸盐配体和稀土离子发生了反应，这一方面限制了合成稀土粒子粒径的长大，同时柠檬酸盐包覆在粒子的表面，形成了一个带负电荷的壳层。由于粒子表面壳层的静电排斥力和空间位阻效应，YVO_4 ∶ Eu 胶体粒子不发生团聚，粒子溶液可以稳定存在。文中对合成粒子的光学性能进行了考察，水溶液中粒子的最大量子产率为 15%，最长发光寿命为 1.1ms。图 4.13 和图 4.14 分别是 YVO_4 ∶ Eu 粒子的 XRD 谱图和 TEM 照片。

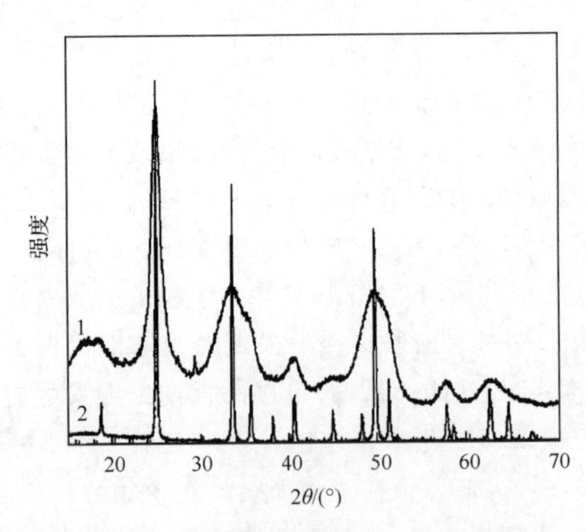

图 4.13 $Y_{0.95}Eu_{0.05}VO_4$ 纳米晶体的 XRD 谱图(1-干燥后的胶体；2-1000℃煅烧)[82]

之后，该研究小组又成功地合成了发光强度大且稳定的 $LaPO_4$ ∶ Ce, Tb ·

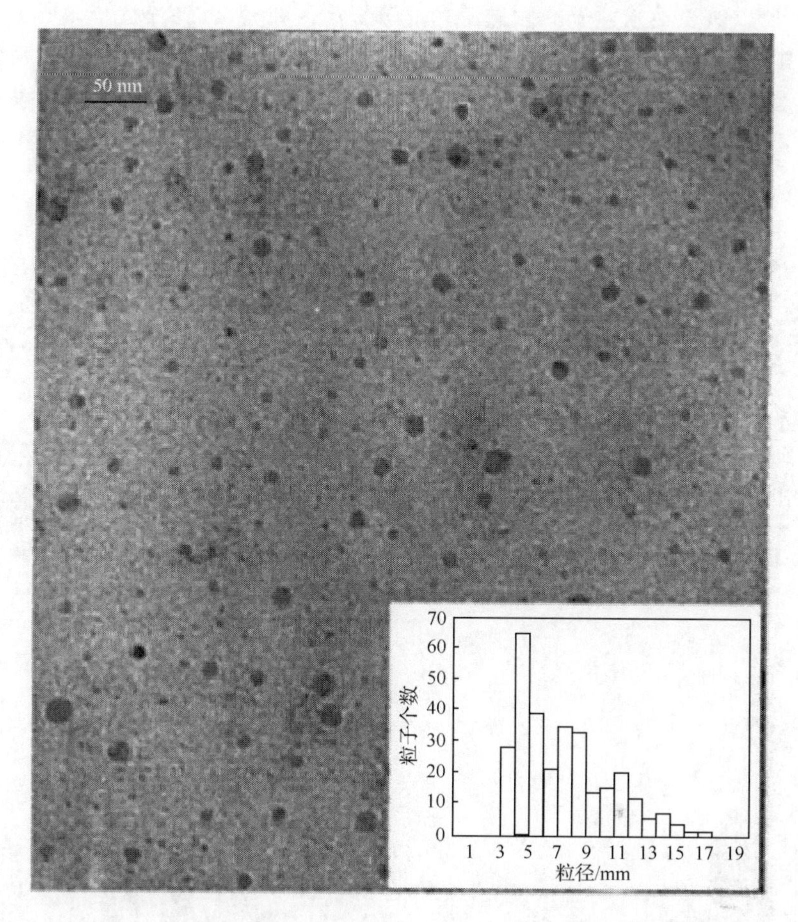

图 4.14　YVO_4 纳米晶体的 TEM 照片(内插图为粒度分布)[82]

$x H_2O$ 胶体溶液，平均粒子粒径小于 10 nm。合成中以三聚磷酸钠（$Na_5P_3O_{10}$）和稀土盐为原料。核磁共振实验表明，其中三聚磷酸钠既是反应原料，又是络合剂，亲水性的聚磷酸盐包覆在合成粒子表面，使得粒子在水溶液中具有良好的分散性[83]。

同样以柠檬酸配体为稳定剂，van Veggel 等在水相介质条件下，采用共沉淀法合成了 LaF_3：Er、LaF_3：Nd、LaF_3：Ho 和 LaF_3：Eu 纳米粒子[84]。先将柠檬酸钠和氟化钠混合，用氨水调节溶液的 pH 为 6，设置反应温度为 75℃。然后滴加稀土硝酸盐，控制反应时间为 2h，得到澄清透明的溶液。向以上溶液中加入乙醇使纳米粒子沉淀析出，离心分离沉淀，真空干燥得到稀土纳米粒子粉体。为改善合成粒子的发光寿命，他们以合成粒子为核，用 LaF_3 包覆。由于外层包覆 LaF_3 改变了 LaF_3： Ln(Ln= Er、Nd、Ho 和 Eu)纳米粒子的表面结构，降低了非辐射跃迁概率，所以核壳纳米粒子的发光寿命显著提高。在另一篇文献中，该研究小组分别用柠檬酸钠为稳定剂合成了水溶性 GdF_3 粒子，用 2-氨乙基磷酸盐为稳定剂合成了水溶性 $Gd_{0.8}La_{0.2}F_3$ 粒子。在人体生理 pH 条件下，以上两种粒子表面分别带有负电荷和正电荷，图 4.15 是两种粒子的原子力显微镜成像图片和粒度分布图[85]。

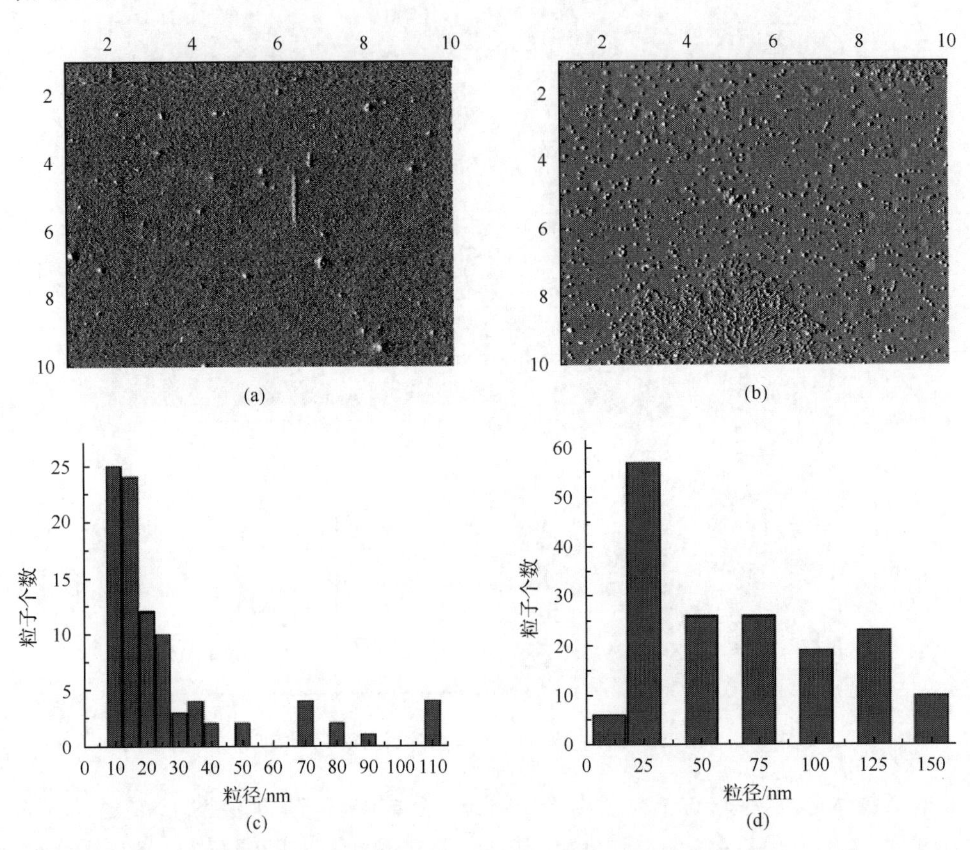

图 4.15　氨乙基磷酸盐功能化的 $Gd_{0.8}La_{0.2}F_3$ 粒子(a)和柠檬酸盐功能化的 GdF_3 粒子的原子力显微镜照片(b)，$Gd_{0.8}La_{0.2}F_3$ 粒子的粒度分布(c)和 GdF_3 料子的粒度分布(d)[85]

Wang 等[86]在不用任何修饰剂的条件下，在无水甲醇中合成了一系列稀土离子(Er^{3+}/Yb^{3+}、Eu^{3+}、Nd^{3+} 和 Tb^{3+})掺杂的 LaF_3 纳米粒子，平均粒径为 8 nm。由于粒子的表面被甲醇的羟基包覆，产品经离心沉淀分离后，可以很好地分散于水中，具有良好的水溶性。合成粒子在可见及红外区域有强烈的发光，有望作为生物分子的发光标记材料使用。

于永丽等[87]在柠檬酸钠存在下，以硝酸钆、硝酸铕和氟化钠为反应原料，用水热法合成了水溶性 $NaGdF_4$: Eu 发光纳米粒子。合成粒子的发光寿命为 1.144 ms，粒子发光强度大且光学性质稳定。TEM 实验表明，粒子的粒径约 20 nm，红外光谱实验证明粒子表面包覆了柠檬酸盐。合成粒子可以和胰蛋白酶发生化学结合，表明粒子具有良好的生物相容性。图 4.16 和图 4.17 分别是合成纳米粒子的 XRD 谱图及其胶体溶液的激发和发射谱图。

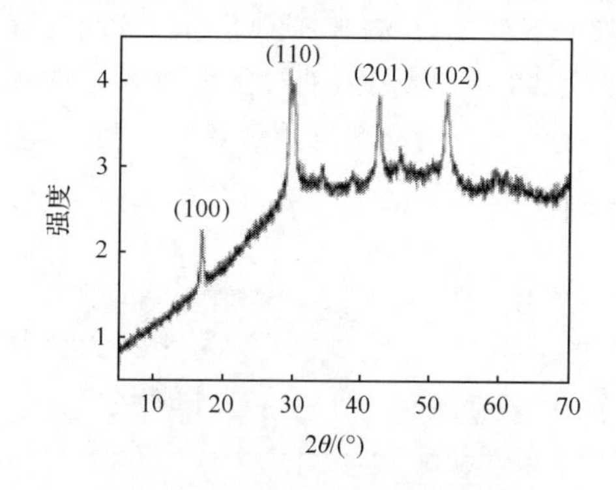

图 4.16　$NaGdF_4$: Eu 纳米粒子的 XRD 谱图

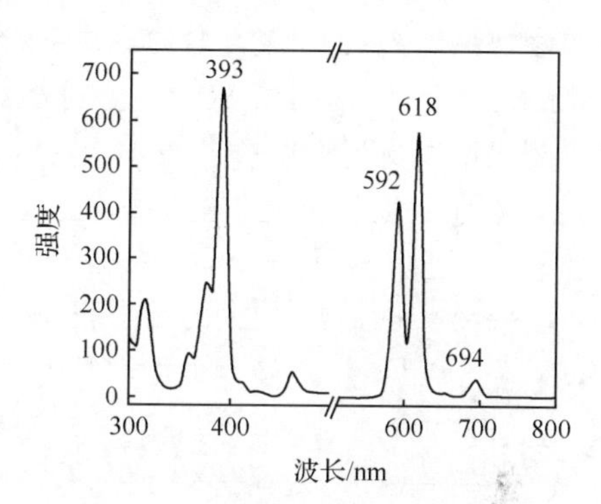

图 4.17　$NaGdF_4$: Eu 胶体溶液的激发和发射谱图[87]

4.5.2　硅烷化修饰

采用硅烷类试剂对无机纳米颗粒进行亲水性修饰是目前使用最多并且最成熟的方法。以正硅酸乙酯(又称硅酸四乙酯或四乙氧基硅烷等，简称 TEOS)为反应原料，使其在碱性条件下发生水解及缩合反应，在纳米颗粒表面形成 SiO_2 包覆层。二氧化硅具有很多优异的性质，在胶体化学中，二氧化硅胶体在水溶液和其他介质中具有非常高的稳定性，并且还具有光学透明性、化学惰性和生物兼容性等。利用二氧化硅的这些特性，人们可以在保持核芯纳米材料原有物理、化学性质基本不变的情况下对纳米材料表面进行修饰。通过包覆作用形成 SiO_2 壳层后，还可以修饰上亲和素、巯基、氨基或者羧基，从而有效地提高核芯材料的稳定性和生物兼容性，以用于生物分析。因此，以二氧化硅作为包覆材料制备核壳型纳米复合材料得到广泛研究。

选择含有不同官能团的硅烷试剂可以在稀土纳米颗粒表面引入巯基、氨基和羧基等有机官能团，利用这些官能团可以和生物分子发生反应生成共价键或借助静电作用等，将稀土纳米颗粒标记到生物分子上，进行生物分析检测和跟踪观测。常用的硅烷试剂如下：

$H_5C_2O—Si(OC_2H_5)_2—OC_2H_5$（Si 上下各连 OC_2H_5）

四乙氧基硅烷

$NH_2—(CH_2)_3—Si(OC_2H_5)_2—OC_2H_5$（Si 上下各连 OC_2H_5）

3-氨丙基三乙氧基硅烷

$HS—(CH_2)_3—Si(OC_2H_5)_2—OC_2H_5$（Si 上下各连 OC_2H_5）

3-巯丙基三乙氧基硅烷

Giaume 等[88]对合成的 YVO_4 ∶Eu 纳米粒子进行了硅烷化修饰，为有效控制修饰层的厚度，修饰分两步完成。首先向 YVO_4 ∶Eu 胶体溶液中滴加四甲基硅酸钠溶液，调整溶液的 pH 为 11，搅拌过夜，然后将粒子溶液透析纯化。其次，将氨丙基三乙氧基硅烷(APTES)或(2,3-环氧丙氧)丙基三甲氧基硅烷(GPTMS)的乙醇溶液加热回流，再将初步修饰过的纳米粒子溶液在 2h 内滴加到以上硅氧烷溶液中，反应持续 24h，最后溶液可通过透析或离心纯化。修饰后的粒子可以方便地和有机荧光染料或蛋白结合。图 4.18 是对合成粒子硅烷化修饰的示意图。

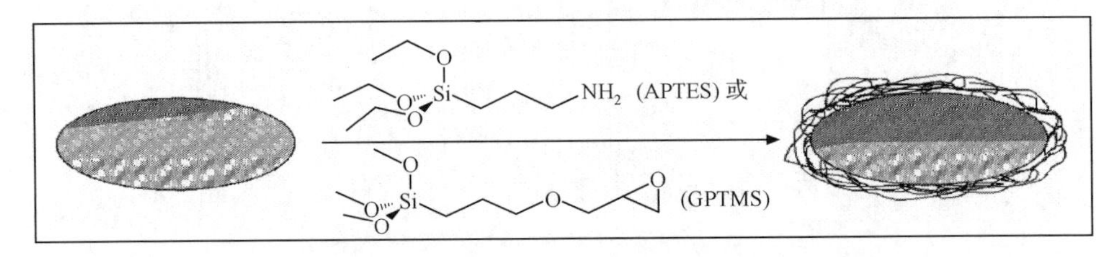

图 4.18　用氨基硅烷或环氧硅烷修饰稀土粒子的示意图[88]

Wang 等[89]以柠檬酸盐为稳定剂，水热合成了平均粒径约 30 nm 的 YVO_4 ∶Eu 粒子，并在其表面包覆二氧化硅。由于 SiO_2 壳层的包覆，Eu^{3+} 和溶剂水被有效地隔离，从而避免了水对 Eu^{3+} 发光的猝灭。同时由于 SiO_2 的修饰，粒子的表面缺陷减少，包覆后粒子的发光强度是未包覆裸粒子发光强度的 2.17 倍。并且，包覆后粒子的发光寿命更长，光学性能更加稳定。图 4.19 是包覆前后粒子的 TEM 照片，从图中可以看到明显的二氧化硅包覆层。图 4.20 是包覆前后粒子的激发和发射谱图。

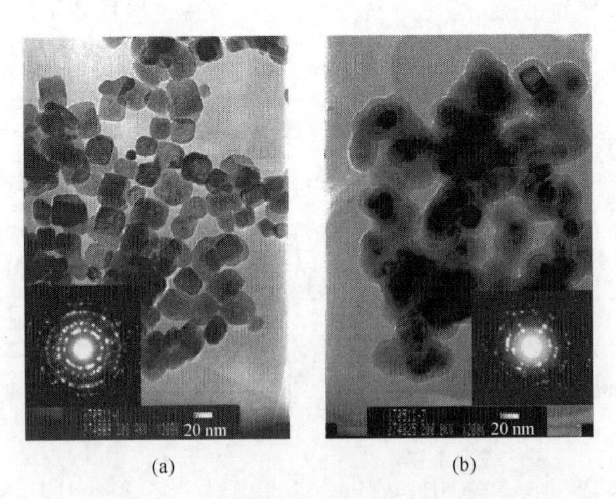

图 4.19　YVO_4 ∶Eu(a)和 YVO_4 ∶Eu/SiO_2(b)的 TEM 照片[89]

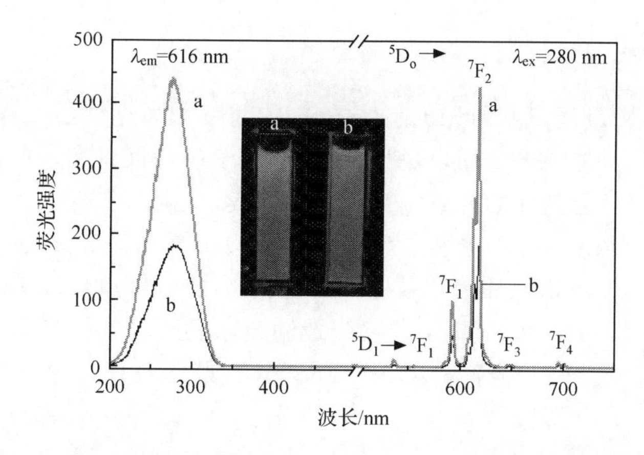

图 4.20　YVO_4:Eu(b)和 YVO_4 : Eu/SiO_2(a)的激发和发射谱图[89]

Darbandi 等[90]采用微乳液法在 Y(V, P)O_4 : Eu, Bi 纳米粒子表面包覆 SiO_2 壳层。用透射电镜、紫外/荧光光谱和 EDAX 等手段对包覆后的粒子进行表征，结果表明粒子为均匀的球形，粒径在 15 nm 左右。合成粒子在高浓度时仍能保持稳定，在很宽的 pH 范围和电解质浓度区间不发生团聚。

Zhu 等[91]采用超声波辐射合成了 $LaCeF_3$: Tb 纳米粒子，以 TEOS 为反应原料，采用微乳液法在合成粒子表面包覆 SiO_2。包覆后的粒子呈球形，粒度均匀，平均粒径约 60 nm，发光强度较大，发光寿命 1.87 ms。$LaCeF_3$: Tb/SiO_2 核壳纳米粒子可以被转移到水相形成透明溶液，有望在生物标记和其他领域得到应用。

4.6　稀土下转换发光纳米颗粒的应用

稀土下转换发光纳米颗粒作为生物探针具有以下优越性：①发射光谱位于可见光区，可通过眼睛直观地观察发射光的存在及光的强弱；②发射光谱带窄，有利于降低本底，提高分辨率；③Stokes 位移较大(250～350 nm)，有利于排除来自其他非稀土离子荧光发射的干扰；④发光寿命长，一般为 0.2～2.2 ms，而背景荧光(多为蛋白质的本底荧光)一般要小 5～6 个数量级，因此可以消除蛋白质背景荧光的干扰；⑤稀土标记物比较稳定，可以较长时间保存，克服了同位素、酶等标记物的缺点；⑥不同稀土离子掺杂合成的纳米颗粒发射不同颜色的光波，因而可用于多色发光标记；⑦与量子点相比，它的发射波长基本和纳米颗粒的大小无关，因此降低了对合成颗粒单分散性的要求，稀土颗粒还克服了量子点的光闪烁现象。基于以上特点，稀土发光纳米颗粒在生物分子标记、发光免疫分析、细胞成像和发光共振能量转移等方面具有非常大的应用潜力。

4.6.1　对生物分子的标记及免疫分析应用

Caruso 等[92]利用氨基与无机晶体的作用，将 6-氨基己酸(AHA)分子包覆到 $LaPO_4$：Ce,Tb 纳米粒子表面，包覆后的纳米粒子表面因具有 AHA 分子提供的羧基官能团，在缩合剂 1-(3-二甲氨基丙基)-3-乙基碳二亚胺(EDC)的作用下，$LaPO_4$：Ce,Tb 纳米粒子与亲和素生成共价键，实现了对亲和素的标记。最后，使被标记的亲和素与异硫氰酸荧光素标记的生物素 (biotinylated FITC)发生反应。实验结果表明，$LaPO_4$：Ce,Tb 纳米粒子成功地标记了亲和素，并且亲和素保留原有的反应活性，可以和生物素发生特异反应，图 4.21 为反应过程示意图。

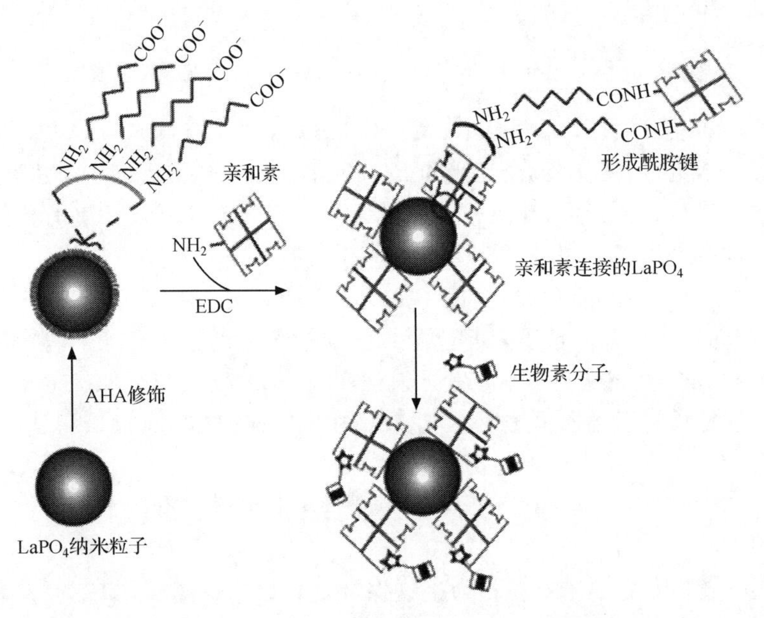

图 4.21　$LaPO_4$：Ce,Tb 纳米粒子标记亲和素及被标记亲和素与异硫氰酸荧光素标记的生物素发生反应的示意图[92]

Cédric 等[93]利用溶剂热合成法，以二甘醇/乙醇为溶剂，合成了平均粒径为 7 nm 的 Gd_2O_3：Tb 纳米晶溶胶。通过 APTES 和 TEOS 水解，表面包覆了氨基化聚硅氧烷层。由于包覆作用使得 Gd_2O_3：Tb 易于分散在水中，而且在水溶液中发光强度没有降低。由于包覆层中存在氨基，生物分子如核酸、链霉亲和素和生物素等易于和纳米晶发生共价结合。文中寡核苷酸与合成的纳米粒子发生了共价反应。

Sivakumar 等[94]合成了二氧化硅包覆的 LaF_3：Ln 纳米粒子，粒子呈单分散状态，粒径约 40 nm。选择不同的掺杂离子，合成产品在可见到红外光区($\lambda=450\sim1650$ nm)发光。将粒子和生物素化 NHS 发生反应，最后，基于生物素和亲和素的特异性反应，粒子和异硫氰酸荧光素标记的亲和素发生化学结合。图 4.22 是反应

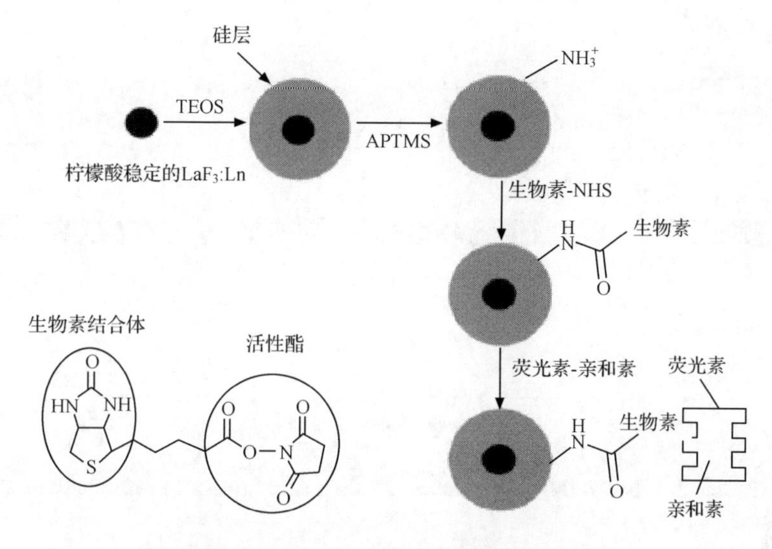

图 4.22　LaF_3：Ln 粒子与亲和素结合原理图[94]

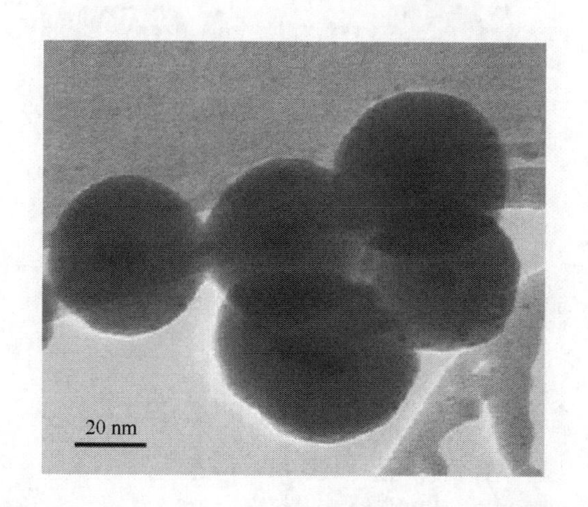

图 4.23　二氧化硅包覆 LaF_3：Nd 纳米粒子的 TEM 照片[94]

原理示意图，图 4.23 为二氧化硅包覆 LaF_3：Nd 纳米粒子的 TEM 照片。

在免疫分析方面，2001 年 Härmä 等[8]用铕纳米粒子为标记物，采用时间分辨荧光法测定了前列腺特异性抗原(PSA)。实验中使用的铕纳米粒子是铕-β 二酮螯合物的聚苯乙烯纳米粒子，用亲和素对该粒子进行修饰，然后和生物素化的 PSA 反应，从而实现了对 PSA 的定量检测，检出限为 0.38 ng · L^{-1}。

2003 年，Feng 等[95]采用微波加热法在 Eu_2O_3 粒子表面包覆氨基化硅氧烷，然后，使活化的稀土粒子和阿特拉津半抗原在有机相中发生结合，最后利用 ELISA 实验对阿特拉津进行了定量检测。该方法的检测限是 0.5 ng · mL^{-1}，测定结果的标准偏差小于 5%。

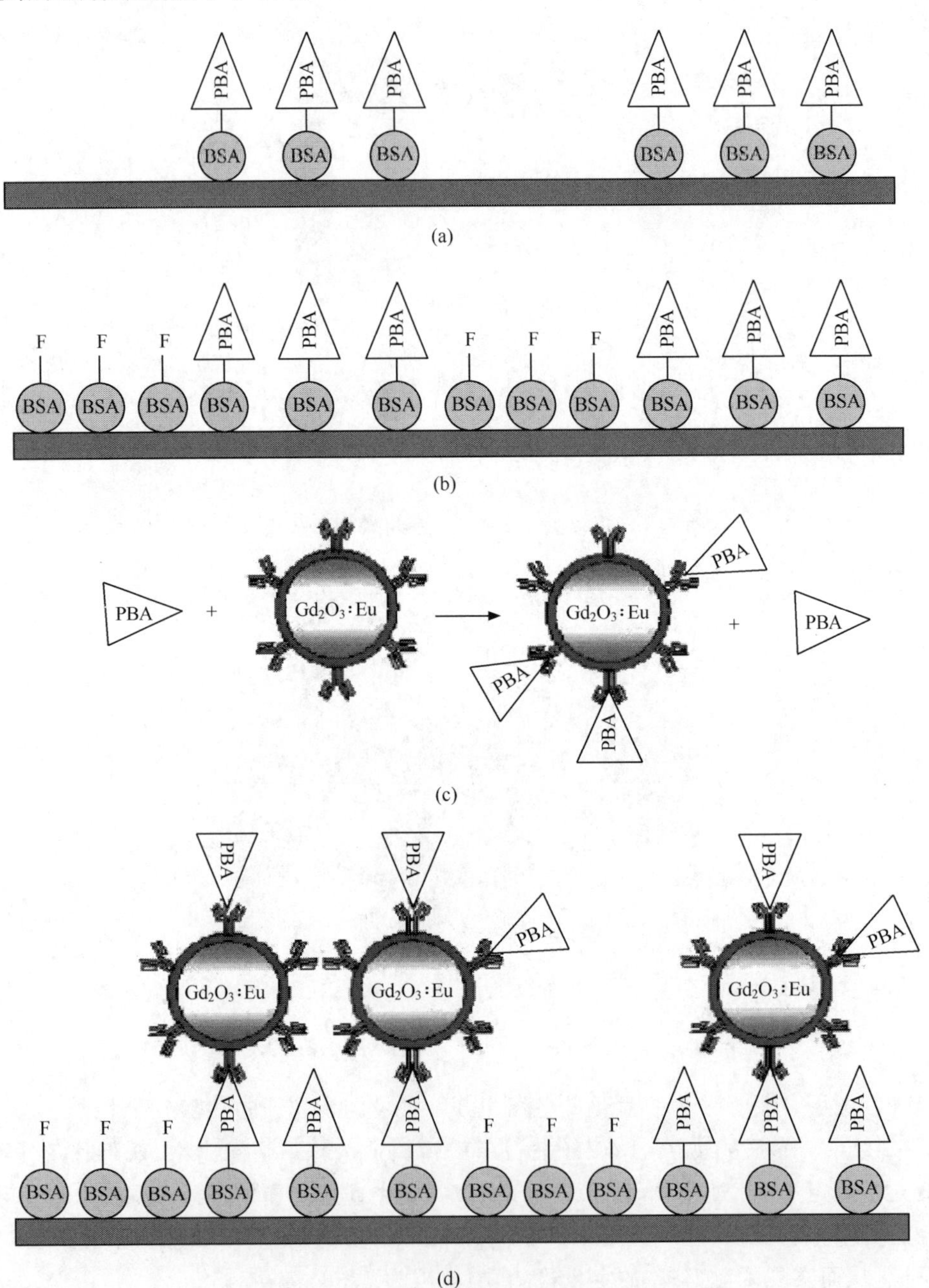

图 4.24 以 Gd_2O_3:Eu 纳米粒子作为标记物和荧光素作为内标物检测 PBA 的原理图[96]

(a) 包覆抗原(BSA-PBA)的微接触印刷;(b) 内标物的固定;

(c) 被标记抗体和分析物(PBA)的结合;(d) 微型图像和被标记抗体的结合

2005年，Nichkova等[96]采用聚L-赖氨酸修饰Gd_2O_3：Eu纳米粒子表面。通过TEM实验、胶体稳定性研究和粒子表面自由氨基数定量分析，证明在粒子表面形成了聚L-赖氨酸壳层。将包覆后的粒子和抗体结合，以此作为发光标记物，通过竞争免疫实验对3-苯氧基苯甲酸(PBA)进行了定量检测，检出限为1.4 μg · L^{-1}。检测原理见图4.24。

2006年，Kennedy研究小组[97]首次报道了将铕掺杂氧化钆纳米粒子用于抗体光学成像的研究。文中用喷雾热解法制备Eu：Gd_2O_3纳米微晶，通过物理吸附与抗兔IgG结合，标记玻璃板上的兔IgG微图样获得成功。实验中发现，氧化钆具有极好的生物相容性，表面包覆的抗体具有良好的生物活性。结果表明，稀土发光粒子在生物传感器和蛋白组学研究中有着很好的应用潜力。图4.25是Eu：Gd_2O_3纳米粒子和兔IgG特异结合的发光图像。

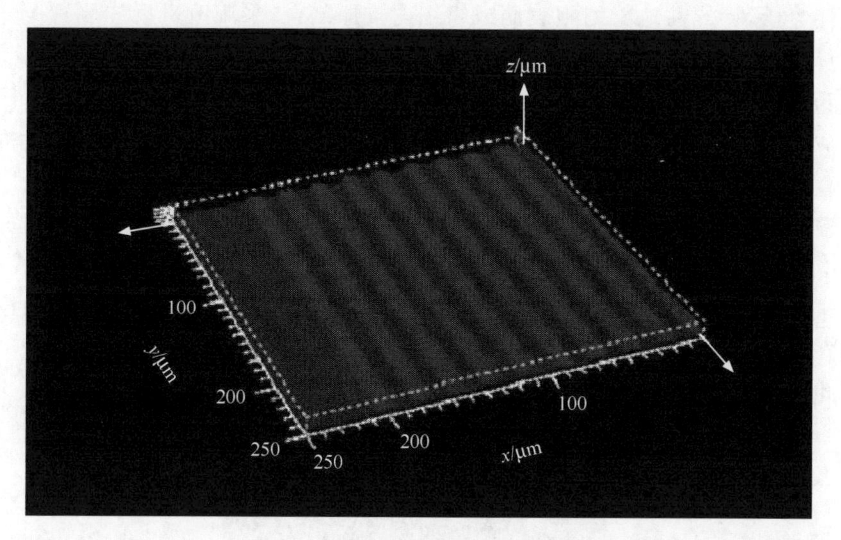

图4.25　抗兔IgG- Eu：Gd_2O_3纳米粒子和玻璃板上兔IgG特异结合的发光图像[97]

Kang等[98]在水热条件下合成了聚丙烯酸功能化的YVO_4：Eu纳米粒子，通过EDC和NHS的活化作用与牛血清白蛋白(BSA)进行共价偶联，文中对反应条件进行了优化。标记后的BSA仍保持很高的免疫活性，稀土纳米粒子的发光性能也未受影响，最后采用时间分辨荧光免疫分析法对兔抗BSA多克隆抗体进行了测定。

Tan等[12]制备了一种通过共价键合的BHHCT-Eu^{3+}配合物-二氧化钛发光纳米微粒，这是一种有机-无机杂化发光纳米微粒(BHHCT：4,4′-二(1″,1″,1″,2″,2″,3″,3″-七氟-4″,6″-己二酮-6″-基)氯磺酰基-邻二苯基苯)，微粒形貌近似球形，量子产率为11.6%，发光寿命为0.4 ms。将粒子和链霉亲和素分子偶联，之后成功地进行了人前列腺特异抗原 PSA 的定量检测，检出限为 66 pg · mL^{-1}。

Ye 等[14]采用油包水型(W/O)微乳液法制备了硅胶包覆 BPTA-Tb^{3+} 发光纳米粒子(BPTA：*N*,*N*,*N′*,*N′*-[2,6-二(3′-胺甲基-1′-吡唑基)-苯基吡啶]四乙酸)。合成粒子为球形，粒径约 45 nm，量子产率为 10% ，发光寿命为 2.0 ms。用制备的发光粒子标记甲胎蛋白(AFT)多克隆抗体，利用夹心式免疫分析原理，建立了一个时间分辨荧光免疫分析测定人血清中 AFP 的新方法。方法的线性范围为 0.10～100 ng · mL^{-1}，检出限为 0.10 ng · mL^{-1}，标准偏差小于 9.0%。

4.6.2 细胞标记成像

荷兰的 Tanke 小组率先以稀土发光颗粒为标记物，进行细胞成像的研究工作。1999 年，他们将粒径为 200～400 nm 的上转换发光颗粒的表面修饰上亲和素或抗体分子，特异性地与细胞表面或组织的抗原结合，采用改进后的倒置荧光显微镜就可以进行发光成像观察[99]。相对于上转换材料，稀土下转换发光颗粒受到激发波长大多位于紫外光区的限制，用于细胞标记的研究较少。

Wong 等[100]采用水热法合成了氢氧化铕纳米棒，并用含有发色团的有机硅酸盐对其进行修饰。由于在合成粒子中发生了发色团向 Eu^{3+} 的能量转移，所以修饰后的粒子在固态和溶液中均有较强的发光。将合成的粒子用于人体活细胞成像，在 400 nm 激发光照射下，细胞质呈现出铕离子的特征红色。另外，实验表明，修饰及未修饰的铕纳米棒对细胞均没有产生确切的毒性。实验结果表明，合成粒子有望在器官或组织成像以及靶向药物传输中应用。图 4.26 是用荧光显微镜观察功能化氢氧化铕纳米棒在人体肺肿瘤细胞内的照片。

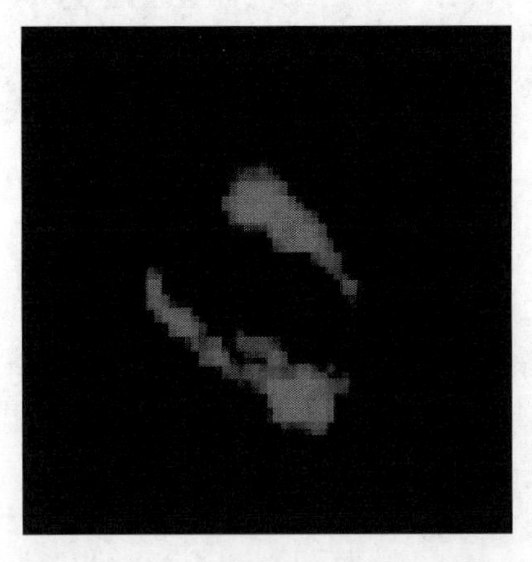

图 4.26 功能化氢氧化铕纳米棒在人体肺肿瘤 A549 细胞内的荧光显微镜照片[100]

Wu 等[101]通过共聚作用制备了一种具有磁性、长发光寿命和生物亲和性的纳米粒子，该粒子以 Eu 为发光中心。粒子用转铁蛋白修饰后用于对 HeLa 细胞染色。利用时间分辨荧光技术研究细胞成像,可有效地消除背景信号,得到高信噪比的、清晰的 HeLa 细胞图像,见图 4.27。

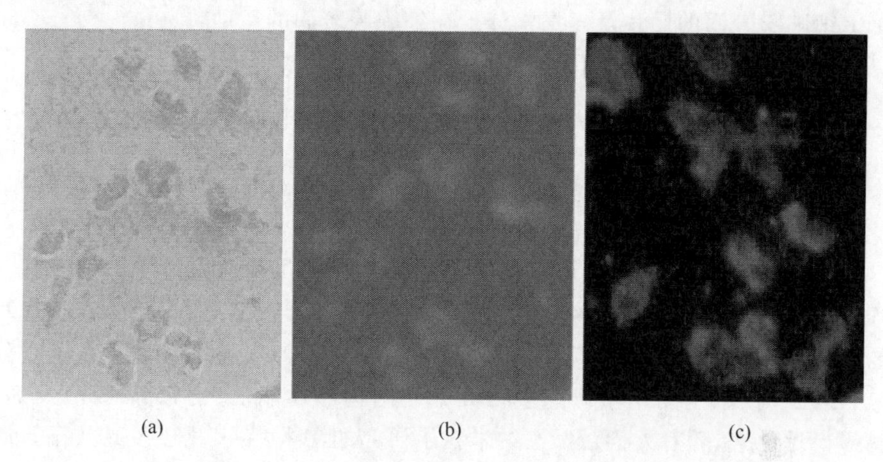

图 4.27 转铁蛋白标记粒子用于 HeLa 细胞成像

(a) 明场;(b) 荧光;(c) 时间分辨荧光[101]

Biolot 研究小组多年来对 YVO_4 : Eu 纳米粒子的制备及应用进行了许多卓有成效的研究,在最近的一篇报道中[102],他们在 1000℃高温下合成了粒度为 39 nm 的 YVO_4 : Eu 单晶。材料的发光性能和体材料相同,当 Eu^{3+} 掺杂量为 5%时,量子产率达到 39%,发光寿命为 1 ms。对该粒子用 APTES 修饰,然后利用双功能交联剂双琥珀酰亚胺辛二酸盐(BS^3)将粒子和产气荚膜梭菌的 ε-毒素偶联,最后,将偶

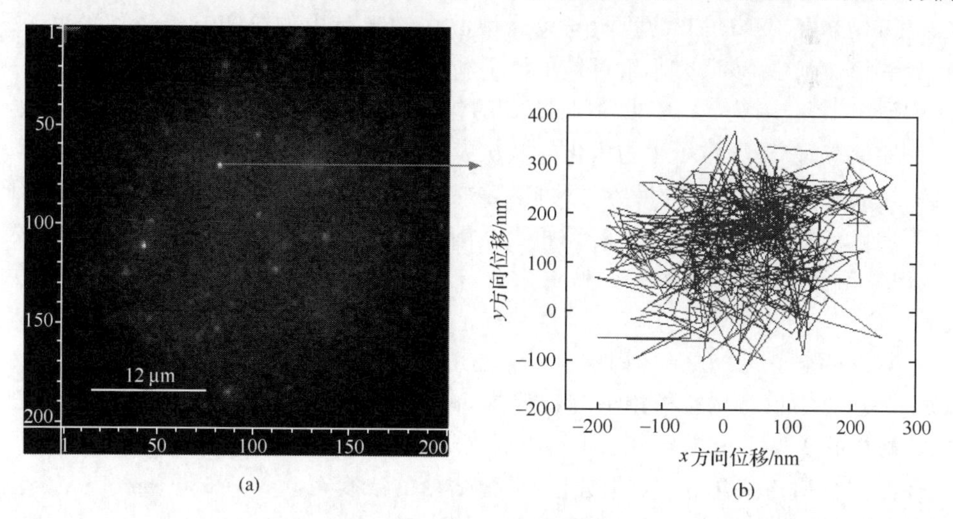

图 4.28 用 $Y_{0.6}Eu_{0.4}VO_4$ 粒子标记的 ε-毒素在 MDCK 细胞膜表面的照片(a),ε-毒素分子的运动轨迹(b)[102]

联了ε-毒素的 YVO_4：Eu粒子和犬肾细胞(MDCK)结合，用466 nm波长激发，观察ε-毒素在细胞膜表面的活动。图4.28是 YVO_4：Eu粒子标记的ε-毒素在MDCK细胞膜表面的照片及ε-毒素分子在细胞膜表面的运动轨迹。

4.6.3 在发光共振能量转移中的应用

发光共振能量转移(luminescence resonance energy transfer，LRET)是指在两个不同的发光基团中，如果一个发光基团(供体，donor)的发射光谱与另一个基团(受体，acceptor)的吸收光谱有一定的重叠，当这两个发光基团间的距离合适时(一般小于10 nm)，激发供体就可观察到发光能量由供体向受体转移的现象。此过程没有光子的参与，所以是非辐射的。其中，受体可以是只有吸收光、没有发射光的发光猝灭剂，而供体也可以是只有发射光、没有吸收光的发光物。在生物分析领域，LRET技术主要用于研究生物大分子结构和功能、免疫分析、核酸及DNA检测等。近年来，随着人们对稀土纳米粒子研究的深入，将其用于发光共振能量转移也逐渐成为研究的热点。

Casanova等[103]研究了单个 $Y_{0.6}Eu_{0.4}VO_4$ 纳米粒子和花青5(Cy5)之间发生的发光共振能量转移。结果表明，能量转移效率是Cy5浓度的函数，能量转移效率大于80％。

Gu等[104]以 $LaPO_4$：Ce，Tb纳米晶作为能量传递的供体，利用库仑力的作用，建立了 $LaPO_4$：Ce，Tb纳米晶-金纳米粒子共振能量转移体系。实验表明，金纳米粒子与 $LaPO_4$：Ce，Tb间的光谱交叠程度影响LRET的效率，并且 $LaPO_4$：Ce，Tb纳米晶对LRET的贡献与发光中心在纳米晶中的分布有着密切的联系。在另一篇文献中，该研究小组对稀土粒子和纳米金共振能量转移体系进行了进一步的研究[105]。首先，在EDC和NHSS的作用下，使 $LaPO_4$：Ce，Tb粒子和生物素酰肼反应，使稀土粒子生物素化。其次，以结合了亲和素的纳米金为能量受体，利用亲和素和生物素之间特异性反应，建立了共振能量转移体系。对该体系的研究表明，$LaPO_4$：Ce，Tb粒子内部和表面的 Tb^{3+} 对能量转移效率的贡献不同，表面 Tb^{3+} 对能量转移效率的贡献更大。该体系供-受体共振能量转移示意图见图4.29。

Wang等[106]建立了一种在乙二醇-乙醇混合溶液中合成 LaF_3：Ce/Tb纳米粒子的新方法。对该粒子用葡萄糖修饰，修饰后的粒子和用间氨基苯硼酸(APBA)修饰的罗丹明B异硫氰酸酯(RhBITC)可组成发光共振能量转移体系。利用该体系进行葡萄糖含量的定量分析，当葡萄糖的浓度在0.5～25.0 $mmol \cdot L^{-1}$ 范围内，粒子发光强度的猝灭程度和葡萄糖的浓度呈线性关系。

利用发光共振能量转移原理，翟晗[77]建立了一个定量检测孔雀石绿(MG)的新方法。实验中，首先合成了用聚丙烯酸包覆的 YVO_4：Eu纳米粒子。由于合成

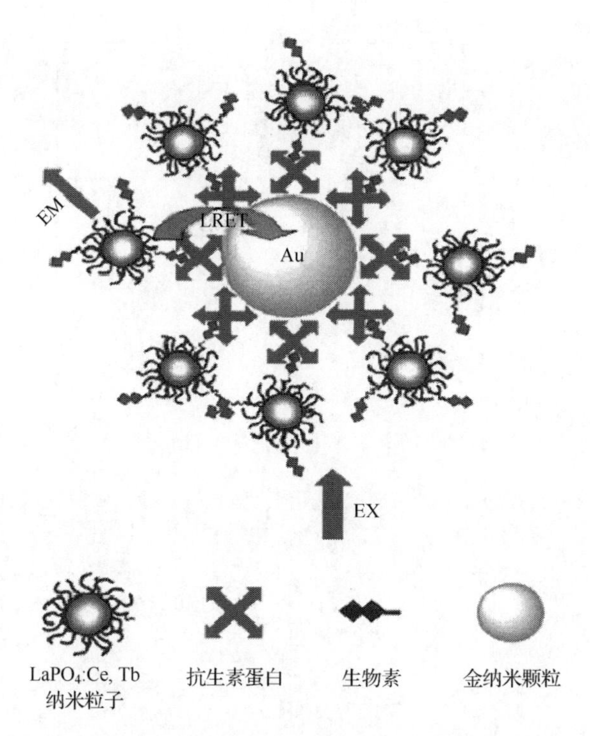

图 4.29　$LaPO_4$：Ce,Tb 粒子-纳米金发光共振能量转移过程示意图[105]

粒子的发射光谱和孔雀石绿的吸收光谱有着较好的重叠，且在 pH 为 5.0 的反应溶液中，稀土粒子可以和孔雀石绿通过静电作用发生结合，据此建立了 YVO_4：Eu-孔雀石绿共振能量转移体系。图 4.30 是 YVO_4：Eu 胶体的发射光谱和孔雀石绿的吸收光谱，图 4.31 是不同浓度孔雀石绿对 YVO_4：Eu 胶体溶液发光强度的影响。当孔雀石绿浓度在 $5.00\times10^{-5}\sim5.00\times10^{-3}$ mol·L^{-1}时，稀土粒子发光被猝灭的程度和孔雀石绿的浓度有着良好的线性关系。

研究表明，稀土纳米晶可提供丰富的供体-受体选择和 LRET 模式，因而可提高 LRET 分析的灵敏度并大大扩展其适用的范围。

4.6.4　在其他方面的应用

在现有的报道中，大多数文献均是对稀土发光纳米颗粒的制备方法及其和生物分子的作用进行研究。关于稀土发光颗粒和无机离子之间的反应行为鲜有报道，目前仅见到两篇。蒋娟娟等[107]研究发现，在碱性介质条件下，Cr(Ⅵ)对 YVO_4：Eu 粒子的发光产生猝灭，研究表明其猝灭机理为静态猝灭。实验对反应条件进行了优化，在最佳条件下，当 Cr(Ⅵ)的浓度为 $1.04\times10^{-4}\sim5.20\times10^{-2}$ g·L^{-1}时，稀土粒子发光强度的对数值和 Cr(Ⅵ)的浓度呈良好的线性关系，相关系数为

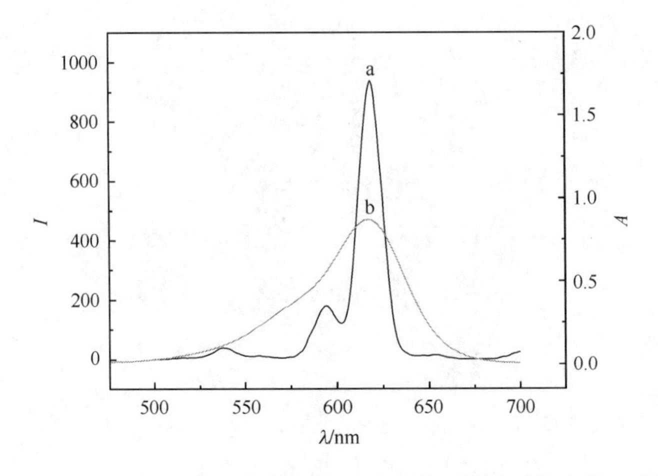

图 4.30 YVO_4∶Eu 的发射光谱(a)和孔雀石绿的吸收光谱(b)[77]

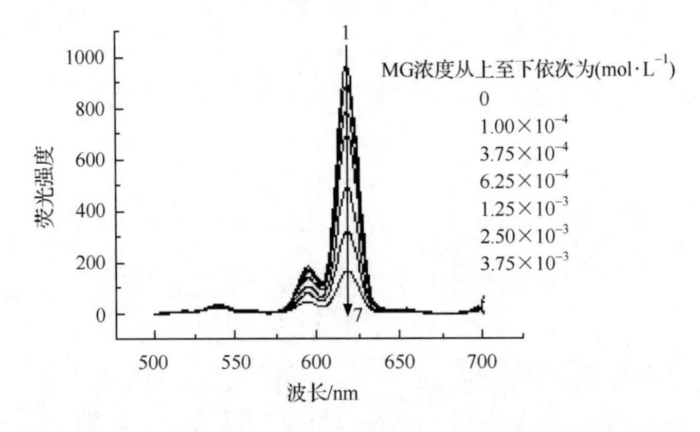

图 4.31 MG 浓度对 YVO_4∶Eu 胶体溶液发光强度的影响[77]

0.9971,方法的检出限为 1.6×10^{-5} g·L^{-1}。于永丽等[108]研究了 Cu^{2+} 对 $NaGdF_4$∶Eu纳米粒子发光强度的影响,发现 Cu^{2+} 可对 $NaGdF_4$∶Eu 粒子的发光产生较强的猝灭。分析认为,这是由于 Cu^{2+} 和 $NaGdF_4$∶Eu 粒子表面包覆的柠檬酸钠发生反应,改变了粒子的表面状态。在一定的实验条件下,粒子溶液发光强度被猝灭的程度和 Cu^{2+} 的浓度呈线性关系,相关系数为 0.9984。利用该方法,成功地测定了茶叶中 Cu^{2+} 的含量。

和上转换纳米材料激发波长位于红外光区相比,下转换纳米发光材料的激发波长大多位于紫外光区,当将其用于生物分析时,紫外激发光有可能对生物组织和细胞造成损伤,这在一定程度上限制了下转换纳米材料的应用。但是,稀土下转换纳米材料也有其独特的优势。首先,在合成方面,下转换材料比上转换材料的制备方法简单易行,制备条件温和,实验容易重复;其次,一些下转换纳米材料的制备和修饰可以一步完成，不需要后续的粒子表面功能化处理；再次，下转换纳米材料的发光强度大；最后，分析测定中不需要特别的激发光源。在下转换材料的应用中，由紫外光激发使生物分子产生的背景噪音可以方便地通过时间分辨荧光分析来解决。随着国内外对稀土纳米颗粒制备方法和修饰手段研究的不断深入，相信下转换材料会在更多的领域得到应用。

参考文献

[1] 李建宇. 稀土发光材料及其应用. 北京：化学工业出版社，2003：1-14.

[2] Yang H M, Shi J X, Gong M L. J Mater Sci, 2005, 40: 6007-6010.

[3] Claudel-Gillet S, Steibel J, Weibel N, et al. Eur J Inorg Chem, 2008, (18):2856-2862.

[4] Wang L Y, Li Y D. Chem Mater, 2007, 19: 727-734.

[5] Zhang J L, Hong G Y. J. Solid State Chem, 2004, 177: 1292-1296.

[6] Vaisanen V, Harma H, Lilja H, et al. Luminescence, 2000, 15(6):389-397.

[7] Harma H, Soukka T, Lonnberg S, et al. Luminescence, 2000, 15(6): 351-355.

[8] Härmä H, Soukka T, Lövgren T. Clin Chem, 2001, 47(3): 561-568.

[9] Yan Z G, Yan C H. J Mater Chem, 2008, 18: 5046-5059.

[10] Shen J, Sun L D, Yan C H. Dalton Trans, 2008(42): 5687-5697.

[11] Yuan J L, Wang G L. TrAC Trends Anal Chem, 2006, 25: 490-499.

[12] Tan M Q, Wang G L, Ye Z Q, et al. J Lumin, 2006, 117: 20-28.

[13] Ye Z Q, Tan M Q, Wang G L, et al. J Fluoresc, 2005, 15: 499-505.

[14] Ye Z Q, Tan M Q, Wang G L, et al. Talanta, 2005, 65: 206-210.

[15] Ye Z Q, Tan M Q, Wang G L, et al. Chem Mater, 2004, 16: 2494-2498.

[16] Wu J, Ye Z Q, Wang G L, et al. J Mater Chem, 2009, 19: 1258-1264.

[17] Zhao X, Tapec R, Tan W. J Am Chem Soc, 2003, 125: 11 474-11 475.

[18] 杨定明. 纳米级稀土发光材料的制备及发光性能研究. 四川：四川大学，2005.

[19] Yang J, Quan Z W, Kong D Y, et al. Cryst Growth Des, 2007, 7(4): 730-735.

[20] Si R, Zhang Y W, Zhou H P, et al. Chem Mater, 2007, 19: 18-27.

[21] Hiroyukiw S, Makoto K. J Am Ceram Soc, 2008, 91(10): 3437-3439.

[22] Mai H X, Zhang Y W, Sun L D, et al. Chem Mater, 2007, 19: 4514-4522.

[23] Riwotzki K, Meyssamy H, Schnablegger H, et al. Angew Chem Int Ed, 2001, 40, (3): 573-576.

[24] Chen G Z, Sun S X, Zhao W, et al. J Phys Chem C, 2008, 112: 20 217-20 221.

[25] 杨丽格，周泊，陆天虹，等. 应用化学，2009，26(1):1-6.

[26] Zhu L, Liu X M, Liu X D, et al. Nanotechnology, 2006, 17(16): 4217-4222.

[27] Bu W B, Hua Z, Chen H R, et al. J Phys Chem B, 2005, 109: 14 461-14 464.

[28] Kömpe K, Borchert H, Storz J, et al. Angew Chem Int Ed, 2003, 42: 5513 -5516.

[29] Fang Y P, Xu A W, Song R Q, et al. J Am Chem Soc, 2003, 125(51): 16 025-16 034.

[30] Lai H, Bao A, Yang Y M, TaoY C, et al. Cryst Eng Comm, 2009, 11: 1109-1113.

[31] Riwotzki K, Haase M. J Phys Chem B, 2001, 105: 12 709-12 713.

[32] Wang G F, Qin W P, Zhang D S, et al. J Phys Chem C, 2008, 112: 17 042-17 045.

[33] Anitha M, Ramakrishanan P, Chatterjee A, et al. Appl Phys A, 2002, 74: 153-162.

[34] Zhang H, Fu X, Niu S, et al. Solid State Comm, 2004, 132: 527-531.
[35] Wang F, Xue X J, Liu X G. Angew Chem Int Ed, 2008, 120: 920-923.
[36] Zhu H L,Zuo D T,J Phys Chem C,2009,113:10402-10406.
[37] Tian Y, Qi X H, Wu X W, et al. J Phys Chem C, 2009, 113: 10 767-10 772.
[38] Jin Y, Zhang J H, Lü S Z, et al. J Phys Chem C, 2008, 112: 5860-5864.
[39] 田启威，杨仕平，李富友. 上海师范大学学报（自然科学版），2009，38(1)：63-67.
[40] Wang F, Zhang Y, Fan X P, et al. J Mater Chem, 2006, 16: 1031-1034.
[41] Boyer J C, Gagnon J, Cuccia L A, et al. Chem Mater, 2007, 19: 3358-3360.
[42] Wang L Y, Yang Z H, Zhang Y, et al. J Phys Chem C, 2009, 113 (10): 3955-3959.
[43] Li F, Li N, Wang M, et al. Luminescence, 2010, 22(5):394-398.
[44] 梁家和. 低维氧化物纳米结构化学湿法合成、表征及性能研究. 北京：清华大学，2005.
[45] 杨晓峰. 稀土掺杂低维纳米发光材料的合成和发光性质. 长春：长春理工大学，2009.
[46] Zhang N,Bu W B, Shi J L. J Phys Chem C, 2007, 111: 5014-5019.
[47] Wang F, Fan X P, Wang M Q, et al. Nanotechnology, 2007, 18: 025701 (5pp)
[48] Meyssmy H, Riwotzki K. Adv Mater,1996, 11(10): 840-844.
[49] You F T, Huang S H, Liu S M, et al. J Lumin, 2004, 110: 95-99.
[50] Riwotzki K, Hasse M. J Phys Chem B, 1998, 102: 10 129-10 235.
[51] Hasse M, Riwotzki K, Meyssamy H, et al. J Alloy Comp, 2000, 303-304: 192-197.
[52] Huo Z Y, Chen C, Chu D R, et al. Chem Eur J, 2007, 13: 7708-7714.
[53] Bu W B, Chen Z X, Chen F, et al. J Phys Chem C, 2009, 113: 12 176-12 185.
[54] Zhang M F, Fan H, Xi B J, et al. J Phys Chem C, 2007, 111: 6652-6657.
[55] Sun Y J, Liu H J, Wang X, et al. Chem Mater, 2006, 18: 2726-2732.
[56] Martin L,Panehula W,Akine M. J Eur Ceram Soe, 1996, 16(8): 533-541.
[57] 李强，高濂. 无机材料学报，1997，12(2)：237-241.
[58] Bazzi R, Flores-Gonzalez M A, Louisa C, et al. J Lumin, 2003, 102-103: 445-450.
[59] 闵庆旺，牛淑云，付晓燕，等. 功能材料，2005，36(11):1667-1669.
[60] 侯远，董相廷，王进贤，等. 中国稀土学报，2010，28(5)：515-524.
[61] 王振领，乔自文，权泽卫，等. 中国稀土学报，2006，24(3)：269-273.
[62] Feldmann C. Adv Funct Mater, 2003, 13: 101-107.
[63] Wei Y, Lu F Q, Zhang X R, et al. Mater Lett, 2007, 61: 1337-1340.
[64] Wang Z L, Quan Z W, Jia P Y, et al. J Chem Mater, 2006, 18: 2030-2037.
[65] 李锋，郭兴家，王猛，等. 无机化学学报. 2009，25(6)：968-972.
[66] Li F, Wang M, Mi C C, et al. J Alloy Compd, 2009, 486(1-2): 37-39.
[67] Zhang Y W, Sun X, Si R, et al. J Am Chem Soc, 2005, 127: 3260-3261.
[68] Li Q, Gao L, Yan D S. Chem Mater, 1999, 11(3): 533-535.
[69] Nedelec J M, Avignant D, Mahiou R. Chem Mater, 2002, 14: 651-655.
[70] 韩燕. 纳米钒基稀土发光材料的制备及其发光性能的研究. 大连：辽宁师范大学，2004.
[71] Zhang W W, Xu M, Zhang W P, et al. Chem Phys Lett, 2003, 376: 318-323.
[72] Jiang X C, Yan C H, Sun L D, et al. J Solid State Chem, 2003, 175: 245-251.
[73] Riwotzki K, Meyssamy H, Kornowski A, et al. J Phys Chem B,2000, 104: 2824-2828.
[74] 付祎，成利艳，于永丽，等. 化学研究与应用，2008，20(10)：1349-1352.

[75] 张泽丽，于永丽，徐淑坤，等. 功能材料，2008，39(9)：1542-1544.
[76] Sudarsan V，van Veggel F C J M，Herring R A，et al. J Mater Chem，2005，15(13)：1332-1342.
[77] 翟晗，于永丽，成利艳，等. 化学学报，2011，69(10)：1205-1210.
[78] Li F，Wang M，Mi C C，et al. J Alloy Compd，2009，486：L37-L39.
[79] Wang F，Zhang Y，Fan X P，et al. Nanotechnology，2006，17(5)：1527-1532.
[80] Diamentel P R，van Veggel F C J M. J Fluoresc，2005，15(4)：543-551.
[81] Cui H T，Hong G Y. J Mater Sci Lett，2002，21(1)：81-83.
[82] Huignard A，Buissette V，Laurent G，et al. Chem Mater，2002，14(5)：2264-2269.
[83] Buissette V，Moreau M，Gacoin T，et al. Chem Mater，2004，16：3767-3773.
[84] Sudarsan V，Sivakumar Sri，van Veggel F C J M. Chem Mater，2005，17：4736-4742.
[85] Evanics F，Diamente P R，van Veggel F C J M. Chem Mater，2006，18：2499-2505.
[86] Wang J S，Bo S H，Song L M，et al. Nanotechnology，2007，18：1-6.
[87] 于永丽，刘妍，徐淑坤，等. 东北大学学报(自然科学版)，2009，301(12)：1767-1770.
[88] Giaume D，Poggi M，Casanova D，et al. Langmuir，2008，24：11 018-11 026.
[89] Wang Y，Qin W P，Zhang J S，et al. Opt Commun，2009，282(6)：1148-1153.
[90] Darbandi M，Hoheise W，Nann T. Nanotechnology，2006，17：4168-4173.
[91] Zhu L，Meng J，Cao X Q. J Nanopart Res，2008，10 :383-386.
[92] Meiser F，Cortez C，Caruso F. Angew Chem Int Ed，2004，43：5954- 5957.
[93] Cédric L，Rana B，Christophe A M，et al. Chem Mater，2005，17：1673-1682.
[94] Sivakumar S，Diamente P R，Veggel F C J M. Chem Eur J，2006，12：5878-5884.
[95] Feng J，Shan G M，Maquieira A，et al. Anal Chem，2003，75：5282-5286.
[96] Nichkova M，Dosev D，Gee S J，et al. Anal Chem，2005，77：6864-6873.
[97] Nichkova M，Dosev D，Perron R，et al. Anal Bioanal Chem，2006，384：631-637.
[98] Kang J，Zhang X Y，Sun L D，et al. Talanta，2007，71(3)：1186-1191.
[99] Zijlmans H J M A A，Bonnet J，Burton J，et al. Anal Biochem，1999，267：30-36.
[100] Wong K L，Law G L，Murphy M B，et al. Inorg Chem，2008，47：5190-5196.
[101] Wu J，Ye Z Q，Wang G L，et al. Talanta，2007，72：1693-1697.
[102] Mialon G，Poggi M，Casanova D，et al. J Lumin，2009，129：1706-1710.
[103] Casanova D，Giaume D，Gacoin T，et al. J Phys Chem B，2006，110：19 264-19 270.
[104] Gu J Q，Sun L D，Yan Z G，et al. Chem Asian J，2008，3(10)：1857-1864.
[105] Gu J Q，Shen J，Sun L D，et al. J Phys Chem C，2008，112(17)：6589-6593.
[106] Wang L Y，Li Y D. Chem Eur J，2007，13：4203-4207.
[107] 蒋娟娟，于永丽，翟涵，等. 冶金分析，2010，30(3)：13-17.
[108] 于永丽，刘妍，徐淑坤，等. 光谱学与光谱分析，2009，29(11)：3061-3065.

第5章　稀土上转换发光纳米探针

5.1 引　　言

上转换发光材料是一类特殊的稀土发光材料，它可以通过双光子或多光子机制将低频率的激发光转换成高频率的发射光。近年来，上转换纳米颗粒作为一种新型的生物标记物在生物方面的应用备受人们关注。与传统的荧光标记物不同，上转换纳米颗粒的激发光为红外光，可以有效避免生物体自体荧光的干扰，从而提高检测的灵敏度及信噪比。红外光对生物组织还有良好的穿透能力，对生物样品造成的光损伤也较小。另外，上转换纳米颗粒还具有毒性低、稳定性好、发光强度高和 Stokes 位移大等优点，在生物标记和生物检测等领域有非常好的应用潜力。

5.2 上转换发光机理

发光是指物体不经过热阶段而将其内部以某种方式吸收的能量直接转化为非平衡辐射的过程。具体地，当物质的原子或离子受到光照、外加电场或电子束轰击等形式的激发时，会吸收外界的能量而处于激发状态，在其激发态原子跃迁回基态的过程中，吸收的能量会以光或热的形式释放出来。如果这部分能量是以光的电磁波形式辐射出来，即为发光。大部分发光都遵循 Stokes 定律，即发射光的波长大于激发光的波长，或者说发射光的光子能量低于激发光的光子能量。遵循 Stokes 定律的发光被称为 Stokes 发光，或者下转换（down-conversion）发光。然而，还存在一种特殊的发光现象，即发射光的波长小于激发光的波长，该现象并不遵循 Stokes 定律，被称为反 Stokes 发光，或者上转换（up-conversion）发光[1]。

人们对上转换发光现象的研究可追溯到 1959 年。当时，Bloembergen 在红外量子探测器的研究中就提出了激发态吸收的机理[2]。同年，Halsted 等报道了 CdS 的上转换发光现象：在 50 K 低温下，采用波长大于 709 nm 的激发光激发 CdS，就可以得到波长为 517 nm 的绿色发射光[3]。1962 年，此种现象又在硒化物中重现，当时，由红外光到可见光的转换效率已经达到比较高的水平。1966 年，Auzel 在研究 $NaYb(WO_4)_2$ 玻璃时意外地发现，当基质材料中掺入 Yb^{3+} 时，Er^{3+}、Tm^{3+} 和 Ho^{3+} 在红外光的激发下发射可见光的强度几乎提高了两个数量级[4]。1973 年，

Auzel 通过大量的研究,系统地归纳了上转换发光的机理[5]。

上转换发光机理是基于双光子或多光子机制将长波长激发光转换成短波长发射光的过程。具体地,发光中心相继吸收两个或多个低能量光子,经过无辐射衰减达到激发态能级,再由此返回到基态并释放出一个高能量光子。为了有效实现双光子或多光子过程,发光中心的激发态需要有较长的能级寿命。而稀土离子能级之间的跃迁属于禁阻的 f-f 跃迁,具有较长的能级寿命,因此对上转换发光机理的研究也主要集中在稀土离子的能级跃迁上[6,7]。上转换发光的机理随着新材料的出现而不断发展,材料的种类不同,其上转换发光的机理也不尽相同。目前,上转换发光的机理一般可以归纳为激发态吸收、能量传递和光子雪崩 3 种类型[8]。

5.2.1　激发态吸收

激发态吸收(excited state absorption)机理是由 Bloembergen 在 1959 年提出的,其原理是同一个离子从基态能级通过连续的多光子吸收到达较高激发态能级的过程[2],这是上转换发光的最基本过程。如图 5.1 所示,发光中心的离子在激发光的作用下首先发生基态吸收(ground state absorption)过程,即发光中心处于基态能级上的离子吸收一个能量为 Φ_1 的光子跃迁至中间亚稳态能级上。如果能级 2 和能级 3 之间的能量间距与激发光子的能量匹配,处于中间亚稳态能级上的激发态离子可以再吸收一个能量为 Φ_2 的光子而跃迁到较高激发态能级上,从而实现双光子吸收。当离子从激发态能级返回基态能级时,释放出光子的能量大于吸

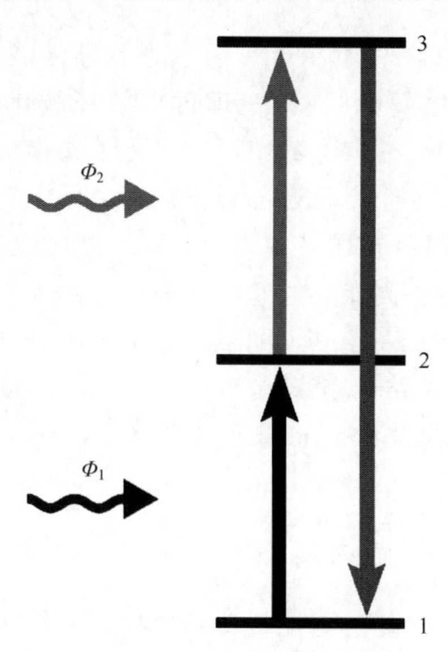

图 5.1　激发态吸收过程示意图

收过程中单个光子的能量,从而产生发射光波长小于激发光波长的上转换发光。如果满足能量匹配的要求,处于能级 3 上的激发态离子还可以进一步吸收光子向更高激发态能级跃迁,从而形成三光子、四光子吸收,依此类推。这里,在基质材料中作为发光中心而掺入的离子,如 Er^{3+} 、Tm^{3+} 和 Ho^{3+} 等,称为激活剂(activator)。

激发态吸收为单个离子吸收能量的过程,因此该过程理论上不依赖于激活剂在基质中的掺杂浓度。但是,为了避免传递过程中的能量损失,激活剂在基质中的掺杂浓度应比较低。就大多数稀土掺杂的晶体材料而言,欲实现双光子吸收,需采用双波长的激发方式,使两种波长激发光的能量分别与基态吸收和激发态吸收对应的能量相匹配。而对于无序结构(非晶体)材料,由于离子能级跃迁时存在的非均匀加宽现象,可通过吸收或发射声子的方式使能量失配得以补偿,因此可以采用单波长的激发方式[9]。

5.2.2 能量传递

能量传递(energy transfer)是间接将激活剂激发至发光能级而引起上转换发光的过程,其原理是处于激发态的一种离子(施主离子)与另一种离子(受主离子)满足能量匹配的要求而发生的相互作用。具体地,处于激发态的施主离子将能量传递给受主离子,使受主离子跃迁至更高能级,而施主离子本身则通过无辐射跃迁的方式返回基态能级。这里,受主离子就是前面所提到的激活剂,而这种在基质材料中掺入的能够有效吸收外界能量并传递给激活剂的离子(施主离子)称为敏化剂(sensitizer)。

在 20 世纪 60 年代中期以前,人们一直认为能量传递过程只发生在激发态施主离子与基态受主离子之间,利用该机理可以解释敏化荧光和浓度猝灭现象。1966 年,Auzel 通过对 Yb^{3+}-Er^{3+} 、Yb^{3+}-Tm^{3+} 离子共掺杂材料的研究,提出了能量传递可以发生在两个都处于激发态的稀土离子之间[4, 10]。与此同时,其他的研究者也做了类似的实验,并提出了一些不同的解释,如协同过程。

按照能量传递方式的不同能量传递的机理可归纳为以下几种:伴随激发态吸收的能量传递(energy transfer followed by excited state absorption)、连续能量传递(successive energy transfer)、交叉弛豫(cross relaxation)、协同敏化(cooperative sensitization)和协同发光(cooperative luminescence),其中前 3 种机理不涉及协同效应[8]。

1. 伴随能量传递的激发态吸收

伴随激发态吸收的能量传递是能量传递中的一种常规机理。如图 5.2 所示,处于激发态能级的敏化剂离子将能量传递给激活剂离子,使激活剂离子跃迁至激发态能级,而敏化剂离子本身则通过无辐射跃迁的方式返回基态能级。位于激发态能级的激活剂离子又发生激发态吸收，跃迁至更高的激发态能级。这种能量传递的方式称为伴随激发态吸收的能量传递。

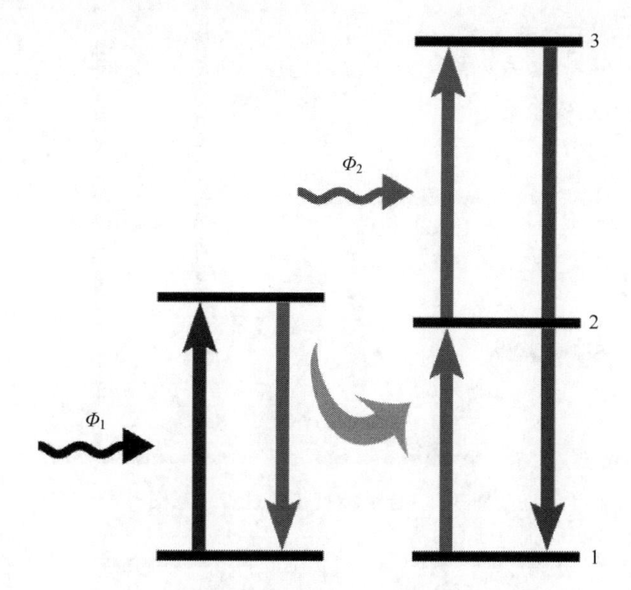

图 5.2　伴随激发态吸收的能量传递过程示意图

2. 连续能量传递

连续能量传递的机理如图 5.3 所示，处于激发态能级的敏化剂离子将能量传递给激活剂离子，使激活剂离子跃迁至激发态能级，而敏化剂离子本身则通过无辐射跃迁的方式返回基态能级。位于激发态能级的激活剂离子还可能与敏化剂离子发生第二次能量传递而跃迁至更高的激发态能级，这种能量传递的方式称为连续能量传递。

3. 交叉弛豫

在通常情况下，交叉弛豫指发生在同种离子之间所有形式的能量传递现象。如图 5.4 所示，同时位于激发态能级上的两个相同的离子，其中一个离子将能量传递给另外一个离子，使后者跃迁至更高的能级，而前者本身则以无辐射跃迁的方式返回较低的能级，这种能量传递的方式称为交叉弛豫。这里需要指出，交叉弛豫中的敏化剂离子和激活剂离子是同一种离子。

以上 3 种机理均涉及由敏化剂离子向激活剂离子的能量传递过程，最终导致高能级上激活剂离子数目的增多。

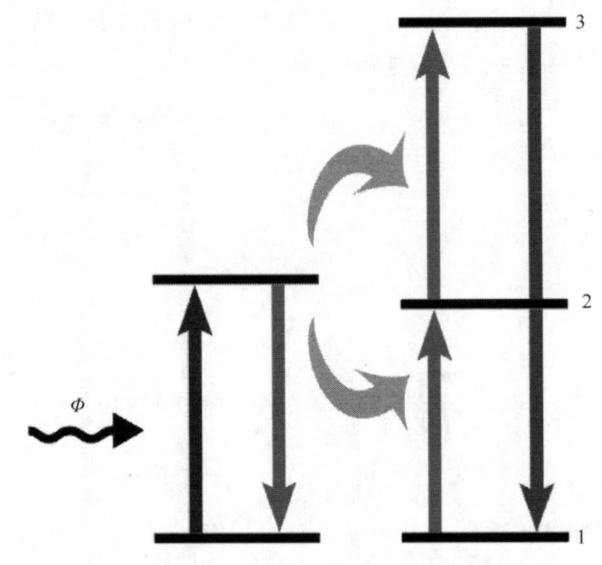

图 5.3 连续能量传递过程示意图

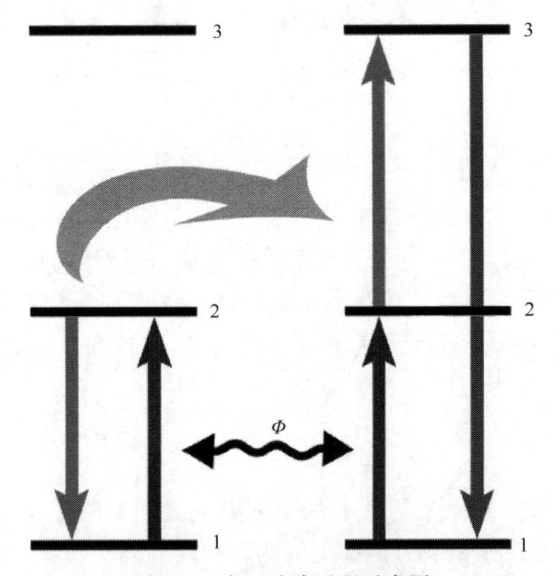

图 5.4 交叉弛豫过程示意图

4. 协同敏化

当两个以上离子共同参与能量传递而引起敏化或者发光时,会涉及协同效应。协同敏化可理解为是一种发生在 3 个或多个离子之间的作用。如图 5.5 所示,同时处于激发态的两个或多个敏化剂离子将能量同时传递给一个位于基态能级的激活剂离子,使后者跃迁至更高的激发态能级,敏化剂离子则以无辐射跃迁的方式返

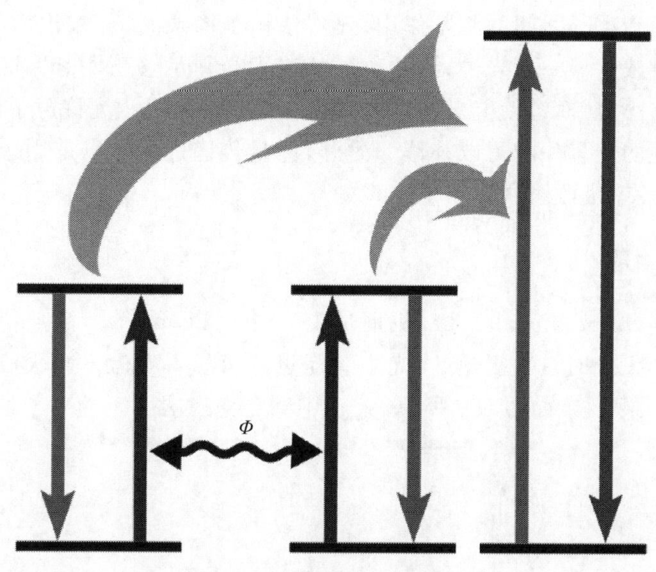

图 5.5　协同敏化过程示意图

回基态能级,这种能量传递的方式称为协同敏化。

5. 协同发光

协同发光的机理如图 5.6 所示,两个相互作用的激发态离子同时返回至基态能级,发射一个能量等于这两个离子跃迁释放能量之和的光子,这种现象称为协同发光。值得注意的是,该过程不存在真实的发光能级。

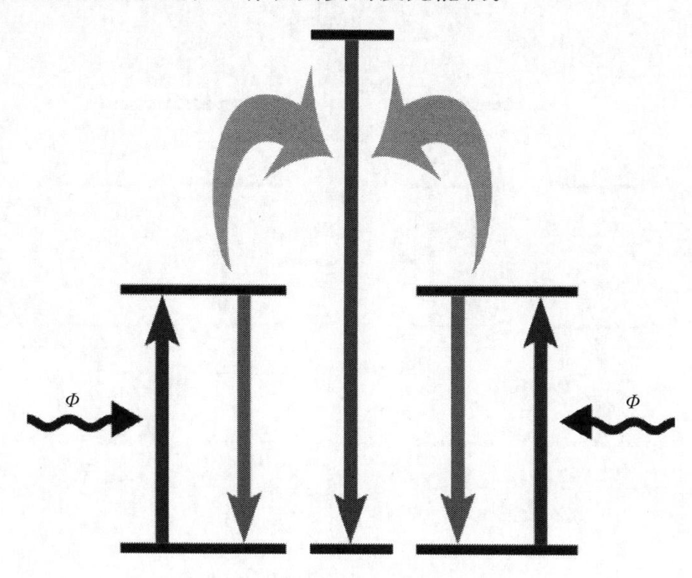

图 5.6　协同发光过程示意图

能量传递为离子之间的相互作用，强烈依赖于掺杂离子（敏化剂和激活剂）在基质中的掺杂浓度。一般来说，掺杂离子的浓度必须足够高才能保证掺杂离子之间的距离足够小，从而诱使能量传递的发生。能量传递过程允许声子的参与，使敏化剂及激活剂的能量失配得以补偿。另外，能量传递过程可以采用单波长的激发方式，这是激发态吸收过程所不能实现的[8]。

5.2.3　光子雪崩

光子雪崩（photon avalanche）机理是 1979 年 Chivian 等研究 Pr^{3+} 在 $LaCl_3$ 晶体中的上转换发光时首次提出的，光子雪崩过程可以看做激发态吸收和交叉弛豫协同作用的结果[11]。如图 5.7 所示，处于中间亚稳态能级上的离子经过激发态吸

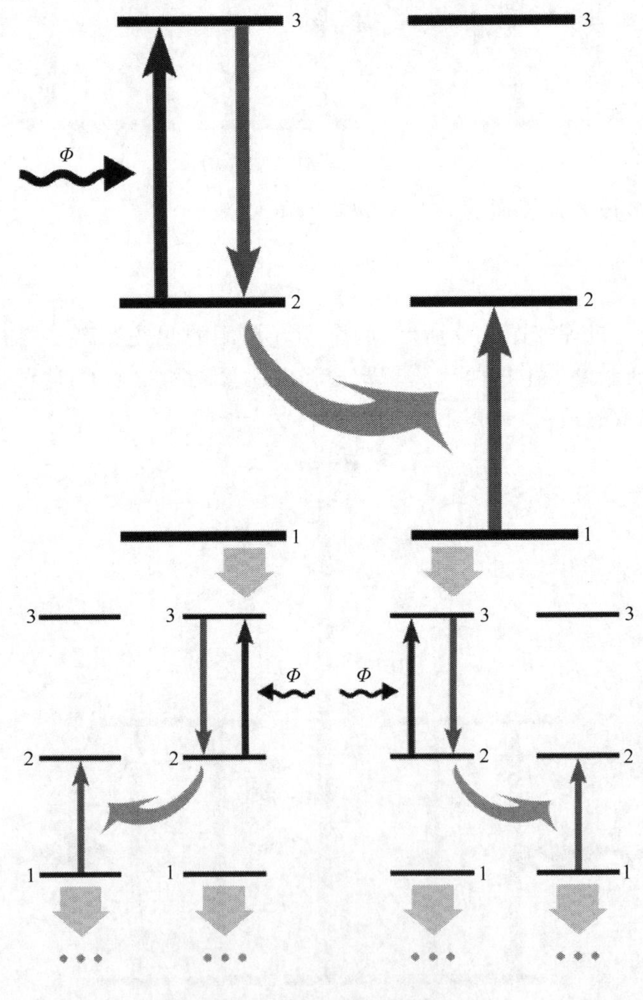

图 5.7　光子雪崩过程示意图

收跃迁到较高激发态能级上之后，该离子与另一个处于基态能级的离子发生交叉弛豫作用使后者跃迁至中间亚稳态能级，而本身则以无辐射跃迁的方式返回至中间亚稳态能级。这个过程导致的结果是两个离子都处于中间亚稳态能级上。然后，这两个离子再次进行激发态吸收-交叉弛豫过程，导致4个离子都处于中间亚稳态能级上。依此类推，反复进行的激发态吸收-交叉弛豫这一过程，使得处于基态能级上的离子数目迅速减少，而处于中间亚稳态能级上的离子数目像雪崩一样急剧增加，进而发生了“雪崩效应”。

光子雪崩的产生取决于中间亚稳态能级上积累的离子数，只有当掺杂离子的浓度足够高时，才会发生明显的光子雪崩过程。光子雪崩过程对激发功率有明显的依赖性，当激发功率低于激发所需最小功率时，只存在很弱的上转换发光；而当激发功率高于激发所需最小功率时，上转换发光强度会急剧增加。另外，光子雪崩过程可以采用单波长的激发方式实现[8]。

5.3　稀土上转换发光材料简介

能够在能量较低的长波辐射激发下，发射出能量较高的短波辐射的材料称为上转换发光材料，简称上转换材料。前已述及，为了有效地实现上转换发光过程，发光中心的激发态需要有较长的能级寿命。一般离子激发态的平均寿命很短，只有10^{-10}～10^{-8} s，而稀土离子激发态的平均寿命较长，有些可达10^{-6}～10^{-2} s。这是因为稀土离子的亚稳态对应于内层4f-4f电子能级之间的跃迁，这种自发跃迁是禁阻跃迁，跃迁概率很小，所以其激发态的寿命很长。因此，有效的上转换发光材料绝大多数都是稀土离子掺杂的材料[6,7]。

5.3.1　上转换发光材料的组成

目前，高效的上转换发光材料主要是掺杂稀土元素的固体化合物，分为双掺杂型和单掺杂型两种。双掺杂型上转换材料通常由基质、敏化剂和激活剂组成，可表示为H∶S,A形式(H代表基质，S代表敏化剂，A代表激活剂)，其中后两者为掺杂组分。而单掺杂型上转换材料通常由基质和激活剂组成，可表示为H∶A形式，其中后者为掺杂组分。下面分别介绍稀土掺杂上转换发光材料中的基质、敏化剂及激活剂。

基质是发光材料的主体，一般不构成发光能级，但能为激活剂提供适宜的晶体场，使其产生特定的发射。在+3价稀土离子中，Y^{3+}和La^{3+}无4f电子，Lu^{3+}的4f亚层为全充满的，都具有密闭的壳层，因此它们是光学惰性的，适用做基质材料。上转换发光材料基质的选择还要取决于其声子能量。声子就是指晶体中晶格振动的能量量子，它是一种准粒子，能够与其他声子及光子相互作用。当声子能量同激发光子或发射光子能量相近时,基质的晶格会吸收能量导致发光效率下降。因此,为保证上转换发光效率,基质材料必须有较低的声子能量。同时,基质材料还应有一定的机械强度和化学稳定性。

在基质中掺入的能够有效吸收外界能量并传递给激活剂的离子称为敏化剂。稀土离子 Yb^{3+} 的价电子构型为 $4f^{13}$,其能态结构简单,由 $^2F_{7/2}$ 基态和 $^2F_{5/2}$ 激发态组成。与其他三价稀土离子不同,Yb^{3+} 只有一个激发态,不会发生因浓度猝灭、能量转移等因素而降低材料发光性能的现象,所以对红外光的吸收效率很高。另外,Yb^{3+} 能将吸收的红外光子能量有效地传递给激活剂,使离子之间的交叉弛豫效率很高,从而使上转换发光效率得到显著提高。因此,Yb^{3+} 是上转换材料中最常见的敏化剂。一般来说,由 Yb^{3+}-Er^{3+}、Yb^{3+}-Tm^{3+}、Yb^{3+}-Ho^{3+} 离子对组成的双掺杂上转换发光材料具有很高的上转换发光效率,也是目前研究的热点。

在基质中作为发光中心而掺入的离子称为激活剂。稀土离子 Pr^{3+}、Nd^{3+}、Sm^{3+}、Tb^{3+}、Ho^{3+}、Er^{3+} 和 Tm^{3+} 等具有丰富的能级,由于 4f 能级的电子屏蔽作用使其能级寿命较长,是目前常用的上转换材料的激活剂。在单掺上转换材料中,由于利用的是稀土离子的 f-f 禁阻跃迁,窄线振子强度较小的光谱限制了对红外光的吸收,所以这类材料的上转换效率不高。如果通过加大掺杂离子浓度来增强吸收,又会引起发光的浓度猝灭。为了提高上转换材料的红外吸收能力,往往采用双掺稀土离子的办法,即在发光中心的存在下以高浓度掺入另一种敏化离子(敏化剂)。

5.3.2 上转换发光材料的种类

目前,上转换基质材料种类繁多,主要为稀土的化合物,如氧化物、硫化物、卤化物、硫氧化物和卤氧化物等。近来,人们对新型的基质材料(如钒酸盐、磷酸盐和钼酸盐等)也进行了研究,并取得了一些进展。表 5.1 列出了一系列常见的稀土掺杂上转换发光材料及在 980 nm 红外光激发下的主要发射波长。

氧化物基质具有制备工艺简单、热稳定性和化学稳定性好和机械强度高等优点,但是其声子能量较高,导致上转换效率较低。硫化物基质具有较低的声子能量,但是制备时不能与氧和水接触,需在密闭条件下进行,因此限制了其应用。卤化物普遍具有较低的声子能量,但大多数氯化物和溴化物尤其是溴化物强烈吸湿,给应用带来了很大麻烦。以氟化物为基质的上转换发光材料长期以来都是研究人员关注的焦点,氟化物基质上转换发光材料具有很多优点。首先,稀土离子与氟离子之间的化学键呈现很强的离子键性质,稀土离子能够很容易地掺杂到氟化物基质中;其次,氟化物的声子能量很低,稀土离子在氟化物中具有较高的上转换发光效率;最后,稀土离子的能级在氟化物中具有较长的寿命,通常形成更多的亚稳能级,有丰富的能级跃迁。因此,稀土掺杂氟化物的上转换发光材料一直是研究的热点和重点。

表5.1　一些已知上转换发光材料的组成及其光学性质

基质	敏化剂/激活剂	主要发射峰波长/nm	文献	基质	敏化剂/激活剂	主要发射峰波长/nm	文献
氧化物				钨酸盐			
Y_2O_3	Yb/Er	660	[12]	$NaY(WO_4)_2$	Yb/Er	526，553，660	[28]
Y_2O_3	Yb/Tm	450，480	[13]	$NaY(WO_4)_2$	Yb/Tm	476，647	[29]
Y_2O_3	Yb/Ho	549，666	[14]	钒酸盐			
Lu_2O_3	Yb/Er	662	[15]	YVO_4	Yb/Er	547，554，660～670	[30]
Lu_2O_3	Yb/Tm	477，490	[15]	氟化物			
La_2O_3	Yb/Er	530，549，659，672	[16]	LaF_3	Yb/Er	521，545，659	[31]
Gd_2O_3	Yb/Er	520～580，650～700	[17]	LaF_3	Yb/Tm	475，698，800	[32]
硫氧化物				LaF_3	Yb/Ho	541，643	[33]
Y_2O_2S	Yb/Er	520～560，650～680	[18]	YF_3	Yb/Er	411，526，552，664	[34]
Y_2O_2S	Yb/Tm	450～500，650，690	[18]	YF_3	Yb/Tm	347，363，454，477	[35]
Gd_2O_2S	Yb/Er	520～580，650～700	[19]	LuF_3	Yb/Tm	481	[36]
La_2O_2S	Yb/Pr	500，508，830	[20]	CaF_3	Yb/Er	524，541，654	[37]
氟氧化物				SrF_2	Yb/Er	525，540，655	[38]
GdOF	Yb/Er	521，545，659	[21]	CsY_2F_7	Yb/Er	550，670	[39]
YOF	Yb/Er	525，545，656	[22]	$NaMgF_3$	Yb/Er	652，662	[40]
磷酸盐				$NaYF_4$	Yb/Er	525，547，660	[41]
$LaPO_4$	Yb/Er	535～556	[23]	$NaYF_4$	Yb/Tm	450，476	[42]
$LuPO_4$	Yb/Tm	476	[24]	$NaYF_4$	Yb/Ho	541	[42]
钼酸盐				$LiYF_4$	Yb/Tm	361，450，479，647	[43]
$La_2(MoO_4)_3$	Yb/Er	519，541	[25]	$NaGdF_4$	Yb/Ho	541，647，751	[44]
$La_2(MoO_4)_3$	Yb/Tm	472	[26]	KY_3F_{10}	Yb/Er	522，545，656	[45]
镓酸盐				KGd_2F_7	Yb/Er	525，552，666	[46]
$Gd_3Ga_5O_{12}$	Yb/Tm	454，484，640～680	[27]	$BaYF_5$	Yb/Tm	475，650，800	[47]

需要特别指出的是，在众多上转换发光材料的基质中，$NaYF_4$ 是目前最为理想的上转换发光基质材料，也是被公认为迄今为止能够产生最强发光的上转换基质材料，特别是对于掺杂 Yb^{3+}-Er^{3+} 和 Yb^{3+}-Tm^{3+} 的体系而言[48]。目前，研究者已将研究的目光集中到具有纳米尺度的 $NaYF_4$：Yb，Er 和 $NaYF_4$：Yb，Tm 上，并且已有大量的文献报道。本章也将重点介绍稀土掺杂 $NaYF_4$ 上转换发光纳米材料的合成与应用。

与其他发光材料不同，稀土掺杂 $NaYF_4$ 上转换发光材料的发光性能在很大程度上取决于该材料的晶体结构。在常压下，$NaYF_4$ 存在两种晶体结构：一种是立方 $NaYF_4$ 晶型，即 α-$NaYF_4$ 晶型（萤石型）；另一种是六方 $NaYF_4$ 晶型，即 β-$NaYF_4$ 晶型（$Na_{1.5}Nd_{1.5}F_6$ 型）[49,50]。如图 5.8 所示，在 α-$NaYF_4$ 中，Na^+ 和 Y^{3+} 随机占据阳离子点阵位置，是高温亚稳态晶型；而 β-$NaYF_4$ 的晶格中有 3 种阳离子晶格点，1a 位置单独由 Y^{3+} 占据，1f 位置由 Na^+ 和 Y^{3+} 随机占据，剩下的 2h 位置单独由 Na^+ 占据，它是热力学稳定状态。尽管 β-$NaYF_4$ 是热力学稳定的晶型，但是合成中常常得到的是 α-$NaYF_4$。这是由于 $NaYF_4$ 结晶形成 β 晶型的活化能高于形成 α 晶型的活化能，如果 $NaYF_4$ 在结晶时反应体系没有提供足够的能量去克服形成 β 晶型的势垒，$NaYF_4$ 就很容易结晶形成热力学不稳定的 α 晶型。在一定的条件下，两种晶型的 $NaYF_4$ 可以相互转变。$NaYF_4$ 由 α 晶型向 β 晶型的转变通常要经过比较剧烈的环境才能发生，如较高温度或者长时间的加热反应。

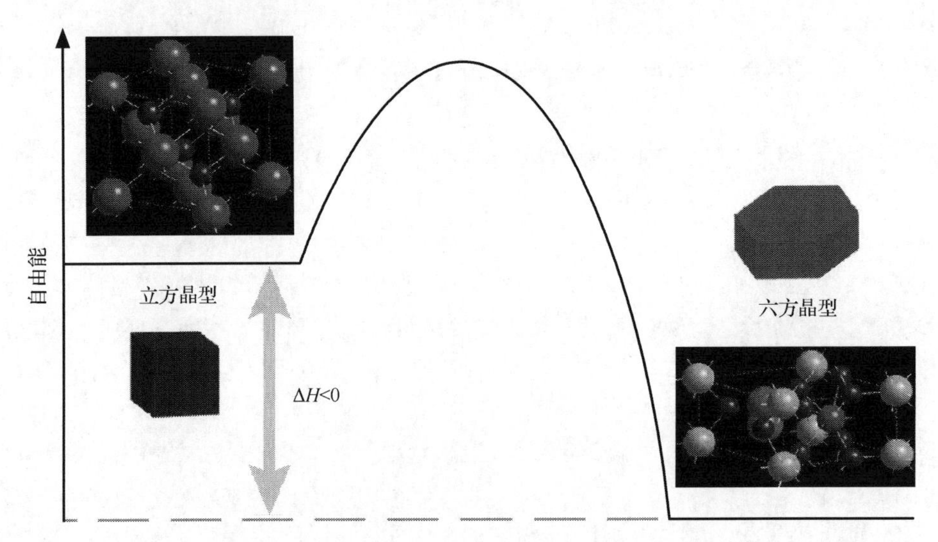

图 5.8　$NaYF_4$ 由立方晶型向六方晶型的转变示意图

5.3.3　上转换发光纳米颗粒在生物分析中的应用前景

对上转换发光材料的研究不仅具有深刻的理论意义，而且具有广阔的应用前景。由于具有独特的发光性能，上转换发光材料在很多领域都有广泛的应用，如①红外防伪上转换材料；②反 Stokes 荧光制冷；③上转换激光器；④上转换三维立体演示；⑤电子捕获材料。

近年来，将上转换发光纳米颗粒作为标记物在生物方面的应用也引起了研究者的广泛关注[51-57]。传统的荧光标记物都需要在紫外光的激发下发射荧光，而紫外光的能量较高，会引发生物体自身也产生荧光，即生物体的自体荧光。自体荧光的存在会提高检测背景,使检测信号和背景信号混在一起难以区分,从而降低检测的灵敏度和信噪比。与传统的生物标记物不同,上转换发光材料采用红外光作为激发光源,可以有效避免生物体自体荧光的干扰,从而提高检测的灵敏度和信噪比。同时,红外光还对生物组织具有良好的穿透能力,并且对生物组织的伤害较小。另外,上转换发光材料本身还具有稳定性好、毒性低的优点,这也是传统荧光标记物所不及的。综上所述。上转换发光纳米颗粒在生物标记及检测方面都有明显的优势。然而,并不是所有的上转换发光纳米颗粒都可以应用在生物标记及检测中。生物标记技术自身的特点要求上转换发光纳米颗粒要符合以下 3 点基本要求。

首先,上转换发光纳米颗粒要与生物组织、细胞甚至生物分子进行作用,而一些细胞或者生物分子的尺度较小,因此要求其纳米颗粒的粒径要足够小且分散性好。

其次,生物标记及检测利用的是上转换发光纳米颗粒的光学性能,为了保证检测的灵敏度,要求纳米颗粒的发光强度足够强。

最后,上转换发光纳米颗粒要与生物分子进行作用,而大多数生物分子是亲水的,因此要求纳米颗粒表面是亲水的,并且具有与生物分子相偶联的活性基团。

前两条是对纳米颗粒的合成提出的要求,合成出粒径足够小且分散性好、发光强度足够高的上转换发光纳米颗粒,是拓展其生物应用的根本前提。最后一条是对纳米颗粒表面修饰提出的要求,提高纳米颗粒表面的亲水性及生物兼容性,是将上转换发光纳米颗粒应用于生物标记的根本保证。

前已述及,稀土掺杂氟化物一直是上转换发光材料研究的热点和重点,而稀土掺杂 $NaYF_4$ 是被公认的迄今为止上转换效率最高的发光材料。因此,本章接下来将介绍稀土掺杂氟化物上转换发光纳米颗粒,以稀土掺杂 $NaYF_4$ 为重点,并将沿着上转换发光纳米颗粒的合成—修饰—应用这条思路展开叙述。

5.4　稀土上转换发光纳米颗粒的合成

目前,合成高质量稀土掺杂氟化物上转换发光纳米颗粒的主要方法有:共沉淀法、热分解法和水/溶剂热法等。

通常情况下,合成上转换发光纳米颗粒的原料分为两类:前驱体和稳定剂。前驱体是生成纳米颗粒的核心部分,而稳定剂(又称为配体)则用于防止纳米颗粒的聚集,调整纳米颗粒的粒径,有保护纳米粒子表面、减缓其生长速度的作用。

5.4.1　共沉淀法

在包含一种或几种离子的可溶性盐溶液中加入沉淀剂进行反应,生成的难溶性产物从溶液中析出，将原溶液中多余的离子洗去，经加热干燥或煅烧，即得到所需要的纳米材料，这样的方法称为沉淀法。如果在上述溶液中加入沉淀剂后，所有的离子完全生成沉淀的方法称为共沉淀法。

Martin 等[58]首次采用共沉淀法在 80 ℃的低温下合成出了 $NaYF_4$: Yb，Pr 上转换材料。他们首先将稀土氧化物与盐酸混合，在加热的条件下生成浆状的稀土氯化物(水分未完全蒸干)，再向其中加入氟化钠溶液，生成的沉淀用水洗涤数次。其次，将生成物置于 80 ℃的砂浴中处理 24 h，可得到立方晶型的材料；在同样的条件下处理 240 h，材料可由立方晶型(α 晶型)完全转变成六方晶型(β 晶型)。另外，在室温条件下材料也可以由 α 晶型完全转变成 β 晶型，但是需要的时间更长，为 360 h。该方法的优点是反应温度只有 80 ℃，避免了以往固相法合成中需要较高温度的苛刻条件[59]。但是，该合成过程比较费时。另外，合成颗粒的粒径较大且分布不是很均匀，尚不能满足生物标记的需求。事实证明，采用共沉淀法合成得到的纳米颗粒的粒径都比较大，通常为微米级[41, 60, 61]。而后，不同研究小组在共沉淀法合成的基础上进行了改进，采用络合共沉淀法合成上转换纳米颗粒。

在共沉淀反应过程中，即使在沉淀剂的加入量很小并不断搅拌的情况下，也不能避免沉淀剂在溶液中局部浓度过高的现象，这会造成沉淀生成得不均匀，最终导致沉淀颗粒的粒径分布不均匀且颗粒粒径较大。如果先让被沉淀组分与络合剂形成络合物，再将该络合物与沉淀剂发生沉淀反应，溶液中的沉淀反应就会处于一种动态平衡状态，这样就可以有效地避免沉淀生成沉淀的不均匀性。这种通过络合反应控制被沉淀组分在溶液中缓慢、均匀地释放并与沉淀剂发生沉淀反应，从而在溶液中生成粒径均匀沉淀的方法称为络合共沉淀法。

乙二胺四乙酸(EDTA)对稀土离子具有很强的络合能力，它与 Y^{3+}、Yb^{3+}、Er^{3+} 和 Tm^{3+} 络合的稳定常数 lg β_1(25 ℃)分别为 18.09、19.51、18.85 和 19.32，可以有效控制稀土离子向溶液中的释放。另外，EDTA 还会结合到纳米颗粒的表面，其分子较大的空间位阻又可以有效地阻止纳米颗粒的长大，起到了配体的作用，因此研究者常利用 EDTA 作为络合剂来控制纳米颗粒的粒径。Yi 等[62]首次报道了用络合共沉淀法合成 $NaYF_4$: Yb，Er 上转换纳米颗粒的工作。他们首先将稀土氯化物溶液与 EDTA 溶液混合以形成稀土的络合物，再把络合物溶液迅速注入 NaF 溶液中，室温搅拌 1 h，经离心、洗涤后得到 α-$NaYF_4$: Yb，Er 上转换纳米颗粒。通过调整 EDTA 与稀土离子的比例使纳米颗粒的粒径在 37～166 nm 范围内可调。共沉淀反应中得到的 α-$NaYF_4$: Yb，Er 纳米颗粒几乎不能产生上转换发光，为了提高其发光强度，他们把纳米颗粒在还原性气氛(体积比 H_2 : N_2 = 95 : 5)中煅烧 5 h，得到了发光强度较高的 $NaYF_4$: Yb，Er 上转换纳米颗粒。他们较系统地研究了煅烧温度对纳米颗粒晶型及发光强度的影响。当煅烧温度在 400～600 ℃范围内变化时，随着煅烧温度的提高，纳米颗粒发生了由 α 晶型向 β

晶型的转变，其发光强度也有了明显增强，但始终得不到纯 β 晶型的纳米颗粒；当煅烧温度进一步提高到 700 ℃时，纳米颗粒反而转变成了纯 α 晶型，其发光强度有了明显降低。此外，他们还发现结合到纳米颗粒表面的 EDTA 能够在一定程度上阻碍纳米颗粒由 α 晶型向 β 晶型的转变，进而影响了纳米颗粒的发光强度。而后，杨奉真等[63]采用类似的方法合成出了粒径在 41～148 nm 范围内可调的 α-$NaYF_4$：Yb，Ho 上转换纳米颗粒，经 400 ℃煅烧 5 h 后，纳米颗粒的发光强度有了明显提高。Wei 等[64]也采用类似的方法合成出粒径在 20～155 nm 范围内可调的 α-$NaYF_4$：Yb，Tm 上转换纳米颗粒。他们在研究中发现反应体系的 pH 对纳米颗粒的粒径和形貌都有一定的影响。当体系 pH 从 6.8 提高到 10.0 时，纳米颗粒的粒径由 28 nm 减小到 20 nm，并出现了团聚的现象；当 pH 进一步提高到 12.0 时，则不能产生纳米颗粒。经高温煅烧后，纳米颗粒发生了由 α 晶型向 β 晶型的转变，其发光强度也有了明显增强。他们也发现有 EDTA 参与合成的纳米颗粒，在煅烧后始终得不到纯 β 晶型的纳米颗粒，并结合 X 射线衍射与热分析表征详细证明了结合到纳米颗粒表面的 EDTA 对纳米颗粒晶型转变的阻碍作用。本研究小组也在络合共沉淀法合成上做了一些研究，我们用络合能力更强的二乙三胺五乙酸(DTPA)作为络合剂，合成出了粒径在 20～120 nm 范围内可调的 α-$NaYF_4$：Yb，Er 上转换纳米颗粒[65]，该合成过程如图 5.9 所示。研究结果表明，体系的 pH 除了能影响纳米颗粒的粒径，还会影响纳米颗粒的产量。当体系 pH 高于 8.0 时，DTPA 对稀土离子的络合能力过强，使稀土离子难以向溶液中释放，导致纳米颗粒的产量明显降低。纳米颗粒在 Ar 惰性气氛中 450 ℃煅烧 5 h 后，发生了由 α 晶型向 β 晶型的转变，其发光强度也有了明显增强。

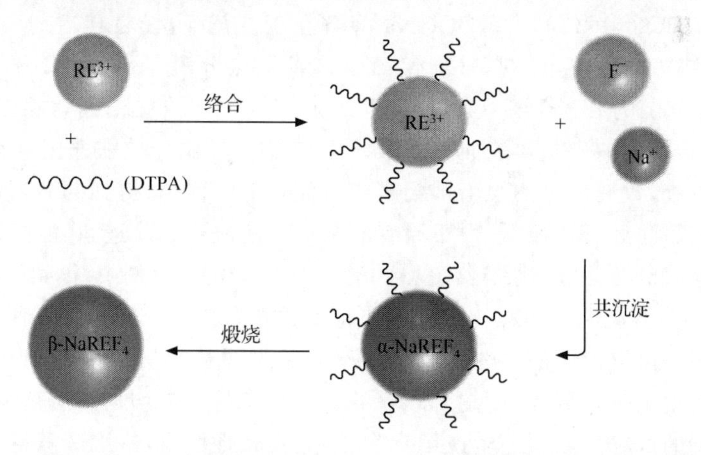

图 5.9　络合共沉淀法合成 $NaYF_4$：Yb，Er 上转换纳米颗粒示意图

络合共沉淀法具有操作简单、成本低廉、安全可靠、重现性好及合成的颗粒致

密等优点。但是，与其他合成方法相比，由该方法合成纳米颗粒的尺寸分布还是较宽。为了提高纳米颗粒的发光强度，通常需要煅烧等热处理过程，而这样往往会导致纳米颗粒的粒径增大甚至严重团聚。另外，纳米颗粒表面的配体也会被炭化进而导致颗粒的水溶性变差，通常需要在表面包覆 SiO_2，这样会进一步增大纳米颗粒的粒径，对生物标记有所不利。

5.4.2 热分解法

在无水无氧的条件下，将金属的有机化合物前驱体注射到高沸点的有机溶剂中，利用高温使前驱体迅速分解并成核、生长，这样的方法称为热分解法。热分解法中使用的反应溶剂通常是由非配位性溶剂和配位性溶剂组成的混合溶剂。非配位性溶剂为反应提供了一个高温的环境，有利于纳米颗粒的快速成核，也可为纳米颗粒晶体类型的转变提供足够的能量。而配位性溶剂能够吸附在纳米颗粒的表面，防止颗粒的进一步长大与团聚，也可以对纳米颗粒的形貌加以控制。

金属三氟乙酸盐可以在高温条件下分解为相应的氟化物，利用这一原理，Zhang 等[66]首次将三氟乙酸镧[$(CF_3COO)_3La$]作为前驱体，在高温有机溶剂中合成出单分散的 LaF_3 三角形单晶纳米片。他们首先把$(CF_3COO)_3La$ 前驱体溶解在油酸-十八烯混合溶剂中，并将混合物在真空条件下加热至 100 ℃，剧烈搅拌除去氧气和水分，然后将混合物迅速加热至 280 ℃，在 Ar 气氛中反应 1 h。所得产物冷却后经反复洗涤、离心，干燥后即得到 LaF_3 纳米颗粒。在这一研究成果的启示下，不同研究小组相继以稀土三氟乙酸盐[$(CF_3COO)_3RE$]和 CF_3COONa 为前驱体，在高温的有机体系中合成以 $NaYF_4$ 为基质的上转换纳米颗粒。Boyer 等[67]将前驱体$(CF_3COO)_3RE$ 和 CF_3COONa 溶解在十八烯-油酸混合溶剂中，除去氧气和水分后，将体系加热至 300 ℃促使前驱体发生热分解，最终合成出粒径分布在 10～50 nm 范围的 α-$NaYF_4$：Yb,Er/Tm 上转换纳米颗粒。这里，油酸起到了配体的作用，结合到纳米颗粒表面的油酸能够使纳米颗粒分散在非极性溶剂中并形成稳定的溶胶，数周后也不会出现凝聚或沉淀现象。但是，得到的纳米颗粒粒径分布范围较宽。而后，Boyer 等[68]对原有的合成方法进行了改进，将前驱体的十八烯溶液加热至 125℃，并缓慢加入 310 ℃的油酸-十八烯混合溶剂中，得到的α-$NaYF_4$：Yb,Er/Tm 上转换纳米颗粒的粒径分布范围更窄(22～32 nm)。将前驱体缓慢加入反应溶剂中可以控制前驱体的分解速率和纳米颗粒的生成速率，从而将晶核的形成过程与生长过程分开，使纳米颗粒的粒径分布得更为均匀。但是，在上述两例合成中得到的都是 α 晶型上转换纳米颗粒，其发光强度很弱，无法满足生物标记的要求。

Mai 等[69]采用类似的方法，使前驱体$(CF_3COO)_3RE$ 和 CF_3COONa 在混合溶剂油酸-十八烯(OA/ODE)和油酸-油胺-十八烯(OA/OM/ODE)中发生热分解反应,分别得到了 α 晶型和 β 晶型的 $NaYF_4$: Yb,Er/Tm 上转换纳米颗粒。他们通过调整前驱体中 Na/RE 的物质的量比、溶剂组成、反应时间及反应温度等条件来控制纳米颗粒的晶型、形貌和尺寸,并用自由能的观点解释了这种可控合成的机理。该研究小组还系统研究了两种晶型 $NaREF_4$(这里 RE 代表 Pr～Lu 及 Y 中的任意一种元素)的可控合成条件。以稀土掺杂 $NaYF_4$ 上转换纳米颗粒的合成为例,合成高质量 α-$NaYF_4$: Yb,Er/Tm 纳米颗粒的条件是:一定组成的混合溶剂(油酸 : 油胺 : 十八烯=1 : 1 : 2,体积比)、280 ℃的反应温度、较短的反应时间、相对低的 Na/RE 物质的量比。而合成高质量 β-$NaYF_4$: Yb,Er/Tm 纳米颗粒的条件是:一定组成的混合溶剂(油酸 : 十八烯=1 : 1,体积比)、330 ℃的反应温度、较长的反应时间、相对高的 Na/RE 物质的量比。而后,Mai 等[70]对上述合成体系进行了进一步的研究,得出了 $NaYF_4$: Yb,Er 纳米颗粒的形成经过了一个独特的延迟成核阶段的结论。他们通过发光光谱、透射电子显微电镜及 X 射线衍射等表征手段,推断了两种晶型的 $NaYF_4$: Yb,Er 纳米颗粒的形成机理,及其由 α 晶型向 β 晶型转变的过程(图 5.10)。研究中发现,$NaYF_4$: Yb,Er 纳米颗粒的发光性能对其生长过程非常敏感。具体来说,纳米颗粒的发光强度对其成核过程以及晶型转变过程非常敏感,而且纳米颗粒绿、红发光的强度比对其晶粒的大小以及晶体类型也非常敏感,这样就可以通过纳米颗粒的发光光谱来解释其生长过程以及晶

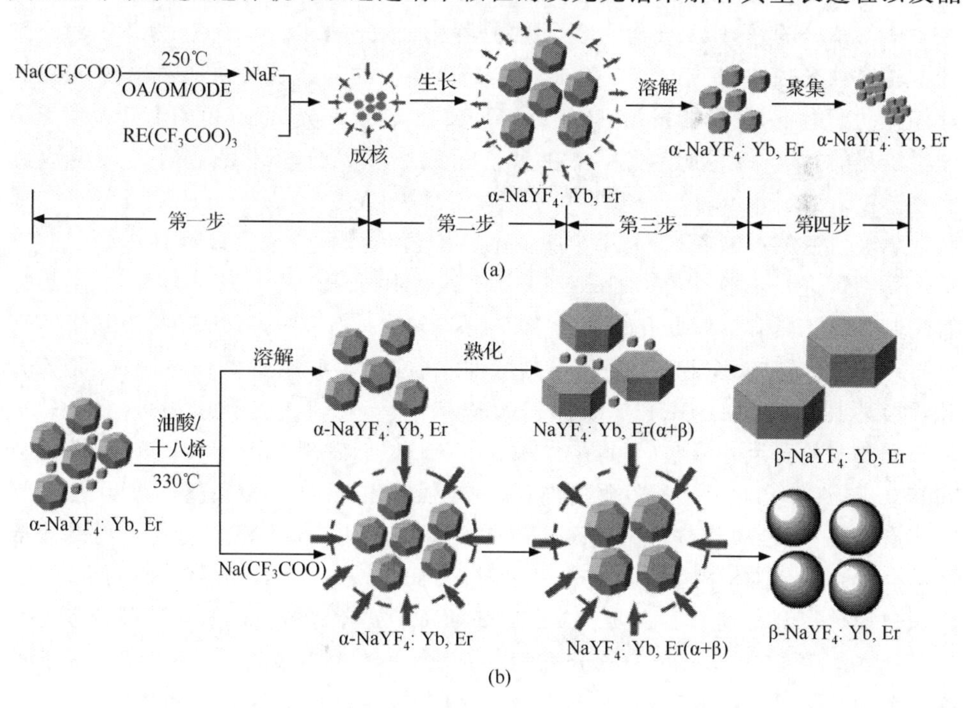

图 5.10　α,β-$NaYF_4$: Yb,Er 纳米颗粒的形成机理(a)及晶型的转变过程(b)[70]

型转变过程。另外,实验只需要控制反应时间,就可以合成出颗粒粒径在 5～14 nm 范围内可调的 α-$NaYF_4$ ∶ Yb,Er 上转换纳米颗粒,并以 α-$NaYF_4$ ∶ Yb,Er 和 CF_3COONa 为前驱体,通过加强或限制晶核的 Ostwald 熟化过程,成功合成出了粒径在 20～300 nm 范围内可调的 β-$NaYF_4$ ∶ Yb,Er 上转换纳米管。上述两例合成通过调整反应条件成功制备了 β 晶型的上转换纳米颗粒,但是纳米颗粒的粒径通常较大,甚至有些发生了取向生长,最终得到的是纳米盘或者纳米管,这对其在生物标记中的应用不利。

针对上述问题,Yi 等[71]首次用油胺代替了以往常用的混合溶剂,将金属三氟乙酸盐前驱体在 330 ℃的油胺中反应 1 h,合成出了粒径很小(约为 11.1 nm)的 β-$NaYF_4$ ∶ Yb,Er/Tm 上转换纳米颗粒。在该反应体系中,油胺同时起到了反应溶剂和配体的双重作用。他们的研究结果证明了油胺的存在能够促进纳米颗粒发生由 α 晶型向 β 晶型的转变,油酸的存在反而能够抑制纳米颗粒的晶型转变过程。与前述热分解法合成相比,该合成方法的优势在于,得到的较纯 β 晶型上转换纳米颗粒的粒径明显较小,其粒径可以满足生物标记的基本要求。但是,该方法的反应温度较高(330 ℃),接近了油胺的沸点(340 ℃),因此反应条件比较苛刻。而且,即使在接近溶剂沸点的温度下合成,纳米颗粒晶型的转变也不十分彻底,其中仍混有一小部分的 α 晶型纳米颗粒,这会对纳米颗粒的发光性能有一定的影响。

值得指出的是,Ehlert 等[72]采用热分解法合成出了以 $NaYbF_4$ 为基质的一系列上转换纳米颗粒,其中 Er^{3+}、Tm^{3+} 和 Ho^{3+} 掺杂的 $NaYbF_4$ 纳米颗粒在 980 nm 红外光的照射下,分别能发射红、蓝、绿颜色的上转换发光,而红色的上转换发光是非常少见的。这一系列纳米颗粒在多色标记和多元分析中都有着广阔的应用前景。

随着研究的不断深入,利用金属三氟乙酸盐热分解合成上转换纳米颗粒的方法也得到了进一步的推广。Zhang 等[73]首次利用介孔 SiO_2 为硬模板,采用热分解法制备出了具有有序介孔结构的 LaF_3 及 LaF_3 ∶ Yb,Er 纳米阵列,该纳米阵列具有六边形介孔的远程有序性和单晶特性。通过 N_2 吸附等温线可以证明,该介孔材料还具有较大的 BET 比表面积($75\ m^2 \cdot g^{-1}$)、较大的孔体积($0.15\ cm^3 \cdot g^{-1}$)和较窄的孔尺寸分布(平均尺寸 4.3 nm)。他们发现 LaF_3 ∶ Yb,Er 介孔材料在 980 nm 红外光照射下所发射的红、绿发光强度比,除了与掺杂离子浓度、激发光功率有关外,还会随着材料比表面积的增大而升高。Boyer 等[74]首先在甲基丙烯酸甲酯(MMA)单体中掺入了热分解法制备的 $NaYF_4$ ∶ Yb,Er 上转换纳米颗粒,再通过原位聚合得到了 $NaYF_4$ ∶ Yb,Er-PMMA 复合材料。油酸包覆的$NaYF_4$ ∶ Yb,Er 纳米颗粒在 MMA 中的分散性不好,会有严重的聚集、沉降现象。为了解决这个问题,他们首先将 $NaYF_4$ ∶ Yb,Er 纳米颗粒分散在四氢呋喃中,然后转移到带有螺旋盖的圆柱形小玻璃瓶中,向其中加入适量的聚乙二醇酸,在真空条件下蒸发除去四氢呋喃。加入MMA单体后超声分散，加入引发剂偶氮二异丁腈后密封，置于70℃油浴中反应30 min，然后转移到烘箱中，控温在45～50℃，至聚合反应结束，得到透明的棒状$NaYF_4$∶Yb,Er-PMMA复合材料。该复合材料在LED、安全标记、激光和显示等方面都有潜在的应用价值，但是要想得到透明的聚合物，只是纳米颗粒能够稳定分散在单体溶液中是不够的，因为单体聚合过程会导致纳米颗粒发生相分离而聚集。虽然聚乙二醇酸在纳米颗粒表面的调节作用有助于其在聚合物基质中保持稳定，但操作复杂、试剂毒性大，而且加入的聚乙二醇酸与PMMA的界面作用也在一定程度上影响聚合物的机械性能。而后，Chai等[75]采用光引发聚合的方法，合成出了以PMMA为主体、由$NaYF_4$∶Yb,Er/Tm上转换纳米颗粒填充的复合材料。首先他们将MMA单体溶解到*N*,*N*-二甲基苄胺(BDMA)和三羟甲基丙烷三丙烯酸酯(TMPTA)混合溶剂中，并加入质量分数为1%的用热分解法合成的上转换纳米颗粒，超声分散后加入光引发剂2,4,6-三甲基苯甲酰基-二苯基氧化膦(TPO)。将该混合溶液转移到事先加热至50℃的玻璃模型中，紫外光照射下反应5 min，得到了在可见光下透明、在980 nm激光器激发下表现出强的上转换发光性能的复合材料，其力学性能与纯PMMA聚合物几乎没有差别。该反应体系中，TMPTA和TPO分别起交联剂和引发剂的作用，BDMA则使反应混合物在聚合过程中保持透明。由于光引发聚合的反应时间短，MMA单体在纳米颗粒聚集前完成聚合，有效地解决了纳米颗粒在单体溶液中分散性不好的问题，同时避免了稳定剂对聚合物机械性能的影响。

不同的研究小组还利用热分解法合成出了其他类型的上转换发光纳米颗粒。Du等[76]以$NaMF_3$(其中M代表Mn、Co、Ni和Mg中的任一种)及$LiMAlF_6$(其中M代表Ca和Sr中的任一种)纳米晶为合成对象，从大量实验结果中归纳了在此类反应体系中合成出高质量(单分散、单晶、形貌好、纯相)纳米颗粒的3个重要因素，分别是溶剂组成、反应温度和反应时间。他们认为，混合溶剂(油酸-十八烯或者油酸-油胺-十八烯)的使用是制备出纯相纳米晶的必要条件，而配体油酸在混合溶剂中是必不可少的。在选择合适混合溶剂的基础上，反应时间和反应温度共同决定着纳米晶的粒径分布。他们发现，合成出高质量$NaMF_3$及$LiMAlF_6$纳米晶的条件是：适当的混合溶剂、较高的反应温度、较短的反应时间及相对高的碱金属前驱体浓度。此外，他们还通过红外光谱、气相色谱质谱联用等表征手段对反应物进行了检测，并推断了反应的机理，如图5.11所示。第一阶段：当反应温度在100～120℃时，溶剂中的配体(油酸和油胺)与前驱体中的一部分三氟乙酸配体发生交换作用。第二阶段：当反应温度升高到250～330℃时，三氟乙酸配体中的C—F键断裂并产生F^-，然后通过F^-对前驱体中M—O键的氟化作用，迅速生成晶核。随着晶核的不断聚集长大，便形成了纳米晶。他们认为，油胺在混合溶剂中起到了双重作用：一方面，油胺可以加快F^-与前驱体之间的氟化作用，从而加速纳米颗粒的生成；另一方面，游离的油胺分子与 F^- 之间的强亲和力也可以阻碍 F^- 的活性，进而抑制纳米颗粒的生成。

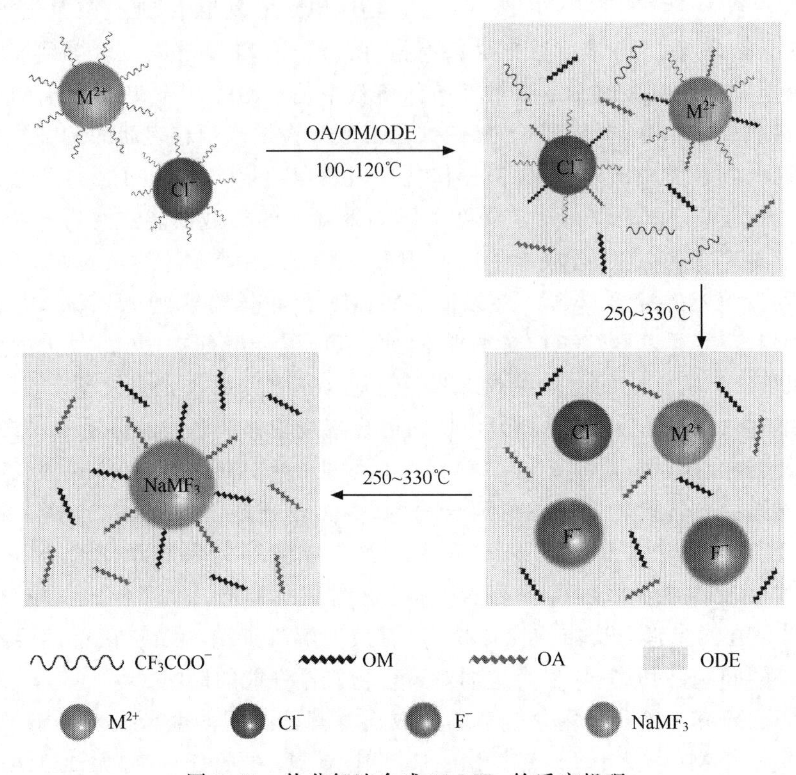

图 5.11　热分解法合成 $NaMF_3$ 的反应机理

除了长链脂肪酸、脂肪胺可充当配体外，还可以选择其他配位性的高沸点溶剂充当配体，如三辛基膦（TOP）和三辛基氧化膦（TOPO）等。Shan 等[77]首次将三辛基膦引入 $NaYF_4$：Yb，Er/Tm 上转换纳米颗粒的热分解法合成中。合成中，采用油酸-十八烯或者三辛基膦-十八烯作为反应溶剂时，只能得到 α 晶型的纳米颗粒，而当采用油酸-三辛基膦-十八烯的三元混合溶剂时，才能得到纯 β 晶型的纳米颗粒。通过 ^1H 和 ^{31}P 的核磁共振表征他们发现，油酸和三辛基膦可在高温条件下反应形成一种具有不同配位性质的配体，该配体能够降低纳米颗粒由 α 晶型向 β 晶型转变的势垒，从而促进纳米颗粒的晶型转变过程。他们还发现，过量的三辛基膦配体会改变纳米颗粒的表面能量，促使颗粒的各向异性生长，最终得到线状的纳米结构。该方法虽然巧妙地克服了 $NaYF_4$：Yb，Er/Tm 上转换纳米颗粒由 α 晶型向 β 晶型转变的较高势垒，并在 315～320 ℃温度范围内得到了纯 β 晶型的纳米颗粒，但是纳米颗粒粒径相对较大（50 nm），需要进一步改进。而后，Shan 等[78]详细研究了在上述油酸-三辛基膦-十八烯三元混合体系中合成 $NaYF_4$：Yb，Er 上转换纳米颗粒的反应动力学。他们将 β 晶型上转换纳米颗粒的形成过程分为两个阶段：第一阶段，发生在 250～310 ℃温度范围，是一个由动力学控制的迅速成核的沉淀阶段，通过迅速成核过程形成 α 晶型的纳米颗粒，其中 NaF 的生成为限制步骤；第二阶段，发生在高于 310 ℃的温度下，是一个由扩散过程控制的晶型转变阶段，α 晶型纳米颗粒重新溶解、长大，并且形成 β 晶型纳米颗粒。Shan 等[79]利用三辛基氧化膦作为反应溶剂，在 330～370 ℃温度范围内合成出了粒径约为 10 nm 且粒径分布较窄的 β-$NaYF_4$：Yb，Er/Tm/Ho 上转换纳米颗粒。他们发现，三辛基氧化膦在合成中除了起到反应溶剂和配体的双重作用外，还能够显著降低纳米颗粒由 α 晶型向 β 晶型转变的势垒，使得纳米颗粒发生晶型转变的温度明显降低，在 330 ℃的温度下就能得到纯 β 晶型的上转换纳米颗粒。另外，采用三辛基氧化膦作为反应溶剂，可以使反应温度在 330～370 ℃的较宽范围内调节。

Wei 等[80]采用了一种较新颖的思路，在相对较低的温度下合成出了两种晶型的 $NaYF_4$：Yb，Er 上转换纳米晶。他们把制得的稀土油酸盐作为前驱体，并溶解在十八烯中，然后将其迅速注入分散有 NaF 的高温十八烯溶剂中，体系在 N_2 气氛中，210～260 ℃下反应 6 h，所得产物经离心、洗涤数次后得到纳米颗粒。该合成只需调整反应温度就可以达到控制纳米颗粒晶体类型的目的，在 210 ℃下得到 α 晶型的纳米颗粒，而在 260 ℃下得到 β 晶型的纳米颗粒。他们推断该合成机理是一种固-液两相反应：NaF 不溶于十八烯，作为固相；稀土油酸盐溶于十八烯，作为液相。反应只能在两相间的界面上进行，反应速度和结晶速度都比较慢，这样可以合成出粒径分布比较窄的纳米颗粒。由于金属三氟乙酸盐高温分解会产生一系列含氟化合物，毒性较大，而该合成中使用的前驱体克服了合成过程中产生毒性化合物的缺点。但是，该合成得到的是颗粒稍大的纳米盘，对其生物应用有所不利。另外，制备纯净的稀土油酸盐前驱体的操作步骤比较烦琐，且该前驱体在常温下的状态非常黏稠，不利于准确称取。

本研究小组也在热分解法合成上进行了一些研究，我们对上述合成方法进行了改进，首次采用自制的稀土硬脂酸盐作为前驱体，液体石蜡-油酸混合溶剂作为反应溶剂，在 260 ℃下得到了 $NaYF_4$：Yb，Er 上转换纳米颗粒[81]。该方法使用的前驱体和溶剂均是无毒的，克服了以往热分解法试剂毒性大的缺点。另外，稀土硬脂酸盐常温下为固态粉末，易于准确称取，且制备的方法非常简单。但是，该合成尚不能得到较纯的 β 晶型上转换纳米颗粒，这可能与反应试剂的极性有关。因此，该反应体系还需要进一步改进。

近年来，利用热分解法合成上转换纳米颗粒的例子还有很多，这里不作详细介绍，仅概括于表 5.2 中。

表 5.2 采用热分解法合成的上转换纳米颗粒

纳米颗粒	前驱体	反应溶剂	反应条件	颗粒尺寸	文献
LaF_3：Yb,Er	稀土油酸盐 NaF	十八烯	280 ℃ 5 h	33 nm	[82]
KY_3F_{10}：Yb,Er	$(CF_3COO)_3RE$ CF_3COOK	油酸-十八烯	300 ℃ 1 h	15 nm	[45]
$BaYF_5$：Yb,Tm	$(CF_3COO)_3RE$ 乙酰丙酮钡	油酸-十八烯	300 ℃ 1 h	15 nm×5 nm	[47]
$NaGdF_4$：Yb,Ho	$(CF_3COO)_3RE$ CF_3COONa	油酸-十八烯	335 ℃ 90 min	15.6 nm	[44]
$LiYF_4$：Yb,Tm	$(CF_3COO)_3RE$ CF_3COOLi	油酸-十八烯	300 ℃ 1 h	菱形，约 30 nm	[83]
SrF_2：Yb,Er	$(CF_3COO)_2Sr$	油酸-十八烯	280～300 ℃ 0.5～1 h	13.7 nm×18.9 nm	[38]
$LiYF_4$：Yb,Gd,Tm	$(CF_3COO)_3RE$ CF_3COOLi	油酸-十八烯	330 ℃ 1 h	58 nm×37 nm	[84]
$NaGdF_4$：Yb,Er	$(CF_3COO)_3RE$ CF_3COONa	油酸-十八烯	310 ℃ 1 h	11.3 nm	[85]
$NaYF_4$：Yb,Er	$(CF_3COO)_3RE$ CF_3COONa	油酸-十八烯- 三辛基膦	315 ℃ 1 h	100 nm	[86]

利用稀土三氟乙酸盐热分解制备稀土掺杂上转换纳米颗粒的方法已成为一种比较通用的手段，并已经成功用于其他类型上转换纳米颗粒的合成中。采用热分解法合成出的纳米颗粒具有结晶性好、尺寸均一、粒度可调及形貌可控等优点。同时，热分解法也存在合成条件苛刻、反应步骤相对复杂、试剂成本高且毒性较大等缺点。从生物应用的角度上看，热分解法合成的纳米颗粒在反应过程中有可能发生取向生长，最终得到纳米盘、纳米线和纳米管等结构，不利于生物标记。另外，采用热分解法合成得到的纳米颗粒表面通常包覆有油酸和油胺等有机分子，导致其水溶性不好，因此进一步的表面修饰也是非常必要的。

5.4.3 水热法

在特制的密闭反应容器(如高压釜)中，采用水溶液作为反应体系，通过加热使反应体系产生一定的温度和压力，促使物质在水溶液中进行化学反应，从而合成出分散的纳米颗粒，这样的无机合成方法称为水热法。在水热反应过程中，水既是传递温度与压力的媒介，同时又起到溶剂的作用。在高温高压条件下，多数物质都可以溶于水中，从而可以促进反应的进行，得到单分散的纳米颗粒。

在上转换纳米颗粒的水热法合成中，EDTA经常被用做粒度控制剂。Sun等[87]以$RE(NO_3)_3$和NaF为原料、以EDTA为配体，利用水热法合成出α，β-$NaYF_4$：Yb，Er上转换纳米颗粒。他们首先在搅拌条件下将$RE(NO_3)_3$和EDTA溶液混合，然后向其中加入NaF溶液，体系在室温下搅拌1 h后，转移至密闭的反应釜中进行水热反应，待反应结束后将反应釜取出冷却至室温，所得产物经反复离心、洗涤，即得$NaYF_4$：Yb，Er纳米颗粒。他们还仔细研究了反应物浓度、反应物与配体的配比等因素对纳米颗粒粒径的影响。纳米颗粒的形成分为3个步骤，即成核、生长和熟化过程，三者之中以成核过程对纳米颗粒的粒径影响最大，成核速率越高所得纳米颗粒的粒径越小。当反应物浓度增加时，纳米颗粒成核数目增多，即成核速率增大，因此粒径减小。他们通过对反应物浓度的调节，合成出粒径分布范围在50～400 nm的纳米颗粒。由于反应过程中稀土离子RE^{3+}首先与EDTA混合，生成RE-EDTA的螯合物，F^-必须与其竞争以形成$NaREF_4$纳米颗粒，因此，RE^{3+}与EDTA的物质的量比对成核速率的影响也较为明显。对该条件的研究结果显示当EDTA与RE^{3+}的物质的量比大于化学计量比时，纳米颗粒的粒径没有明显变化。在研究过程中他们还发现反应时间和反应物浓度对纳米颗粒由α晶型向β晶型的转变也有影响。Wang等[88, 89]用同样的方法合成出$NaYF_4$：Yb，Er纳米材料。通过对RE^{3+}/F^-物质的量比的调节，得到了具有不同形状的纳米材料，如RE^{3+}/F^-物质的量比为化学计量比时，所得纳米材料为立方晶型的纳米球，而当F^-过量时所得为微米级的六棱柱。

在此研究基础上，Zhuang等[90]改变了氟源，以NaF、NH_4HF_2为共同氟源，采用相似的方法合成出$NaREF_4$（RE代表Y、La、Pr、Nd、Sm～Yb中的任一种元素）纳米微管。他们首先分别制备NaF与NH_4HF_2的混合澄清溶液A，$Ln(NO_3)_3$与EDTA的混合溶液B，然后在搅拌下将混合溶液A加至混合溶液B中，最后转移至密闭反应釜中进行反应。反应后产物经离心、水洗数次，烘干所得粉末即为产品。他们对所合成的$NaREF_4$纳米材料进行了扫描电子显微电镜、X射线衍射及发光光谱等表征。通过对不同稀土离子所合成$NaREF_4$进行电镜表征得知，所合成微管的直径大小与稀土离子的半径有关，并随稀土离子半径的减小而增大。同时还发现EDTA虽然可以较好地控制纳米颗粒的粒径，但对颗粒的发光强度有一定的猝灭作用。其他课题组也采用相似的方法合成出不同稀土离子掺杂的$NaYF_4$纳米颗粒。Yang等[91]以NaF、NH_4HF_2及$RE(NO_3)_3$为反应原料，EDTA为配体，通过改变掺杂稀土离子的种类，合成出了$NaYF_4$：Yb，Tm/Ho上转换纳米颗粒，颗粒粒径约为50 nm。他们还详细研究了Ho^{3+}掺杂浓度对纳米颗粒荧光强度的影响，发现当Ho^{3+}掺杂浓度小于0.5%（物质的量比）时，随着Ho^{3+}掺杂浓度的增加，纳米颗粒的发光强度逐渐增强。Huang等[92]采用同样的方法合

成 Sc^{3+}、Yb^{3+} 和 Er^{3+} 共掺杂的 $NaYF_4$ 纳米颗粒，并通过 Sc^{3+} 的掺杂得到了增强 $NaYF_4$ 发光强度的效果，得到 538 nm 处新的发射峰。

在水热法合成中，柠檬酸也经常用来控制纳米颗粒的粒径和形貌。与 EDTA 类似，柠檬酸与稀土离子之间同样存在配位作用，可以降低纳米颗粒的成核速率，从而减小其粒径。同时，柠檬酸还可以调节纳米颗粒在不同方向的生长速率，进而达到控制其形貌的目的。Li 等[93] 以 $RECl_3$、NaF 和柠檬酸钠为反应原料，采用水热法合成出发光性能优异的 β-$NaYF_4$：Yb，Er/Tm 上转换纳米颗粒。他们首先将稀土氧化物粉末在加热条件下溶于盐酸中，制备 $RECl_3$ 储备液。然后将 $RECl_3$ 溶液与柠檬酸钠溶液混合，形成稀土的柠檬酸复合物。搅拌 30 min 后，向体系中加入 NaF 溶液，最后将混合物转移至反应釜中，在 180 ℃反应温度下密闭反应 24 h。待反应结束，反应釜冷却至室温后，将沉淀离心、洗涤、烘干，即得产品。之后该研究小组又采用同样的方法合成出了稀土掺杂 $NaYbF_4$ 和 YbF_3 纳米颗粒[94]，并通过扫描电子显微镜、透射电子显微镜及高分辨透射电子显微镜等表征手段，详细探讨了氟源、配体(柠檬酸钠)、体系 pH 以及部分简单离子(如 Na^+、NH_4^+、BF_4^- 和 BO_3^-)对纳米颗粒粒径及形貌的影响。他们首先考察了氟源的种类对产物形貌的影响，分别采用 NaF、NH_4F 及 $NaBF_4$ 作为氟源进行合成。结果显示，同样条件下以 NH_4F 为氟源合成的纳米颗粒粒径更小，而当以 $NaBF_4$ 为氟源时，在较低 pH 下合成的产物为 YbF_3。同时，他们考察了采用不同氟源时体系 pH 对产物形貌的影响，以 NaF 为例，随着体系 pH 的升高，产物逐渐由不规则的微棱柱结构转变为规则的纳米盘结构。通过对不同条件下产物的 X 射线衍射、扫描电子显微镜和透射电子显微镜表征，他们对不同形貌 $NaYbF_4$ 和 YbF_3 的生长机理进行了阐述。当以 NaF 或 NH_4F 为氟源时，他们将纳米颗粒的形成分为成核、溶解、再成核和生长 4 个过程，当以 $NaBF_4$ 为氟源时，则主要分为成核和生长过程，而不同形貌纳米材料的形成主要是由于在颗粒的生长过程中，颗粒表面的配体或简单离子(如 Na^+、NH_4^+、BF_4^- 和 BO_3^-)造成的各向异性生长所致。

基于以上研究，Zhao 等[95] 以 $RE(NO_3)_3$ 代替 $RECl_3$，采用水热法合成出具有红色发光性能的 $NaYF_4$：Yb，Er 上转换纳米颗粒。通过对 NaF 和柠檬酸钠用量、反应温度和反应时间的考察，他们发现这些反应条件不仅对纳米颗粒的形貌有影响，同时还对其晶型有影响。其中，在较高的反应温度、较长的反应时间和 NaF 过量的条件下有利于 β 晶型 $NaYF_4$ 纳米颗粒的形成，而配体柠檬酸钠的存在由于降低了纳米颗粒的生长速度，对 $NaYF_4$ 由 α 晶型向 β 晶型的转变也产生了一定的阻碍作用。

水热法反应条件温和、实验装置简单、操作容易、能耗低、实用性广、环境污染少，在无机材料合成中有重要的地位，但也有其不足之处。水热法合成的纳米材料形状多样，而且多为微米级别，不利于其在生物医学领域的应用。另外水热法还具有局限性，它往往只适用于对水不敏感的化合物的制备。

5.4.4 溶剂热法

在水热法的基础上，以有机溶剂代替水，采用溶剂热反应进行无机合成的方法称为溶剂热法。溶剂热法是水热法的一种重大改进，可以适用于一些非水反应体系的合成，弥补了水热法合成的一些不足，具有更广泛的应用范围[96]。

Zeng 等[97]分别采用乙醇-水、乙酸-水作为反应溶剂，以 EDTA 为配体、CTAB 为形貌控制剂，利用溶剂热法合成了线状的 β-$NaYF_4$：Yb，Er 上转换纳米颗粒。他们首先将稀土氧化物粉末溶解于硝酸中，蒸干后得到 $RE(NO_3)_3$ 粉末。其次，以水、乙酸和乙醇钠的混合溶液为溶剂，以 NaF 和 CH_3COONa 为钠源，NH_4HF_2 为氟源，EDTA 和 CTAB 为纳米颗粒的粒度与形貌控制剂，将所有反应物混合后，转移至反应釜中，密闭进行反应。EDTA 在合成中能有效控制纳米颗粒的生长速度，而 CTAB 能促使纳米颗粒生长成纳米线。随后，他们又将这种利用 EDTA 和 CTAB 联合控制纳米颗粒形貌的方法拓展到其他稀土氟化物纳米颗粒的合成中，通过优化反应溶剂、时间及温度等条件，合成出形貌均一，粒径在 30～50 nm 范围内变化的 β-$NaYF_4$：Yb，Er/Tm 上转换纳米颗粒及多种 $NaREF_4$（RE 代表 Ce、Y 和 Gd 中的任一种）纳米颗粒[98]。同样，Liang 等[99]采用 $RE(NO_3)_3$ 和 NaF 为原料，以 CTAB 作为形貌控制剂，在甲醇-水混合溶剂中合成出树枝状的 α-$NaYF_4$：Yb，Er 上转换纳米颗粒。他们还探讨了这种树枝状结构的生长方式，认为 CTAB 有助于纳米颗粒生长成树枝状的结构。这种具有特殊结构的纳米颗粒预计可被引入聚苯乙烯中形成复合发光聚合物。

由于以上水/溶剂热法合成的纳米颗粒表面缺乏亲水性的化学官能团，纳米颗粒在溶液中极易发生聚沉，这使其在生物领域中的应用受到了极大的限制。针对以上情况，Li 等[100]对方法进行了改进，以聚乙烯吡咯烷酮（PVP）为配体，采用溶剂热法合成出 $NaYF_4$ 纳米颗粒。他们首先将制备的 $RE(NO_3)_3$ 溶于乙二醇中，然后依次向其中加入 PVP 与 NaCl 粉末，并将溶液升温至 80 ℃。待溶液混匀后滴加至 NH_4F 的乙二醇溶液中，最后将反应液在 80 ℃下搅拌 10 min 后，转移至反应釜中，密闭 160 ℃反应 2 h。反应结束后，产品经离心、洗涤即得到 $NaYF_4$ 纳米颗粒。PVP 为两性表面活性剂，既可溶于水中，同时也能溶于各种有机溶剂中。由于 PVP 可与 RE^{3+} 配位形成螯合物，在合成过程中 PVP 可直接包覆在纳米颗粒表面形成包覆层。PVP 的存在使得所合成 $NaYF_4$ 纳米颗粒可分散于多种溶剂中，如氯仿、2-丙醇、乙醇、甲醇、*N*，*N*-二甲基甲酰胺、二甲基亚砜及水中。另外，表面 PVP 的存在有利于纳米颗粒的进一步修饰，从而为其进一步应用奠定了良好的基础。之后，Wang 等[101]将合成方法做了进一步的改进，使纳米颗粒的合成与修饰一步完成。他们首次采用水溶性的高分子聚合物聚乙烯亚胺（PEI）作为稳定剂，利用溶剂热法一步合成了粒径约为 50 nm，表面 PEI 修饰的 $NaYF_4$ ∶Yb，Er/Tm 上转换纳米颗粒。由于 PEI 分子中富含氨基，纳米颗粒的表面修饰有能够与生物分子偶联的活性基团。

尽管目前已有报道合成粒径、形貌、晶型可控的纳米颗粒，但由于其组成及晶体结构的复杂性，这一领域仍需要大量的研究工作。Wang 等[102]利用金属离子与表面活性剂分子之间普遍存在的离子交换与相转移原理，提出了“液体-固体-溶液”(liquid-solid-solution，LSS)相转移与相分离的机制，通过对不同界面处化学反应的控制，建立了一种溶剂热合成单分散纳米颗粒的通用方法，该研究成果已发表在 *Nature* 杂志上。以溶剂热反应合成 Ag 纳米颗粒的体系为例，如图 5.12 所示(图中 $R=CH_3(CH_2)_4CH=CHCH_2CH=CH(CH_2)_7$，M=Ag，$n=1$)，一部分乙醇与硝酸银的水溶液形成溶液相，另一部分乙醇与亚油酸形成液相，亚油酸钠为固相。首先，溶液中的 Ag^+ 与固相中的亚油酸钠发生离子交换，生成了亚油酸银，并转化为固相。然后，亚油酸银被乙醇在液体-固体及固体-溶液的微界面上还原为 Ag 纳米颗粒。固相中的亚油酸覆盖在纳米颗粒的表面，从而限制了纳米颗粒的进一步生长。以上过程为“液体-固体-溶液”的相转移机制。由于生成纳米颗粒的密度较大，逐渐沉降到整个体系的底部，这就是“液体-固体-溶液”的相分离机制。

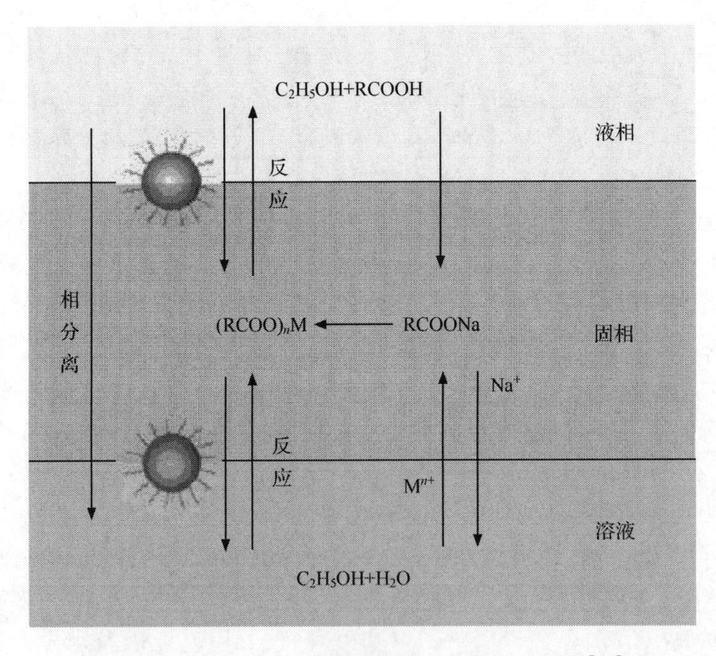

图 5.12　液体-固体-溶液相转移与相分离示意图[102]

Liang 等[103]利用 LSS 相转移与相分离的机制，在水-醇-油酸体系中合成出了尺寸、形状及晶型均可以调整的 $NaYF_4$ 纳米颗粒。以 α-$NaYF_4$ 纳米颗粒的合成过程为例，他们首先将油酸、NaOH、去离子水及正丁醇在室温下混匀，然后再向其中加入 $RE(NO_3)_3$ 与 NaF 溶液，形成微乳液。室温下搅拌 20 min 后，将微乳液转移至反应釜中，200 ℃密闭条件下反应 3 h。反应结束后，利用环己胺收集沉积在容器底部的产物，用乙醇沉淀、洗涤数次，烘干所得粉末即为产品。该研究小组提出了反应时间和温度是改变该纳米颗粒晶型的关键因素，而纳米颗粒的形状则取决于 NaF/Y 的物质的量比。其他研究小组也进行了类似的工作，Wang 等[104]以亚油酸、亚油酸钠、$RE(NO_3)_3$ 和 NaF/NH_4HF_2 为反应原料，采用溶剂热法合成多种稀土离子掺杂的 $NaREF_4$（RE 代表 La～Nd，Sm～Yb，Y 中的一种）纳米颗粒。通过对不同稀土离子掺杂 $NaREF_4$ 纳米颗粒的透射电镜表征，发现纳米颗粒的生长模式受掺杂稀土离子半径的影响。

Zhang 等[105]对以上研究进行了扩展，以油酸为稳定剂，$RE(NO_3)_3$ 与 NaF 为原料，利用溶剂热法合成出不同形貌的 α，β-$NaYF_4$ 纳米阵列。通过对不同反应条件下纳米阵列的扫描电镜表征分析，他们得出结论：NaF 用量明显影响了纳米阵列的形貌。NaF 的浓度较低时产物主要为花状纳米盘组成的纳米阵列，随着 NaF 浓度增加，产物形貌转变为均匀的纳米管组成的阵列，当 NaF 浓度偏高时，所得产物则为纳米棒。之后，该小组又对合成条件进行了更细致的研究，得出了更详细的结论（图 5.13）：①减少 NaOH 用量易于得到花状的纳米盘；②较高的 F^- 与 Y^{3+} 浓度条件下，可得到纳米棒甚至纳米线结构；③NaOH 用量的减少与 F^- 浓度的增加，会造成纳米颗粒生长过程中 c 轴与 a 轴之间的竞争，从而形成“之”字形结构；④温度升高及乙醇用量的增加均有利于一维纳米颗粒生长的进行；⑤减少乙醇用量或延长反应时间可获得均匀的纳米盘阵列[106]。

本研究小组也在溶剂热法合成上开展了一些研究，我们以稀土硬脂酸盐为前驱体，在水-乙醇-油酸的混合溶剂中采用溶剂热法合成出具有较强发光性能的 $NaYF_4$∶Yb，Er/Tm/Ho 上转换纳米颗粒[42]。经推断，该反应属于固-液两相反应机制，如图 5.14 所示。NaF 可以溶解在水-乙醇-油酸混合体系中，共同作为反应的液相；本来不溶于水的前驱体可以在油酸的增溶作用下分散在水-乙醇混合液中，作为反应的固相。当温度升高时，前驱体缓慢分解释放出 RE^{3+}，并与 Na^+、F^- 在固-液两相的微界面上反应生成 $NaREF_4$ 纳米颗粒。纳米颗粒继续在固-液界面上聚集生长，由于纳米颗粒的密度较大，逐渐沉降到反应体系的底部。在整个反应中，油酸起到了非常重要的作用：一方面，油酸能使前驱体稳定地分散在水-乙醇混合体系中，有利于反应的进行，起到了增溶作用；另一方面，油酸分子包覆在生成的纳米颗粒表面，限制了纳米颗粒的进一步生长，阻止了纳米颗粒的聚集，起到了配体的作用。利用该方法合成的纳米颗粒具有较小的粒径和较高的发光强度，并且在较为剧烈的合成条件下（150 ℃反应 24 h）仍能保持球形形状，没有发生取向生长，非常适用于生物标记。

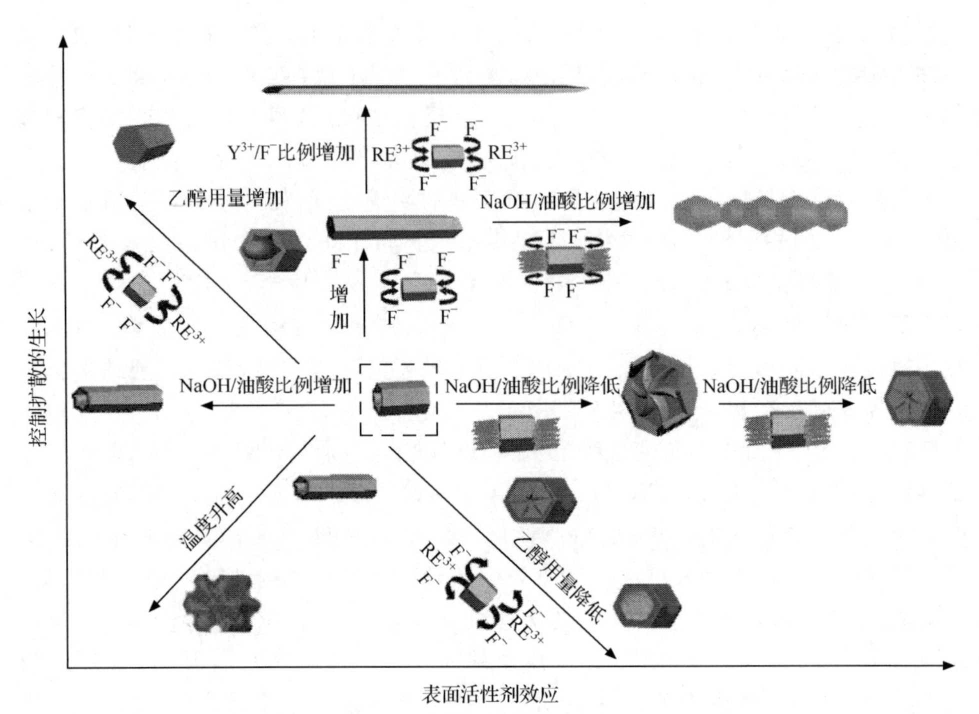

图 5.13　β-$NaYF_4$ 纳米材料的形状随反应条件的演变[106]

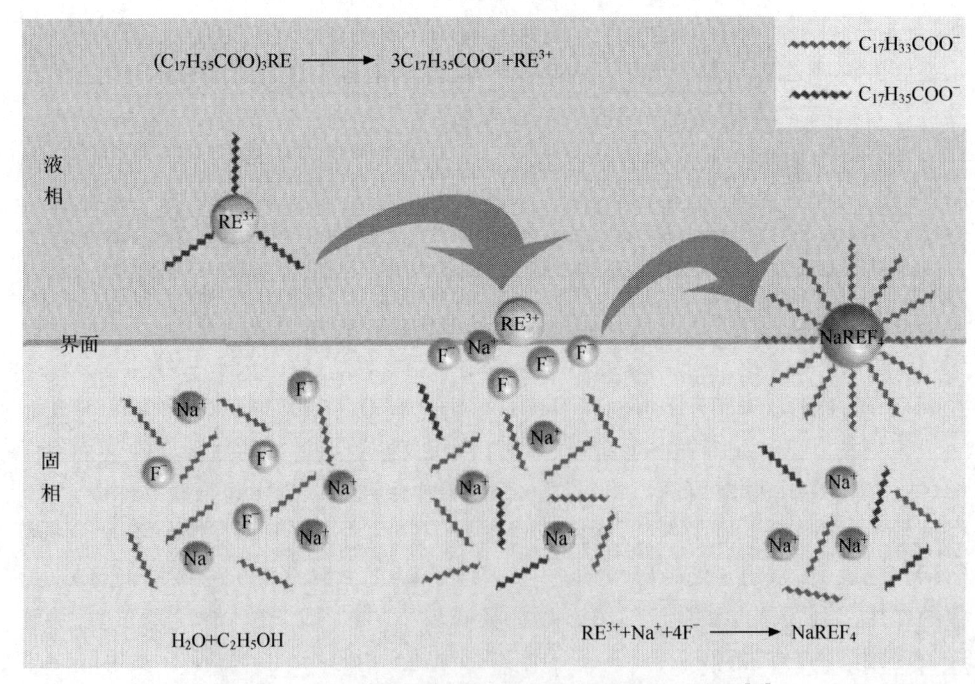

图 5.14　固-液两相法合成 $NaREF_4$ 纳米颗粒示意图[42]

然后，我们采用类似的方法合成出以 $NaYbF_4$ 为基质，Er^{3+}、Tm^{3+} 和 Ho^{3+} 单掺杂及双掺杂的球形上转换纳米颗粒[107]。合成出的一系列纳米颗粒能够在 980 nm 红外光的激发下产生橙、黄、绿、青、蓝、紫 6 种颜色的发光，在多色标记和多元分析等领域有着广阔的应用前景。

而后，我们将上述合成方法进行了扩展，采用几种亲水性聚合物(包括 PVP、PEG、PAA 和 PEI)代替油酸，利用溶剂热法在水-乙醇混合溶剂中合成了一系列表面有机分子聚合物包覆的亲水性 $NaYF_4$ ∶ Yb,Er 上转换纳米颗粒[108]。几种纳米颗粒的晶体结构均为 β 晶型，各种聚合物对纳米颗粒的晶型转变有不同程度的影响，从而导致纳米颗粒发光强度的差异。经红外光谱表征，PEI 和 PAA 包覆的 $NaYF_4$ ∶ Yb,Er 纳米颗粒的表面分别具有能够与生物分子偶联的氨基和羧基，为纳米颗粒在生物中的应用奠定了基础。

溶剂热法的反应条件温和(反应温度一般不超过 200 ℃)，反应活性高，合成的纳米颗粒结晶度高、纯度高、分散性好、掺杂均匀、易于控制晶体的形貌，是一种合成上转换纳米颗粒的理想方法。

5.4.5　其他方法

早期合成的上转换纳米颗粒的粒径较大，无法达到生物应用的要求，因此合成出粒径较小且能分散于溶液中的纳米颗粒是一项艰巨的任务。2004 年，Heer 等[109]首次合成出粒径为 15 nm 的 α-$NaYF_4$ ∶ Yb,Er/Tm 球形上转换纳米颗粒，该纳米颗粒能够很好地分散在二甲基亚砜中，形成透明的胶状溶液。他们首先将稀土氯化物和 NaCl 溶于甲醇的 *N*-(2-羟乙基)乙二胺溶液中，旋转蒸发除去甲醇后，在 N_2 气氛中 200 ℃下加热 1 h，再向其中加入溶有 NH_4F 的 *N*-(2-羟乙基)乙二胺溶液，体系在 200 ℃下继续恒温反应 2 h，便得到了 α-$NaYF_4$ ∶ Yb,Er/Tm 上转换纳米颗粒。与以往合成的 $YbPO_4$ ∶ Er 和 $LuPO_4$ ∶ Yb,Tm 上转换纳米颗粒相比，这样合成的 α-$NaYF_4$ ∶ Yb,Er/Tm 具有较强的发射，但是水溶性差，无法将其进一步应用。而后，Schafer 等[110]将用上述方法合成的纳米颗粒进行了表面修饰，修饰后的纳米颗粒因表面包覆有羟基亚乙基二膦酸(HEDP)，水溶性增强，为生物应用奠定了良好的基础(此部分内容将在纳米颗粒的表面修饰中作详细介绍)。之后，该研究组采用同一方法合成了 KYF_4 ∶ Yb,Er[111] 和 CsY_2F_7 ∶ Yb,Er[39] 上转换纳米颗粒，其发光强度均比 β-$NaYF_4$ ∶ Yb,Er 上转换纳米颗粒的发光强度弱。

多元醇具有较强的极性，对金属无机盐普遍具有良好的溶解性，多元醇的高沸点还可以给溶剂热反应提供一个高温的环境，利用多元醇作为反应溶剂通常可以得到结晶度良好的纳米颗粒。Wei 等[112]将一系列多元醇作为反应溶剂，合成出 β-$NaYF_4$ ∶ Yb,Er/Tm 上转换纳米颗粒。他们首先将沉淀剂(NH_4F-NaCl 或者

NaF)溶解在多元醇(乙二醇、一缩二乙二醇或者丙三醇)中,加热体系至160～260℃,再向其中注入溶解有稀土氯化物的多元醇溶液,恒温搅拌2～6 h,合成出了α-$NaYF_4$:Yb,Er/Tm上转换纳米颗粒。然后将得到的纳米颗粒进行溶剂热处理,最终得到了β-$NaYF_4$:Yb,Er/Tm上转换纳米颗粒。在反应过程中,多元醇能够结合到纳米颗粒的表面,在限制颗粒生长速度的同时,防止颗粒的聚集,起到反应溶剂和配体的双重作用。经研究发现,沉淀剂和反应溶剂的选择对纳米颗粒的粒径有很大的影响。采用NaF作为沉淀剂时,在乙二醇、一缩二乙二醇和丙三醇中得到的纳米颗粒的粒径分别为25 nm、17 nm和30 nm;而采用NH_4F和NaCl作为沉淀剂时,在乙二醇、一缩二乙二醇和丙三醇中得到的纳米颗粒的粒径分别减小到20 nm、12 nm和18 nm。另外,溶剂热反应中所选用溶剂的极性越大,越有利于纳米颗粒发生由α晶型向β晶型的转变。他们用水-乙二醇混合溶剂经过溶剂热处理,合成出β-$NaYF_4$:Yb,Er/Tm上转换纳米颗粒。Qin等[113]也采用类似的方法,在一缩二乙二醇中合成出$NaYF_4$:Yb,Er上转换纳米颗粒,不同的是,他们采用煅烧的热处理方式来提高纳米颗粒的发光强度。Nunez等[114]采用稀土的乙酰丙酮化合物为前驱体,在水-乙二醇混合溶剂中合成出了α-$NaYF_4$:Yb,Er上转换纳米颗粒。可通过调整反应温度及溶剂组成将纳米颗粒的粒径控制在45～155 nm范围内。该合成具有较低的反应温度(60～120 ℃),但是得到的纳米颗粒为α晶型,其发光强度不是很高。值得一提的是,Wang等[115]采用乙二醇为溶剂,通过调整敏化剂与激活剂在基质中的掺杂浓度,合成出具有多色发光的稀土掺杂$NaYF_4$上转换纳米颗粒。但是,该合成得到的是α晶型的纳米颗粒,需要进一步提高其发光强度。

Li等[116]采用在热分解法中常用的油酸-十八烯为溶剂,在160 ℃的较低温度下合成了形貌可控的β-$NaYF_4$:Yb,Er/Tm上转换纳米颗粒。与以往的热分解法不同,该合成直接将稀土氯化物和NaF分散到混合溶剂中进行热反应,纳米颗粒的形成经历了一个固相成核及生长的过程。另外,纳米颗粒的形状可通过混合溶剂中油酸的用量加以调控。当油酸用量为3 mL时,纳米颗粒为六棱柱状;当油酸用量为6 mL时,纳米颗粒为球状;当油酸用量进一步增加到10 mL时,纳米颗粒为椭球状。该合成避免使用反应中释放毒性物质的金属三氟乙酸盐,并且热处理温度较低,但还是避免不了合成需无水无氧的苛刻条件。

Schafer等[117]以$RE_2(CO_3)_3$、Na_2CO_3及NH_4F为前驱体,油胺为反应溶剂,合成出β-$NaYF_4$:Yb,Er上转换纳米颗粒。他们首先将前驱体分散在油胺中,在55 ℃下搅拌反应2 h,所得的纳米颗粒在N_2气氛下280 ℃煅烧30 min后,即得到发光强度较强的β-$NaYF_4$:Yb,Er上转换纳米颗粒。该合成方法使用了低毒性、廉价的碳酸盐作为前驱体,固相反应的温度仅为55 ℃,并且热处理温度不是很高。但是,得到的纳米颗粒中混有少量NaF,使产品的纯度有所下降。

Zhang 等[118]利用稀土氢氧化物与 NaF-HF 之间的原位离子交换反应，合成了 β-$NaYF_4$：Yb,Er 上转换纳米管。他们首先采用水热法合成出稀土氢氧化物纳米管，再将该纳米管与 NaF 和 HF 混合，混合物在 120 ℃下水热处理 12 h，就得到 β-$NaYF_4$：Yb,Er 上转换纳米管。该纳米管的长度在 20～500 nm 范围内可控，虽然其尺寸对于生物标记应用来说比较大，但是该项工作建立了一种合成上转换纳米颗粒的新方法，为以后合成方法的研究提供了参考。

离子液体因具有化学稳定性好、蒸汽压低和耐燃等优点，在化学合成领域具有良好的应用潜力。Liu 等[119]首次采用 1-丁基-3-甲基咪唑四氟硼酸盐为溶剂，合成了纯 β-$NaYF_4$：Yb,Er/Tm 上转换纳米颗粒。他们将稀土硝酸盐和 NaCl 放入一定量的离子液体中，80 ℃下搅拌 30 min，然后将混合物在 160 ℃下热处理 18 h，所得产物经离心、洗涤数次后得到相应的纳米颗粒。这里，离子液体同时起到了反应溶剂、模板及氟源的多重作用。合成的纳米颗粒表面包覆有离子液体分子，具有良好的亲水性，并且纳米颗粒表面表现出较强的正电性。该方法将离子液体引入水热合成中，是水热法及溶剂热法合成的重要补充。此后，Zhang 等[120]将 1-甲基-3-辛基咪唑六氟磷酸盐与乙二醇的混合溶剂作为反应溶剂，在 80 ℃下合成了 α-$NaYF_4$：Yb,Er 上转换纳米颗粒。他们首先将稀土硝酸盐和 $NaNO_3$ 溶解在乙二醇中，并向其中加入离子液体，然后使混合体系在 80 ℃下反应 24 h，即得到立方体状 $NaYF_4$：Yb,Er 纳米颗粒。该合成过程属于一种两相反应，由于两种溶剂互不相溶，稀土硝酸盐和 $NaNO_3$ 溶解在乙二醇中处于混合体系的上层，离子液体密度较大，处于混合体系的下层。随着反应温度的升高，离子液体会释放出 F^-，F^- 与上层溶液中的离子在液-液两相的界面上进行反应。由于两相反应的速率较低，该反应需要较长的反应时间。该合成的反应条件较温和，得到的纳米颗粒形貌规整，但是纳米颗粒为 α 晶型，其发光强度较弱。因此，该合成方法还需要进一步改进，以得到具有较强发光强度的 β 晶型纳米颗粒。

5.4.6　合成方法小结

前文介绍了上转换发光纳米颗粒的合成方法，主要包括络合共沉淀法、热分解法、水/溶剂热法。这几种合成方法都存在着各自的优势和局限性，制得纳米颗粒的性能也不尽相同。从用做生物标记物的角度出发，合成的纳米颗粒至少应具有粒径分布较窄、粒径较小、发光强度较强等特点。这里有必要对上述几种合成方法进行比较，从而优选出比较合适的合成方法。

就纳米颗粒的粒径和形貌而言，采用共沉淀法合成，通常要经过煅烧步骤以提高颗粒的发光强度，而煅烧过程会导致颗粒的粒径变大，并伴随团聚现象，不是十分符合生物标记的要求。采用热分解法合成，通常可通过优化和调整合成条件而使颗粒的粒径变得较小，且形貌比较均一，基本符合生物标记的要求。采用溶剂热法合成,得到纳米颗粒的粒径也比较小,且单分散性较好,符合生物标记的要求。值得注意的是,采用热分解法和水/溶剂热法合成,纳米颗粒容易发生取向生长,以致得到纳米棒甚至纳米线,这对生物标记是十分不利的。因此,要合理控制反应条件,尽量得到球形或者近似球形的纳米颗粒。

就纳米颗粒的晶体类型和发光强度而言,采用共沉淀法合成的纳米颗粒晶体类型一般为α晶型与β晶型的混合,有时即使是在较高的温度(如400 ℃)下都不能保证纳米颗粒的晶体类型为纯的β晶型,导致纳米颗粒的发光强度不是很强。因此,采用共沉淀法合成的纳米颗粒的发光强度只能符合一部分生物标记的要求,如某些定性检测等。采用热分解法和溶剂热法合成,都可以通过调整合成条件使纳米颗粒的晶体类型为纯的β晶型,具有较高的发光强度,尤其是采用水/溶剂热法得到的纳米颗粒,更符合生物标记物的要求。

从几种方法自身的特点来看,共沉淀法合成的装置简单、操作简便、原料廉价及对反应条件的要求不是很高,只是共沉淀反应有时需要调节pH、煅烧时需要惰性气氛等。采用热分解法合成比较省时,但是该合成的装置比较复杂(如加热装置、反应容器等)、操作比较烦琐(如反应前需要反复抽真空、通惰性气体等)、反应条件比较苛刻(需要无水无氧的条件)、原料比较昂贵,并且使用的前驱体及溶剂具有毒性。水/溶剂热法的实验操作比较简单,原料廉价,反应需要特定的水热合成装置,其反应条件较温和,反应温度一般不会高于200 ℃,比前两种方法中的热处理温度都要低。不足的是,该反应一般需要12~24 h才能得到发光强度较高的纳米颗粒,因此比较耗时。

综合以上各种因素,采用热分解法和水/溶剂热法,尤其是采用水/溶剂热法合成的上转换纳米颗粒在生物标记中具有很大优势。

5.5 稀土上转换发光纳米颗粒的表面修饰

合成出粒径足够小且分布均匀、发光强度足够高的上转换纳米颗粒,是拓展其生物应用的根本前提。但是,要想实现上转换纳米颗粒与生物分子之间的相互作用乃至结合,必须保证纳米颗粒表面是亲水的,并且存在与生物分子相偶联的活性基团(如羧基、氨基和醛基等)。从有机溶剂中合成出的纳米颗粒表面通常包覆有憎水性的配体分子(如油酸和油胺等),导致纳米颗粒的亲水性很差。即使从水溶液中合成出的纳米颗粒,其亲水性也不都是很好。另外,纳米颗粒表面通常不具备能够与生物分子相偶联的活性基团。为提高纳米颗粒的亲水性与生物兼容性,使之能够作为分析及生物分析中的探针,对纳米颗粒表面进行功能化修饰是十分必要的。上转换纳米颗粒的表面修饰方法按照修饰物种类的不同主要分为无机壳层修饰法和有机配体修饰法。

5.5.1　无机壳层修饰法

1. 表面硅烷化修饰

上转换纳米颗粒的表面硅烷化修饰通常采用经典的 Stober 方法或者反相微乳液法[121]。经典的 Stober 方法是利用正硅酸乙酯(TEOS)在碱性条件下的水解及缩合反应使纳米颗粒表面包覆上一层 SiO_2,从而有效改善纳米颗粒的亲水性;再利用氨基硅氧烷的水解及缩合反应在 SiO_2 表面进一步修饰上能与生物分子相偶联的氨基基团,使纳米颗粒具有良好的生物兼容性。反相微乳液法也是利用了上述基本原理,只是反应体系有所不同。反相微乳液是一个由水、油和表面活性剂构成的油包水体系,该体系是一种具有各向同性的热力学稳定体系。微乳液中的微小水滴起到了反应介质的作用,正硅酸乙酯及氨基硅氧烷的水解及缩合反应就是在微小的水滴中进行的。

经典的 Stober 方法适用于本身具有一定亲水性的纳米颗粒的表面修饰,由溶剂热法合成的纳米颗粒通常可以采用该方法进行表面修饰。Li 等[122]以聚乙烯吡咯烷酮(PVP)为配体,采用溶剂热法合成出能在水及多种有机溶剂中稳定分散的 $NaYF_4$ ∶Yb,Er@PVP 纳米颗粒。由于纳米颗粒表面结合了 PVP 分子,可以在不借助任何表面修饰的情况下直接进行表面 SiO_2 包覆,其表面修饰原理见图 5.15。他们首先将纳米颗粒分散到乙醇、水和氨水组成的溶液中,然后向其中缓慢滴加 TEOS 的乙醇溶液,反应结束后将混合物离心、洗涤,即得到 SiO_2 包覆的上转换纳米颗粒。修饰后的纳米颗粒具有良好的单分散性,包覆层厚度约为 10 nm,其发光并没有发生减弱,还可以通过改变 TEOS 的用量使 SiO_2 层的厚度在 1～3 nm 内调节。丁晓英等[123]也采用经典的 Stober 法在 $NaYF_4$ ∶Yb,Er 纳米颗粒表面包覆上一层 SiO_2。而后,丁晓英等[124]采用类似的经典方法在 $NaYF_4$ ∶Yb,Er @SiO_2 纳米颗粒的表面进一步沉积氨基硅烷,从而使颗粒表面具有能够与生物分

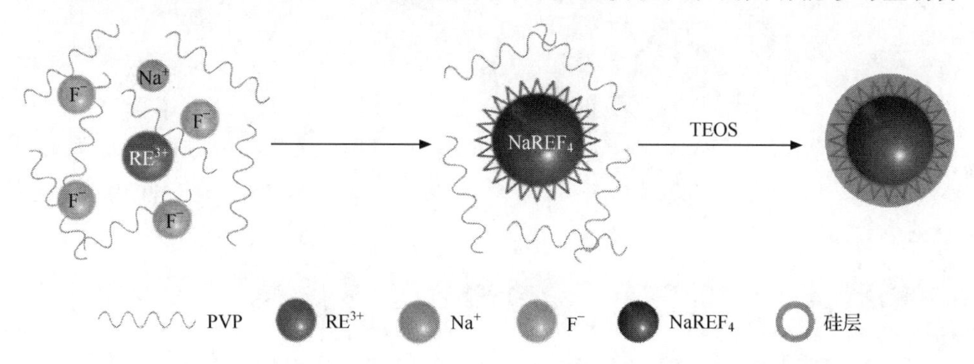

图 5.15　$NaYF_4$ ∶Yb,Er@PVP 上转换纳米颗粒表面包覆 SiO_2 过程示意图

子偶联的氨基基团。而后，崔黎黎等在此基础上用戊二醛[125,126]、丁二酸酐[127,128]作为改性剂分别将氨基化的颗粒表面修饰上醛基和羧基。

采用热分解法得到纳米颗粒的亲水性很差，不宜使用经典的 Stober 法进行表面 SiO_2 包覆，采用反相微乳液法进行表面修饰则是一个比较合适的选择。Shan 等[77]将表面包覆有油酸和三辛基膦的油溶性 β-$NaYF_4$：Yb,Er/Tm 纳米颗粒在反向微乳体系中直接进行表面 SiO_2 包覆。他们发现，当纳米颗粒表面包覆层的厚度与纳米颗粒本身的尺度相当时，包覆层会导致纳米颗粒的发光强度明显降低；当纳米颗粒表面的包覆层较薄时，包覆层几乎不影响纳米颗粒的发光强度。

Li 等[129]将异硫氰酸荧光素(FITC)、异硫氰酸四甲基罗丹明(TRITC)、量子点(QDs 605)与上转换纳米颗粒结合，从而丰富了上转换纳米颗粒的发光性能。他们首先将过量的 FITC、TRITC、QDs 605 分别与 3-氨基丙基三乙氧基硅烷(APS)混合，形成了 FITC-APS、TRITC-APS 和 QDs 605-APS 偶联物。再分别将偶联物与 TEOS 先后注入含有 β-$NaYF_4$：Yb,Er/Tm 上转换纳米颗粒的微乳液中，巧妙地将有机染料或量子点与上转换纳米颗粒共同包覆到 SiO_2 中。制得的复合纳米颗粒可以将 β-$NaYF_4$：Yb,Er/Tm 上转换纳米颗粒发射出的绿光或蓝光通过发光共振能量转移(FRET)的方式传递给有机染料或量子点，使该复合纳米颗粒能发出多种颜色的光，其修饰原理如图 5.16 所示。这种复合型纳米颗粒将在多元生物检测方面有良好的应用前景。

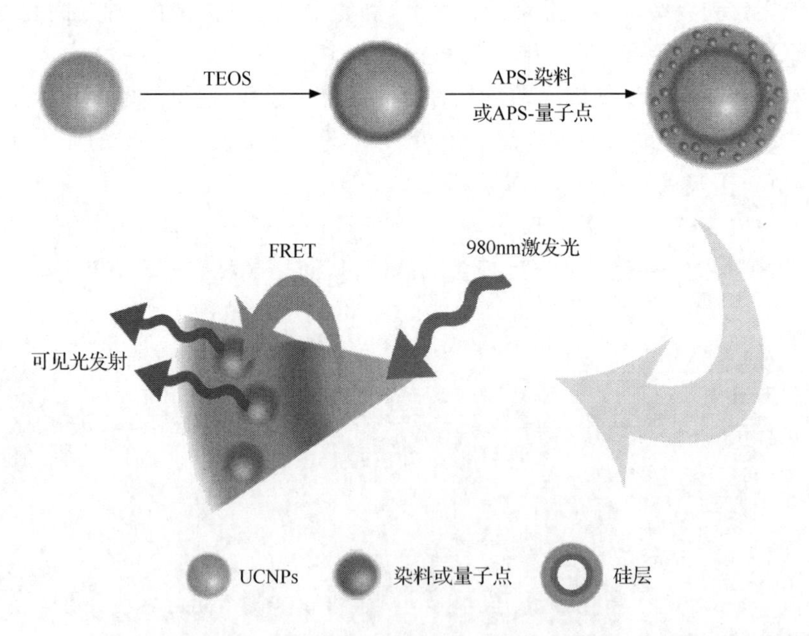

图 5.16　SiO_2 包覆多色上转换纳米颗粒中的发光共振能量转移过程示意图[129]

2. 表面钝化层修饰

纳米颗粒具有较大的比表面积，有一部分掺杂离子会裸露在纳米颗粒的表面，这些裸露的离子处于不完全配位的环境，没有得到基体的有效保护，由它们发出的光很容易被纳米颗粒表面的配体、溶剂或者不纯物质所猝灭，使纳米颗粒的发光效率降低。即使是处于内部的掺杂离子，也会有一定的概率把发射光传递给外部裸露的掺杂离子，导致发光猝灭，这也是纳米颗粒的发光强度低于相应体相材料的原因。通常情况下，在纳米颗粒表面包覆一层钝化层，可以使表面裸露的掺杂离子得到保护，进而使纳米颗粒的发光强度也得到保证。另外，钝化层还会对易氧化的内部组分起到保护作用[130]。

Mai 等[131]利用热分解法在 $NaYF_4$: Yb,Er 上转换纳米颗粒表面包覆上一层 α-$NaYF_4$，制备出核壳型的 α-$NaYF_4$: Yb,Er@α-$NaYF_4$ 和 β-$NaYF_4$: Yb,Er@α-$NaYF_4$ 纳米颗粒。研究中发现，与 α-$NaYF_4$: Yb,Er 相比，α-$NaYF_4$: Yb,Er@α-$NaYF_4$ 的绿光(540nm)发射强度增加了 200%，而红光(650nm)发射强度降低为原来的 55%(图 5.17a)，使绿光与红光发射强度的比值由原来的 0.4 增加到 2。他们认为此发光强度的变化与纳米颗粒的粒径增加无关，也与掺杂 Yb^{3+}/Er^{3+} 离子浓度的减小无关，而是由其本身的核壳结构引起的。同理，β-$NaYF_4$: Yb,Er@α-$NaYF_4$ 的绿光发射强度增加了 50%，而红光的发射强度降低为原来的 71%(图 5.17b)。该小组的研究表明，与相应的单一型纳米颗粒相比，核壳型纳米颗粒所发射的绿光都有显著的增强。

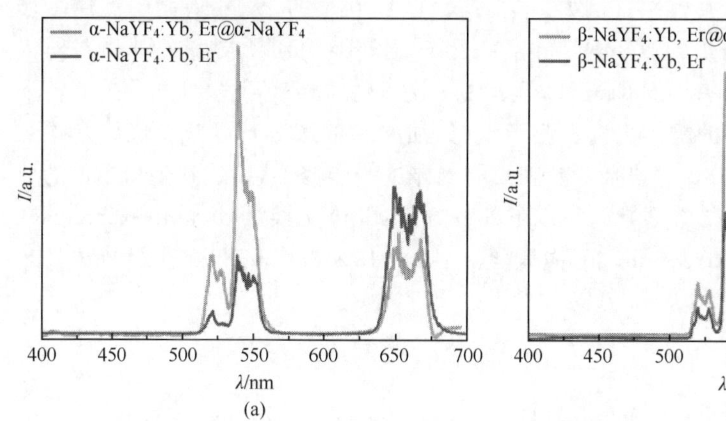

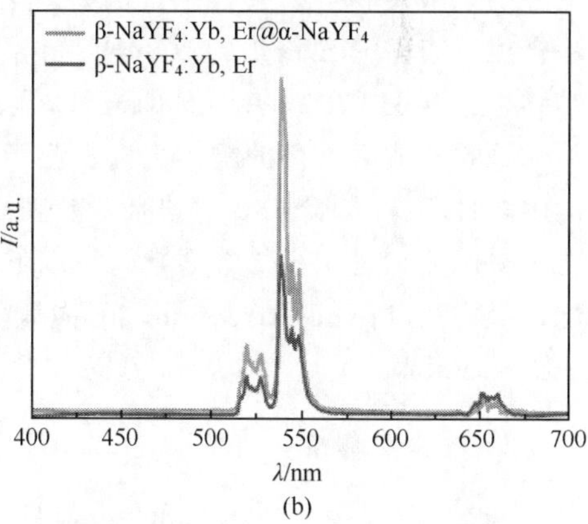

图 5.17　单一型及核壳型 $NaYF_4$: Yb,Er 上转换纳米颗粒的发光光谱[131]

Wang 等[132]也合成出 β-$NaYF_4$: Yb,Er 和 β-$NaYF_4$: Yb,Er@β-$NaYF_4$ 上转换纳米颗粒，并从上转换发光动力学方面分析了影响纳米颗粒发光强度的因素。

研究发现，激发光功率及纳米颗粒表面结合的配体均影响纳米颗粒的发光强度。从发光动力学角度分析，纳米颗粒表面包有相同性质的壳层后，可对核发光强度的猝灭起到修复作用，从而提高纳米颗粒的整体发光强度。另外，对于单一型 β-$NaYF_4$：Yb，Er 上转换纳米颗粒，可以通过改变激发光功率得到不同红、绿发射强度比的上转换发光；而对于核壳型 β-$NaYF_4$：Yb，Er@β-$NaYF_4$ 上转换纳米颗粒，改变激发光功率则不能影响其发光特征。Zhang 等[133]首先利用溶剂热法合成了 α-$NaYF_4$：Nd 纳米颗粒，然后将此纳米颗粒作为核，在其表面又包覆了一层 α-$NaYF_4$。结果表明，核壳型 α-$NaYF_4$：Nd@α-$NaYF_4$ 纳米颗粒的发光量子产率比单一型 α-$NaYF_4$：Nd 的发光量子产率高出 52%。Qian 等[134]采用种子生长法将 β-$NaYF_4$：Yb，Tm 纳米颗粒的表面包覆上一层 β-$NaYF_4$：Yb，Er。结果表明，核壳型 β-$NaYF_4$：Yb，Tm@β-$NaYF_4$：Yb，Er 中对应于 Tm^{3+} 的发光被猝灭，而对应于 Er^{3+} 的发光被增强。后来，他们采用类似的方法制得了以三明治方式包覆的核壳型 β-$NaYF_4$：Yb，Tm@β-$NaYF_4$：Yb，Er@β-$NaYF_4$：Yb，Tm 纳米颗粒，结果表明，其对应于 Tm^{3+} 的发光进一步被猝灭，而对应于 Er^{3+} 的发光进一步被增强。

5.5.2　有机配体修饰法

在上转换纳米颗粒的合成中，配体的参与通常是必不可少的。配体的使用可以防止纳米颗粒的聚集，调整纳米颗粒的粒径，有保护纳米颗粒表面、减缓其生长速度的作用。有些配体可以在合成过程中直接对颗粒的表面进行修饰，使之具有良好的水溶性和生物兼容性。例如，本文前面已提到过的，Wang 等[101]利用一步法合成了表面 PEI 修饰的 $NaYF_4$：Yb，Er/Tm 上转换纳米颗粒，该纳米颗粒对人结肠癌细胞 HT29 没有明显的毒性，显示其良好的生物兼容性。但是，在上转换纳米颗粒合成中常用的配体大都不溶于水（如油酸和油胺等），导致合成纳米颗粒的水溶性不好，因此需要对纳米颗粒表面的配体进一步修饰，以达到生物标记的要求。对配体的进一步修饰通常采用以下几种方法：配体交换法（ligand exchange）、配体吸附法（ligand attraction）、配体氧化法（ligand oxidation）和配体组装法（ligand assembly）。

1. 配体交换法

用具有双官能团的物质将纳米颗粒表面的原有配体取代，双官能团物质一端的官能团与纳米颗粒表面结合，另一端则起到了对表面的修饰作用，这样的方法称为配体交换法。Schafer 等[110, 111]在具有配位作用的有机溶剂 *N*-（氨基乙基）乙醇胺（HEEDA）中制备出了油溶性的 $NaYF_4$：Yb，Er 纳米颗粒，用羟基亚乙基二膦酸（HEDP）与颗粒表面的 HEEDA 配体进行交换，使纳米颗粒具有亲水性。但是该方法的操作步骤比较烦琐。Yi 等[71]采用热分解法在油胺体系中合成了 β-$NaYF_4$∶Yb,Er 上转换纳米颗粒。油胺分子一端的氨基与纳米颗粒表面结合,长链烃基包覆在纳米颗粒表面,使颗粒不能分散在水中。如图 5.18a 所示,他们将双极性的表面活性剂 PEG600 二酸与纳米颗粒共同加入正己烷-乙醇混合体系中并搅拌48 h,纳米颗粒表面的油胺与 PEG600 二酸发生了配体交换作用,便得到了表面 PEG600 二酸修饰的纳米颗粒。这里,PEG600 二酸一端的羧基将纳米颗粒表面原有的氨基取代,另一端的羧基则增强了纳米颗粒的亲水性和生物兼容性。经修饰后的纳米颗粒溶胶可以稳定保持数周,并且配体交换后纳米颗粒的发光强度没有明显变化。该方法的操作步骤比较简单,但是修饰过程相对比较费时。Budijono 等[135]分别将聚丙烯酸(PAA)、聚乙二醇-聚己内酯嵌段共聚物(PEG-b-PCL)、聚乙二醇-聚乳酸嵌段共聚物(PEG-b-PLA)和聚乙二醇-聚乳酸乙醇酸嵌段共聚物(PEG-b-PLGA)作为修饰剂,与纳米颗粒表面的三辛基膦配体发生配体交换反应。与 PAA 之间的配体交换是这样进行的:将 PAA 溶解在二缩三乙二醇(TEG)中,加热体系至 110 ℃,在 N_2 保护下剧烈搅拌,再将三辛基膦包覆的纳米颗粒的甲苯溶液迅速注入上述体系中;将混合体系升温至 210 ℃并反应 5 h,产物经离心、洗涤,便得到 PAA 修饰的纳米颗粒。与其他嵌段共聚物之间的配体交换是这样进行的:首先要合成 3 种相应的嵌段共聚物,将纳米颗粒的四氢呋喃溶液与聚合物混合,将混合物和水通过注射泵一起注入涡旋混合器中进行配体交换,所得混合物经过透析除去四氢呋喃后,便得到了嵌段聚合物修饰的上转换纳米颗粒。Zhang 等[136]也利用配体交换的原理将 β-$NaYF_4$∶Yb,Er/Tm/Ho 上转换纳米颗粒表面的油胺与己二酸(HDA)进行交换,实现了纳米颗粒的羧基化修饰。他们首先将 HDA 溶解在一缩二乙二醇(DEG)中,加热体系至 110 ℃,在 Ar 保护下剧烈搅拌,再将油胺包覆的纳米颗粒的氯仿溶液迅速注入上述体系中。将混合体系升温至 240 ℃并反应 1.5 h,产物经离心、洗涤,便得到 HDA 修饰的纳米颗粒。实验结果表明,在实际的配体交换过程中还存在另一种情况,即 HDA 两端的羧基同时结合在纳米颗粒的表面。该修饰方法采用较高的温度,这样有利于配体交换反应的迅速进行,但是反应条件较为苛刻。上述三例都成功地利用具有双官能团或多官能团分子与纳米颗粒表面的憎水性配体进行交换,实现了纳米颗粒表面的羧基化,从而使纳米颗粒与生物分子的进一步连接成为可能。

2. 配体吸附法

将同时具备亲水和憎水官能团的两亲性物质与纳米颗粒表面作用,该物质中的憎水官能团与纳米颗粒表面原有配体通过疏水作用相吸附,而亲水官能团则起到了对表面的修饰作用,这样的方法称为配体吸附法。Yi 等[137]首先采用热分解法合成出表面油胺修饰的核壳型 $NaYF_4$∶Yb,Er/Tm@$NaYF_4$ 上转换纳米颗粒。

如图 5.18b 所示,他们以嵌有辛胺和异丙胺的聚丙烯酸作为修饰剂,利用聚合物分子中疏水的辛基和异丙基与纳米颗粒表面疏水的烃基之间的疏水作用,使聚合物包覆在纳米颗粒表面,聚合物分子中的羧基基团使憎水的上转换纳米颗粒具有亲水性,实现了对纳米颗粒表面的羧基化修饰。该修饰方法的操作比较简单,将纳米颗粒分散在氯仿中,并与聚合物的氯仿溶液混合,真空下蒸干氯仿即得到聚合物修饰的纳米颗粒。经聚合物修饰后,纳米颗粒的发光强度有所降低,他们推测该现象的产生是由于覆盖在纳米颗粒表面的配体分子具有较高的振动能,对发光有一定的吸收作用,从而导致发光的猝灭。

3. 配体氧化法

用强氧化剂将纳米颗粒表面配体分子中的不饱和键氧化,并生成活性官能团,这种方法称为配体氧化法。Chen 等[138]首先采用溶剂热法合成出表面油酸修饰的 $NaYF_4$:Yb,Er 上转换纳米颗粒,然后巧妙地利用 Lemieux-von Rudloff 试剂(含有 0.5 mmol·L^{-1}高锰酸钾和 0.105 mmol·L^{-1}高碘酸钠的水溶液)在 40 ℃的较温和条件下将颗粒表面油酸分子中的碳-碳双键氧化成两个羧基,从而得到了相当于表面壬二酸修饰的 $NaYF_4$:Yb,Er 上转换纳米颗粒(图 5.18c)。该修饰方法的反应条件比较温和,但反应时间较长,需要 48 h 的持续搅拌,并且产率相对较低。之后,Hu 等[139]对该方法进行了改进,将油酸修饰的纳米颗粒分散在环己烷-氯仿混合溶液中,并向其中加入 3-氯过氧苯甲酸,体系回流 3 h。在过氧化物的作用下,油酸分子中的碳-碳双键被氧化,生成了环氧化物。然后向其中加入聚乙二醇一甲醚(*m*PEG-OH),体系在室温下搅拌 8 h。此时,环氧化物中的碳-氧键断裂并与 *m*PEG-OH 反应,使聚合物引入油酸分子上,最终形成了 PEG 修饰的上转换纳米颗粒。PEG 具有良好的生物兼容性,且毒性低,因此,PEG 修饰的上转换纳米颗粒在生物标记方面有着良好的应用潜力。上述两例只适用于纳米颗粒表面配体中含有不饱和碳-碳键的情况,而大多数上转换纳米颗粒的表面都是有油酸或者油胺包覆的,所以该方法对于大多数上转换纳米颗粒的表面修饰还是比较适用的。

4. 配体组装法

Wang 等[140]采用水热法合成出表面油酸修饰的 $NaYF_4$:Yb,Er 上转换纳米颗粒后,利用配体的层层组装(layer-by-layer assembly)技术成功地对纳米颗粒表面进行了修饰(图 5.18d)。通过调整纳米颗粒胶体溶液的 pH 并测定其 Zeta 电位(ζ-电位)得出 $NaYF_4$:Yb,Er 纳米颗粒在弱碱性条件下表面带负电荷,当修饰上带正电荷的聚丙烯胺盐酸盐(PAH)后,颗粒表面带正电荷;接着修饰上带负电荷的聚苯乙烯磺酸钠(PSS)后,颗粒表面带负电荷;最后再次修饰上 PAH 后,颗粒表面又带正电荷。经两次 PAH 修饰后的纳米颗粒具有良好的水溶性并且表面富含氨基,从而达到生物发光标记的要求。配体层层组装法可以通过包覆的层数来调整纳米颗粒表面配体的厚度,具有粒径可调的优点。但是该方法要求修饰前的纳米颗粒在水中要有比较好的分散性,不太适用于热分解法制得的纳米颗粒。

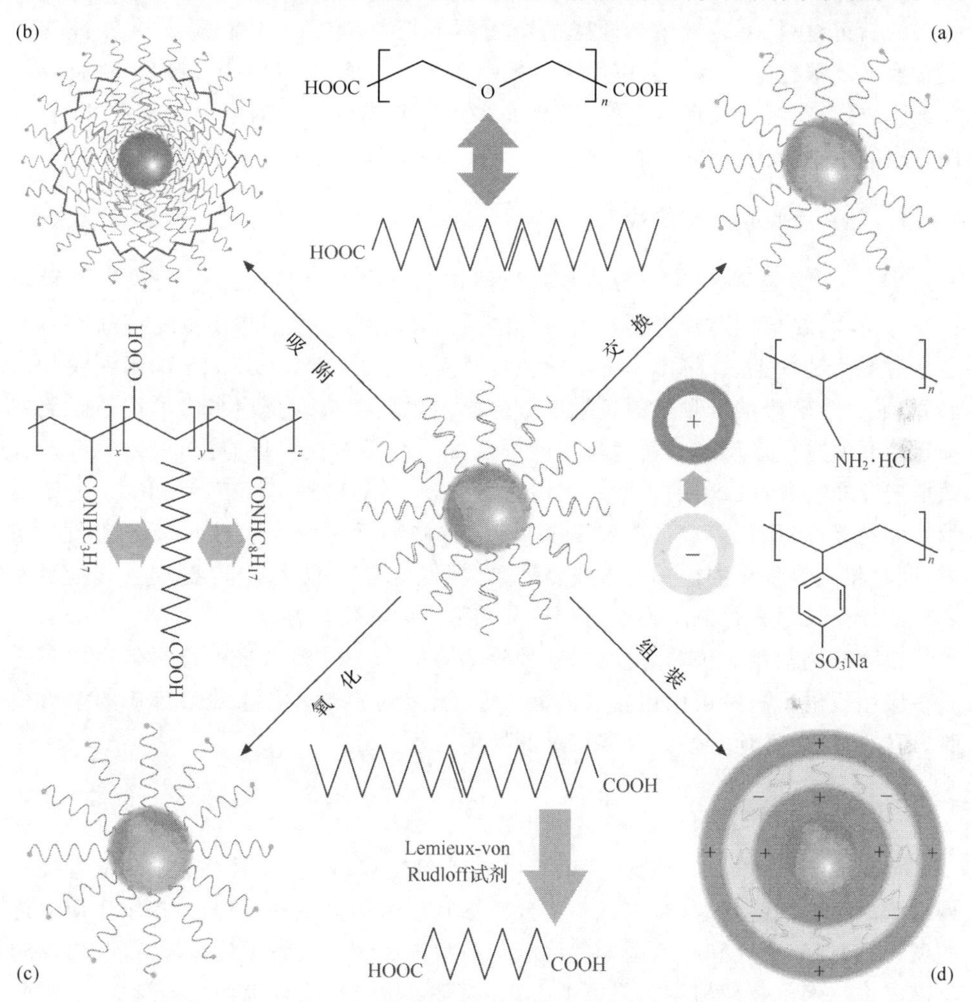

图 5.18　纳米颗粒的有机配体修饰法

(a)配体交换法;(b)配体吸附法;(c)配体氧化法;(d)配体组装法

5.6　稀土上转换发光纳米颗粒的生物应用

近年来,上转换纳米颗粒作为一种新型生物标记材料在生物大分子检测及生物标记等方面的应用逐渐受到重视。与传统荧光标记物相比,上转换纳米颗粒本身具有毒性低、化学稳定性好、发光强度高而稳定和 Stokes 位移大等优点。另外,上转换纳米颗粒的激发光为红外光，在此激发条件下可以避免生物样品自体荧光的干扰，从而降低检测背景，提高信噪比[141]。因此，上转换纳米颗粒作为生物标记物在生物学、医学和生命科学等领域都有着非常好的应用前景。当然，作为一种新兴的标记材料，上转换纳米颗粒的应用还不是很广泛。目前，稀土掺杂 $NaYF_4$ 上转换纳米颗粒在生物中的应用主要集中在 5 个方面：①芯片上免疫反应的检测；②细胞成像；③组织及活体成像；④基于发光共振能量转移的生物检测；⑤基于磁性分离的生物检测。

5.6.1 芯片上免疫反应的检测

Yi 等[62]将表面 SiO_2 包覆并氨基化修饰的 $NaYF_4$: Yb,Er 上转换纳米颗粒作为标记物，在蛋白芯片上实现了对免疫反应的检测。他们将小鼠免疫球蛋白固定在醛基化芯片上，并将山羊抗小鼠免疫球蛋白与 $NaYF_4$: Yb,Er 纳米颗粒共价偶联，通过上转换纳米颗粒的发光信号检测了小鼠免疫球蛋白与山羊抗小鼠免疫球蛋白之间的免疫反应。通过与阴性对照试验结果对比可以看出，该体系可以有效地避免非特异性吸附的干扰。类似地，Lu 等[142]对磁性 $NaYF_4$: Yb,Er 上转换纳米颗粒表面进行 SiO_2 包覆和氨基修饰，将修饰后的纳米颗粒与链霉亲和素相连，同时将生物素化的山羊抗人免疫球蛋白固定在醛基化芯片上，通过上转换纳米颗粒的发光信号来检测生物素与链霉亲和素之间的特异性结合。

以上两例都用到了芯片检测，这种检测方式为上转换纳米颗粒在生物方面的潜在应用提供了一种可以借鉴的模型。但是，要想实现芯片上免疫反应的定量检测，还需要针对性地开发或改装特定的检测仪器。

5.6.2 细胞成像

荧光显微成像技术将荧光标记与生物成像技术结合，利用光学显微镜直接获得细胞或组织的结构图像，以进一步分析细胞或组织的生理过程，对揭示生命遗传的奥秘、病理的研究和临床医学的诊断与治疗都起着至关重要的作用。同时，荧光显微成像技术不仅使检测结果更加直观，而且可以进行实时监测与连续成像，因而在生物与医药领域中的应用越来越受到重视。稀土上转换发光纳米材料采用近红外光为激发光源，由于红外光能量较低，细胞等其他生物组织在红外光激发下不会产生明显的自体荧光，因而在检测过程中大大降低了背景的干扰，灵敏度较高。同时，红外光还具有穿透能力强的优点，与其他荧光标记物相比在组织成像方面更具有优势。上转换发光纳米材料在生物成像方面的独特优势，引起了人们的广泛关注。

Chatterjee 等[143]利用叶酸与癌细胞表面叶酸受体之间的特异性结合，首次将表面 PEI 修饰的 $NaYF_4$: Yb,Er 上转换纳米颗粒成功地应用于癌细胞的荧光显微成像。他们首先将 $NaYF_4$: Yb,Er 上转换纳米颗粒与叶酸进行共价偶联，再分别与人卵巢癌 OVCAR3 细胞(图 5.19a)和人结肠癌 HT29 细胞(图 5.19b)孵育。图中左列为明场像,中间为暗场像,右列为明场与暗场的复合图像。由于癌细胞表面存在叶酸受体,经过一段时间的孵育后,纳米颗粒表面的叶酸会与细胞表面的受体进行特异性结合,从而实现 $NaYF_4$：Yb,Er 纳米颗粒对人结肠癌细胞和人卵巢癌细胞的成像。虽然上转换纳米标记物在生物成像方面的应用对生理过程等的进一步研究很有帮助,但其负面影响也很受关注,因此该小组还对 $NaYF_4$：Yb,Er 上转换纳米颗粒的毒性进行了考察。他们从小鼠体内提取出骨髓干细胞,用不同浓度的 $NaYF_4$：Yb,Er 纳米颗粒培养 24～48 h 之后,检测骨髓干细胞的存活率。实验结果表明,将骨髓干细胞与浓度为 1 $\mu g \cdot mL^{-1}$ 的纳米颗粒共同培养 48 h 后,细胞存活率基本可以达到 100%;而当增加纳米颗粒的浓度到 25 $\mu g \cdot mL^{-1}$ 时,细胞存活率也仍在 90%以上。继续培养 120 h 后,将细胞在红外光激发下进行荧光显微成像,没有发现明显的细胞凋亡现象。这些证明了该纳米颗粒在一定时间和浓度范围内对细胞没有明显的毒性。

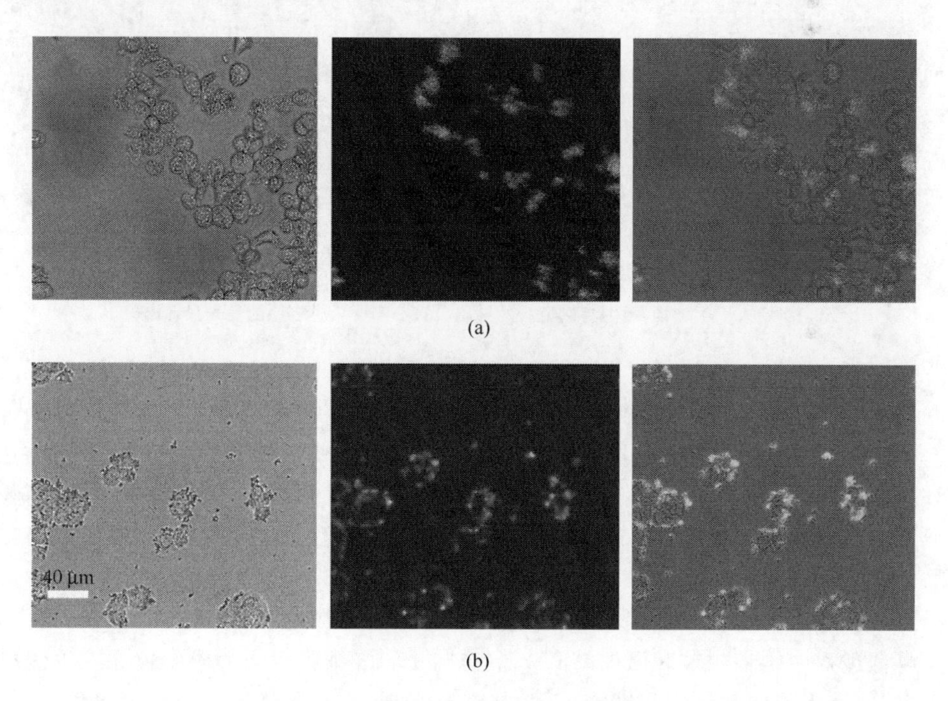

图 5.19　$NaYF_4$：Yb,Er 上转换纳米颗粒标记人卵巢癌 OVCAR3 细胞(a)和人结肠癌细胞 HT29(b)的显微成像照片[143]

Li 等[129]将 $NaYF_4$：Yb,Er@SiO_2 上转换纳米颗粒直接应用于乳腺癌细胞标记。他们将纳米颗粒与癌细胞共同孵育 24 h 后,冲洗除掉未结合的纳米颗粒,然后在 980 nm 红外光下激发,利用共聚焦显微镜进行荧光成像。实验中观察到细胞内发出明显的绿色荧光，而作为空白实验的单独的癌细胞在红外光激发下没有产生自体荧光。同时，他们在成像过程中逐步增大激光器的功率，发现随着激光器功率的增大，纳米颗粒的荧光强度逐渐增强，但背景干扰并没有增强，证明了上转换纳米颗粒在生物检测中信噪比较高的特点。Nyk 等[144]将 $NaYF_4$: Yb,Tm 上转换纳米颗粒与人胰腺癌细胞共同孵育 2 h，实现了对人胰腺癌细胞的成像(图 5.20)，该小组还通过细胞毒性实验证实了 $NaYF_4$: Yb,Tm 纳米颗粒对人胰腺癌细胞没有明显的毒性。以上几例虽然都成功地实现了上转换纳米颗粒对癌细胞的生物标记，但是纳米颗粒与癌细胞之间的结合不是免疫性结合。

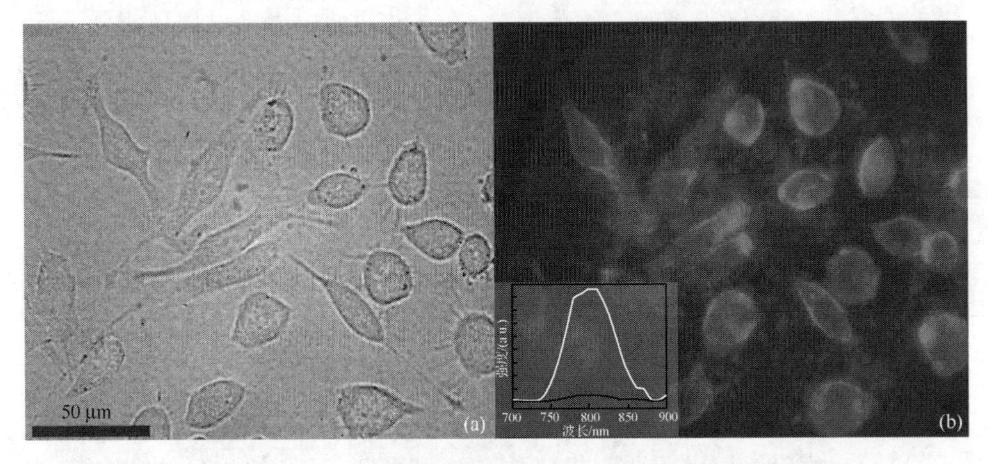

图 5.20 $NaYF_4$: Yb,Tm 上转换纳米颗粒标记人胰腺癌细胞的显微成像照片[144]

(a) 明场；(b) 暗场，插图为标记后的细胞(白色)和背景(黑色)的发光强度比较

本研究小组在细胞成像方面也开展了相关工作，不仅对现有的方法进行了改进，而且使标记效果也明显提高。我们将抗原-抗体的免疫性结合应用于宫颈癌细胞(HeLa 细胞)的生物标记与荧光成像[145]。如图 5.21a 所示，首先利用 Stober 法对所合成的 $NaYF_4$: Yb,Er 纳米颗粒进行表面 SiO_2 包覆与氨基修饰，以提高粒子的水溶性与生物相容性。其次在活化剂 NHS 和 EDC 的作用下，利用氨基与羧基之间的共价偶联将氨基修饰的 $NaYF_4$: Yb,Er 纳米颗粒与兔抗 CEA8 抗体进行连接。最后将与抗体连接的 $NaYF_4$: Yb,Er 纳米颗粒与 HeLa 细胞共同孵育，在孵育过程中纳米颗粒表面的 CEA8 抗体与 HeLa 细胞表面的癌胚抗原发生免疫反应，使纳米粒颗粒标记在细胞表面，并在 980 nm 红外光激发下发射出绿色光，从而实现了对 HeLa 细胞的特异性免疫标记与荧光成像(图 5.21b，左图为明场像，中间图为暗场像，右图为明场与暗场的复合图像。)。实验同时研究了激光器功率与孵育时间对标记效果的影响，结果分别与前两例报道结果一致，作为标记物，$NaYF_4$: Yb,Er 纳米颗粒不仅在标记过程中对细胞的毒性作用小，而且在成像过程中的背景干扰很小。

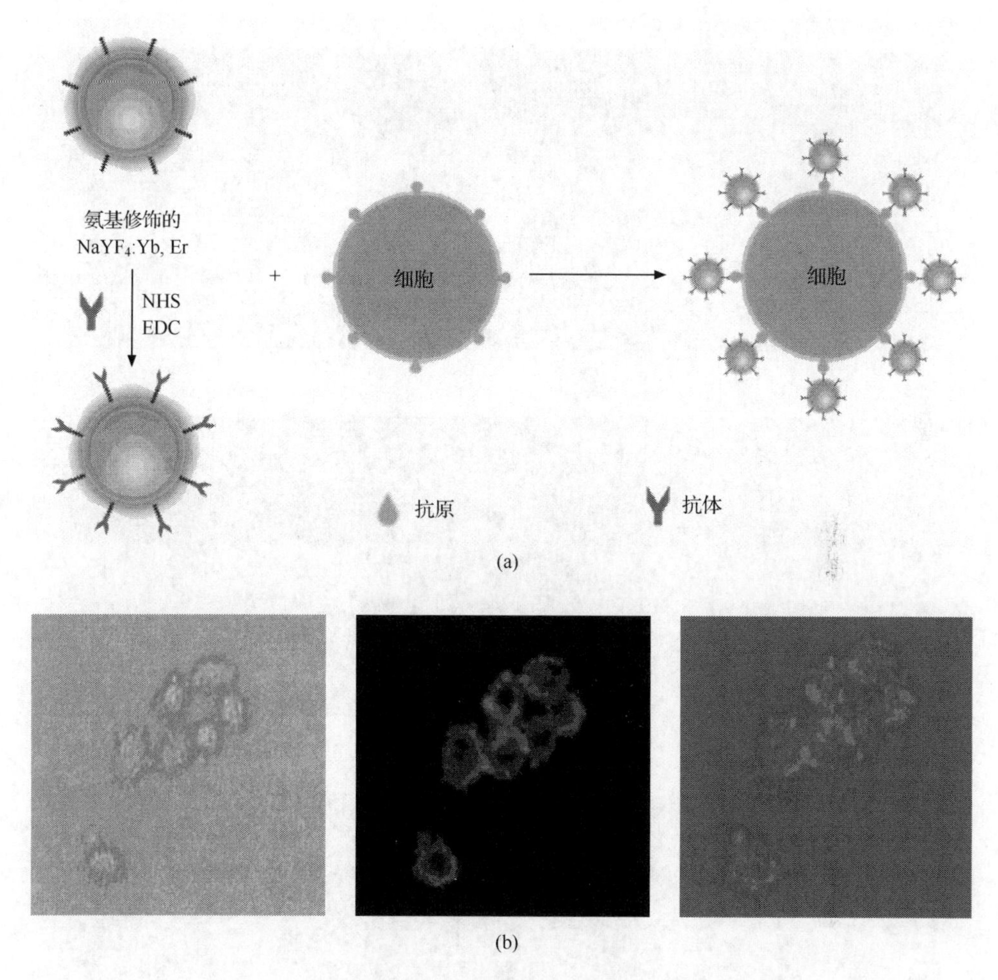

图 5.21　$NaYF_4$：Yb,Er 上转换纳米颗粒免疫标记人宫颈癌细胞的显微成像示意图(a)及照片(b)[145]

之后,我们又合成出了具有橙色、蓝色与绿色上转换发光性能的 $NaYbF_4$：Er/Tm/Ho 纳米颗粒。在对其进行表面氨基修饰后,采用类似的方法成功地进行了 HeLa 细胞的免疫标记与成像(图 5.22,从左至右依次为明场像、暗场像、明场与暗场的复合图像。)[107]。在细胞成像方面,多组分同时检测也可称为多色标记,即利用具有不同发光颜色的纳米颗粒同时进行细胞的特异性标记与荧光显微成像。而这一系列具有多色发光性能的纳米颗粒在细胞的多色标记中有着非常好的应用前景。

近年来,对上转换纳米颗粒细胞毒性的考察也引起了研究者的关注。细胞毒性检测是一种灵敏、迅速和低廉的标准检测方法,该方法通过评估细胞的形态及线

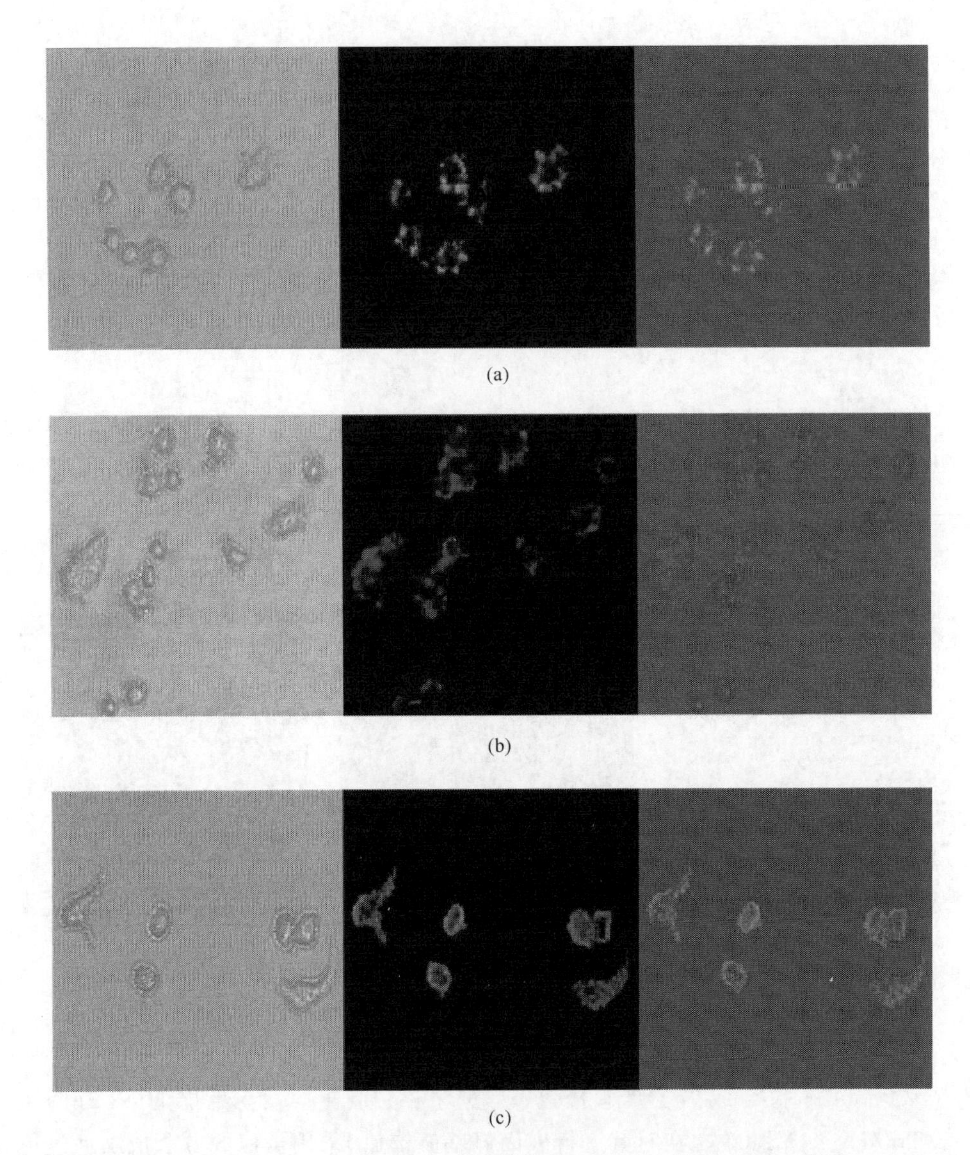

图 5.22 $NaYbF_4$: Er/Tm/Ho 上转换纳米颗粒免疫标记人宫颈癌细胞的显微成像照片[107]

(a) $NaYbF_4$: Er; (b) $NaYbF_4$: Tm; (c) $NaYbF_4$: Ho

粒体功能(MTT 及 MTS 试验)来检测纳米颗粒是否含有毒性物质。通常将某种细胞与不同浓度的纳米颗粒共同孵育一段时间,通过比较暴露在检测条件与空白条件下的细胞成活率来评估纳米颗粒的细胞毒性。表 5.3 汇总了目前报道的稀土掺杂上转换纳米颗粒细胞毒性实验的部分数据。结合文献可以看出,稀土掺杂上转换纳米颗粒对很大一部分细胞系是低毒甚至无毒的。

表 5.3　细胞毒性实验数据

细胞	纳米颗粒	细胞孵育浓度及时间	细胞存活率	文献
骨髓干细胞	$NaYF_4$: Yb,Er@PEI	1 μg · mL^{-1},24～48 h	约 100%	[143]
		25 μg · mL^{-1},24～48 h	大于 90%	[143]
骨髓干细胞	$NaYF_4$: Yb,Er@SiO_2	25 μg · mL^{-1},24 h	91.1%	[146]
骨骼成肌细胞	$NaYF_4$: Yb,Er@SiO_2	50 μg · mL^{-1},24 h	93.3%	[146]
胰腺癌细胞	$NaYF_4$: Yb,Tm	2 μg · mL^{-1},10 min	大于 90%	[144]
乳腺癌细胞	$NaYF_4$@Ab-siRNA	50 μg · mL^{-1},24 h	98.6%	[147]
		80 μg · mL^{-1},24 h	92.5%	[147]
骨肉瘤细胞	$NaYF_4$: Yb,Er@SiO_2	1 μg · mL^{-1},9 d	96.2%	[148]
	$NaYF_4$: Yb,Er@PAA	1 μg · mL^{-1},9 d	92.8%	[148]
鼻咽上皮癌细胞	LaF_3 : Yb,Ho@*m*PEG	125 μg · mL^{-1},12 h	大于 85%	[139]
		250 μg · mL^{-1},12 h	大于 80%	[139]
鼻咽上皮癌细胞	$NaYF_4$: Yb,Tm@PAA	6～480 μg · mL^{-1},24 h	大于 94%	[149]
		480 μg · mL^{-1},48 h	大于 80%	[149]

作为一种新型的标记物,稀土掺杂上转换发光纳米颗粒为细胞成像技术注入了新的活力,推动了生物学、医学和临床学等相关领域的发展。上转换纳米颗粒具有性质稳定、毒性小、激发能量低及对生物体损害小等优点,其生物应用必将成为新的研究热点。

5.6.3　组织及活体成像

细胞成像仅仅是上转换纳米颗粒生物应用的开始,要使其真正应用于临床医学领域,必须首先考察上转换纳米颗粒对生物组织的负面影响,如毒性和生物相容性等。同时,上转换纳米颗粒的发射光在深处组织的穿透能力也需要考虑。在细胞成像方面,已有部分研究小组对上转换纳米颗粒的毒性和生物相容性进行了考察,证明了其毒性小的特点[143]。Jalil 等[146]通过 MTS 细胞生长检测和 LDH 释放法进行了更为全面的考察。其中 MTS 检测主要用于通过对溶液中细胞的增殖程度的分析来判断线粒体功能;LDH 检测则用于检验细胞膜的完整性,即通过从受损细胞的细胞膜释放出的乳酸脱氢酶的荧光强度来定量检测细胞膜的完整程度。他们将表面 SiO_2 包覆的 $NaYF_4$: Yb,Er 上转换纳米颗粒分别与骨骼成肌细胞和骨髓间质干细胞(BMSCs)孵育 24 h,并进行 MTS 和 LDH 检验。MTS 检验表明,在 1～100 μg · mL^{-1}浓度范围内,尽管随着 $NaYF_4$: Yb,Er 上转换纳米颗粒浓度的增加,两种细胞的存活率均出现细微的下降,但 BMSCs 细胞的存活率仍达 80%以上;骨骼成肌细胞的存活率更高,为 87%以上。LDH 检测结果显示,上转换纳米颗粒的浓度为 100 μg · mL^{-1} 时，共同孵育 24 h 后，BMSCs 细胞的死亡率为(7.95±0.24)%，骨骼成肌细胞的死亡率为(3.4±0.15)%。上述数据都证明了 $NaYF_4$: Yb,Er 纳米颗粒毒性低和生物兼容性好的特点。

为了考察红外光的穿透能力，Lim 等[150] 首先利用线虫进行了初步研究。他们将合成的 Y_2O_3 : Yb,Er 纳米颗粒与线虫共同孵育一段时间后，在 980 nm 激光器下进行荧光显微成像。在孵育过程中，线虫会慢慢吞掉周围的 Y_2O_3 : Yb,Er 纳米颗粒，因而在红外光激发下体内呈现出明亮绿色的发光(图 5.23)，这也表明红外光的穿透性较好。结合对线虫的扫描电镜表征，他们又进一步验证了在线虫内部存在纳米颗粒。

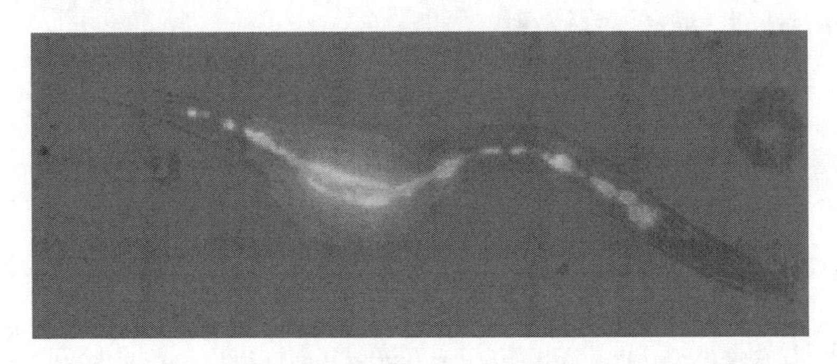

图 5.23　吞噬了 Y_2O_3 : Yb,Er 纳米颗粒的线虫在 980 nm 红外光照射下的显微照片[150]

鉴于在临床医学中常采用小白鼠进行实验，Chatterjee 等[143] 利用小白鼠完成了活体成像研究。他们将小白鼠麻醉后，分别在小鼠的腹部、背部和大腿区域注入 100 μL 浓度为 4.4 mg · mL^{-1} 的 $NaYF_4$: Yb,Er 纳米颗粒，然后在黑暗的房间内用 980 nm 激光器照射，实验同时利用量子点进行对照试验。成像结果表明，用量子点为标记物时，在小鼠的背部与腹部皮肤较厚处注入量子点后，紫外光激发下都没有荧光(图 5.24c)，只有小鼠足部皮肤较薄处注入量子点后，在紫外光激发下有微弱荧光(图 5.24a 和图 5.24b)。而当以 $NaYF_4$: Yb,Er 上转换发光纳米颗粒为标记物时，在小鼠的腹部、背部和腿部深处组织注入纳米颗粒后，红外光激发下几处组织都有明亮的发光(图 5.24d 和图 5.24f)，表明红外光的穿透能力较强，在活体标记应用方面很有潜力。Nyk 等[144] 将 $NaYF_4$: Yb,Tm 纳米颗粒注入小鼠的体内，成功地对小鼠进行了活体成像(图 5.24g和图 5.24h)。实验结果显示，采用红外光激发使活体成像具有很高的信噪比，并且在注射上转换纳米颗粒 48 h 后并没有发现对小鼠的明显毒性。

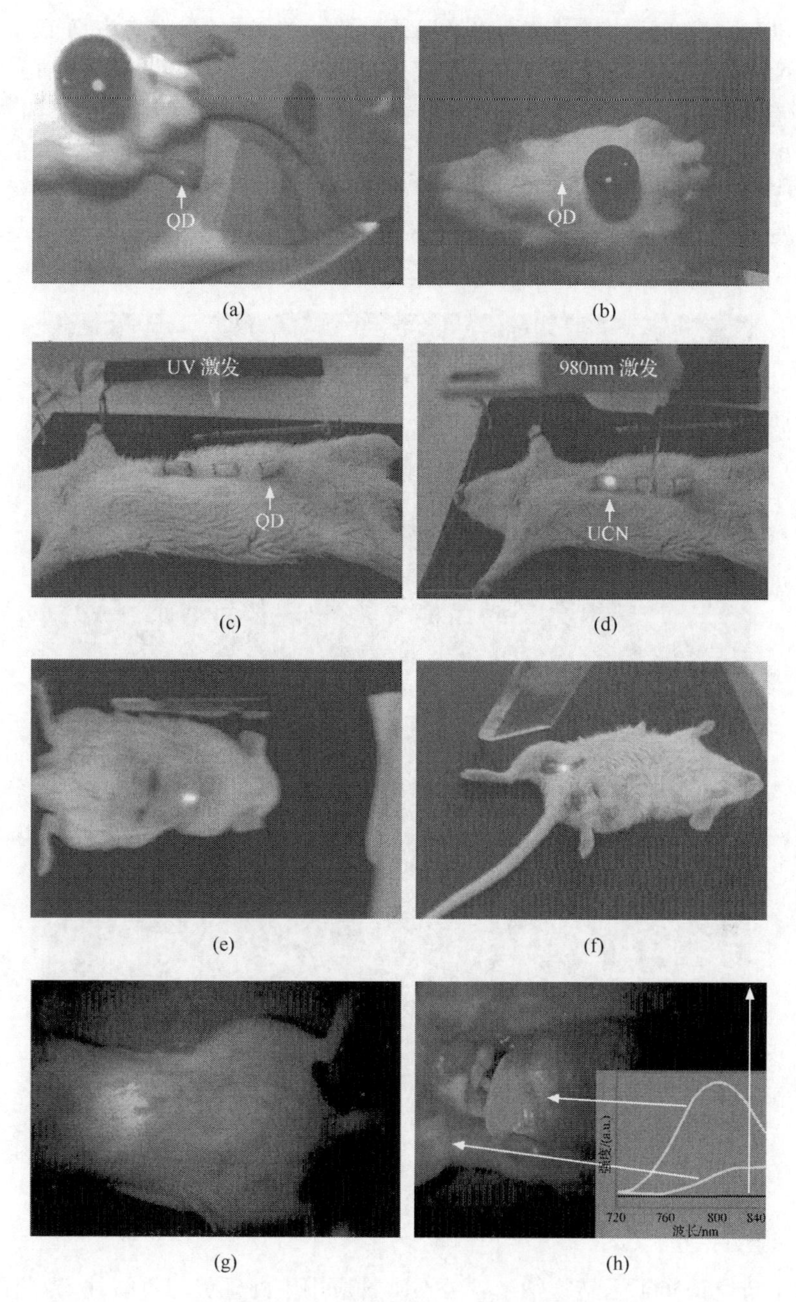

图 5.24　上转换纳米颗粒用于小白鼠的活体成像[143, 144]

(a) 将量子点注射到小白鼠半透明的足部皮肤下；(b) 将量子点注射到小白鼠背部皮肤下；(c) 将量子点注射到小白鼠腹部皮肤下；(d) 将 $NaYF_4$: Yb, Er 纳米颗粒注射到小白鼠腹部皮肤下；(e) 将 $NaYF_4$: Yb, Er 纳米颗粒注射到小白鼠背部皮肤下；(f) 将 $NaYF_4$: Yb, Er 纳米颗粒注射到小白鼠大腿皮肤下；(g) 完整未解剖的小白鼠；(h) 解剖后的小白鼠本研究小组在活体成像方面也开展了一些相关工作，我们将表面 PEI 修饰的球形 β-$NaYF_4$：Yb，Er 上转换纳米颗粒孵育到秀丽隐杆线虫体内，成功实现了线虫的活体成像(图 5.25)[151]。实验结果表明，孵育时间越长、纳米颗粒浓度越高、粒径越小，线虫体内的绿色发光越强；而纳米颗粒表面修饰的不同配体并没有对线虫活体成像产生明显的影响。同时还发现，孵育了纳米颗粒的线虫，其后代体内没有绿色发光。最后，我们根据吞噬了纳米粒子的线虫的成活率证明了这种上转换纳米颗粒的低毒性。

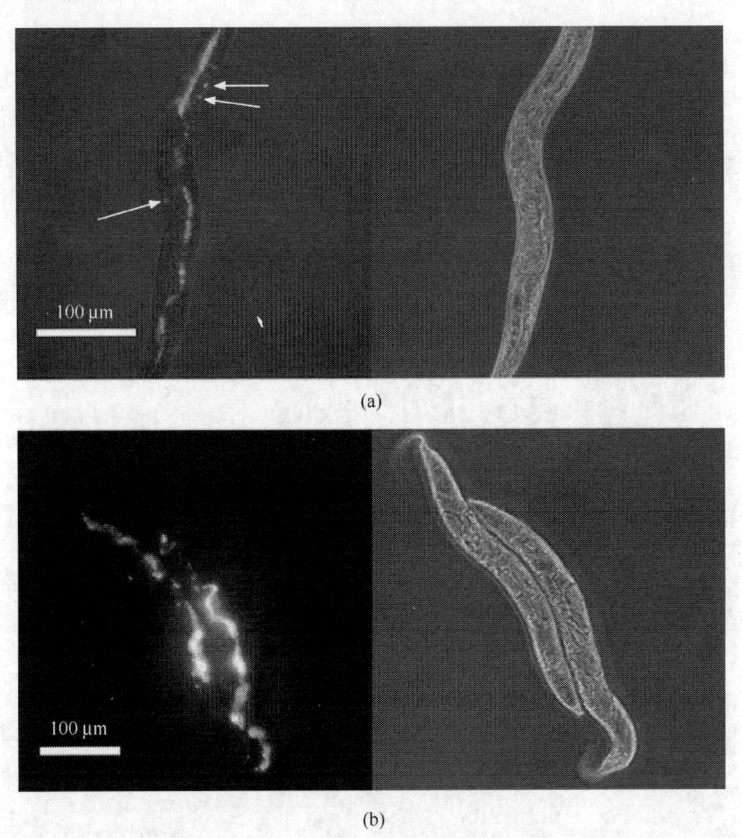

图 5.25　吞噬了 PEI 修饰 β-$NaYF_4$：Yb，Er 上转换纳米颗粒的线虫在 980 nm 红外光照射下的显微照片[151]

(a) 线虫与纳米颗粒孵育 6h；(b) 线虫与纳米颗粒孵育 20h

以上研究证实了上转换纳米颗粒在生物应用中的优势与可行性，为其在医学、生物学领域的实际应用提供了有力的理论依据。

5.6.4　基于发光共振能量转移的生物检测

在某一荧光体系中，如果两个荧光基团之间的距离足够近(一般小于 100 Å)，并且一个荧光基团(供体,donor)的发射光谱与另一个基团(受体,acceptor)的吸收光谱有一定的重叠,当供体被入射光激发时,可通过偶极-偶极耦合作用将供体的能量以非辐射方式传递给受体,这就是 1948 年由 Förster 首先提出的荧光共振能量转移(fluorescence resonance energy transfer, FRET)理论。Förster 还推导出荧光共振能量转移过程的效率与供体和受体间距离有如下关系:

$$E = \frac{1}{1 + (r/R_0)^6}$$

其中,R_0 称为 Förster 半径,是指能量转移效率为 50%时,供体与受体之间的距离。其依赖于荧光基团的光谱特性及它们的相对方向,对于特定的体系和能量供、受体对,可以将 R_0 看做恒量,r 为供体与受体之间的距离。可以看出,当 r 产生微小的变化时,即能引起能量转移效率的显著变化,进而引起体系荧光强度的显著变化。此外,体系的能量转移效率还受供体与受体自身光谱性质的影响,供体的发射光谱与受体的吸收光谱之间重叠程度越大,能量转移的效率越高。目前,共振能量转移中常用的荧光物质有荧光蛋白、有机染料、量子点及稀土发光材料等。这里需要特别指出,稀土离子的发光是由 f-f 跃迁引起的,不属于荧光范畴,因此将稀土发光材料参与的共振能量转移称为发光共振能量转移,其实质与荧光共振能量转移基本相同[152]。

利用发光共振能量转移原理,Wang 等[140]将 β-$NaYF_4$: Yb,Er 上转换纳米颗粒为能量的供体,纳米金为能量的受体,首次建立了 β-$NaYF_4$: Yb,Er 上转换纳米颗粒与纳米金之间的发光共振能量转移体系,并成功地应用于微量亲和素的定量检测。他们分别将氨基修饰的 β-$NaYF_4$: Yb,Er 纳米颗粒和纳米金与生物素偶联,并在体系中加入一定量的亲和素。结合发光光谱表征,发现供体在 540 nm 处的发射出现了明显的猝灭现象,表明由于生物素与亲和素之间发生了特异性识别,缩短了供体与受体之间的距离,二者之间发生了共振能量转移现象,因此供体的发射光被受体所猝灭(图 5.26)。他们还观察到,在一定浓度范围内,亲和素的加入量越多,体系发光猝灭就越严重,并以此为依据建立了亲和素的加入量与发光强度猝灭的定量关系,成功地用于痕量亲和素的定量检测。

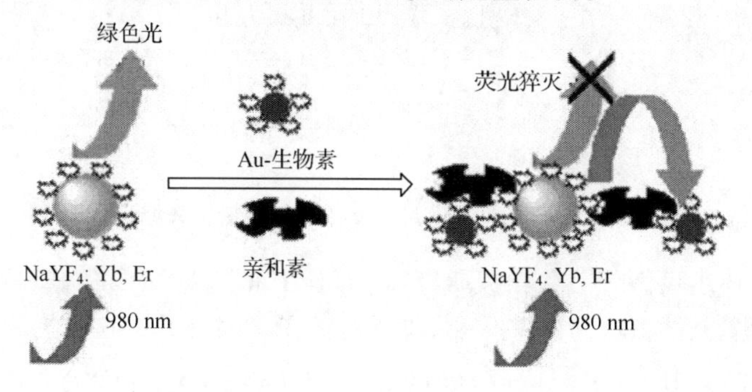

图 5.26　利用上转换纳米颗粒基于发光共振能量转移原理检测亲和素[140]

核酸作为生命遗传物质，其相关的分析与检测对病理的研究与监测、生命及生理过程的揭示都具有重要意义。Chen 等[138]利用发光能量转移原理，建立了一种 DNA 检测的新方法。如图 5.27a 所示，他们将偶联有链霉亲和素的 $NaYF_4$: Yb，Er 上转换纳米颗粒作为能量供体，并将其与生物素修饰的捕获 DNA 偶联；同时将四甲基罗丹明(TAMRA)修饰的探针 DNA 作为能量受体。当体系中加入一定量目标 DNA 时，目标 DNA 分别与捕获 DNA 和探针 DNA 发生杂交反应，使上转换纳米颗粒与 TAMRA 之间的距离足够近，二者之间发生共振能量转移。他们发现在一定浓度范围内，随着目标 DNA 加入量的增加，上转换纳米颗粒发出的绿光被猝灭而 TAMRA 发出的橙色荧光被增强(图 5.27b)，由此建立了绿光和橙光强度的比值与目标 DNA 加入量的定量关系，并成功地用于目标 DNA 的定量检测，DNA 的测定范围为 10～50 $mmol \cdot L^{-1}$。

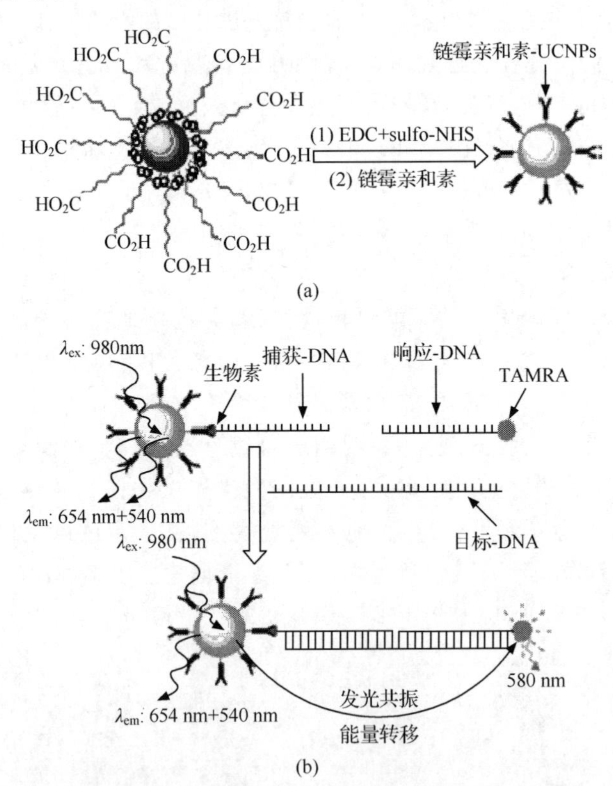

图 5.27　利用上转换纳米颗粒基于发光共振能量转移原理检测 DNA[138]

本研究小组也做了一些相关研究，我们利用 β-$NaYF_4$: Yb，Er 纳米颗粒与纳米金之间的发光共振能量转移作用，首次建立了一种夹心法检测抗体的模型，并用于羊抗人 IgG 抗体的测定[153]。我们选用兔抗羊 IgG 偶联的 β-$NaYF_4$: Yb，Er 上转换纳米颗粒作为能量的供体，人 IgG 偶联的纳米金作为能量的受体。这里，羊抗人 IgG 起到一种中间“桥梁”的作用，羊抗人 IgG 可以同时与人 IgG 及兔抗羊 IgG 发生特异性的结合，进而缩短供体与受体之间的距离，保证供体的能量能够有效地传递给受体，从而使体系的上转换发光强度有所猝灭（图 5.28）。同时，作者还发现体系中羊抗人 IgG 的加入量越多，体系的发光强度猝灭就越严重，进而成功地进行了对羊抗人 IgG 的定量检测。当体系中羊抗人 IgG 的浓度在 3～67 $\mu g \cdot mL^{-1}$ 范围内时，体系发光强度的猝灭程度 ΔI 与羊抗人 IgG 的浓度 c 之间的线性回归方程为 $\Delta I = 15.18 + 3.446c$，线性相关系数 $R = 0.9994$。该方法的检出限（$3\sigma/N$）为 0.88 $\mu g \cdot mL^{-1}$，相对标准偏差 RSD 为 1.3%（$c = 60\ \mu g \cdot mL^{-1}$，$n = 11$）。

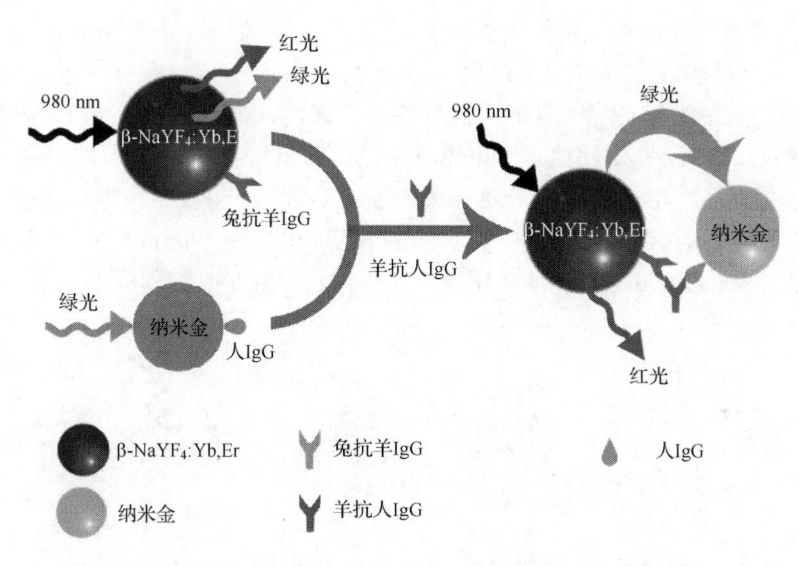

图 5.28　利用上转换纳米颗粒基于发光共振能量转移原理检测抗体[153]

上述三例都是把上转换纳米颗粒作为能量的供体，采用夹心法对生物分子进行定量检测，为上转换纳米颗粒在生物检测中的应用提供了新的可借鉴的模型。从理论上讲，凡是能够以这种“三明治”的方式进行特异性结合的生物分子（如抗原和抗体），理论上都可以采用上述模型进行检测。

发光共振能量转移原理的分析方法具有很高的灵敏度，在核酸检测、蛋白质结构分析和免疫分析等方面具有独特的优势。此外，在共振能量转移体系中，只有与供体足够近的受体才会对体系的发光产生影响，而距离供体较远的受体则不能实现有效的能量转移，不会对体系的荧光产生影响。因此，该方法不需要对体系中未结合到供体上的受体进行分离就可以实现分析检测，从而大大简化了分析步骤，提高了检测效率。

5.6.5　基于磁性分离的生物检测

随着人们对安全与健康问题的日益关注，如何制备出性能更加优异的纳米探针以提高分析检测的灵敏度，同时改进检测方法、缩短检测时间、提高检测效率，一直是研究的热点方向。与此同时，磁性纳米材料所具备的特殊的磁性能引起了研究者的注意。基因磁性的分离技术在生物分析中的应用早在 20 世纪就开始了。随着纳米材料的发展，纳米磁球在生化分离、操控、分析特别是在磁成像、细胞分离和药物定向输送等领域的应用有了突飞猛进的发展。

Wang 等[154]考虑到磁性纳米材料在检测方面的优势，将其与 $NaYF_4$：Yb，Er 上转换纳米颗粒结合使用，成功地实现了对 DNA 的检测。如图 5.29 所示，他们分别将氨基修饰的磁性氧化铁纳米颗粒与捕获 DNA 偶联，氨基修饰的 $NaYF_4$：Yb，Er 纳米颗粒与探针 DNA 偶联。当体系内加入一定量目标 DNA 时，目标 DNA 会与捕获 DNA 和探针 DNA 进行特异性识别，这样 $NaYF_4$：Yb，Er 纳米颗粒就被结合到磁性氧化铁纳米颗粒表面，再借助磁分离手段将未被识别的目标 DNA 分离。同时，他们依据复合纳米颗粒发光强度与目标 DNA 加入量的定量关系，实现了对 DNA 的定量检测。实验结果显示，在 7.8～78 $nmol \cdot L^{-1}$浓度范围内，目标 DNA 的浓度与复合纳米颗粒发光强度的增加呈良好的线性关系。

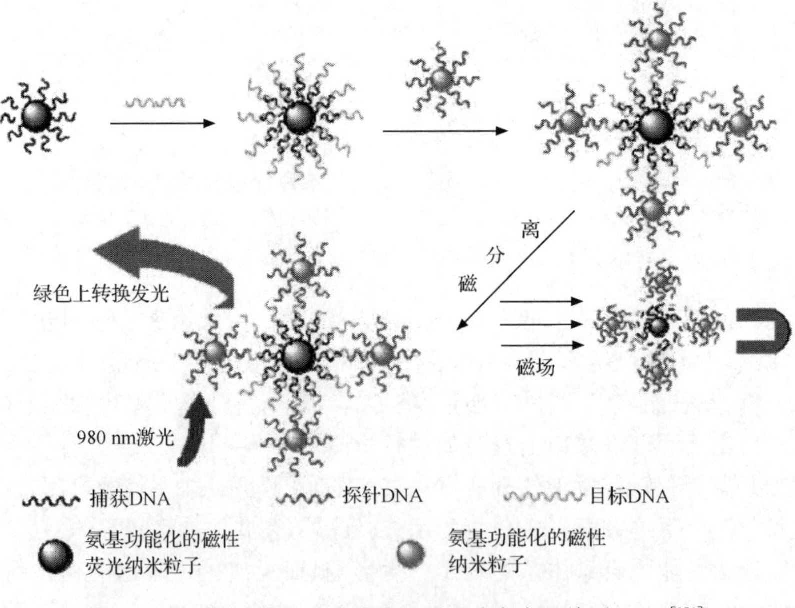

图 5.29　利用上转换纳米颗粒基于磁分离定量检测 DNA[154]

参考文献

[1] Auzel F. Chem Rev, 2004, 104(1): 139-173.
[2] Bloembergen N. Phys Rev Lett, 1959, 2(3): 84-85.
[3] Halsted R E, Apple E F, Prener J S. Phys Rev Lett, 1959, 2(10): 420-421
[4] Auzel F. C R Acad Sci (Paris), 1966, 263: 819-821.
[5] Auzel F. Proc IEEE, 1973, 61(6): 758-786.
[6] Gamelin D R, Gudel H U. Top Curr Chem, 2001, 214: 1-56.
[7] Gamelin D R, Gudel H U. Acc Chem Res, 2000, 33(4): 235-242.
[8] Joubert M F. Opt Mater, 1999, 11(2-3): 181-203.
[9] Van Uitert L G, Johnson L F. J Chem Phys, 1966, 44(9): 3514-3522.
[10] Auzel F. C R Acad Sci (Paris), 1966, 262: 1016-1019.
[11] Chivian J S, Case W E, Eden D D. Phys Rev Lett, 1979, 35(2): 124-125.
[12] Vetrone F, Boyer J C, Capobianco J A. J Appl Phys, 2004, 96(1): 661-667.
[13] Matsuura D. Appl Phys Lett, 2002, 81(24): 4526-4528.
[14] Yang L M, Song H W, Yu L X, et al. J Lumin, 2006, 116(1-2): 101-106.
[15] Yang J, Zhang C M, Peng C, et al. Chem Eur J, 2009, 15(18): 4649-4655.
[16] Liu H Q, Wang L L, Chen S G. Mater Lett, 2007, 61(17): 3629-3631.
[17] Singh S K, Kumar K, Rai S B. Appl Phys B Lasers O, 2009, 94(1): 165-173.
[18] Pires A M, Serra O A, Davolos M R. J Alloy Compd, 2004, 374(1-2): 181-184.
[19] Hirai T, Orikoshi T. J Colloid Interf Sci, 2004, 269(1): 103-108.
[20] Luo X X, Cao W H. J Alloys Compd, 2008, 460(1-2): 529-534.
[21] Du Y P, Zhang Y W, Sun L D, et al. J Phys Chem C, 2008, 112(2): 405-415.
[22] Li Z H, Zheng L Z, Zhang L N, et al. J Lumin, 2007, 126(2): 481-486.
[23] Lisiecki R, Ryba-Romanowski W, Speghini A, et al. J Lumin, 2009, 129(5): 521-525.
[24] Heer S, Lehmann O, Haase M, et al. Angew Chem Int Ed, 2003, 42(27): 3179-3182.
[25] Yi G S, Sun B Q, Yang F Z, et al. Chem Mater, 2002, 14(7): 2910-2914.
[26] Chen Z X, Bu W B, Zhang N, et al. J Phys Chem C, 2008, 112(11): 4378-4383
[27] Pandozzi F, Vetrone F, Boyer J C, et al. J Phys Chem B, 2005, 109(37): 17 400-17 405.
[28] Xue N, Fan X P, Wang Z Y, et al. Mater Lett, 2007, 61(7):1576-1579.
[29] Su J, Song F, Tan H, et al. J Phys D: Appl Phys, 2006, 39(10): 2094-2099.
[30] Tsuboi T. Phys Rev B, 2000, 62(7): 4200-4203.
[31] Yi G S, Chow G M. J Mater Chem, 2005, 15(41): 4460-4464.
[32] Liu C H, Chen D P. J Mater Chem, 2007, 17(37): 3875-3880.
[33] Hu H, Chen Z G, Cao T Y, et al. Nanotechnology, 2008: 19(37): 375-702.
[34] Yan R X, Li Y D. Adv Funct Mater, 2005, 15(5): 763-770.
[35] Wang G F, Qin W P, Zhang J S, et al. J Phys Chem C, 2008, 112(32): 12 161-12 167.
[36] Xiao S G, Yang X L, Ding J W, et al. J Phys Chem C, 2007, 111(23): 8161-8165.
[37] Wang G F, Peng Q, Li Y D. J Am Chem Soc, 2009, 131(40): 14 200-14 201.
[38] Du Y P, Sun X, Zhang Y W, et al. Crystal Growth Des, 2009, 9(4): 2013-2019.
[39] Schafer H, Ptacek P, Eichmeier H, et al. J Nanomater, 2009, 2009: 685 624.

[40] Du Y P, Zhang Y W, Yan Z G, et al. Chem Asian J, 2007, 2(8): 965-974.

[41] Gao L, Ge X, Chai Z L, et al. Nano Res, 2009, 2(7): 565-574.

[42] Wang M, Liu J L, Zhang Y X, et al. Mater Lett, 2009, 63(2): 325-327.

[43] Pei X J, Hou Y B, Zhao S L, et al. Mater Chem Phys, 2005, 90(2-3): 270-274.

[44] Naccache R, Vetrone F, Mahalingam V, et al. Chem Mater, 2009, 21(4): 717-723.

[45] Mahalingam V, Vetrone F, Naccache R, et al. J Mater Chem, 2009, 19(20): 3149-3152.

[46] Liang L F, Zhang X M, Hu H L, et al. Mater Lett, 2005, 59(17): 2186-2190.

[47] Vetrone F, Mahalingam V, Capobianco J A. Chem Mater, 2009, 21(9): 1847-1851.

[48] Kramer K W, Biner D, Frei G, et al. Chem Mater, 2004, 16(7): 1244-1251.

[49] Thoma R E, Insley H, Hebert G M. Inorg Chem, 1966, 5 (7): 1222-1229.

[50] Grzechnik A, Bouvier P, Crichton W A, et al. Solid State Sci, 2002, 4(7): 895-899.

[51] Shen J, Sun L D, Yan C H. Dalton Trans, 2008, 42: 5687-5697.

[52] Vetrone F, Capobianco J A. Int J Nanotechnol, 2008, 5(9-12): 1306-1339.

[53] Zhang C, Sun L D, Zhang Y W, et al. J Rare Earth, 2010, 28(6): 807-819.

[54] Li C X, Lin J. J Mater Chem, 2010, 20(33): 6831-6847.

[55] Wang F, Banerjee D, Liu Y S, et al. Analyst, 2010, 135(8): 1839-1854.

[56] Mader H S, Kele P, Saleh S M, et al. Curr Opin Chem Biol, 2010, 14(5): 582-596.

[57] Chatterjee D K, Gnanasammandhan M K, Zhang Y. Small, 2010, 6(24): 2781-2795.

[58] Martin N, Boutinaud P, Mahiou R, et al. J Mater Chem, 1999, 9(1): 125-128.

[59] Wang X F, Xiao S G, Bu Y Y, et al. J Lumin, 2009, 129(3): 325-327.

[60] Goutaland F, Ouerdane Y, Boukenter A, et al. J Alloy Compd, 1998, 275: 276-278.

[61] Wang X F, Xiao S G, Bu Y Y, et al. J Alloy Compd, 2009, 477(1-2): 941-945.

[62] Yi G S, Lu H C, Zhao S Y, et al. Nano Lett, 2004, 4(11): 2191-2196.

[63] 杨奉真，衣光舜，陈德朴，等. 高等学校化学学报，2004, 25(9): 1589-1592.

[64] Wei Y, Lu F Q, Zhang X R, et al. J Alloys Compd, 2007, 427(1-2): 333-340.

[65] 王猛，密丛丛，王单，等. 光谱学与光谱分析，2009, 29(12): 3327-3331.

[66] Zhang Y W, Sun X, Si R, et al. J Am Chem Soc, 2005, 127(10): 3260-3261.

[67] Boyer J C, Vetrone F, Cuccia L A, et al. J Am Chem Soc, 2006, 128(23): 7444-7445.

[68] Boyer J C, Cuccia L A, Capobianco J A. Nano Lett, 2007, 7(3): 847-852.

[69] Mai H X, Zhang Y W, Si R, et al. J Am Chem Soc, 2006, 128(19): 6426-6436.

[70] Mai H X, Zhang Y W, Sun L D, et al. J Phys Chem C, 2007, 111(37): 13 730-13 739.

[71] Yi G S, Chow G M. Adv Funct Mater, 2006, 16(18): 2324-2329.

[72] Ehlert O, Thomann R, Darbandi M, et al. ACS Nano, 2008, 2(1): 120-124.

[73] Zhang F, Wan Y, Shi Y F, et al. Chem Mater, 2008, 20(11): 3778-3784.

[74] Boyer J C, Johnson N J J, van Veggel F C J M. Chem Mater, 2009, 21(10): 2010-2012.

[75] Chai R T, Lian H Z, Hou Z Y, et al. J Phys Chem C, 2010, 114(1): 610-616.

[76] Du Y P, Zhang Y W, Yan Z G, et al. Chem Asian J, 2007, 2(8): 965-974.

[77] Shan J N, Ju Y G. Appl Phys Lett, 2007, 91(12): 123 103.

[78] Shan J J, Ju Y G. Nanotechnology, 2009, 20(27): 275 603.

[79] Shan J J, Qin X, Yao N, et al. Nanotechnology, 2007, 18(44): 445 607.

[80] Wei Y, Lu F Q, Zhang X R, et al. Chem Mater, 2006, 18(24): 5733-5737.

[81] 王猛，刘金玲，密丛丛，等. 东北大学学报（自然科学版），2010，31(2)：232-235.

[82] Liu C H，Sun J，Wang H，et al. Scripta Mater，2008，58(2)：89-92.

[83] Mahalingam V，Vetrone F，Naccache R，et al. Adv Mater，2009，21(40)：1-4.

[84] Mahalingam V，Naccache R，Vetrone F，et al. Chem Eur J，2009，15(38)：9660-9663.

[85] Vetrone F，Naccache R，Mahalingam V，et al. Adv Funct Mater，2009，19(18)：2924-2929.

[86] Shan J N，Uddi M，Wei R，et al. J Phys Chem C. 114(6)：2452-2461.

[87] Sun Y J，Chen Y，Tian L J，et al. Nanotechnology，2007，18(27)：275 609.

[88] Wang Z J，Tao F，Yao L Z，et al. J Cryst Growth，2006，290(1)：296-300.

[89] Wang Z J，Tao F，Cai W L，et al. Solid State Commun，2007，144(5-6)：255-258.

[90] Zhuang J L，Liang L F，Sung H H Y，et al. Inorg Chem，2007，46(13)：5404-5410.

[91] Yang K S，Li Y，Yu C Y，et al. J Rare Earth，2006，24(6)：757-760.

[92] Huang Q M，Yu J C，Ma E，et al. J Phys Chem C，2010，114(10)：4719-4724.

[93] Li C X，Quan Z W，Yang J，et al. Inorg Chem，2007，46(16)：6329-6337.

[94] Li C X，Quan Z W，Yang P P，et al. J Mater Chem，2008，18(12)：1353-1361.

[95] Zhao J W，Sun Y J，Kong X G，et al. J Phys Chem B，2008，112(49)：15 666-15 672.

[96] Feng S H，Xu R R. Acc Chem Res，2001，34(3)：239-247.

[97] Zeng J H，Su J，Li Z H，et al. Adv Mater，2005，17(17)：2119-2123.

[98] Zeng J H，Li Z H，Su J，et al. Nanotechnology，2006，17(14)：3549-3555.

[99] Liang X，Wang X，Zhang J，et al. Inorg Chem，2007，46(15)：6050-6055.

[100] Li Z Q，Zhang Y. Angew Chem Int Ed，2006，45(46)：7732-7735.

[101] Wang F，Chatterjee D K，Li Z Q，et al. Nanotechnology，2006，17(23)：5786-5791.

[102] Wang X，Zhuang J，Peng Q，et al. Nature，2005，437(7055)：121-124.

[103] Liang X，Wang X，Zhuang J，et al. Adv Funct Mater，2007，17(15)：2757-2765.

[104] Wang X，Zhang J，Peng Q，et al. Inorg Chem，2006，45(17)：6661-6665.

[105] Zhang F，Wan Y，Yu T，et al. Angew Chem，2007，119(42)：8122-8125.

[106] Zhang F，Li J，Shan J，et al. Chem Eur J，2009，15(41)：11 010-11 019.

[107] Wang M，Mi C C，Zhang Y X，et al. J Phys Chem C，2009，113(44)：19 021-19 027.

[108] Wang M，Mi C C，Liu J L，et al. J Alloy Compd，2009，485(1-2)：L24-27.

[109] Heer S，Kompe K，Gudel H U，et al. Adv Mater，2004，16(23-24)：2102-2105.

[110] Schafer H，Ptacek P，Kompe K，et al. Chem Mater，2007，19(6)：1396-1400.

[111] Schafer H，Ptacek P，Zerzouf O，et al. Adv Funct Mater，2008，18(19)：2913-2918.

[112] Wei Y，Lu F Q，Zhang X R，et al. Mater lett，2007，61(6)：1337-1340.

[113] Qin R F，Song H W，Pan G H，et al. Mater Res Bull，2008，43(8-9)：2130-2136.

[114] Nunez N O，Miguez H，Quintanilla M，et al. Eur J Inorg Chem，2008，29：4517-4524.

[115] Wang F，Liu X G. J Am Chem Soc，2008，130(17)：5642-5643.

[116] Li Z Q，Zhang Y. Nanotechnology，2008，19(34)：345-606.

[117] Schafer H，Ptacek P，Eickmeier H，et al. Adv Funct Mater，2009，18(19)：3091-3097.

[118] Zhang F，Zhao D Y. ACS Nano，2009，3(1)：159-164.

[119] Liu X M，Zhao J W，Sun Y J，et al. Chem Commun，2009，43：6628-6630.

[120] Zhang C，Chen J. Chem Commun，2010，46：592-594.

[121] Wang L，Zhao W J，Tan W H. Nano Res，2008，1(2)：99-115.

[122] Li Z Q, Zhang Y. Angew Chem Int Ed, 2006, 45(46): 7732-7735.
[123] 丁晓英，范慧俐，徐晓伟，等. 发光学报，2006，27(3)：353-357.
[124] 丁晓英，范慧俐，徐晓伟，等. 发光学报，2006，27(4)：495-498.
[125] 崔黎黎，范慧俐，徐晓伟，等. 人工晶体学报，2007，36(2)：334-337.
[126] 崔黎黎，范慧俐，徐晓伟，等. 北京科技大学学报，2009，31(8)：1024-1027.
[127] 崔黎黎，范慧俐，孟璐，等. 功能材料，2007，38(1)：4-6.
[128] 崔黎黎，刘杰民，徐晓伟，等. 北京科技大学学报，2007，29(3)：298-301.
[129] Li Z Q, Zhang Y, Jiang S. Adv Mater, 2008, 20(24): 4765-4769.
[130] Boyer J C, Gagnon J, Cuccia L A, et al. Chem Mater, 2007, 19(14): 3358-3360.
[131] Mai H X, Zhang Y W, Sun L D, et al. J Phys Chem C, 2007, 111(37): 13 721-13 729.
[132] Wang Y L, Tu P, Zhao J W, et al. J Phys Chem C, 2009, 113(17): 7164-7169.
[133] Zhang Q, Zhang Q M. Mater Lett, 2009, 63(3-4): 376-378.
[134] Qian H S, Zhang Y. Langmuir, 2008, 24(21): 12 123-12 125.
[135] Budijono S J, Shan J N, Yao N, et al. Chem Mater, 2010, 22(2): 311-318.
[136] Zhang Q B, Song K, Zhao J W, et al. J Colloid Interf Sci, 2009, 336(1): 171-175.
[137] Yi G S, Chow G M. Chem Mater, 2007, 19(3): 341-343.
[138] Chen Z G, Chen H L, Hu H, et al. J Am Chem Soc, 2008, 130(10): 3023-3029.
[139] Hu H, Yu M X, Li F Y, et al. Chem Mater, 2008, 20(22): 7003-7009.
[140] Wang L Y, Yan R X, Huo Z Y, et al. Angew Chem Int Ed, 2005, 44(37): 6054-6057.
[141] Jiang S, Gnanasammandhan M K, Zhang Y. J R Interface, 2010, 7(42): 3-18.
[142] Lu H C, Yi G S, Zhao S Y, et al. J Mater Chem, 2004, 14(8): 1336-1341.
[143] Chatterjee D K, Rufaihah A J, Zhang Y. Biomaterials, 2008, 29(7): 937-943.
[144] Nyk M, Kumar R, Ohulchanskyy T Y, et al. Nano Lett, 2008, 8(11): 3834-3838.
[145] Wang M, Mi C C, Wang W X, et al. ACS Nano, 2009, 3(6): 1580-1586.
[146] Jalil R A, Zhang Y. Biomaterials, 2008, 29(30): 4122-4128.
[147] Jiang S, Zhang Y, Lim KM, et al. Nanotechnology, 2009, 20(15): 155 101.
[148] Shan J N, Chen J B, Meng J, et al. J Appl Phys, 2008, 104(9): 094308.
[149] Xiong L Q, Yang T S, Yang Y, et al. Biomaterials, 2010, 31(27): 7078-7085.
[150] Lim S F, Riehn R, Ryu W S, et al. Nano Lett, 2006, 6(2): 169-174.
[151] Chen J, Guo C R, Wang M, et al. J Mater Chem, 2011, 21(8): 2632-2638.
[152] Gu J Q, Sun L D, Yan Z G, et al. Chem Asian J, 2008, 3(10): 1857-1864.
[153] Wang M, Hou W, Mi C C, et al. Anal Chem, 2009, 81(21): 8783-8789.
[154] Wang L Y, Li Y D. Chem Commun, 2006, 24: 2557-2559.

第6章　磁性纳米探针

磁性纳米粒子在生物分析化学和医学中的应用相当广泛。由于具备特殊的磁性能和低毒性特点，磁性纳米粒子已日益受到研究者的关注，并应用于磁共振成像、生物分离、药物输送和细胞标记等领域。磁性材料主要是指由过渡元素铁、钴、镍及其合金等组成的能够直接或间接产生磁性的物质。根据组成材质和材料结构的不同，可将磁性材料分为金属及合金磁性材料和铁氧体磁性材料两大类，其中铁氧体磁性纳米材料由于制备方法简单、原料价格低廉及具有独特的超顺磁性成为研究与应用的热点和重点。本章主要介绍铁氧体磁性纳米材料的合成、与金属及荧光纳米材料的复合及在生物医学中的应用。

6.1　磁性简介

磁性是物质的一种基本属性。物质按照内部结构及其在外磁场中的性状，可分为顺磁性、抗磁性、铁磁性、亚铁磁性和反磁性物质。铁磁性和亚铁磁性物质为强磁性物质，抗磁性和顺磁性物质为弱磁性物质。反映磁性材料基本磁性能的表征手段或物理量有磁化曲线、磁滞回线和矫顽力等。

纳米磁性材料的物理长度恰好处于纳米量级，表现出不同于常规的特性，如矫顽力的变化、超顺磁性和居里温度下降等。由于这些奇特的物理性质，磁性纳米颗粒作为纳米材料的重要组成部分，已成为化学、材料、生物及临床医学等领域的一个新的研究热点，并在机械、电子、光学、磁学、化学和生物学领域有着广泛的应用前景。众所周知，纳米科学技术的诞生将对人类社会产生深远的影响，并有可能从根本上解决人类面临的许多问题，特别是人类健康和环境保护等重大问题。其中，磁性纳米材料将成为纳米材料科学领域一个大放异彩的明星，在新材料、能源、信息和生物医学等各个领域发挥举足轻重的作用。

6.2　磁性纳米粒子的合成

磁性纳米材料在分析及生物医学中的应用对其制备方法及表面性质要求较高。目前制备磁性纳米颗粒的化学方法主要有沉淀法、水/溶剂热法、溶胶-凝胶法、微波辅助加热法以及微乳液法、水解法等其他方法。

6.2.1 沉淀法

沉淀法包括直接沉淀法、均匀沉淀法和共沉淀法。其中，直接沉淀法是利用溶液中金属阳离子与沉淀剂直接发生化学反应而形成沉淀物；均匀沉淀法是指在金属盐溶液中加入沉淀剂时不断搅拌，使反应均匀，沉淀缓慢生成；共沉淀法是指将沉淀剂加入混合的金属盐溶液中，然后将所得组分均匀的溶液进行热分解。由于共沉淀法简单易行，产率高、成本低，所以在制备中应用得最多，但该方法产物纯度低、粒径大，更适合制备氧化物。

其制备原理如下：

$$Fe^{2+} + 2Fe^{3+} + 8OH^{-} \longrightarrow Fe_3O_4 + 4H_2O \quad (6.1)$$

反应时，一般将三价铁盐与二价铁盐溶液按照 2∶1 的物质的量比均匀混合，将 pH 调节至强碱性，即得到黑色的 Fe_3O_4 纳米晶。但用该法合成出的 Fe_3O_4 纳米粒子团聚较严重，需进行进一步的修饰处理后才可以应用。

Valenzuela 等[1]以共沉淀法合成了 Fe_3O_4 纳米粒子，并详细考察了搅拌速度对粒径的影响。固定搅拌速度为 10 000 r/min 时，纳米粒子基本为圆形或椭圆形，平均粒径为 10 nm。减小搅拌速度，纳米粒子的粒径增加至 19 nm；增加搅拌速度至18 000 r/min时，产物中同时出现棒状纳米晶体；继续增加搅拌速度至 25 000 r/min，反应溶液温度升高，局部出现氧化，得到非磁性的铁氧化物。Sato 等[2]在较高温度、pH 13 的条件下，以共沉淀法合成了粒径约为 20 nm 的团聚较为严重的 Fe_3O_4 纳米粒子。Gee 等[3]同样以共沉淀法合成出粒径为 7 nm，单分散性较好的 Fe_3O_4 纳米粒子。由于共沉淀法合成出的 Fe_3O_4 纳米粒子单分散性较差，且极易发生团聚现象，所以许多研究者通过在合成过程中或合成后加入表面活性剂等手段对化学共沉淀法进行了改进。Wu 等[4]通过加入表面活性剂油酸铵对共沉淀法进行改进，合成了单分散性较好的 Fe_3O_4 纳米粒子。但纳米粒子的粒径受 pH 影响较大，当 pH 为 12.49 时，纳米粒子粒径较小但团聚严重；当 pH 为 13.98 时，纳米粒子粒径明显增大，并呈单分散状态，分散性得到了良好的改善。Kim 等[5]则以油酸钠为表面活性剂，合成出单分散性好、粒径小的 Fe_3O_4 纳米粒子。

6.2.2 水/溶剂热法

水/溶剂热法在特制的密闭高压反应容器中进行，该方法的操作温度相对较高，有利于 Fe_3O_4 磁性能的提高，且反应在封闭容器中进行，有效地避免了组分的挥发，有利于提高产物的纯度，保护环境。但是，由于反应是在高温高压的条件下进行的，所以对反应设备的要求较高。

Daou 等[6]将共沉淀法和水热法结合，合成了单分散性好、粒径小和磁性强的 Fe_3O_4 纳米粒子。Zhao 等[7]将 $FeSO_4$ 溶解于乙二醇溶液中，形成均匀溶液，室温

下向其中滴加 N_2H_4 溶液，搅拌 20 min 后加入 NaOH 溶液，继续搅拌 30 min，转移至不锈钢反应釜中，密封，200 ℃反应 24 h。反应结束后，黑色沉淀物经磁分离，并用水和乙醇洗涤数次后，得到的就是 Fe_3O_4 纳米粒子。Zhu 等[8]改用油酸铁为铁源，取 6 mmol 油酸铁溶解于 40 mL 十八烯和 12 mmol 油酸的混合溶液中，加热到 80 ℃，使油酸铁加速溶解后，升温至 120 ℃，恒温通 N_2 维持 2 h 以除去溶液中的空气和水分，继续升温至 320 ℃，反应 2 h 后，冷却至室温，将所得黑色悬浊液用正己烷和乙醇洗涤后，磁分离即得 Fe_3O_4 纳米粒子。纳米粒子的透射电镜表征显示其平均粒径为 12 nm，粒度分布窄而均匀，饱和磁化强度为 74.5 emu · g^{-1}，所得纳米粒子易溶于甲苯和其他非极性溶剂中。Li 等[9]以乙酸铁代替油酸铁同样制得黑色 Fe_3O_4 纳米粒子，纳米粒子的透射电镜表征见图 6.1。

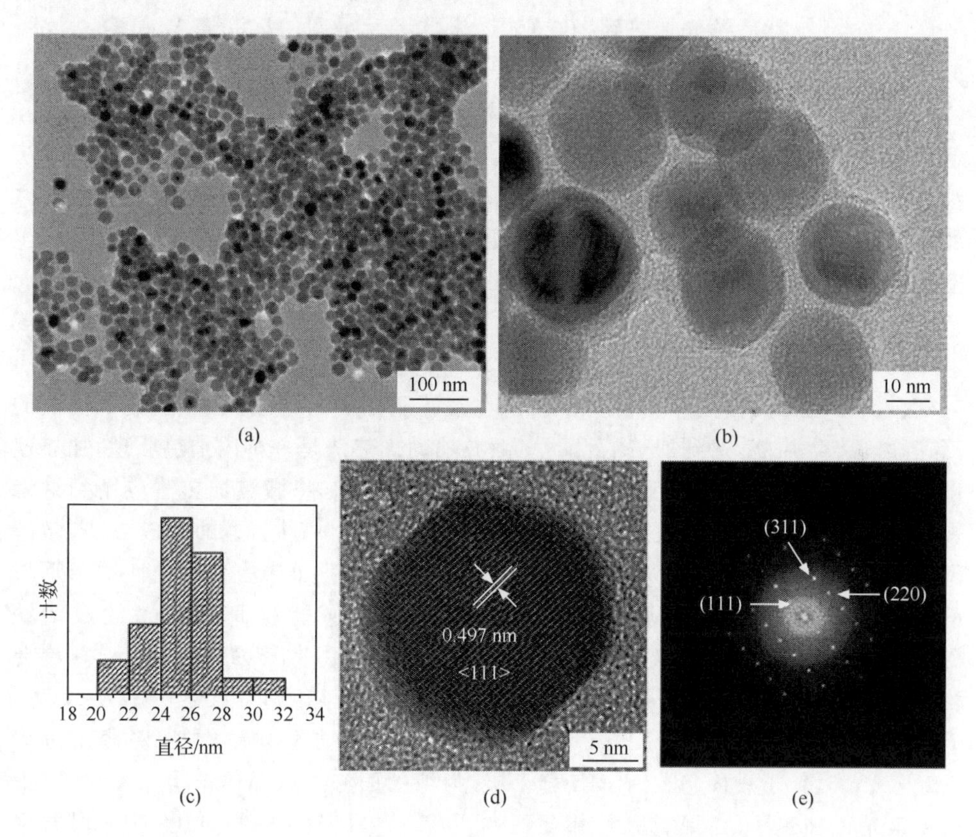

图 6.1　Fe_3O_4 纳米粒子的透射电镜照片(a、b、d)，粒度分布(c)和电子衍射(e)[9]

Wan 等[10]通过控制水热的条件，合成出粒状、棒状和线状等不同形态的 Fe_3O_4 纳米粒子。他们还考察了影响 Fe_3O_4 纳米粒子磁性强度的因素，证实了用该法合成 Fe_3O_4 纳米粒子的磁性主要受其形态的影响。与棒状和线状的 Fe_3O_4 纳米粒子相比较，Fe_3O_4 纳米粒子的饱和磁化强度更强，矫顽力更小。这可能是由于纳米棒和纳米线形状的各向异性阻止其在各个方向上的磁化，而只能在其磁轴上发生磁化现象。Liang 等[11]将 $K_4Fe(CN)_6$ 溶解于水中，加入 NaOH 后，搅拌均匀转移至密闭容器中，200 ℃反应 90 min，即制得 Fe_3O_4 纳米粒子。而当在反应中使用 $Na_2S_2O_3$ 时，控制其他反应条件不变，得到的则是八面体 Fe_3O_4 纳米晶。

6.2.3 溶胶-凝胶法

溶胶-凝胶法是以有机或无机铁盐为原料，在有机介质中进行水解和缩聚反应制得溶胶，再利用溶剂、催化剂等转化为凝胶，最后经热处理等得到所需纳米粒子的方法。该方法反应均匀，制备的纳米粒子具有颗粒均一和过程易控制等特点。Sugimoto 等[12]在 $FeCl_3$ 溶液中加入 NaOH 溶液后，与有机填充溶液混合，生成 $Fe(OH)_3$溶胶，然后预先加热到 100 ℃，热化数天后得到的沉淀经水洗离心过滤，冻干样品，即得到 30 nm 的立方相 Fe_2O_3 纳米粒子。通过考察，他们还发现 Cl^-、OH^-、SO_4^{2-} 和 PO_4^{3-} 等一些阴离子对纳米粒子的形态和结构均有影响。Chen 等[13]首次采用硝酸铁的乙二醇溶胶高温热解法，制备出 Fe_3O_4 纳米粒子，该方法没有使用任何表面活性剂和添加剂，操作简便。室温下将 $Fe(NO_3)_3$ 溶解于乙二醇中，搅拌 3 h 后，加热到 80 ℃形成铁凝胶，置于高温炉中 400 ℃煅烧 12 h，冷却至室温即得产品，纳米粒子平均粒径为 6 nm。

6.2.4 微波辅助加热法

微波辅助加热法是利用物质分子吸收微波磁场中的电磁能，并以数十亿次的高速振动产生热能，达到加热的目的。微波辅助加热法是一种内加热原理，加热速度快，受热均匀，并可降低反应活化能，提高反应速率。将微波加热法应用到纳米颗粒的合成中，可大大缩短反应时间，降低能耗。作为一种新型的合成方法，微波辅助加热技术正慢慢走进人们的视野，目前用微波辅助加热法合成磁性纳米颗粒的相关报道仍然较少。Zhou 等[14]采用微波辅助加热法，以 $FeSO_4 \cdot 7H_2O$ 为铁源，将其溶解于 KNO_3 溶液中，然后向其中加入 NaOH 和 PEI 溶液，搅拌 30s 混合均匀后，将反应液转移至石英瓶中，置于微波反应装置内，调节仪器功率为 40 W，升温至 90 ℃，反应 2 h 即得 Fe_3O_4 纳米颗粒。纳米粒子为球形颗粒，粒径范围为 (40±2) nm，粒子表面包覆有 PEI 分子层，为纯的面心立方晶体结构。Ai 等[15]采用微波辅助加热法，在聚氧乙烯-聚氧丙烯-聚氧乙烯(PEO-PPO-PEO)三嵌段共聚物存在条件下，合成出玫瑰花形状的 Fe_3O_4 纳米粒子，纳米粒子的形成示意图及透射电镜照片如图 6.2 所示。反应过程中，Fe^{3+} 首先与 PEO-PPO-PEO 分子结合，随着微波加热的进行，Fe^{3+} 从 PEO-PPO-PEO 中分解，形成 Fe_3O_4 晶种，而 PEO-PPO-PEO 分子则结合在晶种的表面，抑制其各向异性生长，并促使 Fe_3O_4 晶种聚集，形成玫瑰花形状。该反应中，PEO-PPO-PEO 分子对纳米颗粒形貌的形成起主导作用，有关 PEO-PPO-PEO 分子的作用已有相关报道[16,17]。

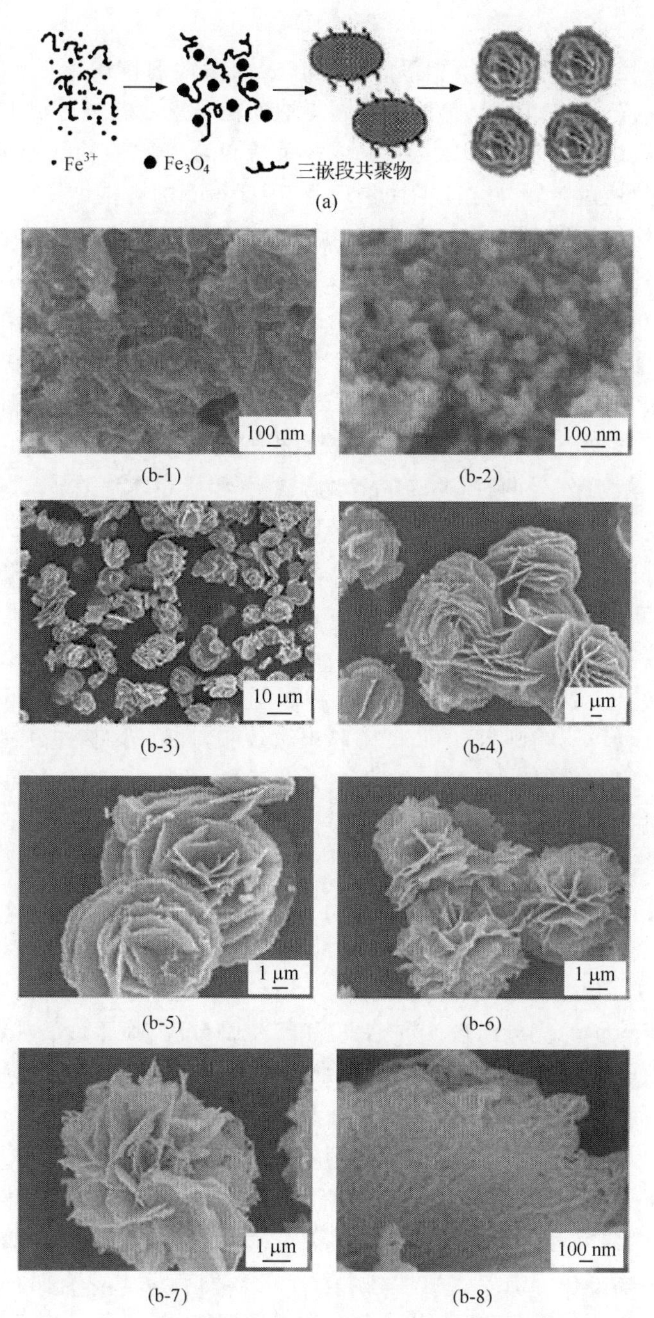

图 6.2 玫瑰花形 Fe_3O_4 纳米粒子的制备原理(a)及透射电镜照片(b-1)～(b-8)[15]

6.2.5 其他方法

微乳液法是利用两种互不相溶的溶剂在表面活性剂作用下形成均匀的乳液，在微泡中经成核、聚结、团聚、热处理后制得纳米粒子。微乳液通常由表面活性剂、助表面活性剂、溶剂和水(或水溶液)组成。反应仅限于乳液液滴形成的微反应器内部，可以有效地避免颗粒之间的团聚现象，因此得到的磁性纳米粒子具有以下特点：粒径小而均匀、形态规则、分散性好，大多数为球形；纳米粒子的表面包覆一层表面活性剂，粒子间不易聚结，稳定性好；粒子表面包覆的活性剂基团可被相应的有机基团所取代，从而制得特殊的纳米功能材料。另外，用该法制备纳米粒子的实验装置简单、能耗低、操作容易。Zhou 等[18]以环已烷为油相，NP-5 和 NP-9 为表面活性剂，$FeSO_4$ 和 $Fe(NO_3)_3$ 为水溶液，组成 O/W 微乳体系，合成了粒径为 10 nm 的 Fe_3O_4 微粒，用该法合成的纳米粒子比常规水相沉淀法得到的颗粒粒径更均一。

水解法一般可分为两种，Massart 水解法[19]和滴定水解法[20]。其中 Massart 水解法是指将 Fe^{3+} 与 Fe^{2+} 混合溶液直接加到强碱性溶液中，铁盐在强碱性溶液中瞬间水解、结晶，形成 Fe_3O_4 纳米粒子。滴定水解法则是将稀释的碱性溶液逐渐滴加至 Fe^{3+} 与 Fe^{2+} 混合溶液中，使铁盐溶液的 pH 逐渐升高，达到 6～7 时水解生成 Fe_3O_4 纳米粒子。Lee 等[21]用 Massart 水解法成功合成出粒径为 12.9 nm 的 Fe_3O_4 纳米粒子。李硳等[22]利用滴定水解法制备了粒径约为 18 nm 的 Fe_3O_4 球形纳米粒子，该粒子具有明显的负磁阻和湿敏效应，且阻抗随磁感应强度和湿度的增大而减小。水解法制备 Fe_3O_4 纳米粒子设备要求低，反应条件温和，原料一般为廉价的无机盐，且反应中成核过程容易控制，产物纯度较高，粒子的分散性较好，所以得到了广泛的应用。

6.3 磁性纳米粒子的表面修饰

磁性纳米粒子的优势已被认同，并应用于生物分离、临床诊断和靶向治疗等领域。生物或医学分析方面的应用要求纳米粒子具有粒径小、形状规则和生物相容性好等特点，而磁性纳米粒子由于比表面积很大，表面活性极高，易于发生团聚沉降和氧化，所以在一定程度上影响其应用效果。况且，用共沉淀法和水解法等多种方法合成的 Fe_3O_4 纳米晶表面一般只带有羟基，无法与生物或药物等分子进行连接，所以在科学研究和实际应用中通常都要先对其表面进行包覆修饰，改变其表面性质以适应生物分析等需要。磁性纳米粒子的表面改性主要有两种途径：一种是依靠化学键合作用，利用有机小分子化合物进行修饰；另一种是用有机或无机材料直接包裹磁性纳米粒子。经过修饰后形成的磁性复合粒子既具有磁性，又具有表面活性基团，能进一步与药物、抗体、蛋白质、酶、细胞及 DNA 等多种分子偶联，并可望用于各种器官、组织或肿瘤等的靶向。

6.3.1 硅烷化修饰

无机材料中被广泛用于包覆磁性纳米粒子的是SiO_2。首先,在磁性纳米粒子外部包覆硅层后,可以保护Fe_3O_4纳米粒子,防止其进一步氧化;其次,无毒的SiO_2具有良好的亲水性和生物相容性,可改善磁性纳米粒子的化学稳定性,还能赋予纳米粒子生物相容性,同时减少其毒性;最后,由于SiO_2表面富含硅烷醇基团,很容易再次与硅烷化试剂发生偶合反应,在其表面引入—NH_2、—COOH和—SH等活性基团,与抗体、蛋白质、酶和核酸等多种生物分子发生相互作用。反相微乳液法和Stober法常被用来合成硅包覆的氧化铁粒子。

Xu等[23]采用表面硅烷化法在Fe_3O_4纳米粒子表面包覆一层SiO_2后,利用L-丙氨酸进一步修饰,然后进行了纳米粒子载药能力的考察。他们首先采用溶剂热法,将由$FeCl_3$、乙二醇、乙酸钠和PEG 800组成的反应体系置于密闭反应容器中,200 ℃反应5 h,用乙醇洗涤数次后经磁分离得到黑色Fe_3O_4纳米粒子。然后将纳米粒子分散于水和乙醇的混合溶液中,加入正硅酸四乙酯(TEOS),在氨水的催化下,TEOS发生水解并包覆在Fe_3O_4纳米粒子表面。包覆后,Fe_3O_4纳米粒子的透射电镜照片出现明显的核壳结构,其中黑色内层为Fe_3O_4纳米粒子,透明外壳为SiO_2层。同时,红外光谱中1086 cm^{-1}处出现了属于Si—O键的特征吸收峰。利用L-丙氨酸继续修饰后,纳米粒子表现出很好的载药能力,并可实现对药物的可控释放。

Hong等[24]也采用该方法进行了Fe_3O_4纳米粒子的修饰,为了降低共沉淀法所合成纳米粒子的团聚程度,他们先用柠檬酸钠对其进行修饰,再通过TEOS的水解,将其表面包覆上SiO_2。之后,又分别对Fe_3O_4@SiO_2纳米颗粒进行油酸和聚乙二醇两种表面活性剂的修饰,以制成水溶性和生物兼容性更好的磁流体。Liu等[25]则以硅酸钠为硅源,在Fe_3O_4纳米粒子的表面包覆一层SiO_2后,又通过氨基硅烷试剂氨乙基氨丙基聚二甲基硅氧烷(AEAPS)的水解,在Fe_3O_4@SiO_2表面修饰上氨基。该方法简单、方便,已被广泛应用到磁性纳米粒子的修饰及应用中。

6.3.2 高分子聚合物修饰

在对磁性Fe_3O_4纳米粒子进行硅烷化修饰时,由于其易团聚,且TEOS水解速度快,使得产物Fe_3O_4@SiO_2的一个硅壳中可能包覆多个Fe_3O_4纳米粒子,即导致Fe_3O_4@SiO_2颗粒较大,使其应用受到较大的限制。因此,越来越多的人采用在合成过程中或合成后,将Fe_3O_4纳米粒子与聚合物偶联,这样既可以阻止其氧化、团聚,又可以使其直接与生物分子连接,实现其应用。常用的高分子聚合物包括氨基酸类(如多肽和蛋白质等)、多糖类(如葡聚糖、壳聚糖等)以及聚乙二醇、聚丙烯酸、聚乙烯吡咯烷酮和聚乙烯醇等。

Keshavarz 等[26]利用改进的共沉淀法，通过直接引入聚丙烯酸包覆在 Fe_3O_4 纳米粒子的表面，一步合成了水溶性的纳米粒子。磁性纳米粒子的表面带有聚丙烯酸包覆层，但在聚丙烯酸分子中的—COOH 官能团只有一部分与纳米粒子表面结合，另一部分仍为附着在粒子表面的自由官能团。当溶液 pH 等于 6 时，聚丙烯酸中的—COOH 之间由于氢键作用而结合，引起磁性纳米粒子的聚集，纳米粒子的粒度分布结果显示平均粒径可达 85 nm，且粒度分布范围较宽；当调节溶液 pH 为 8 时，粒子表面的自由—COOH 完全转化为 COO^-，粒子之间存在相互排斥作用，粒度分布测试结果显示平均粒径为 17 nm，如图 6.3 所示。粒度分布与 TEM(粒径在 10 nm)表征结果存在明显的差异，表明在纳米粒子表面有厚度约为 3.5 nm 的聚丙烯酸包覆层。

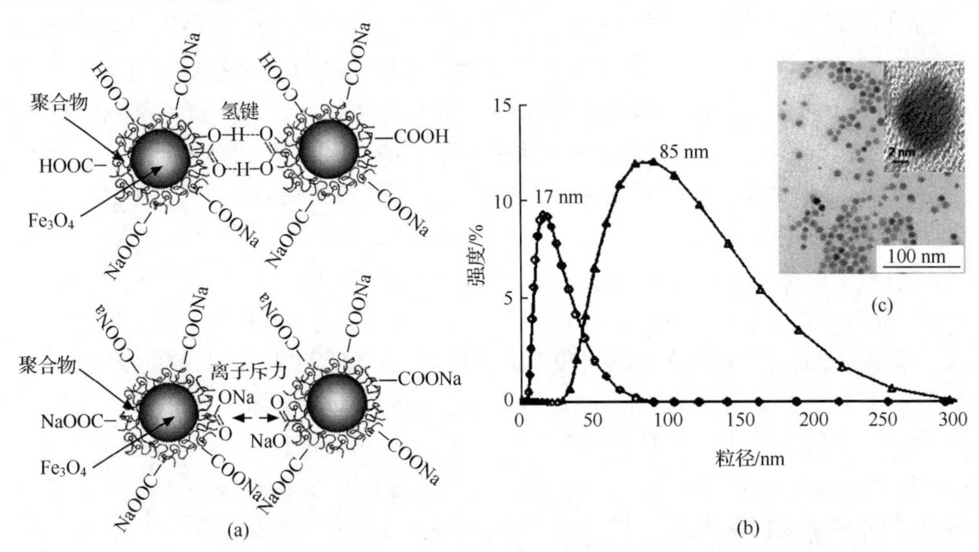

图 6.3 Fe_3O_4 纳米粒子的表面修饰示意图(a)、粒度分布(b)及透射电镜照片(c)[26]

Yang 等[27]通过乙酸乙酰盐的高温热分解制得粒径在 9 nm 左右的 Fe-Ni 纳米粒子，由于在粒子表面存在油胺分子层，纳米粒子呈油溶性。他们首先通过配体交换法，采用双官能团二磷酸盐将纳米粒子转化为水溶性，之后又在粒子表面包覆聚乙二醇二酸，使粒子表面带有羧基并同时阻止了纳米粒子之间的团聚。Liu 等[28]在聚乙烯吡咯烷酮(PVP)存在下，通过还原乙酰丙酮铁，制备了表面 PVP 包裹的磁性纳米粒子。该磁性纳米粒子的平均粒径约为 5 nm，粒度分布窄而均匀，结晶程度高，具有超顺磁性，且磁性大小可以调节，可望在磁共振成像(MRI)和生物传感器等生物医学领域中得到应用。Guo 等[29]首先以共沉淀法合成 Fe_3O_4 微球，经聚合物修饰后使其表面带有叠氮羧基，并与蛋白质连接，研究了 Fe_3O_4 微球对蛋白质的固定化能力。Hong 等[30]将油酸稳定的 Fe_3O_4 纳米粒子溶于丙酮中形成均匀的磁流体，并与甲醛丙烯酸甲酯(MMA)建立 O/W 体系，完成了对 Fe_3O_4

纳米粒子的表面修饰。Ge等[31]在Fe_3O_4纳米粒子的合成过程中，加入PEG-$(COOH)_2$，得到了表面带有羧基官能团的亲水性磁性纳米颗粒。

6.3.3　有机小分子修饰

在磁性纳米粒子的制备过程中，可加入有机小分子，作为分散剂和稳定剂，使合成与修饰同步进行。该方法简单易行，因此也深受青睐。Mahmoudi等[32]在共沉淀法合成磁性Fe_3O_4纳米粒子的过程中，利用聚乙烯醇进行了纳米粒子的修饰。通过对反应温度的调节，可达到控制纳米粒子形貌及尺寸的目的。当反应温度为70 ℃时，产物主要为Fe_3O_4纳米棒；降低温度至30 ℃时，得到的则主要是球形Fe_3O_4纳米粒子。Takami等[33]以$FeSO_4$水溶液为Fe源，在癸酸或癸胺存在的情况下，加热反应液至200 ℃，制得了平均粒径分别为25 nm和14 nm的癸酸或癸胺包覆的磁性Fe_3O_4纳米粒子。纳米粒子呈较规则的球形，粒度分布窄而均匀。Zheng等[34]在表面活性剂2-乙基已基琥珀酸酯磺酸钠(AOT)存在下，制备了平均粒径为27 nm的Fe_3O_4纳米粒子，其中，AOT可以减缓纳米粒子的成核速度，起到控制纳米粒子粒径的作用。

6.4　磁性纳米粒子的应用

磁性纳米粒子具有独特的物理和化学性质，已被广泛应用于生活中的各个方面[35]。经过修饰的磁性纳米粒子还具备生物相容性好和毒副作用小的特点，因此在生物应用领域有很大优势。目前磁性纳米粒子在生物医学领域的应用主要包含磁共振成像、药物输送、生物分离和靶向热疗等[36]。

6.4.1　磁共振成像

磁共振成像能够对生物内脏器官进行快速无损检测，是目前肿瘤早期诊断最有效的方法之一。磁共振成像是一种利用人体组织中某种原子核的核磁共振现象，将所得射频信号经过电子计算机处理，重建出人体某一层面的图像诊断技术。磁共振成像的临床应用是医学影像学中的一场革命，是继CT、B超等影像检查手段后又一新的断层成像方法。与CT相比，MRI具有组织分辨力高、空间分辨力高和无硬性伪迹、无放射损伤等优点，因而广泛应用于临床中。

具有超顺磁性的纳米粒子可增强病变组织与正常组织图像之间的对比度，从而提高MRI的灵敏度和选择性。顺磁性的Fe_3O_4还具有特异性高和毒副作用小等特点，利用磁性纳米粒子进行磁共振成像具有多方面的优势。

Han等[37]利用羧甲基葡聚糖修饰的磁性Fe_3O_4纳米粒子(CMD-MNPs)与奥曲肽(OC)结合后，作为一种T_2磁共振成像造影剂，应用于胰腺癌细胞Bx-PC3和结肠癌细胞 HCT-116 的磁共振成像,并研究了奥曲肽对这两种肿瘤细胞的作用。垂体腺瘤和神经内分泌肿瘤(如胰腺癌和肺癌)细胞可表达出大量的生长激素抑制因子受体。奥曲肽是一种人工合成类似生长激素抑制素的药物,它可与生长激素抑制因子受体发生特异性的结合,从而抑制生长激素抑制素的过多分泌,达到控制神经内分泌疾病的目的。临床研究表明,与生长激素抑制素相比,奥曲肽半衰期更长,可用于肠胃失调及内分泌肿瘤疾病的诊断与治疗。他们将表面结合有奥曲肽的纳米粒子(CMD-MNPs-OC)分别与 Bx-PC3 和 HCT-116 细胞共同孵育24 h,并对孵育后的细胞进行 TEM 表征。结果显示,Bx-PC3 细胞在细胞质内有纳米粒子分布,并且粒子之间没有出现团聚现象;而 HCT-116 细胞内则没有纳米粒子,表明细胞对 CMD-MNPs-OC 的内吞作用是由细胞表面存在的生长激素抑制素与 OC 之间的结合引起的。之后他们又将与 CMD-MNPs-OC 孵育后的 Bx-PC3 和 HCT-116 细胞进行了磁共振成像,并进行了空白对照试验。成像结果中,只有与 CMD-MNPs-OC 孵育过的 Bx-PC3 细胞 MRI 信号最弱,这表明大量纳米粒子由于内吞作用进入了细胞内部,体现出该方法具有良好的选择性。Haw 等[38]采用水热法合成出 Fe_3O_4 纳米粒子,利用壳聚糖对纳米粒子进行修饰,并进行了磁共振成像实验,磁性 Fe_3O_4 纳米粒子明显增强了成像对比度,因此可作为磁共振图像增强剂而应用于相关领域中。

6.4.2 药物输送

传统的抗癌药物通过血液循环分布于体内各器官,对癌细胞和健康细胞缺乏特异性,因此需要很大的剂量才能达到预期的治疗效果,而在杀伤癌细胞的同时,也因为毒副作用对患者的身体造成严重的伤害。磁性高分子微球作为一种新的靶向给药系统,将抗癌药和磁性超细微粒连接在一起,由于纳米粒子体积微小且可使药物输送智能化,所以能靶向定位地将药物输送至病灶部位或专一性地作用于靶细胞。磁性纳米粒子作为载体材料可以减少用药剂量、提高药物治疗指数和降低药物的毒副作用。

Xu 等[23]初步研究了 Fe_3O_4 纳米粒子对消炎药布洛芬的负载和释控能力,同时考察了其对牛血清白蛋白的富集能力。他们在 Fe_3O_4 纳米粒子表面包覆 SiO_2 后,用 L-丙氨酸进行表面修饰,然后将纳米粒子与布洛芬溶液混合,振荡 24 h 后,进行吸光度测量,依据 263 nm 处的吸光度数值计算纳米粒子中布洛芬的量。经计算 Fe_3O_4 纳米粒子对布洛芬的负载量为 40.3 mg · g^{-1},以同样方式得到 Fe_3O_4 纳米粒子对 BSA 的富集量为 20.9 mg · g^{-1}。Fe_3O_4 纳米粒子中 L-丙氨酸分子链的长度和反应体系的 pH 都对布洛芬的负载和释放过程产生影响。在 Fe_3O_4 纳米粒子中,L-丙氨酸分子在其表面展开,当分子链长度增加时,由于链间的相互作用,丙氨酸分子覆盖在粒子表面难以展开,阻碍药物分子在粒子表面的结合,所以药物负载量降低。布洛芬与 Fe_3O_4 纳米粒子之间的结合包含两种模式,一部分药物分子直接结合在纳米粒子表面,而另一部分则是通过氢键或离子键作用与丙氨酸分子结合,因此体系的 pH 对药物分子与纳米粒子之间的结合力有显著影响,pH 过高或过低都将减弱二者的结合作用。将布洛芬负载到纳米粒子表面后,考察 pH 对药物释放量的影响。当 pH 为 10 时,3 h 后药物的释放率即达到 90%;而 pH 为 7.4 时,3 h 后的释放率为 57%,明显降低。该研究认为 Fe_3O_4 纳米粒子具有良好的载药和靶向能力,这为其后续应用打下了基础。

Guo 等[39]利用具有多孔结构的磁性 Fe_3O_4 纳米粒子,研究了纳米粒子对抗癌药物阿霉素(Dox)的负载及释控情况。阿霉素与 Fe_3O_4 纳米粒子结合后,由于电子能量转移,阿霉素的荧光强度出现猝灭现象。通过对阿霉素荧光强度的检测,可评估阿霉素与 Fe_3O_4 纳米粒子之间的结合情况。经检测 Fe_3O_4 纳米粒子对阿霉素的最佳负载率可达到 4%(质量分数),是 Jon 等[40]所报道的两倍多。在同一条件下,尽管 Jon 等所用 Fe_3O_4 纳米粒子粒径更小,比表面积更大,但 Guo 等所有纳米粒子中多孔结构的存在,有效提升了粒子的药物负载量,使该磁性 Fe_3O_4 纳米粒子的最佳载药量达到 $40\ mg \cdot g^{-1}$,并且可在 12 h 内完全释放。同样以阿霉素为研究对象,Purushotham 等[41]考察了聚异丙基丙烯酰胺(PNIPAM)修饰的 Fe_3O_4 纳米粒子对阿霉素的负载和释放情况,利用该体系他们将 Fe_3O_4 纳米粒子对阿霉素的载药率增加至 4.15%(质量分数)。Fe_3O_4 纳米粒子表面的 PNIPAM 层具有很好的热敏性,低于临界溶解温度时壳层发生膨胀,高于临界溶解温度时壳层收缩。Fe_3O_4/PNIPAM 纳米粒子载药后,药物分子多存在于 PNIPAM 层中,当 PNIPAM 层膨胀时会减缓药物分子的释放,反之,PNIPAM 层收缩则会引起药物分子的快速释放。因此,通过对温度的控制,可达到对药物分子可控释放的目的。

6.4.3　生物分离

生物分离是将磁性纳米粒子表面连接上具有生物活性的吸附剂或配体后,利用它与特定细胞或生物分子的特异性结合,在外加磁场的作用下,实现对靶向生物目标的快速分离。磁分离技术具有快速和简便的特点,能够高效、可靠地捕获特定的蛋白质或其他生物大分子。同时由于 Fe_3O_4 纳米粒子具有顺磁性的特点,外加磁场存在时可被磁化,移去磁场后磁性即消失,并重新分散于溶液中。目前,可被磁性纳米粒子分离的生物物质包括病毒、蛋白与细胞等。

Chen 等[42]通过实验成功分离了菠萝蛋白酶,用聚丙烯酸(PAA)修饰的氧化铁纳米粒子吸附菠萝蛋白酶,吸附量可以通过菠萝蛋白酶浓度的变化来衡量,磁分离后除去纳米粒子,菠萝蛋白酶发生解吸附,解吸附的量也可由菠萝蛋白酶的浓度变化来衡量。Mizukoshi 等[43]用 Au/γ-Fe_2O_3 纳米粒子对谷胱甘肽进行磁分离。用 Au/γ-Fe_2O_3 吸附谷胱甘肽,其吸附量可由初始浓度计算,磁分离后除去纳米粒子,残留在非磁性片段上的谷胱甘肽的量可以通过比色法测定。

Chen 等[44]利用 γ-Fe_2O_3/SiO_2 复合微球实现了豌豆和胡椒中 DNA 的分离。由于多糖和多元酚的存在会影响酶的活性，对实验室结果造成误差，所以植物中纯 DNA 的提取仍是十分困难。而传统的提取方法中首先是用有机溶剂沉淀出植物中的蛋白分子，该方法费时、费力，需要使用有机溶剂，因此并不可取。磁性纳米粒子比表面积大，磁性强，且具有超顺磁性，利用磁性纳米粒子选择性地结合溶液中的 DNA 分子，将其与蛋白和细胞碎片分离之后，再进行洗脱，是一种有效的替代方法。利用该方法提取的豌豆和胡椒中的 DNA 分子质量均大于 8 kb①，A_{260}/A_{280} 为 1.60～1.72，提取出的 DNA 分子具有很好的纯度。

Dong 等[45]制备出具有磁性/荧光多功能的微球，在微球表面连接上叶酸分子后，通过与 HeLa 细胞表面叶酸受体之间的特异性结合，对 HeLa 细胞进行标记。同时，依据该原理，利用恒定外加磁场从 HeLa 细胞的悬浮液中分离出细胞(图 6.4)。

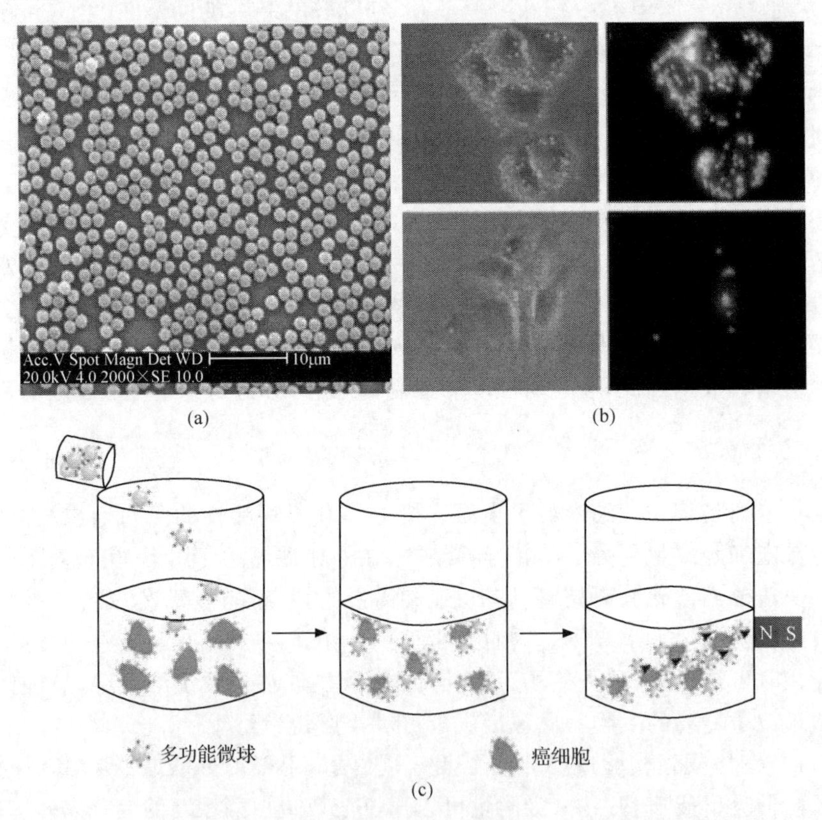

图 6.4　磁性荧光多功能微球的透射电镜照片(a)，细胞标记荧光显微成像照片(b)及细胞分离原理(c)[45]

① kb 为核酸分子质量单位，kilobase pair 的缩写。

6.4.4 靶向热疗

恶性肿瘤是危害人类健康的严重疾病之一，我国每年癌症发病人数约为 170 万人，已超过心脑血管疾病成为致死原因的第一位。我国每年死亡的癌症患者达 150 万人，近几年癌症的发病率还在不断上升。热疗法是继手术、放疗、化疗和免疫疗法之后的第五大疗法，是治疗肿瘤的一种新的有效手段。热疗法的基本原理是利用物理能量加热人体全身或局部，使肿瘤组织温度上升到有效治疗温度，并维持一定时间，利用正常组织和肿瘤细胞对温度耐受能力的差异(肿瘤细胞在 38～40 ℃时活性受到抑制会趋向凋亡；在 40～42 ℃时会严重受损，在短时间内死亡；43 ℃以上会快速破裂死亡)，达到既能使肿瘤细胞凋亡，又不损伤正常组织的治疗目的。近年来，欧美、俄罗斯等地区和国家进行了多方面的肿瘤热疗研究，表明热疗对恶性肿瘤确实有效，热疗在我国也已被医学界所接受。肿瘤治疗不能仅靠单一的某一种治疗手段，必须进行综合治疗，将其与化疗或中药治疗相配合，杀灭体内残留的癌细胞，使之不能在体内遗留发生转移复发。这样既可提高疗效几倍甚至数十倍，同时也可减少药物剂量，降低药物的毒副作用，改善患者的生活质量。

传统的热疗法因对肿瘤的靶向能力差，在对肿瘤组织进行加热的同时往往会损伤周围的正常组织，使临床应用受到限制。纳米磁性靶向载体粒子可在交变磁场下吸收电磁波产生热，且可在外加恒定磁场的作用下定位并聚集，因而将纳米磁性靶向载体粒子应用于热疗法中可弥补传统热疗法的不足，取得更好的治疗效果。Jordan 等[46]用磁流体在交变磁场下加热组织，以便不同的传导组织不干涉能量吸收，合成了最优的磁性纳米粒子，并将其作为治疗胶胚细胞瘤和前列腺癌的靶向特效药。

6.5 与其他纳米粒子的复合

磁性纳米粒子已被广泛应用于生物分离富集、临床诊断和治疗等方面，将磁性纳米粒子与其他纳米粒子复合，如金属纳米粒子、量子点和稀土发光纳米材料等，可赋予磁性纳米粒子新的特性，如磁-光、磁-电等，并可提高磁性纳米粒子的稳定性和抗氧化性，改善其生物相容性和反应活性等，势必会扩展磁性纳米粒子的应用范围，提高其应用效率，并最终推动生物科学技术的发展。这预示着磁性复合标记物有着良好的发展前景，并有可能在今后一定时间内成为研究的热点。

6.5.1 磁性纳米金

在目前常用的纳米材料中，Au 纳米粒子是研究比较早的一种，它具有比表面积大、表面反应活性高、吸附能力强和生物兼容性好等特点，不仅可与氨基发生静电吸附牢固结合，与巯基形成很强的 Au-S 共价键，且与生物分子结合后并不影响其结构和活性，因而在生物领域应用前景广阔。根据纳米 Au 与 Fe_3O_4 纳米粒子复合原理的不同，可将其复合方法大致分为种子生长法、层层组装法和共价键合法 3 种。

1. 种子生长法

种子生长法是纳米 Au 与其他纳米粒子复合的传统方法[47,48]。该方法的复合原理是以纳米 Au 为核，使其他纳米粒子在其表面沉积生长，反之亦然。该方法操作简单，合成的复合纳米粒子形貌规则且性质稳定。2004 年，Yu 等[49]率先应用该方法进行了纳米 Au 与 Fe_3O_4 纳米复合物的合成，通过高温下 $Fe(CO)_5$ 在纳米 Au 表面的分解沉积制得哑铃状及花状的纳米复合物（图 6.5）。他们首先制备出 Au 纳米粒子，然后将所得纳米 Au 与 $Fe(CO)_5$ 一起溶解于油酸、油胺和十八烯组成的混合溶剂中，加热至 300 ℃回流，得到哑铃状的 Au-Fe_3O_4 纳米粒子，通过调节纳米 Au 与 Fe_3O_4 纳米粒子的粒径大小，还可以控制哑铃状复合物的形貌。在复合物中，纳米 Au 与 Fe_3O_4 纳米粒子的结合，使得纳米 Au 的吸收峰出现了红移，纯纳米 Au 的吸收峰位

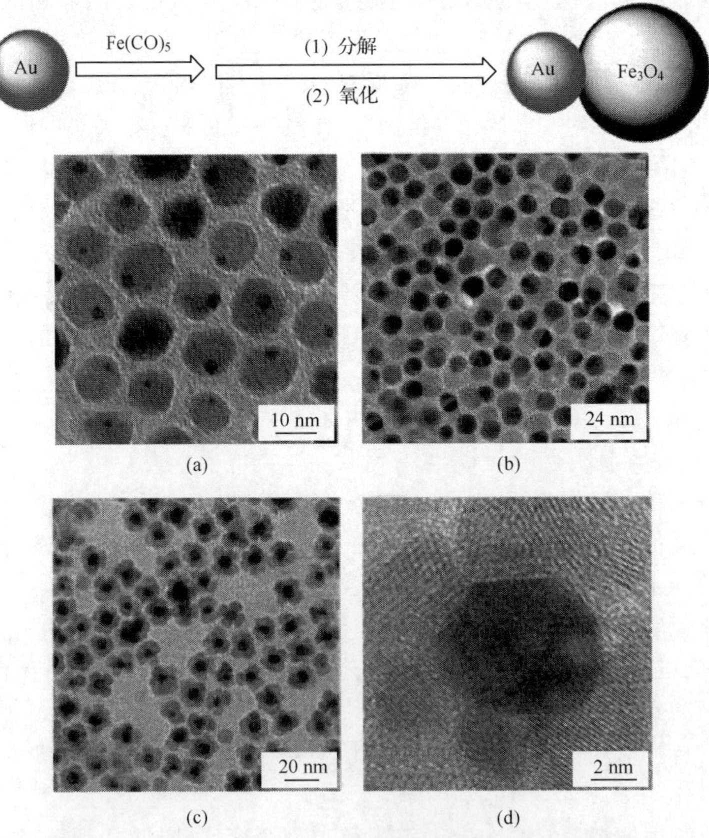

图 6.5　Fe_3O_4@Au 纳米粒子的形成机理及透射电镜照片[49]

(a)、(b)哑铃状 Au-Fe_3O_4 纳米粒子不同放大倍数的 TEM 照片；(c)、(d) 花朵状 Au-Fe_3O_4 纳米粒子 TEM 和(d)HRTEM 照片

于 520 nm 处，与 Fe_3O_4 复合后红移至 538 nm，出现了 18 nm 的明显红移现象。同时，当 Fe_3O_4 纳米粒子较小时(小于等于 8 nm)可引起一定程度的磁性增强现象。由于复合纳米粒子的生长过程受到反应溶剂极性的影响，之后他们利用极性的苯基醚为溶剂，得到了具有“花朵”形状的复合物。随后，Shi 等[50]采用类似的方法，以 $Fe(acac)_3$ 代替 $Fe(CO)_5$ 同样制得纳米 Au 与 Fe_3O_4 纳米粒子的复合物。他们通过改变溶剂，使用辛基醚、苄基醚、苯基醚和十八烯分别得到具有花生状及核壳结构等不同形貌的复合物，并将这一方法拓展到与 PbS 和 PbSe 纳米粒子的复合。

由于上述方法均是以 Au 纳米粒子为种子，在其表面进行 Fe_3O_4 纳米粒子的成核生长，反应温度较高，条件苛刻。Wang 等[51]对其进行了改进，利用 $Au(OOCCH_3)_3$ 分解成核温度低的特点，以事先制得的 Fe_3O_4 纳米粒子为核，将其与 $Au(OOCCH_3)_3$ 混合，溶解于 1,2-十六烷二醇和油酸、油胺组成的混合溶剂中，利用 $Au(OOCCH_3)_3$ 在 Fe_3O_4 粒子表面的沉积最终得到核壳结构的 Fe_3O_4@Au 纳米粒子。用该方法制得的复合物为球形颗粒，形貌规则，粒径小而均匀，通过控制离心速度可分别得到粒径为(12.1±1.4) nm 和(6.6±0.4) nm 的复合纳米粒子，进一步提高离心速度得到的为纯的 Fe_3O_4 纳米粒子。同样，Au 与 Fe_3O_4 纳米粒子复合后吸收峰也出现了红移现象，并且在此基础上随复合纳米粒子中 Au 壳厚度的增加产生进一步的红移。

在上述反应体系中，均采用有机溶剂，因此所制得的复合物为油溶性，而多数生物反应在水溶液中进行，因此极不利于下一步的生物应用。Lyon 等[52]在水相体系中合成了 Fe_3O_4@Au 纳米粒子。他们以铁氧体磁性纳米粒子为核，利用水相体系中 Au^{3+} 在其表面的还原沉积得到水溶性的 γ-Fe_2O_3/Au 和 Fe_3O_4/Au 核壳结构纳米复合物，复合物的粒径在 60 nm 左右，同时具备超顺磁性与纳米 Au 的光学性质。由于受到表面沉积纳米 Au 厚度的影响，随着复合物中纳米 Au 厚度的增加，复合物的紫外-可见吸收峰由 570 nm 蓝移至 525 nm，而纳米 Au 的抗磁性则使复合物的磁性强度出现了略微的减弱现象。之后 Song 等[53]同样利用该原理制得 Fe_3O_4@Au 复合纳米粒子，并通过向其溶液中加入抗坏血酸、十六烷基三甲基溴化铵(CTAB)和 $AgNO_3$，得到了星状的复合纳米粒子，如图 6.6 所示。

为进一步改善纳米粒子的亲水性及生物相容性，Zhu 等[8]首先利用 *N*-[*N'*-(2-氨基乙基)氨基乙基]-3-氨基丙基-甲基二甲氧基硅烷(DETA-MDMS)对制得的 Fe_3O_4 纳米粒子进行表面氨基修饰，之后将氯金酸和抗坏血酸溶液加入 Fe_3O_4 纳米粒子的水溶液中，重复 5 次后得到纳米 Au 与 Fe_3O_4 纳米粒子的复合物。该复合物为树枝状结构，平均粒径在 35 nm 左右，且复合后吸收峰位红移至 754 nm 处，饱和磁化强度为 23.2 $emu \cdot g^{-1}$。

种子生长法是制备复合纳米粒子的通用方法，目前该方法已成功应用于多种复合材料的制备。采用该方法制得的复合纳米粒子具有形貌规则、粒径较小和粒度分布窄而均匀等优点，但复合纳米粒子的表面多为油溶性，即使有些具有亲水

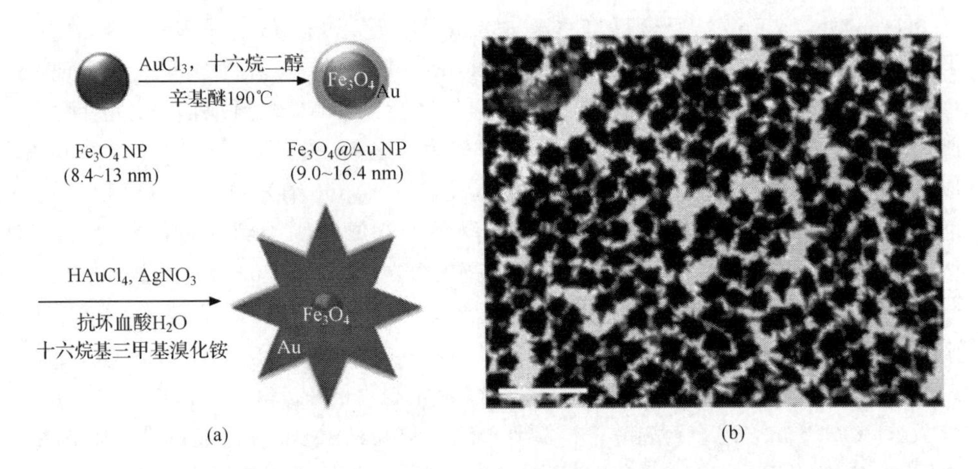

图 6.6 Fe_3O_4@Au 复合纳米粒子的制备原理(a)及电镜照片(b)[53]

性，其表面也不存在可与生物分子反应的活性基团，因此需经进一步的修饰，表面功能化后才可应用于生物分析检测及临床治疗中。

2. 层层组装法

除种子生长法外，层层组装法也是合成复合物的常用方法。该方法首先分别制备出磁性纳米粒子和纳米 Au，然后在其表面包覆不同电荷的有机聚合物进行修饰，再通过电荷之间的静电吸引使二者结合，得到复合纳米粒子。2005 年，Caruntu 等[54]利用该方法制得 Fe_3O_4 纳米粒子与纳米 Au 的复合物。他们首先利用 APTES 将制得的 Fe_3O_4 纳米粒子进行表面氨基修饰，使其带有正电荷，之后将制得的表面负电性的纳米 Au 与之混合，室温下过夜搅拌反应，二者即由于静电引力作用而结合，所得复合纳米粒子的透射电镜照片如图 6.7 所示。除氨基硅烷，其他常用修饰剂也被用于这一反应中，如聚二烯丙基二甲基氯化铵(PDDA)等。Qi 等[55]采用溶剂热法制得 Fe_3O_4 纳米粒子，向其中加入葡萄糖，经水热处理得到负电性的 Fe_3O_4@C 微球，利用 PDDA 组装后得到表面正电性的 Fe_3O_4@C 微球，可与表面负电性的纳米 Au 在静电引力作用下结合，得到核壳结构 Fe_3O_4@C@Au 微球(图 6.8)，用该方法制备 Fe_3O_4 纳米粒子表面的 Au 纳米粒子数目大大增加。

在上述反应中，Fe_3O_4 纳米粒子合成后需进行进一步的修饰，使粒子表面带有电荷以进行与 Au 纳米粒子的复合。这一过程分两步进行，步骤烦琐，费时费力。针对这一问题，Yu 等[56]采用共沉淀法一步合成出表面 PDDA 修饰的 Fe_3O_4 纳米粒子。该纳米粒子的磁性与晶体结构都与未修饰的 Fe_3O_4 纳米粒子一致，PDDA 并没有对 Fe_3O_4 纳米粒子的成核与生长造成影响。表面 PDDA 修饰的 Fe_3O_4 纳米粒子带有正电荷，与表面柠檬酸修饰带有负电荷的纳米 Au 混合后，由于静电引力作用，Au 纳米粒子可组装到 Fe_3O_4 纳米粒子的表面，形成复合物。

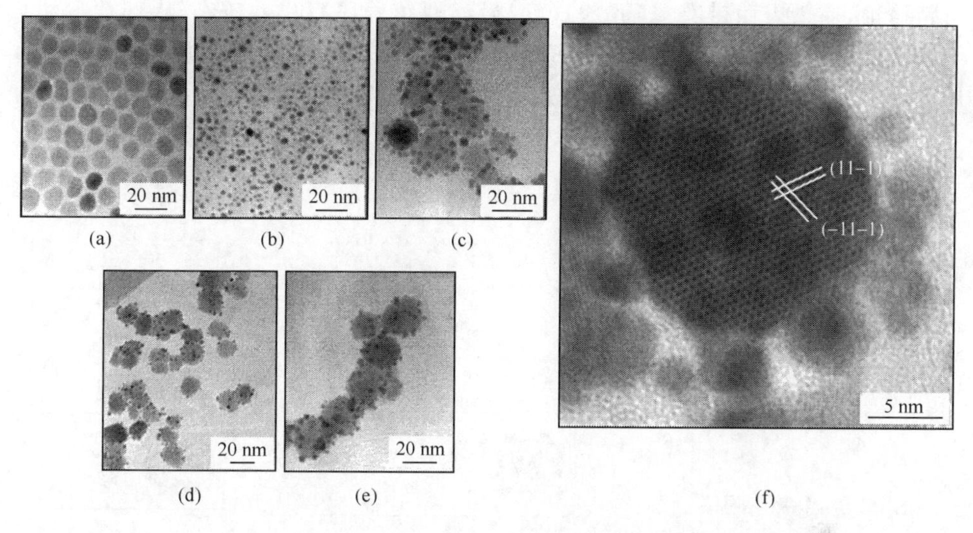

图 6.7　Fe_3O_4(a)，Au (b)，Fe_3O_4/Au (c、d、e)复合纳米粒子的 TEM 照片和 Fe_3O_4/Au 复合纳米粒子 HRTEM 照片(f)[54]

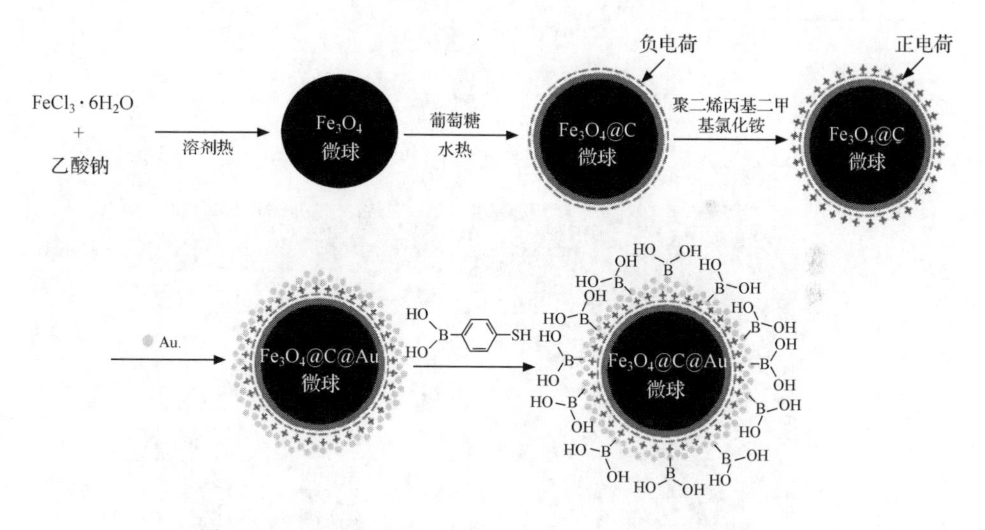

图 6.8　Fe_3O_4@C@Au 复合纳米粒子的合成示意图[55]

3. 共价键合法

共价键合法是指将磁性纳米粒子 Fe_3O_4 或 Fe_2O_3 通过巯基或氨基等基团，与纳米 Au 或其表面的羧基进行共价键合，合成复合纳米粒子的方法。Bao 等[57]利用共价键合法得到 Fe_3O_4/Au 复合纳米粒子，首先分别制得氨基修饰的磁性 Fe_3O_4 纳米粒子和 Au 纳米粒子，然后利用四甲基脲六氟磷酸盐(HBTU)对 Fe_3O_4

进行修饰，使之表面带有巯基，巯基可与 Au 纳米粒子发生共价结合，因此 Fe_3O_4 纳米粒子可与纳米 Au 复合得到核壳结构的 Fe_3O_4/Au 复合纳米粒子。该方法的原理示意图及复合纳米粒子的透射电镜照片见图 6.9。同时，他们利用所得到的

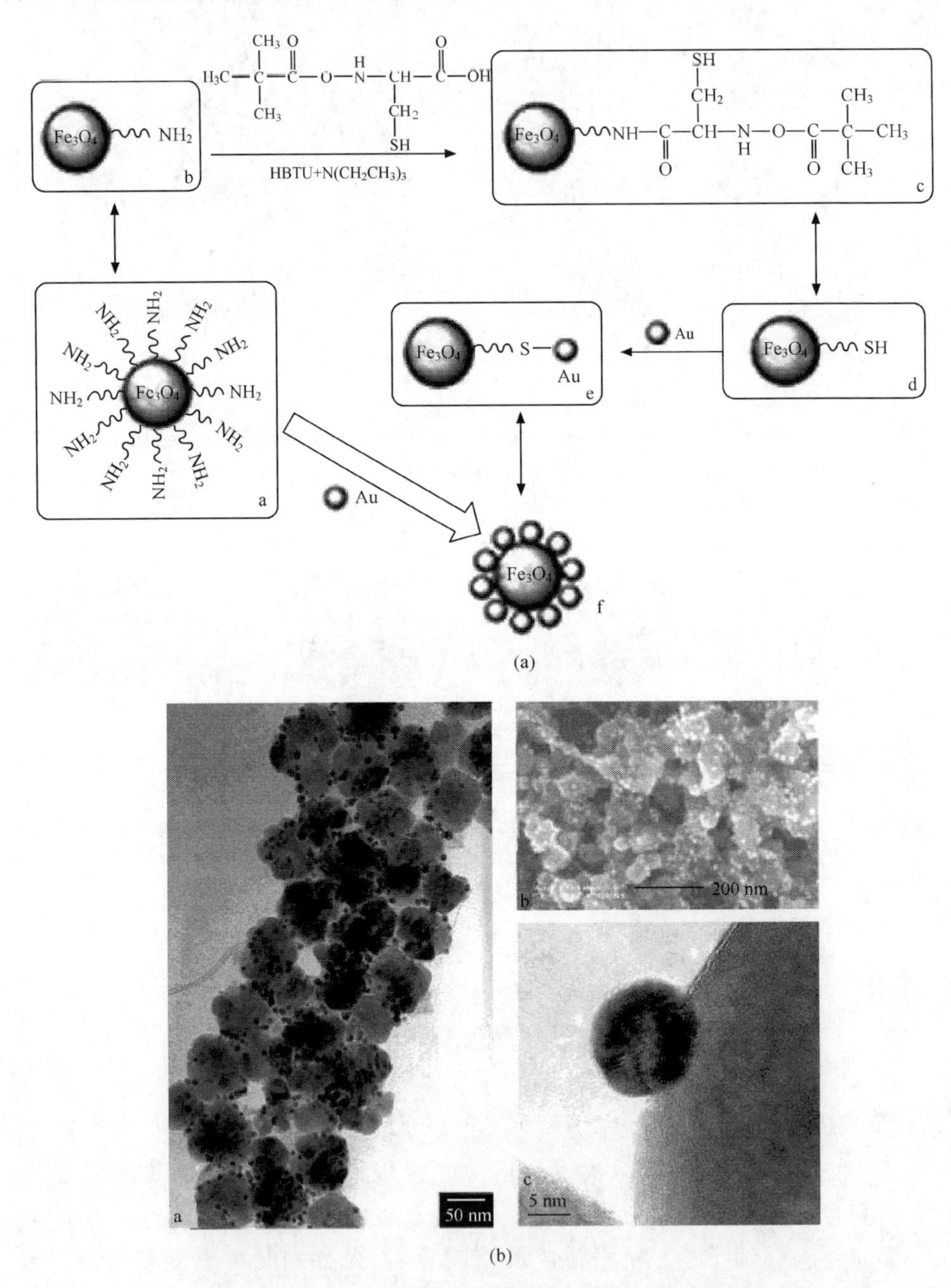

图 6.9　Fe_3O_4/Au 复合纳米粒子的制备原理(a)及透射电镜照片(b)[57]

复合物进行蛋白的分离工作。分别用考马斯亮蓝染色法和SDS-聚丙烯酰胺凝胶电泳检测分离效率，结果表明利用该方法可得到纯的蛋白，且从蛋白的吸光度值看出，分离后蛋白仍具有良好的生物活性。

6.5.2　磁性量子点

量子点优异的荧光特性使其具有传统的标记材料不可比拟的优势。随着对量子点研究的日益深入，人们逐渐将量子点与磁性纳米材料进行有机的结合，这样复合后的纳米粒子兼具磁性和荧光双重特性，既克服了以往磁性纳米粒子只能定位、不能示踪的缺点，也可弥补荧光物质无法实现靶向定位的不足。目前，该方面的研究还主要致力于量子点与磁性纳米材料Fe_3O_4、Fe_2O_3等的复合，合成方法与6.5.1相似，除包含种子生长法、聚合物层层组装法和共价键合法之外，还有SiO_2包埋法。

1. 种子生长法

该方法原理与6.5.1节中种子生长法中纳米Au与磁性纳米粒子的复合类似，主要是指以磁性纳米粒子为种子，使荧光量子点在其表面进行生长，或以量子点为种子，使磁性纳米材料在其表面生长合成磁性荧光复合纳米粒子的方法[58]。该方法虽然操作简单，但对两种纳米粒子的结构和性质要求较高。Lan等[59]以巯基乙酸稳定的CdTe量子点为种子，以乙二胺为模板，用水热法使Fe_3O_4在CdTe量子点表面生长，合成了Fe_3O_4/CdTe磁性荧光复合纳米线。他们首先合成出巯基乙酸修饰的CdTe量子点，然后取一部分量子点溶液，依次向其中加入定量的$FeSO_4 \cdot 7H_2O$、$FeCl_3 \cdot 6H_2O$粉末与己二胺溶液，形成棕色混合液。将混合液置于密闭反应器中反应12 h后，产品经磁分离洗涤即得Fe_3O_4/CdTe磁性荧光复合纳米线。通过对Fe_3O_4/CdTe磁性荧光复合纳米线的扫描电镜表征得知，其直径为(23±3) nm，长度约1 μm。虽然对复合纳米线的光谱表征结果显示复合纳米线在紫外激发下仍然具有较强的荧光，但由于其粒径过大而不太适于生物应用。

Kim等[60]以磁性纳米材料Co代替磁性Fe_3O_4纳米粒子为核，用种子生长法合成出粒径仅为14 nm左右，兼具磁性和荧光的Co/CdSe核壳复合纳米粒子。对复合纳米粒子进行透射电镜表征可明显看到核壳结构，其中Co纳米粒子粒径大约为11 nm，CdSe壳的厚度大约为3 nm，复合纳米粒子的形貌规则，粒度分布均匀。另外，对复合纳米粒子的磁性与荧光光谱表征也显示所合成的Co/CdSe复合纳米粒子满足生物分离检测的要求。之后，Tian等[61]对这一方法进行了拓展，以CoPt纳米粒子为核，合成出CoPt/CdSe磁性荧光复合纳米粒子。同时，他们还通过对反应时间的调节合成出分别发射红色、橙色、黄色和绿色荧光的磁性荧光复合纳米粒子。近年来，Wang等[62]利用这一方法，取得了更新的成果，得到了具有中空结构的Fe_3O_4/ZnS纳米复合物，其透射电镜照片如图6.10所示。

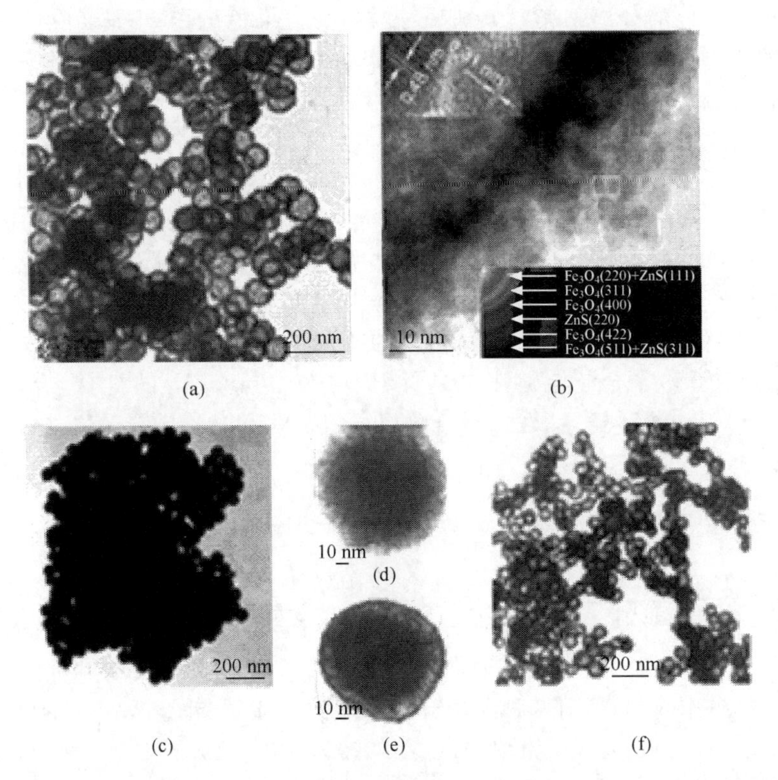

图 6.10　Fe_3O_4/ZnS 复合纳米粒子的透射电镜照片[62]

2. *聚合物层层组装法*

磁性量子点的层层组装同样是主要利用正负电荷之间的静电吸引，将量子点与磁性纳米粒子复合制备磁性荧光双功能纳米粒子。由于静电吸引作用力较弱，在合成时，可以在纳米复合物最外层包覆一层 SiO_2，以稳定该纳米复合物。但是，由于量子点与磁性纳米粒子之间的距离较近，磁性纳米粒子对量子点荧光的猝灭效应较明显，二者复合后量子点的荧光强度大大降低。同时，由于聚电解质一般价格昂贵，该法合成的复合纳米粒子成本也较高。Gaponik 等[63]首次提出将 Fe_3O_4 纳米粒子和量子点共同包覆在聚合物中，合成磁性荧光复合纳米粒子。但是该多功能纳米复合物粒度远大于原 Fe_3O_4 和 CdTe 纳米粒子，大约为 5.6 μm。

Hong 等[64]用聚电解质聚丙烯胺盐酸盐(PAH)和聚苯乙烯磺酸钠(PSS)以同样的方法合成了组成分别为 Fe_3O_4/PE_n/CdTe 和 $Fe_3O_4/(PE_3/CdTe)_n$ 的多功能复合纳米粒子，如图 6.11 所示。他们首先依次在磁性 Fe_3O_4 纳米粒子表面沉积 PAH、PSS 与 PAH 聚电解质层，然后将其与 CdTe 量子点混合，反应过夜后经磁分离即得 Fe_3O_4/PE_n/CdTe 磁性荧光复合纳米粒子。用该方法所合成的复合纳米粒子平均粒径在34 nm左右，磁学性质较好，荧光较强，其荧光和磁性能满足生物和医学等方面应用的要求。另外，他们通过调节磁性Fe_3O_4纳米粒子表面聚电解质的包覆层数，达到了调节聚电解质包覆层厚度，进而调节复合纳米粒子粒径的目的。同时，他们还发现聚电解质包覆层的厚度直接关系到复合纳米粒子的荧光强度，在一定程度上聚电解质包覆层越厚，复合纳米粒子的荧光越强。

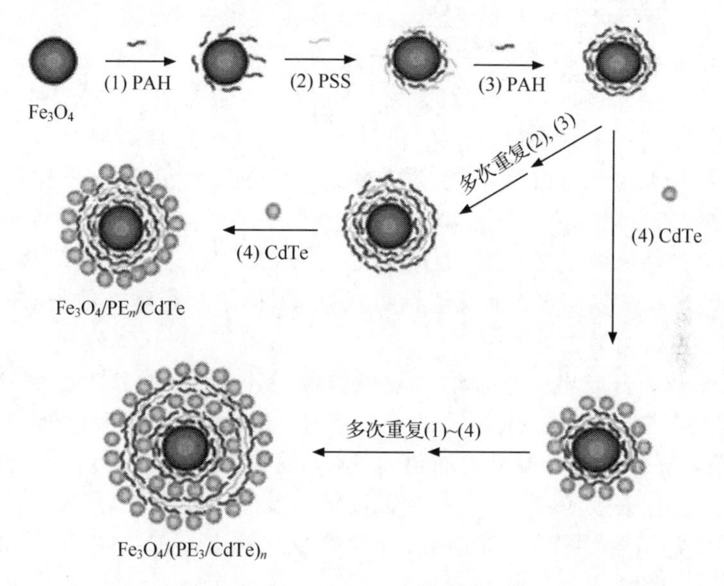

图6.11　$Fe_3O_4/(PE_3/CdTe)_n$磁性荧光复合纳米粒子的合成原理图[64]

3. 共价键合法

目前研究中所合成量子点的表面多为羧基或氨基修饰，而量子点本身也可与巯基结合，因此利用共价键合法可将磁性纳米粒子Fe_3O_4或Fe_2O_3通过巯基或氨基等基团，与QDs或其表面的羧基进行键合，合成磁性荧光复合纳米粒子，操作既简单又方便。Liu等[65]通过氨基与羧基之间的静电吸引作用合成了$Fe_3O_4/CdSe$复合纳米粒子。他们首先分别合成出Fe_3O_4和CdSe纳米粒子，在对Fe_3O_4纳米粒子进行表面SiO_2包覆与氨基修饰后，将其与CdSe量子点混合，在室温下反应6 h后得到了$Fe_3O_4/CdSe$磁性荧光复合纳米粒子。通过对单独的CdSe量子点及$Fe_3O_4/CdSe$复合纳米粒子的吸收及荧光光谱表征，发现CdSe量子点与Fe_3O_4纳米粒子复合后荧光强度基本没有变化，只是荧光发射光谱略有展宽现象。另外，由于非磁性的SiO_2和CdSe的存在，使复合纳米粒子的饱和磁化强度降低至3.8 emu · g^{-1}，但仍然满足生物分离的要求。

巯基与量子点之间的键合作用远强于氨基和羧基之间的静电吸引作用，因此利用该原理合成的复合纳米粒子的稳定性会有所增加。在此基础上，Wang等[66]

对上述合成进行了改进，他们首次通过巯基键合作用合成了 Fe_2O_3-CdSe/ZnS 核壳结构多功能复合纳米粒子。首先选用表面二巯基丁二酸修饰的 γ- Fe_2O_3 纳米粒子为核，然后将其与 CdSe/ZnS 量子点在甲醇体系中混合，在快速搅拌下反应 1 h后，磁分离除去未反应的量子点，即得到 Fe_2O_3-CdSe/ZnS 复合纳米粒子。通过对复合纳米粒子的荧光光谱表征，发现由于与 γ Fe_2O_3 纳米粒子复合后，CdSe/ZnS 量子点的表面状态发生改变，其发射光谱出现了蓝移现象。

由于磁性 Fe_3O_4 纳米粒子对量子点的荧光猝灭效应较大，2007 年 Zhang 等[67]进行了进一步的改进。他们首先利用正硅酸四乙酯(TEOS)的水解对磁性 Fe_3O_4 纳米粒子进行表面 SiO_2 包覆，然后通过(3-巯基丙基)-三甲氧基硅烷(MPS)进行巯基功能化，最后通过巯基键合作用，合成了粒径约为 25 nm 的 Fe_3O_4-CdSe/ZnS 磁性荧光复合纳米粒子。由于在复合纳米粒子中，量子点包覆在 Fe_3O_4 磁性纳米粒子最外层，而原 CdSe/ZnS 量子点表面带有羧基，所以，键合后的复合纳米粒子表面富含具化学活性的羧基，即该复合纳米粒子有直接与药物和生物分子连接的潜在可能。

共价键合法合成出的复合纳米粒子粒径较小，水溶性和生物兼容性好。但由于磁性纳米粒子对量子点的荧光猝灭严重，一般来说，在两种纳米粒子进行键合之前，最好在磁性纳米粒子表面包覆 SiO_2，这样既可以有效地降低磁性纳米粒子对量子点的猝灭效应，同时还可对磁性纳米粒子进行氨基或巯基修饰，而惰性 SiO_2 壳层生物相容性较好，毒性低，为复合纳米粒子的生物应用提供了很好的条件[68]。

4. SiO_2 包埋法

所谓 SiO_2 包埋法是指将磁性纳米粒子和量子点直接包埋在同一 SiO_2 壳中而合成纳米复合物的方法，是常用合成磁性荧光复合纳米粒子的方法之一。用该方法合成出的纳米复合物一般粒径较大，为 70～200 nm，很大程度上限制了它的应用范围[69]。Sathe 等[70]将 QDs 与 Fe_3O_4 纳米粒子共同包覆在同一 SiO_2 壳中，由于 Fe_3O_4 纳米粒子吸收光谱较宽，而 QDs 与 Fe_3O_4 纳米粒子距离较近，且二者表面均未进行包覆修饰，造成 QDs 荧光严重猝灭，因此终产物磁性荧光纳米复合物的荧光强度较原 QDs 猝灭程度较严重。为提高复合纳米粒子的生物相容性并减少非特异性吸附，他们又利用聚丙烯酸在粒子表面进行了修饰，修饰后的复合纳米粒子适用于生物分离富集，其磁分离效率可达 99%以上。Guo 等[71]采用同样原理但进行了很好的改进，在纳米粒子复合之前，先在 Fe_3O_4 纳米粒子表面包覆一层 SiO_2，并在复合过程中加入 Cd^{2+}，避免了荧光猝灭现象，得到粒径为(158±30) nm，荧光与纯 CdTe 量子点相当的 Fe_3O_4@SiO_2@CdTe 纳米复合物，并利用该复合物实现了对仓鼠卵巢细胞的标记与荧光成像。他们首先合成出 Fe_3O_4 纳米粒子，在粒子表面包覆一层 SiO_2，形成核壳型的 Fe_3O_4@SiO_2 纳米粒子，并将该纳米粒子与 CdTe 量子点均匀混合；利用金属阳离子（如 Zn^{2+}、Cu^{2+} 和 Cd^{2+}）易于吸附在 SiO_2 表面的特点，在调节上述溶液 pH 为 7 的情况下，向其中加入过量的 $CdCl_2$ 溶液，从而促使 CdTe 量子点在 Fe_3O_4@SiO_2 纳米粒子表面的沉积，得到 Fe_3O_4@SiO_2@CdTe 复合纳米粒子后，为增加其稳定性，又通过 Stober 法在复合纳米粒子的表面包覆一层 SiO_2，最终产物 Fe_3O_4@SiO_2@CdTe 的荧光强度与原 CdTe 相当，但出现较明显的红移现象。反应过程中，Cd^{2+} 可与 CdTe 量子点表面的 Te 原子结合，在量子点表面形成更厚的保护壳层，使量子点的荧光强度增强；而 Cd^{2+} 所带的正电荷同时也可与量子点表面巯基乙酸中 COO^- 的负电荷发生静电吸引，引起量子点的聚集，使荧光发射峰出现红移现象。Law 等[72]通过该法合成了磁性荧光复合纳米粒子后，将其成功地与 Panc-1 细胞连接，在外加磁场存在情况下，复合纳米粒子多数结合在细胞表面，并在紫外光激发下呈现出红色荧光，而不使用外加磁场时细胞表面仅有少量的非特异性吸附现象，体现了磁性荧光复合纳米粒子在靶向标记和药物输送等方面的应用潜力。Sun 等[73]则利用该原理得到了中空结构的 CdSeS/ Fe_3O_4 复合纳米粒子，并且复合过程中在表面修饰了氨基官能团，利用氨基官能团与叶酸偶联制成探针，进行了 HeLa 细胞的生物标记。

基于上述背景，本研究小组也做了一些相关研究。Sun 等[74]首次采用巯基键合法合成了 Fe_3O_4/CdTe 磁性荧光复合纳米粒子，他们首先通过改进的化学共沉淀法合成聚乙二醇 4000（PEG4000）修饰的磁性 Fe_3O_4 纳米粒子，用 Stober 法将其表面包覆一层 SiO_2 后，再通过 3-巯基丙基三甲氧基硅烷（MPS）在 Fe_3O_4@SiO_2 表面的水解，对 Fe_3O_4@SiO_2 进行巯基化修饰，然后将其与巯基乙酸（TGA）稳定的 CdTe 量子点通过巯基键合作用，合成出 Fe_3O_4/CdTe 核壳型磁性荧光复合纳米粒子，具体制备原理及形貌、磁性表征结果如图 6.12 所示。复合纳米粒子的荧光光谱无明显变化，其发光强度可通过键合时间、体系酸度和反应物配比等条件进行调节。

5. *磁性量子点的应用*

目前，磁性量子点在生物领域的应用范围与量子点基本一致，也是主要体现在生物大分子检测、细胞标记等方面。而与量子点不同的是，磁性量子点可在标记的同时进行分离，因而在生物领域的应用前景更为可观。Wang 等[66]将所合成的复合纳米粒子应用于乳腺癌细胞 MCF-7 的标记与分离（图 6.13）。他们选用 anticycline E 抗体，首先对复合纳米粒子进行表面羧基功能化，然后在 1-(3-二甲氨基丙基)-3-乙基碳二亚胺（EDC）的活化作用下，将复合纳米粒子与 anticycline E 抗体偶联，由于 anticycline E 抗体与乳腺癌细胞表面抗原的特异性识别，复合纳米粒子可选择性地结合到乳腺癌细胞表面，所以实现了对乳腺癌细胞的特异性标记。该小组还利用复合纳米粒子的顺磁性特点，成功地进行了血红细胞中乳腺癌细胞的分离。

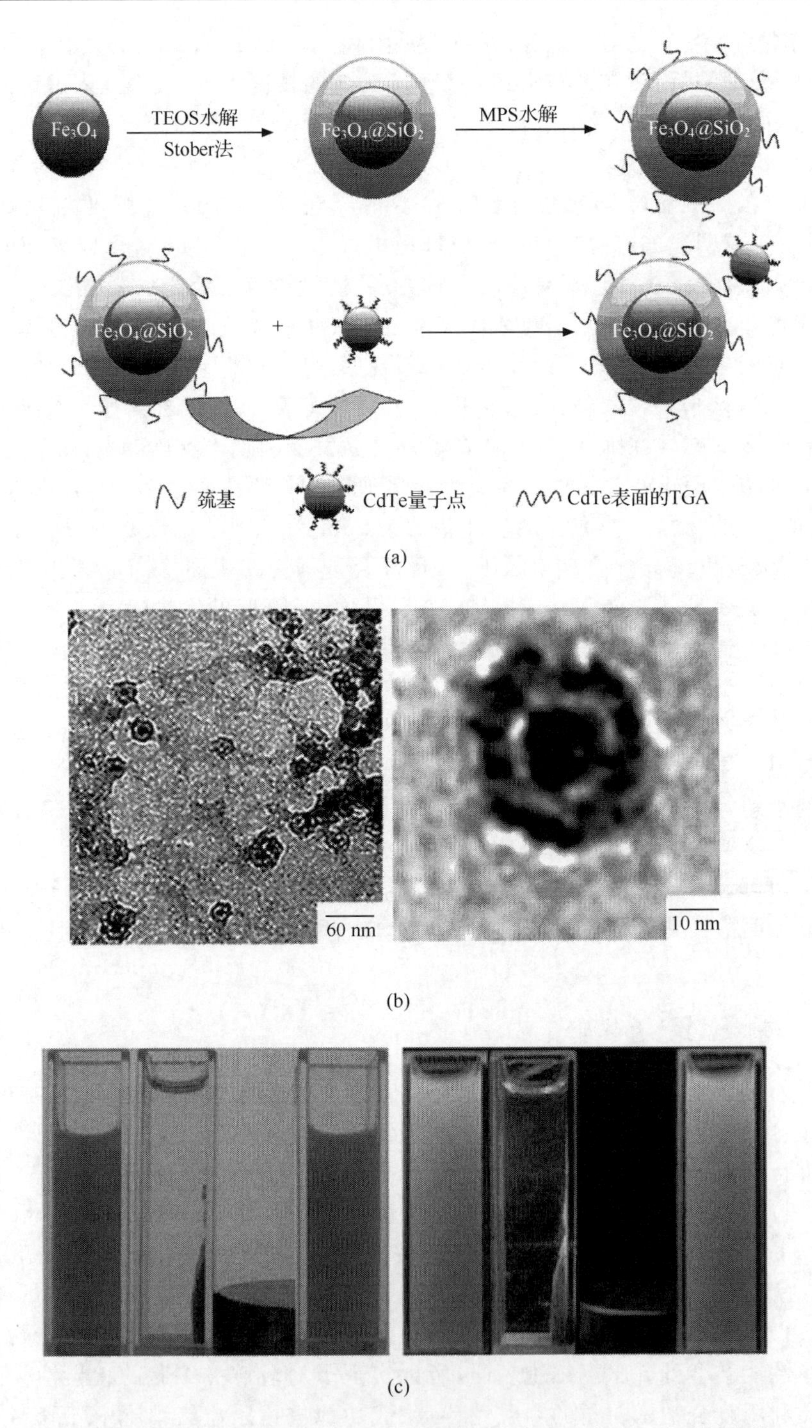

图 6.12　Fe_3O_4/CdTe 磁性荧光复合纳米粒子的合成示意图(a)，透射电镜照片(b)，外加磁场存在下明场(左)及 365nm 激发下的暗场(右)的数码照片(c)[74]

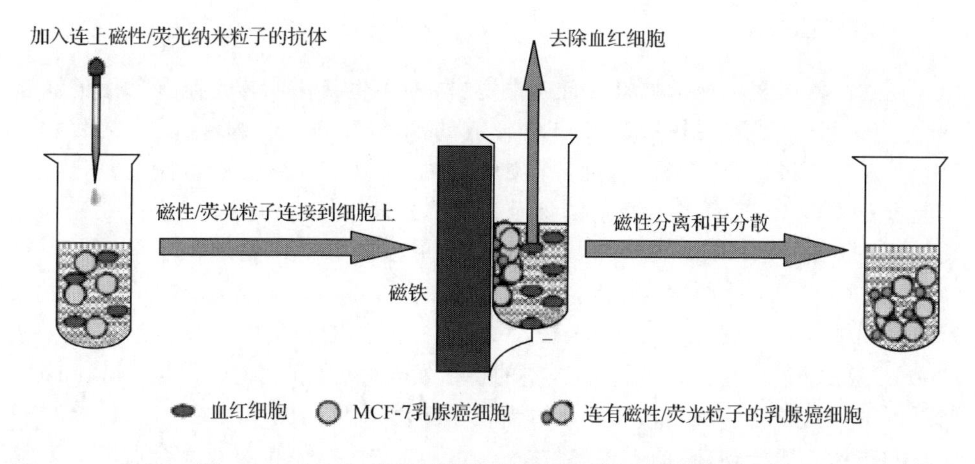

图 6.13 MCF-7 血红细胞中乳腺癌细胞的分离示意图[66]

Sun 等将所合成的 Fe_3O_4/CdTe 磁性荧光复合纳米粒子应用于 HeLa 细胞的免疫标记与荧光显微成像[74]。首先将 BSA 与 Fe_3O_4/CdTe 复合纳米粒子进行连接,并进行荧光发射光谱表征。与 BSA 连接后,Fe_3O_4/CdTe 纳米粒子的荧光强度明显增强,并伴有蓝移现象。这是由于连接后 BSA 覆盖在 CdTe 壳量子点表面,减少了其表面的晶格缺陷,降低了无辐射跃迁,使其荧光强度增强。而溶剂中较低的极性环境,降低了量子点周围分子的定向极化率,使 Stokes 位移减小,因此发射光谱同时出现蓝移(约为 2 nm)。由该发射光谱的变化,即可证明 Fe_3O_4/CdTe 复合纳米粒子表面带有羧基,且是化学活性,可与 BSA 通过羧基与氨基之间的静电吸引及键合作用成功连接。利用该原理,将 Fe_3O_4/CdTe 复合纳米粒子与 CEACAM8 抗体连接形成 Fe_3O_4/CdTe-antibody 后,通过抗体与 HeLa 细胞抗原之间的特异性免疫反应,实现了 Fe_3O_4/CdTe 复合纳米粒子对 HeLa 细胞的免疫标记。

6.5.3 磁性稀土发光纳米材料

稀土发光纳米材料具有毒性低、稳定性好、发光强度高、荧光寿命长和 Stokes 位移大等诸多优点,特别是其中的稀土掺杂上转换发光纳米材料,除具备这些优点外,由于采用红外光为激发光源,激发能量低,可有效避免来自生物样品的自体荧光干扰,所以在生物应用中具有独特的优势而备受关注。随着量子点与磁性纳米材料复合研究的日益增多,人们开始想到以稀土发光纳米材料代替量子点,并在其研究基础上开展了磁性稀土发光纳米材料的合成及应用研究。

1. 种子生长法

在磁性稀土发光纳米材料的合成报道中，种子生长法同样也是最常用的制备方法。He 等[75]以溶剂热法制备出单分散的油溶性 Fe_3O_4 纳米粒子，然后利用 CTAB 对粒子进行表面修饰改性。将修饰后的 Fe_3O_4 胶体溶液与稀土氯化物溶液混合，再加入 NH_4F，加热反应溶液至 75 ℃，恒温反应 2 h，得到具有强荧光与超顺磁性的 Fe_3O_4@LaF_3：Ce，Tb 纳米粒子。单独的 Fe_3O_4 纳米粒子平均粒径在 20 nm 左右，与 LaF_3：Ce，Tb 复合后粒径增加至 30 nm。复合纳米粒子的 X 射线衍射谱图中，同时存在 Fe_3O_4 和 LaF_3：Ce，Tb 晶体的衍射峰。复合纳米粒子在 270 nm 激发下，荧光光谱中出现 Tb^{3+} 的特征发射峰，最强发射峰位于 543 nm 处，肉眼可见明亮的绿色荧光。在复合纳米粒子溶液一侧施加外加磁场时，纳米粒子逐渐向磁场一侧移动，暗场中表现为绿光逐渐向磁铁一侧聚集。复合后的纳米粒子兼具光磁功能，必将在生物医学应用领域起到重要作用。对这一原理稍加修改后，Ma 等[76]将其应用于具有红色荧光性质的 Fe_3O_4@Y_2O_3：Eu 复合纳米粒子的合成。他们在合成过程中利用对氨基苯甲酸(PABA)对复合纳米粒子进行表面氨基修饰，并将复合纳米粒子与生物素连接后，以亲和素修饰的聚苯乙烯微球为模板，模拟了纳米粒子对细胞的靶向标记和输送过程。

在上述报道的复合纳米粒子中，发光组分均为稀土掺杂的下转换发光纳米材料。2004 年，Lu 等[77]通过改变掺杂稀土离子的种类，首次制备出具有上转换发光性质的复合纳米粒子。同样，他们以事先制得的磁性 Fe_3O_4 纳米粒子为核，通过混合稀土离子与氟离子的沉积作用，在磁性 Fe_3O_4 核表面包覆一层立方晶型的 $NaYF_4$：Yb，Er，然后经过 400 ℃煅烧处理将 $NaYF_4$：Yb，Er 转化为六方晶型，得到 Fe_3O_4@$NaYF_4$：Yb，Er 上转换磁性荧光复合纳米颗粒。同时，他们利用 Stober 法，通过氨基硅烷的水解包覆，对复合纳米粒子进行表面氨基修饰，并应用于芯片上链霉亲和素的检测。由于将荧光材料直接与铁氧化物复合会引起很大程度的荧光猝灭，Gai 等[78]采用表面 SiO_2 包覆法，首先利用正硅酸四乙酯(TEOS)的碱性水解作用，在 Fe_3O_4 纳米粒子表面包覆一层惰性 SiO_2 无机物，然后在 TEOS 溶液中加入十六烷基三甲基溴化铵(CTAB)，并继续对 Fe_3O_4 纳米粒子进行表面包覆，包覆后回流去掉 CTAB，得到 Fe_3O_4@$n$$SiO_2$@$m$$SiO_2$ 复合物。将该复合物与 NaF 溶液混合，向其中加入稀土氯化物溶液和 EDTA 溶液，室温搅拌 4 h，离心分离，得到的沉淀于 400 ℃煅烧 5 h，最终得到 Fe_3O_4@$n$$SiO_2$@$m$$SiO_2$@$NaYF_4$：Yb，Er 上转换磁性荧光复合纳米粒子，见图 6.14。Fe_3O_4 纳米粒子表面包覆硅层后，不仅有效地避免了荧光猝灭现象，提高了 Fe_3O_4 纳米粒子的化学稳定性和生物相容性，同时，CTAB 回流挥发后，Fe_3O_4 纳米粒子比表面积增加，表面沉积 $NaYF_4$：Yb，Er 数目增加，使复合纳米粒子的发光强度得到进一步提高。

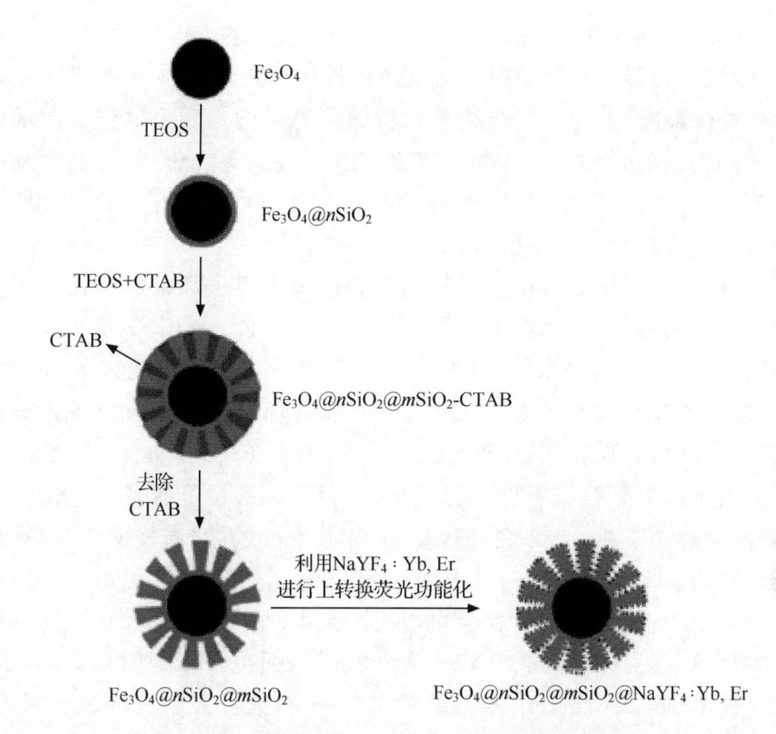

图 6.14 Fe_3O_4@$n$$SiO_2$@$m$$SiO_2$@$NaYF_4$ ：Yb,Er 上转换磁性荧光纳米粒子的合成示意图[78]

上述方法皆采用共沉淀法制备稀土发光纳米粒子，纳米粒子的初始结构为立方晶型，荧光强度不高，需经进一步的煅烧，因而导致纳米粒子聚集、粒径增大及分布不均匀，且煅烧后的纳米粒子表面没有活性基团，不利于下一步的生物应用。Zhang 等[79]对该方法进行了改进，以水热法代替共沉淀法。他们首先将 Fe_3O_4 纳米粒子超声分散于 NaF 的水溶液中，然后快速向其中加入稀土氯化物溶液与 EDTA 溶液，搅拌 20 min，将混合溶液转移至密闭反应器中进行反应。待反应结束，产品用乙醇和水洗涤数次，经磁分离后，得到 $Fe_3O_4/NaYF_4$ 复合纳米粒子。改用水热法后复合纳米粒子的形貌为更加规则的球形，粒径均匀，且粒度分布范围较窄。该方法虽然在一定程度上进行了改进，但所合成的 $Fe_3O_4/NaYF_4$ 复合纳米粒子发射峰位多在近红外区，而据文献报道目前所用荧光标记主要为可见光区，由于人的肉眼不能直接观测到近红外光，所以对其细胞标记与活体成像等方面的应用产生了一定的局限性。本组曾采用类似的方法得到具有绿色上转换发光的复合纳米粒子[80]。在实验过程中，首先以改进的共沉淀法制得 Fe_3O_4 纳米粒子，粒子为规则的球形颗粒，平均粒径在 9～10 nm 范围内。然后以 Fe_3O_4 纳米粒子为核，利用稀土离子在其表面的沉积，再经过溶剂热反应得到高荧光性能的复合纳米粒子。在反应体系中加入 EDTA 和 PEG4000，利用 EDTA 对稀土离子的络合作用，降低反应速率。同时,反应过程中 PEG4000 会覆盖在纳米粒子的表面,防止粒子的聚集,控制粒子的形貌。他们通过对反应条件的摸索,发现在一定范围内随着反应时间的延长或温度的升高,复合纳米颗粒的荧光强度均明显增强。而稀土离子与 Fe_3O_4 之间物质的量比的改变则直接影响复合纳米粒子的发光强度及磁性强弱。随着 Fe_3O_4 所占比例的增加,复合纳米粒子的磁性逐渐增强。但由于 Fe_3O_4 的猝灭效应,复合纳米粒子的发光强度逐渐下降。

上述报道均是以 Fe_3O_4 纳米粒子为核,利用稀土离子和氟离子在纳米粒子表面的沉积作用,制备复合纳米粒子。由于报道中 $NaYF_4$ ∶Yb,Er 纳米粒子自身发光强度不高,加之 Fe_3O_4 纳米粒子的荧光猝灭,复合纳米粒子的发光强度略显不足。Shen 等[81]首先以三氟乙酸盐为前驱体,采用高温热分解法制备光学性能优异的 $NaYF_4$ ∶Yb,Er 纳米粒子,然后以此为核,制备 $Fe_3O_4/NaYF_4$ ∶Yb,Er 复合纳米粒子。由于高温分解法所得 $NaYF_4$ ∶Yb,Er 纳米粒子的表面包覆有一层油酸分子,需要先利用 1,10-十二烷二酸或 11-巯基十一烷酸,通过配体交换反应,将纳米粒子转化为亲水性。之后向其中加入 $Fe(acac)_3$,265 ℃下反应 40 min 后即制得 $Fe_3O_4/NaYF_4$ ∶Yb,Er 纳米复合物,反应原理如图 6.15A 所示。复合物的透射电镜图如图 6.15C 所示,在 $NaYF_4$ 纳米粒子表面可清晰地看到附着的 Fe_3O_4 纳米颗粒。图 6.15B 中,复合纳米粒子在 980 nm 激光器照射下可发出明亮绿光,并在磁场作用下迅速移向磁场一方,具有良好的顺磁性。由于该方法是以 $NaYF_4$ 纳米粒子为种子,事先采用高温热分解法合成出结晶程度高、发光强度高的上转换纳米粒子,所以最终复合物的发光强度较高,更有利于在生物医学中的应用。Wang 等[82]则是以制备好的 YPO_4 ∶RE 纳米粒子为核,利用粒子表面的磷酸根与 Fe^{3+} 之间的络合作用,得到具有明显核壳结构的 Fe_3O_4@YPO_4 ∶RE 复合纳米球。

2. *其他方法*

种子生长法操作简单,合成的复合纳米粒子形貌规则,但 Fe_3O_4 纳米粒子对荧光的猝灭严重,且纳米粒子需经进一步修饰才可应用。由于上述问题的存在,研究工作者借鉴磁性量子点等其他复合物的合成经验,开展了多种不同方法的研究。Wang 等[83]利用聚丙烯胺盐酸盐(PAH)和聚苯乙烯磺酸钠(PSS)两种常用的聚合物电解质,首次采用层层组装法进行 Fe_3O_4 与 LaF_3 ∶Ce,Tb 纳米粒子的复合,利用带不同电性聚合物电解质对纳米粒子进行多层修饰,再依据静电作用进行复合。聚合物电解质可对纳米粒子起到保护与修饰的作用,改善粒子的水溶性和生物相容性,为纳米粒子的进一步应用提供良好的前提条件。他们首先分别制备出 Fe_3O_4 与 LaF_3 ∶Ce,Tb 纳米粒子,然后利用聚合物电解质进行表面修饰,令表面负电性的 LaF_3 ∶Ce,Tb@$(PAH/PSS)_2$ 与正电性的 Fe_3O_4@$(PAH/PSS)_2$/PAH 复合物在静电引力的作用下结合,得到磁性荧光双功能的纳米粒子复合物。在复

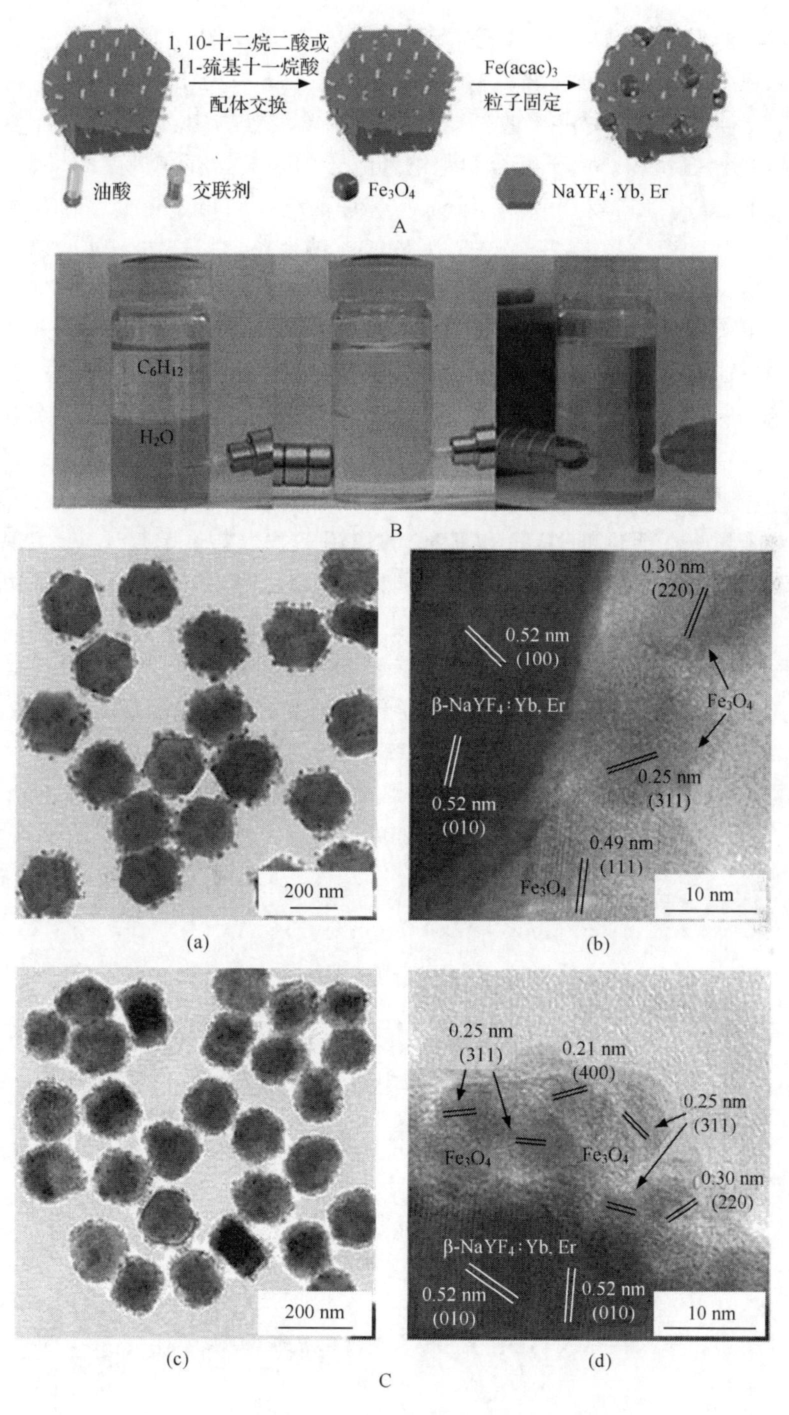

图 6.15　$Fe_3O_4/NaYF_4$: Yb,Er 复合纳米粒子的形成机制(A),磁场作用下的荧光数码照片(B)和透射电镜照片(C)[81]

合纳米粒子的红外光谱中，3194 cm^{-1}和1400 cm^{-1}处分别出现了═C—H的伸缩振动和苯环中C═C的吸收峰，1643 cm^{-1}和1126 cm^{-1}处出现了N—H的剪式振动和C—N伸缩振动。这些吸收峰均出自于PSS聚合物中，说明在复合纳米粒子的表面仍有PSS沉积。由于复合物中纳米粒子的表面均存在多层的聚合物，所以其水溶性非常好。Liu等[84]则采用SiO_2包埋法，在曲拉通X-100、辛醇和环己烷组成的反相微乳液体系中，将$NaYF_4$：Yb,Er纳米粒子与磁性Fe_3O_4纳米粒子包埋到同一SiO_2壳层中。该方法所合成的复合纳米粒子电镜照片中，在厚厚的SiO_2壳层内可看到同时存在的$NaYF_4$：Yb,Er与Fe_3O_4两种纳米粒子。

Mi等首次采用共价键合法成功进行了磁性Fe_3O_4纳米粒子与$NaYF_4$：Yb，Er纳米粒子的复合[85]。首先，以改进的化学沉淀法和溶剂热法分别制备出Fe_3O_4和$NaYF_4$：Yb,Er纳米粒子。其次，利用经典的Stober法对$NaYF_4$：Yb,Er纳米粒子进行表面氨基修饰，修饰后的$NaYF_4$：Yb,Er纳米粒子与表面羧基的Fe_3O_4纳米粒子在活化剂NHS和EDC的作用下发生共价键合反应，实现二者的连接，得到同时具备光-磁性质和生物活性的$Fe_3O_4/NaYF_4$：Yb,Er多功能复合纳米粒子，其原理见图6.16。将制备的复合纳米粒子直接与转铁蛋白偶联后制成探针，进行HeLa细胞的标记与成像。基于HeLa细胞表面的转铁蛋白受体与转铁蛋白之间的特异性结合，复合纳米粒子可在孵育过程中结合到细胞表面，并在红外光激发下发出绿色荧光。利用未与转铁蛋白连接的复合纳米粒子进行对照试验，发现该标记方法具有特异性好的特点。同时，标记过程中，单独的HeLa细胞在红外光激发下自身并不发光，有效地避免了来自生物体自体荧光的干扰。

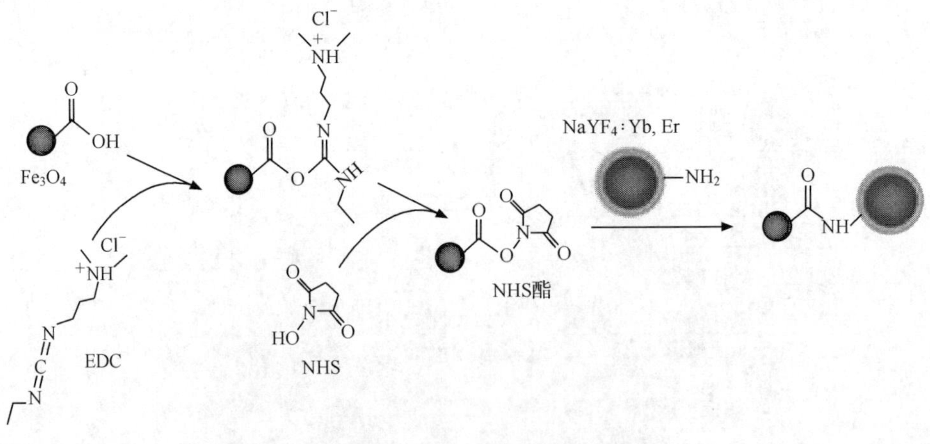

图6.16　磁性荧光复合纳米粒子的形成原理[85]

3. 磁性稀土发光纳米材料的应用

随着磁性稀土发光纳米材料在合成方面报道的日益增多[86,87]，研究工作者已经将注意力逐渐转移到其相关的生物应用方面[88,89]。目前已有少数文献报道出现，而在这些报道中磁性稀土发光纳米材料的应用主要体现在生物大分子检测、药物靶向和释控及细胞标记等方面。Son 等[90]利用磁性荧光纳米粒子实现了水溶液中 DNA 的定量检测。如图 6.17 所示，他们首先将 $Fe_3O_4/Eu:Gd_2O_3$ 核壳结构磁性纳米粒子与亲和素连接，荧光染料和生物素分别与目标 DNA 和探针 DNA 连接，连接后将三者混合，由于亲和素与生物素之间存在着特异性结合，所以在溶液中会发生 DNA 的杂交，杂交后 DNA 可借助外加磁场进行分离，并进行荧光检测。利用在一定浓度范围内 DNA 加入量与荧光强度的关系，可以进行 DNA 的定量检测。

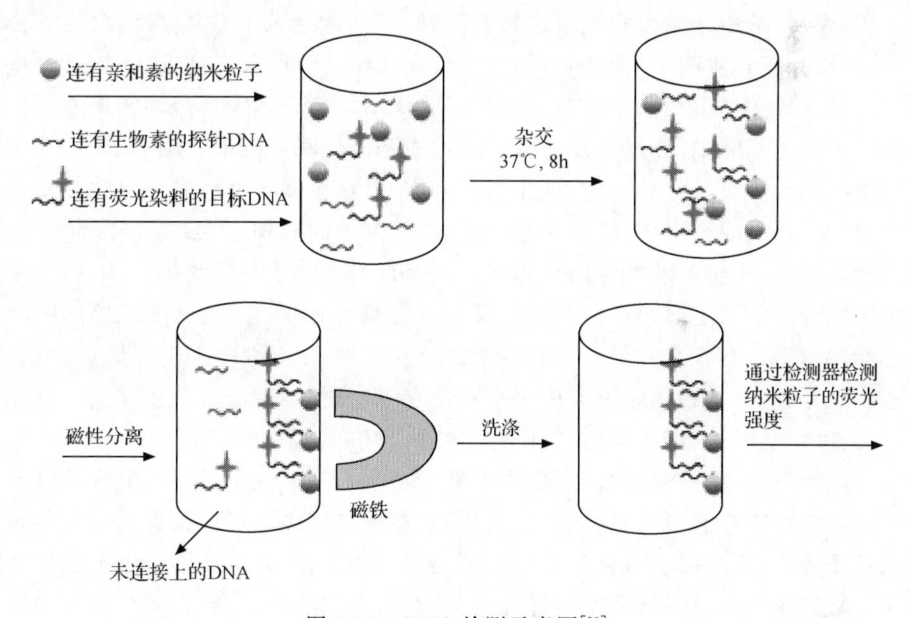

图 6.17　DNA 检测示意图[90]

布洛芬是一种常用消炎药，由于药效高、粒径小，极易在介孔材料孔道内自由扩散，被广泛应用于药物负载和释控研究中。Gai 等[78]以布洛芬为对象，研究了 $Fe_3O_4@n SiO_2@m SiO_2@NaYF_4$：Yb,Er 复合纳米粒子的药物释控功能。他们分别以氨基修饰前后的 $Fe_3O_4@n SiO_2@m SiO_2@NaYF_4$：Yb,Er 复合纳米粒子为载体的实验结果表明，修饰前的纳米粒子对布洛芬的载药率为 11%（质量分数），修饰后由于纳米粒子比表面积的下降，载药率降低为 8%（质量分数）。当固定比表面积时，由于布洛芬中的羧基可与氨基共价结合，所以修饰后的复合纳米粒子载药量更高。复合纳米粒子中布洛芬的释放研究结果表明，未修饰的纳米粒子中在6 h内即释放出95%的布洛芬，而修饰后由于氨基羧基作用的存在，增强了布洛芬与纳米粒子的结合能力，72 h后布洛芬释放率为87%。由此可见，纳米粒子中药物的负载与释放率均受载体粒径、比表面积及表面性质的影响。因此，通过改变TEOS用量，调节复合纳米粒子中SiO_2壳层的厚度，可达到控制药物负载和释放的目的。

Wang等[82]进行了Fe_3O_4@YPO_4：Tb复合纳米球对抗癌药物阿霉素负载与释放的控制研究。Fe_3O_4@YPO_4：Tb纳米球对阿霉素的负载率为18.7%，在阿霉素的体外释放过程中，前6 h为高峰期，17.3%的阿霉素在这一时间段内释放，之后释放速率减慢，并在5天内释放率达到最高。将复合纳米球与HeLa细胞共同孵育96 h，并进行荧光显微成像，由于内吞作用部分复合纳米球进入细胞内部，在显微成像照片中细胞质内出现了绿色荧光。

Wu等[91]采用共聚和法制备出具有磁性、长荧光寿命和生物亲和性的多功能纳米粒子，并将其应用于细胞的时间分辨荧光成像。他们首先将Eu^{3+}与三氨基丙基三乙氧基硅烷(APS)的结合物(APS-BTBCT-Eu^{3+})和PVP修饰的磁性Fe_3O_4纳米粒子加至乙醇中，然后加入三氨基三乙氧基硅烷和正硅酸乙酯，在氨水的作用下发生共聚合反应，使APS-BTBCT-Eu^{3+}与Fe_3O_4包覆在一起形成磁性荧光复合纳米粒子。在反应过程中APS会吸附在纳米粒子的表面，使合成与修饰一步完成，得到表面氨基修饰的复合纳米粒子。将所得纳米粒子与转铁蛋白偶联，再用它对人工培养的HeLa细胞进行标记。荧光成像结果证明作为生物标记物，这种新型的纳米粒子具有亲水性好、生物相容性好、荧光强度高和寿命长等优点，可直接用于生物标记，并且在生物分离中也存在潜在的应用前景。

磁性氧化铁纳米粒子具有很强的顺磁性，即在外加磁场作用下纳米粒子会表现出很强的磁性，而磁场移走后磁性就完全消失[92-94]。因此，将磁性纳米粒子与纳米标记探针复合后，用它标记生物物质时，使用外加磁场可以很容易地使待测组分与基质分离，而且磁场移走后粒子也不会发生团聚。同时，磁性纳米复合物特殊的磁性能还可用于痕量被测生物样品的浓缩、富集和快速分离，可减少其他物质的干扰，大幅度提高分析检测的灵敏度，还可以节省检测时间，提高检测效率，因此，磁性纳米复合物在生物医学领域的应用具有很好的发展前景。

参考文献

[1] Valenzuela R, Fuentes M C, Parra C, et al. J Alloy Compd, 2009, 488: 227-231.
[2] Sato T, Ishibashi S, Kimizuka T, et al. Int J Miner Process, 2001, 62(1-4): 95-110.
[3] Gee S H, Hong Y K, Erickson D W, et al. J Appl Phys, 2003, 93(10): 7560-7562.
[4] Wu K T, Kuo P C, Yao Y D, et al. IEEE T Magn, 2001, 37(4): 2651-2653.
[5] Kim D K, Zhang Y, Voit W, et al. J Magn Magn Mater, 2001, 225(1-2): 30-36.

[6] Daou T J, Pourroy G, Begin-Colin S, et al. Chem Mater, 2006, 18(18): 4399-4404.

[7] Zhao L J, Duan L F. Eur J Inorg Chem, 2010, (36): 5635-5639.

[8] Zhu S Y, Zhang L L, Yu Q, et al. Mater Sci Eng B, 2010, 175: 172-175.

[9] Li D, Jiang D L, Chen M, et al. Mater Lett, 2010, 64(22): 2462-2464.

[10] Wan J, Yao Y, Tang G. Appl Phys A, 2007, 89(2): 529-532.

[11] Liang J, Li L, Luo M, et al. Solid State Sci, 2010, 12: 1422-1425.

[12] Sugimoto T, Itoh H, Mochida T. J Colloid Interface Sci, 1998, 205(1): 42-52.

[13] Chen L Y, Lin Z, Zhao C L, et al. J Alloy Compd, 2011, 509(1): L1-L5.

[14] Zhou X, Xu W L, Wang Y, et al. J Phys Chem C, 2010, 114(46): 19 607-19 613.

[15] Ai Z H, Deng K J, Wan Q F, et al. J Phys Chem C, 2010, 114(14): 6237-6242.

[16] Kim H G, Oh C, Lee Y H, et al. J Ceram Process Res, 2007, 8(3): 177-183.

[17] Geng J, Lu D J, Zhu J J, et al. J Phys Chem B, 2006, 110(28): 13 777-13 785.

[18] Zhou Z H, Wang J, Liu X, et al. J Mater Chem, 2001, 11(2): 1704-1709.

[19] Zhang D H, Liu Z Q, Han S. Nano Lett, 2004, 4(11): 2151-2155.

[20] 邱星屏. 厦门大学学报(自然科学版), 1999, 38(5): 711-715.

[21] Lee D K, Kang Y S, Lee C S. et al. J Phys Chem B, 2002, 106(29): 7267-7271.

[22] 李硃，侯乙东，李旦振，等. 无机材料学报，2003, 18(4): 929-932.

[23] Xu Z G, Feng Y Y, Liu X Y, et al. Colloid Surface B, 2010, 81(2): 503-507.

[24] Hong R Y, Li J H, Zhang S Z, et al. Appl Surf Sci, 2009, 255(6): 3485-3492.

[25] Liu X Q, Xing J M, Guan Y P, et al. Colloid Surface A, 2004, 238(1-3): 127-131.

[26] Keshavarz S, Xu Y L, Hrdy S, et al. IEEE T Magn, 2010, 46(6): 1541-1543.

[27] Yang H, Li X J, Zhou H, et al. J Alloy Compd, 2011, 509(4): 1217-1221.

[28] Liu H L, Ko S P, Wu J H, et al. J Magn Magn Mater, 2007, 310(2): E815-E817.

[29] Guo N, Wu D C, Pan X H, et al. J Appl Polym Sci, 2009, 112(4): 2383-2390.

[30] Hong R Y, Feng B, Cai X, et al. J Appl Polym Sci, 2009, 112(1): 89-98.

[31] Ge Q C, Su J C, Chung T S, et al. Ind Eng Chem Res, 2011, 50(1): 382-388.

[32] Mahmoudi M, Simchi A, Imani M, et al. Thin Solid Films, 2010, 518(15): 4281-4289.

[33] Takami S, Sato T, Mousavand T, et al. Mater Lett, 2007, 61: 4769-4772.

[34] Zheng Y H, Cheng Y, Bao F, et al. Mater Res Bull, 2006, 41(3): 525-529.

[35] Li J S, He X X, Wu Z Y, et al. Anal Chim Acta, 2003, 481(2): 191-198.

[36] Sun Y K, Duan L, Guo Z R, et al. J Magn Magn Mater, 2005, 285(1-2): 65-70

[37] Han G C, Ouyang Y, Long X Y, et al. Eur J Inorg Chem, 2010,(34): 5455-5461.

[38] Haw C Y, Mohamed F, Chia C H, et al. Ceram Int, 2010, 36(4): 1417-1422.

[39] Guo S J, Li D, Zhang L X, et al. Biomaterials, 2009, 30: 1881-1889.

[40] Yu M K, Jeong Y Y, Park J, et al. Angew Chem Int Ed, 2008, 47(29): 5362-5365.

[41] Purushotham S, Ramanujan R V. Acta Biomaterialia, 2010, 6(2): 502-510.

[42] Chen D H, Huang S H. Process Biochem, 2004, 39(12): 2207-2211.

[43] Mizukoshi Y, Seino S, Okitsu K, et al. Ultrason Sonochem, 2005, 12(3): 191-195.

[44] Chen F, Shi R B, Xue Y, et al. J Magn Magn Mater, 2010, 322(16): 2439-2445.

[45] Dong X Q, Zheng Y H, Huang Y B, et al. Anal Biochem, 2010, 405(2): 207-212.

[46] Jordan A, Scholz R, Maier-Hauff K, et al. J Magn Magn Mater, 2001, 225(1-2): 118-126.

［47］ Wang X X, Huang S, Shan Z, et al. Chin Sci Bull, 2009, 54(7): 1176-1181.
［48］ Huang W C, Tsai P J, Chen Y C. Small, 2009, 5(1): 51-56.
［49］ Yu H, Chen M, Rice P M, et al. Nano Lett, 2005, 5(2): 379-382.
［50］ Shi W L, Zeng H, Sahoo Y, et al. Nano Lett, 2006, 6(4): 875-881.
［51］ Wang L Y, Luo J, Fan Q, et al. J Phys Chem B, 2005, 109(46): 21 593-21 601.
［52］ Lyon J L, Fleming D A, Stone M B, et al. Nano Lett, 2004, 4(4): 719-723.
［53］ Song H M, Wei Q S, Ong Q K, et al. ACS Nano, 2010, 4(9): 5163-5173.
［54］ Caruntu D, Cushing B L, Caruntu G, et al. Chem Mater, 2005, 17(13): 3398-3402.
［55］ Qi D W, Zhang H Y, Tang J, et al. J Phys Chem C, 2010, 114(20): 9221-9226.
［56］ Yu C J, Lin C Y, Liu C H, et al. Biosens Bioelectron, 2010, 26(2): 913-917.
［57］ Bao J, Chen W, Liu T T, et al. ACS Nano, 2007, 1(4): 293-298.
［58］ Ramlan D G, May S J, Zheng J G, et al. Nano Lett, 2006, 6(1): 50-54.
［59］ Lan X M, Cao X B, Qian W H, et al. J Solid State Chem, 2007, 180(8): 2340-2345.
［60］ Kim H, Achermann M, Balet L P, et al. J Am Chem Soc, 2005, 127(2): 544-546.
［61］ Tian Z Q, Zhang Z L, Gao J H, et al. Chem Comm, 2009,(27) 4025-4027.
［62］ Wang Z X, Wu L M, Chen M, et al. J Am Chem Soc, 2009, 131(32): 11 276-11 277.
［63］ Gaponik N, Radtchenko I L, Sukhorukov G B, et al. Langmuir, 2004, 20(4): 1449-1452.
［64］ Hong X, Li J, Wang M J, et al. Chem Mater, 2004, 16(21): 4022-4027.
［65］ Liu B, Wang D P, Huang W H, et al. Mater Res Bull, 2008, 43: 2904-2911.
［66］ Wang D S, He J B, Rosenzweig N, et al. Nano Lett, 2004, 4(3): 409-413.
［67］ Zhang Y, Wang S N, Ma S, et al. J Biomed Mater Res, 2007, 85A(3): 840-846.
［68］ Ma D L, Guan J W, Normandin F, et al. Chem Mater, 2006, 18(7): 1920-1927.
［69］ Salgueirino-Maceira V, Correa-Duarte M A, Spasova M, et al. Adv Funct Mater, 2006, 16(4): 509-514.
［70］ Sathe T R, Agrawal A, Nie S M. Anal Chem, 2006, 78(16): 5627-5632.
［71］ Guo J, Yang W L, Wang C C, et al. Chem Mater, 2006, 18(23): 5554-5562.
［72］ Law W C, Yong K T, Roy I, et al. J Phys Chem C, 2008, 112(21): 7972-7977.
［73］ Sun L, Zang Y, Sun M D, et al. J Colloid Interface Sci, 2010, 350(1): 90-98.
［74］ Sun P, Zhang H Y, Liu C, et al. Langmuir, 2010, 26(2): 1278-1284.
［75］ He H, Xie M Y, Ding Y, et al. Appl Surf Sci, 2009, 255(8): 4623-4626.
［76］ Ma Z Y, Dosev D, Nichkova M, et al. J Mater Chem, 2009, 19(27): 4695-4700.
［77］ Lu H C, Yi G S, Zhao S Y, et al. J Mater Chem, 2004, 14(8): 1336-1341.
［78］ Gai S L, Yang P P, Li C X, et al. Adv Funct Mater, 2010, 20(7): 1166-1172.
［79］ Zhang M F, Fan H, Xi B J, et al. J Phys Chem C, 2007, 111(18): 6652-6657.
［80］ 密丛丛. 稀土氟化物上转换荧光纳米粒子的磁功能化与生物应用. 沈阳:东北大学硕士学位论文,2007.
［81］ Shen J, Sun L D, Zhang Y W, et al. Chem Commun, 2010, 46(31): 5731-5733.
［82］ Wang W, Zou M, Chen K Z. Chem Commun, 2010, 46(28): 5100-5102.
［83］ Wang L Y, Yang Z H, Zhang Y, et al. J Phys Chem C, 2009, 113(10): 3955-3959.
［84］ Liu Z Y, Yi G S, Zhang H T, et al. Chem Commun, 2008, (6): 694-696.
［85］ Mi C C, Zhang J P, Gao H Y, et al. Nanoscale, 2010, 2(7): 1141-1148.

[86] Jacobsohn L G, Bennett B L, Muenchausen R E, et al. J Appl Phys, 2008, 103(10): 104303.
[87] Wong H T, Chan H L W, Hao J H. Appl Phys Lett, 2009, 95(2): 022512.
[88] Kumar R, Nyk M, Ohulchanskyy T Y, et al. Adv Funct Mater, 2009, 19(6): 853-859.
[89] Zhou J, Sun Y, Du X X, et al. Biomaterials, 2010, 31(12): 3287-3295.
[90] Son A, Dosev D, Nichkova M, et al. Anal Biochem, 2007, 370(2): 186-194.
[91] Wu J, Ye Z Q, Wang G L, et al. Talanta, 2007, 72(5): 1693-1697.
[92] Jun Y W, Huh Y M, Choi J S, et al. J Am Chem Soc, 2005, 127(16): 5732-5733.
[93] Lin Y S, Tsai P J, Weng M F, et al. Anal Chem, 2005, 77(6): 1753-1760.
[94] Willner I, Katz E. Angew Chem Int Ed, 2003, 42(38): 4576-4588.

第7章　荧光碳纳米探针

碳是自然界分布最普遍的元素之一，也是构成地球上一切生命体最重要的元素。例如，生命体的基本结构单元氨基酸、蛋白质、核苷酸等的骨架都是由碳元素组成的。因此，碳元素通常对生命体是无毒或低毒性的。碳原子的6个基态电子分布在K壳层的2个ls轨道及可容纳10个电子的L壳层的4个轨道（2s、2p轨道各有2个），因此极易和周围的碳原子形成共价键，且存在多样性的电子成键轨道（sp、sp^2、sp^3 和杂化），其中异向性的 sp^2 杂化轨道会导致晶体的各向异性和原子排列的各向异性。正是因其特有的电子分布和成键轨道，由碳元素组成的碳材料种类繁多，形态各异。例如，传统的碳材料有炭黑、石墨、金刚石等；新型纳米结构碳材料有碳纳米管[1-5]、富勒烯[6-9]、纳米金刚石[10-12]、纳米碳纤维[13-15]等。近年来，碳纳米材料由于其杰出的生物安全性（低毒性）和生物相容性被广泛用做生物材料，以碳纳米管为代表的一批碳材料（碳纳米纤维和富勒烯等）已经被用于生物载药和生物传感器[16-18]等。碳纳米材料在众多领域中的广泛应用，使其成为目前生命科学、化学科学、物理科学和材料科学等学科中的热点研究领域。

最近，荧光碳纳米探针由于其独特的光学性质和生物相容性以及低毒性，引起了科学家广泛的关注，已经成为荧光材料方面一个新的研究热点。与传统的半导体量子点相比，荧光碳纳米探针具有优越的生物相容性和低毒性，对细胞损伤小[19]，尤其适用于生物活体标记[20]；与有机染料相比，荧光碳纳米探针具有稳定性好，抗光漂白能力强等优点。因此，荧光碳纳米材料是理想的生物荧光标记材料之一，具有广阔的研究价值和应用前景。目前，研究较多的荧光碳纳米探针主要包括荧光碳点和纳米金刚石，下面分别就这两种新型碳纳米探针的制备方法及应用进行简要介绍。

7.1　荧光碳点

荧光碳点是一种新型荧光纳米探针，具有与量子点相似的荧光性能，如荧光强而稳定、激发波长和发射波长可调控、具有优良的可见光区荧光发射[21,22]等。此外，荧光碳点还具有生物相容性好，毒性低、相对分子质量和粒径均小、易实现表面功能化以及无“光闪烁”现象和抗光漂白性等特点[19,22-24]，在生物标记等相关研究领域具有广泛的应用前景。

7.1.1 荧光碳点的制备

目前制备荧光碳点的方法主要有表面修饰法、浓酸氧化法、电化学制备法、激光消融法、有机物碳化法以及模板法。

1. 表面修饰法

最初合成的碳纳米粒子没有荧光或荧光很弱，一般无法用于荧光标记或生物成像，通常需要经过钝化和修饰处理才能产生荧光或提高荧光性能。就研究现状而言，目前主要采用的修饰方法有表面钝化法、掺杂法和包金属法。

可用有机物或聚合物对碳纳米粒子进行表面钝化，从而提高其荧光性能(图7.1)。Sun等[19]分别用氨基化的聚乙二醇 $CH_2NCH_2(CH_2CH_2O)_n$ $CH_2CH_2CH_2NH_2$(平均 $n\approx35$，PEG_{1500N})和聚丙酰乙烯亚胺-2烯亚胺(PPEI-EI)钝化通过激光消融法制得的碳纳米粒子，得到荧光碳点；Peng等[25]用4,7,10-三氧-1,13-三癸二胺(TTDDA)钝化通过酸热分解碳水化合物制备的碳纳米粒子；还有人将钝化试剂直接加到反应液中，使制备和钝化同时完成[26]。他们推测钝化原理可能是，钝化试剂填补了碳点表面的缺陷；另一种说法是，由于量子尺寸限域效应，经过有机聚合物修饰后，碳纳米粒子表面产生了能量势阱，导致了碳纳米粒子的可见光发射。表面修饰可使荧光碳点表面带上活性基团，进而同许多生物分子相结合，实现生物标记。表面钝化法是目前使用较多的一种修饰方法。

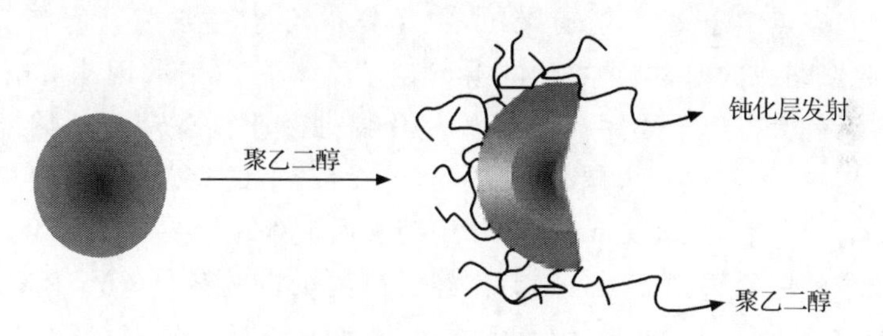

图7.1 表面钝化碳纳米粒子发光过程示意图[19]

Sun等[27]在对碳纳米粒子进行表面钝化前，先掺杂无机分子如ZnS或ZnO，掺杂后的荧光碳点量子产率大大提高，分别可达50%和45%，可与市售的核壳型CdSe/ZnS量子点相媲美(图7.2)。该方法克服了碳点荧光量子产率较低的缺陷，其机理可能是掺杂分子与有机钝化试剂一起形成二次表面钝化，从而提高碳点的荧光量子产率。

Tian等[28]则将荧光碳点溶液中的过渡金属(Ag、Pd和Cu)盐用抗坏血酸还原成纳米金属材料，生成金属包覆的荧光碳点。实验证明，这种金属碳点的结构是纳米碳包裹在纳米金属外表面，从而使量子产率比纯碳点(0.43%)明显提

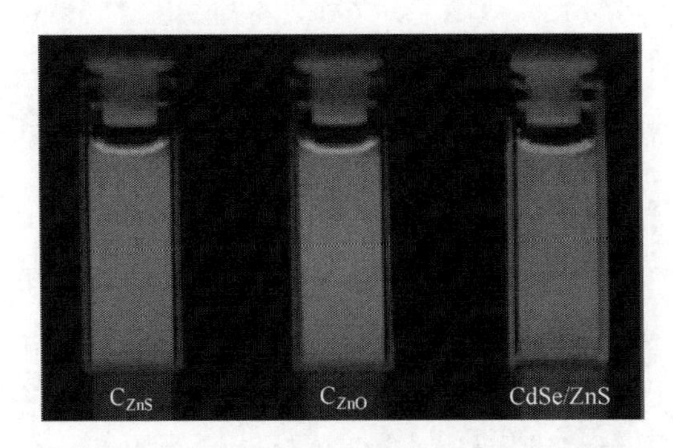

图 7.2 在 450nm 激发波长下,合成的 C_{ZnS} 和 C_{ZnO}(水溶液中)与商品化的 CdSe/ZnS 量子点(甲苯溶液中)的荧光照片比较[27]

高,分别为 36.7%(C-Ag)、33.4%(C-Pd) 和 60.1%(C-Cu)。但这种修饰方法生成的金属荧光碳点的粒径比纯碳点要大很多,不利于生物标记和活体成像,因此不是很实用。

2. 浓酸氧化法

Bottini 等[2]从未处理的和硝酸氧化处理的单壁碳纳米管(SWCNTs)中都分离出荧光碳点,其发光性质与相对分子质量相关。从未处理的 SWCNTs 中得到的荧光碳点不溶于水,粒径分布较窄,主要发蓝紫光;从硝酸氧化处理的 SWCNTs 中得到的荧光碳点溶于水,但会有聚沉,粒径分布较宽,主要发蓝光和黄绿光。而且,从不同商家购得的原材料,得到的碳点荧光性能不尽相同,因此重现性不高。

Liu 等[22]首次报道了采用硝酸回流氧化蜡烛灰来制备荧光碳纳米粒子的方法。制备过程中,首先收集由蜡烛不完全燃烧所产生的烟灰,该蜡烛灰的尺寸为 20~800 nm,然后用 20 mL 5 $mol \cdot L^{-1}$的硝酸回流处理烟灰 12 h。用该方法获得的碳纳米粒子的粒径不到 2 nm,然后再经过聚丙烯酰胺凝胶电泳(PAGE)进一步分离碳纳米粒子,得到 9 段粒径大小不同、发光颜色不同的碳点(图 7.3)。从图中可以看出,碳点的荧光和粒径有关,颗粒越小发射波长越蓝移,颗粒越大则红移。同时他们还发现,溶剂的 pH 也会影响碳点的荧光,溶剂从中性变至酸性或碱性时,碳点的荧光强度下降 40%~89%,且荧光的发射峰位置略微蓝移。然而,用上述方法得到的荧光碳纳米粒子的量子产率非常低(小于 0.1%),很难达到生物应用的需求。之后,Ray 等[29]采用相同的方法制得粒径为 2~6 nm 的绿色荧光碳纳米粒子,并通过改进纯化方法,即先离心除去浓酸回流氧化未反应的蜡烛灰,然后加入 3 倍体积的丙酮,离心收集沉淀物,得到纯化好的荧光碳点,使得量子产率由小于 0.1%提高到约 3%。同时,他们用离心分离代替烦琐的凝胶电泳分离,有效简化了纯化步骤,缩短了实验时间。

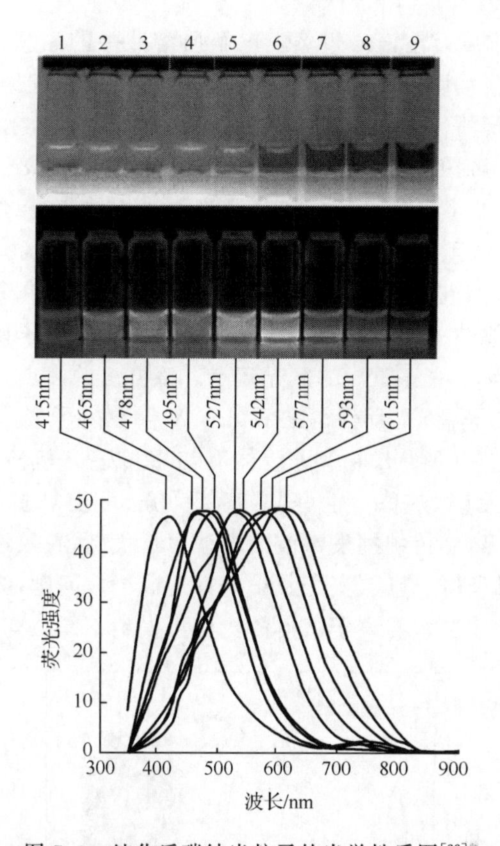

图 7.3 纯化后碳纳米粒子的光学性质图[22]

上图为碳纳米粒子在不同光照条件下所拍照片：上半部分为日光照射下的照片，下半部分为315nm 紫外光照射下的荧光照片。下图为碳纳米粒子在 315nm 激发波长下的荧光发射谱图

Xu 等[30]先用硝酸氧化经电弧放电处理的煤灰，再用 pH 8.4 的 NaOH 碱水萃取，得到粗 SWCNTs 悬浊液，最后用琼脂糖凝胶电泳分离出 3 种物质：①无法穿过凝胶的长纳米管；②迁移较慢的不规则短管状不发光物质；③迁移较快的多色荧光物质，即荧光碳点。虽然该方法能制备出荧光性能较好的碳点，但是产率较低，荧光碳点只占粗 SWCNTs 悬浊液的 10%，而且纯化过程复杂，收集产物困难，很难大规模应用。

3. 电化学制备法

Zhou 等[31]通过电化学方法处理多壁碳纳米管（MWCNTs）制备出发蓝光的水溶性碳点（图 7.4）。以含四丁铵高氯酸盐（TBAP）的脱气乙腈溶液为支持电解质，外加循环电位在±2.0V 之间，扫描速率为 0.5V · s^{-1}，电解过程中电解质溶液从无色变为黄色，最后得到深褐色的发蓝色荧光的碳点，因此可以通过观察电解液的颜色来控制电解进度。溶液通过蒸发电解质溶液中的乙腈，再经纤维素酯膜袋透析得到的荧光碳点呈均匀球状，高分辨透射电镜显示该碳纳米粒子的晶格条纹间距是3.3Å，对应石墨(002)面，XRD结果也证明了该碳点的晶格结构同石墨类似。尽管这种方法得到的碳点粒径较小，粒径分布较窄[(2.8±0.15)nm]，荧光性能也较好(荧光量子产率可达6.4%)，但是该方法条件苛刻，制备过程复杂，不利于大批量制备。另外，重金属电解液的存在也阻碍了其在生物领域的进一步应用。Zhao等[20]通过类似的电化学方法在磷酸二氢钠溶液中氧化石墨棒，然后通过离心和超滤分离得到两种不同尺寸的荧光碳纳米粒子，即分子质量小于5kDa的蓝光碳点和分子质量为5～10 kDa的黄光碳点。该方法的优点是可以在水溶液中进行，比前一种方法更简便、更环保。之后，Lu等[32]在离子液体中用电化学法剥脱石墨得到荧光碳点。众所周知，离子液体有诸多传统有机溶剂所不能比拟的优点[33]，如无污染、不易燃、热稳定性好、溶解能力强、可反复多次循环使用、电化学窗口宽和性质可调等，是传统挥发性溶剂的理想替代品，有效地避免了传统有机溶剂的使用，可避免对环境、健康、安全及设备等造成严重问题，为环境友好的绿色溶剂。实验表明，通过改变水与离子液体的比例可得到不同结构的碳纳米材料。

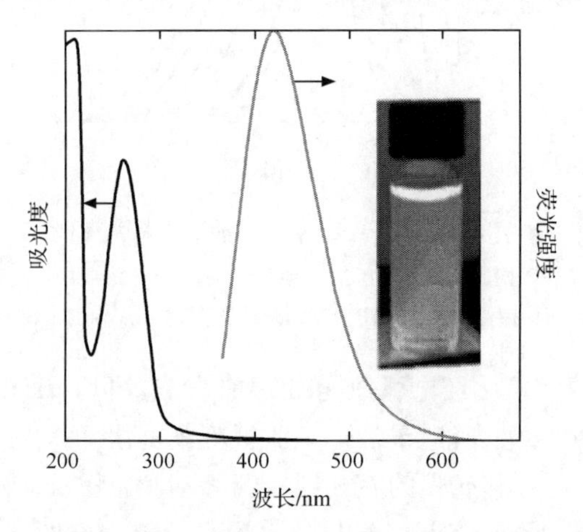

图7.4　碳纳米粒子在水溶液中的紫外-可见吸收谱图和荧光发射谱图，以及在紫外灯下的荧光照片[31]

4. *激光消融法*

Sun等[19]首先报道了通过Q开关Nd∶YAG固体激光器(1064nm，10Hz)轰击以水蒸气和氩气混合气体为载气的反应室中的石墨靶来制备荧光碳纳米粒子的方法。其中，反应室内温度和压力分别控制在900℃和75kPa左右，经激光照射后获得各种尺寸的无荧光的团聚碳纳米粒子，然后将这些粗产物经过硝酸回流处理12h，处理后的样品和有机聚合物PEG_{1500N}或PPEI-EI进行混合，并在120℃下保温 72h,最后样品冷却后经过离心分离即可获得具有可见光至红外光发射的荧光碳点,其发光示意图如图 7.5 所示。经 STEM 检测,碳点的尺寸约为 5nm。实验中发现,碳纳米粒子表面如果没有聚合物涂层就不会发光,他们认为:可能聚合物涂层可以使碳表面具有能量势阱作用的孔洞达到稳定状态,从而具有发光性能,所以发光强度和效率很大程度上取决于颗粒的尺寸和表面修饰的好坏。用该方法获得荧光碳纳米粒子的量子产率分布在 4%~10%,发光稳定并且没有猝灭和光闪烁现象,荧光寿命为 5ns 左右。这些优异的荧光特性使得该法制备的荧光碳点可以用于荧光标记,并经过生物细胞实验已经得到了证实[19]。

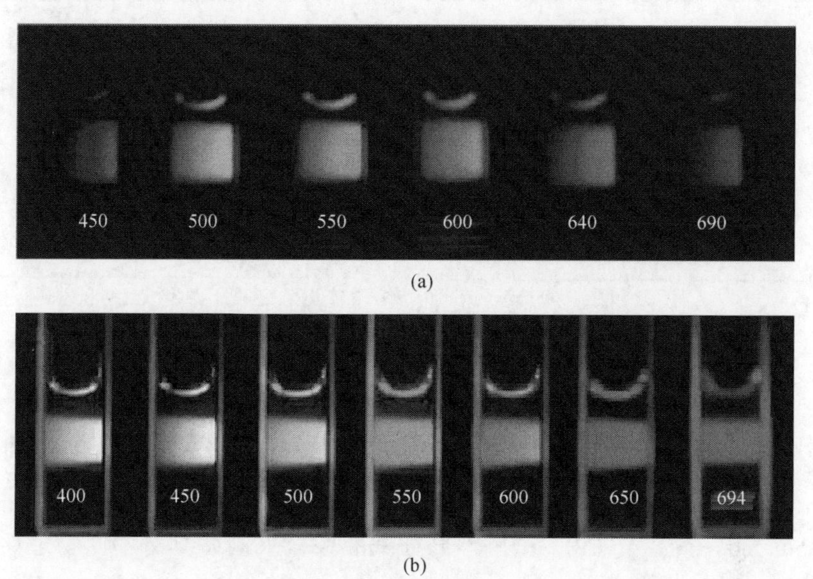

图 7.5 水溶性 PEG_{1500N} 表面钝化的碳纳米粒子在(a)400nm 波长激发下,并采用如图所示波长(单位:nm)的滤镜过滤后所得的荧光照片图,和(b)采用如图中数字所示波长(单位:nm)的激光激发下所得的荧光照片图[19]

5. 有机物碳化法

由于绿色环保的碳水化合物常被用来制作碳材料,通过水热合成法制得不同结构的碳材料已有报道,如胶状球体[34]和纳米纤维[35]。最近,Peng 等[25]以碳水化合物为原材料制备荧光碳点,其合成过程如图 7.6 所示。首先用浓 H_2SO_4 将碳水化合物脱水,再加入硝酸氧化得到具有微弱荧光的碳纳米颗粒,进一步钝化即得到强荧光碳点(图 7.7)。增加硝酸氧化时间,会使得发射峰位置蓝移,这可能是碳颗粒变小的缘故,这与 CdTe 量子点制备过程中产生的现象类似[36]。研究表明,用 TTDDA 钝化的荧光碳点,比用其他 3 种钝化试剂如乙二胺、油胺及氨基化的聚乙二醇 PEG_{1500N} 钝化的碳点荧光量子产率要高。

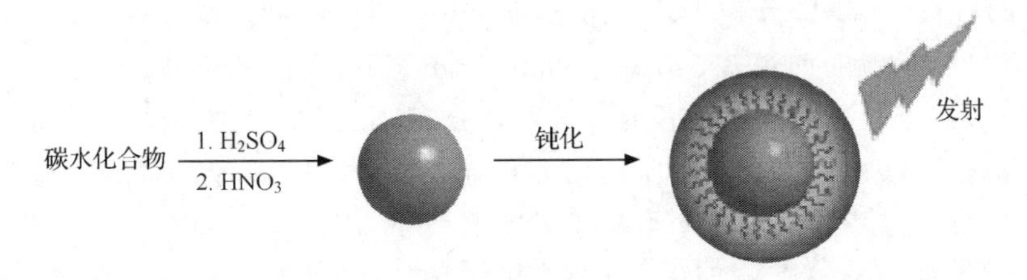

图 7.6 有机物碳化法制备荧光碳纳米颗粒的合成过程示意图[25]

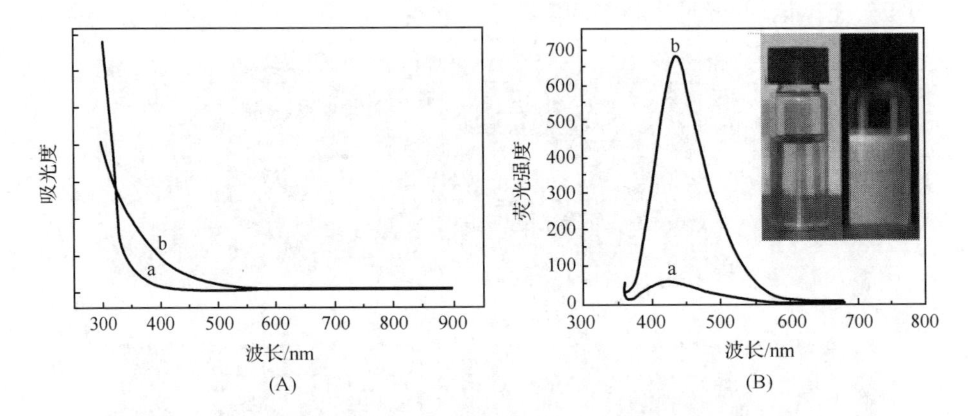

图 7.7 以葡萄糖为碳源合成的碳纳米粒子 TTDDA 钝化前(曲线 a)和钝化后(曲线 b)的紫外-可见吸收(A)和荧光发射谱图(B)。图(B)中内置的是碳纳米粒子分别在日光下(左)和 365nm 紫外灯下(右)的照片[25]

Bourlinos 等[37, 38]采用热分解不同柠檬酸铵盐来制备具有不同物理性质(亲油或亲水性)、粒径分布在 5～9 nm 的近球形荧光碳点,其中柠檬酸盐为碳源,有机铵盐作为共价表面修饰剂。在溶于乙醇的柠檬酸中加入有机胺类化合物十八烷基铵($C_{18}H_{37}NH_3^+$),在 300℃下加热分解即可以获得亲油性的碳纳米粒子;而加入 2-(2-氨基乙氧基)乙醇($HOCH_2CH_2OCH_2CH_2NH_3^+$)则获得的是亲水的碳纳米粒子。柠檬酸和具有碱性的有机胺类化合物反应形成具有氨基的柠檬酸盐,柠檬酸盐在加热下分解形成碳纳米粒子,而氨基基团(—NHCO—)以共价键形式与碳纳米粒子表面发生连接,起到表面修饰作用。TEM 和 XRD 分析表明用该方法合成的碳纳米粒子不具有晶体特征。研究还发现,疏水性荧光碳点的发射波长随激发波长的增加而发生蓝移,亲水性荧光碳点也有类似现象,他们认为这可能是由于碳点的超微尺寸和表面高浓度缺陷造成的不规则结构引起的。

最近,Zhu 等[39]报道了用微波辅助加热碳水化合物溶液来制备荧光碳点的方法。他们将聚乙二醇(PEG200)或者糖类物质(葡萄糖和果糖等)的水溶液置于微波炉中加热处理,得到荧光碳点,改变微波处理时间,得到不同的荧光碳点产物

(图7.8)。微波辐射加热法操作简单、反应快速,而且该方法制备与钝化一步完成,简化了操作过程,但是非热效应、超热效应等微波现象可能会影响产物的均匀性等性质。

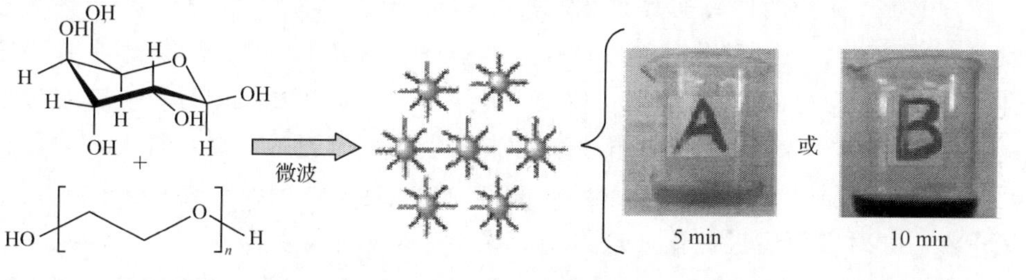

图7.8　以糖类物质或聚乙二醇为碳源的微波法合成碳纳米粒子的过程示意图。图中照片所示A和B烧杯中的物质分别是碳源在微波加热5min和10min后所得的样品[39]

6. 模板法

Bourlinos等[38]在300℃条件下热氧化适度离子交换(用2,4-二氨基苯酚盐酸盐进行阳离子交换)的NaY沸石,氧化结果是近球体的碳纳米粒子附在沸石外表面(因交换的阳离子很大而无法进入沸石内部),之后再用氢氟酸刻蚀除去沸石模板即可得到粒径大小为4～6 nm的荧光碳纳米粒子(图7.9),其荧光性质与热分

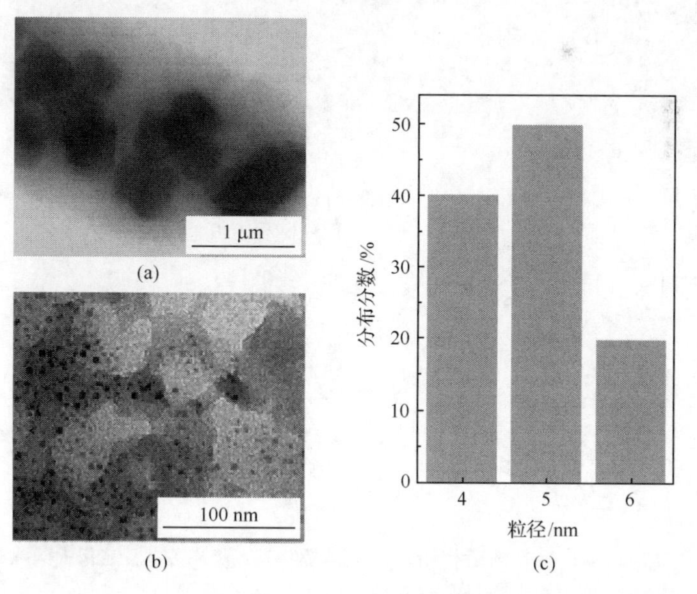

图7.9　左图分别为碳纳米粒子附着的沸石(a)和经氢氟酸刻蚀除去沸石模板后(b)的透射电镜照片,(c)为所得碳纳米粒子的粒径分布图[38]

解柠檬酸铵盐得到的荧光碳点相似，但是该方法得到的荧光碳点量子产率相对较低，只有约 0.1%，这通常是由于在去掉模板的过程中影响了碳点的粒径和荧光性能，因此该制备方法还有待改进。

Liu 等[40]采用两性聚合物 F127($EO_{106}PO_{70}EO_{106}$；M_w＝12 600；EO＝环氧乙烷，PO＝环氧丙烷)功能化的硅胶球体来制备球形的 F127/硅复合物，以此作为载体，可溶性酚醛树脂(苯酚/甲醛树脂，M_w＜500)作为碳前驱体，制备过程如图 7.10 所示。F127/硅复合物与酚醛树脂发生聚合得到酚醛树脂/F127/硅聚合物，然后经高温处理得到碳/硅复合物，经刻蚀除去硅载体得到碳纳米粒子，最后采用 PEG_{1500N} 对表面经过钝化处理得到荧光碳点。利用该方法可制得粒径大小为 1.5～2.5 nm 的水溶性多色荧光碳点(图 7.11)。该方法的关键是引入表面活性剂修饰的硅纳米球作为载体，它不仅可以作为酚醛树脂在溶液中聚合的核，还可以避免碳纳米颗粒在高温裂解过程中聚沉。这种合成方法可以在水溶液中进行，设备简单，得到的碳点荧光量子产率较高(11%～15%)，并且受 pH 的影响较小，在 pH 5～9 范围内，荧光量子产率相差不大。Li 等[41]也用同样的方法合成了 3 种不用钝化表面的荧光碳点，包括荧光碳点-PEG_{1500N}，荧光碳点-PEI-PEG-PEI 和荧光碳点-4 臂 PEG，并将它们成功用于靶向标记大肠癌 HeLa 细胞。

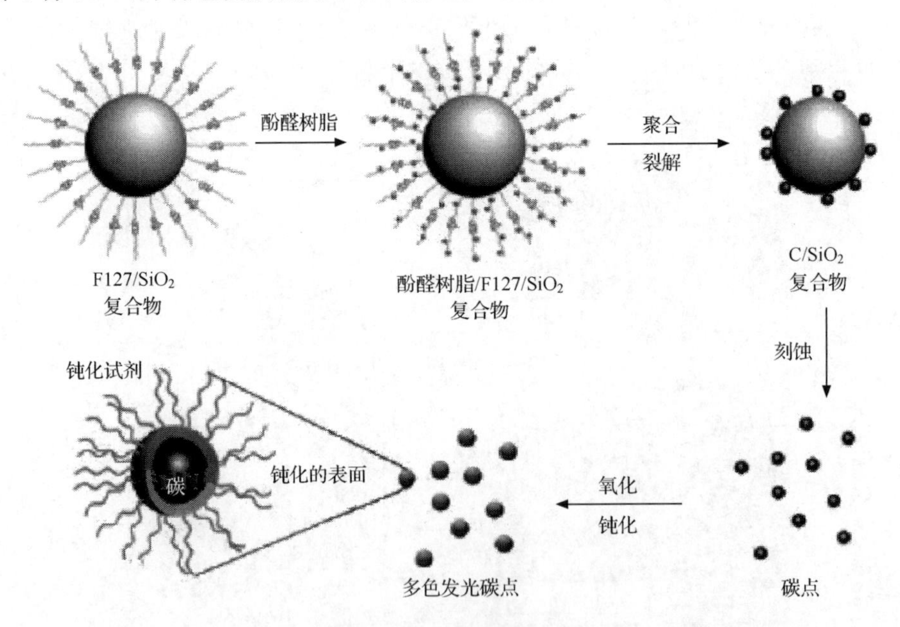

图 7.10　以可溶性酚醛树脂作为碳前驱体，合成 PEG_{1500N} 钝化的荧光碳纳米粒子的过程示意图[40]

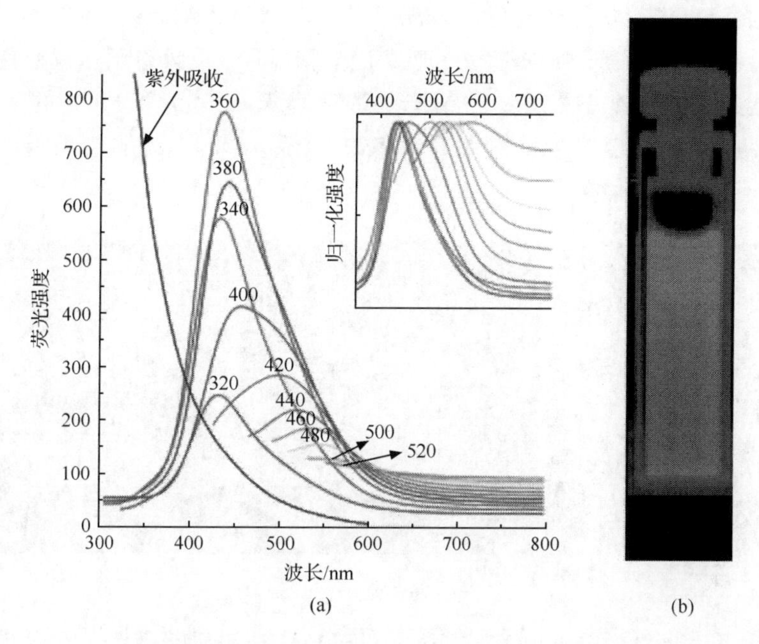

图 7.11　以可溶性酚醛树脂作为碳前驱体，合成的 PEG_{1500N} 钝化的荧光碳纳米粒子的紫外吸收和在不同激发波长下的荧光发射谱图(a)以及在 365 nm 紫外灯照射下的荧光照片图(b)[40]

7.1.2　荧光碳点的应用

荧光碳点发光强而稳定，耐光漂白，无光闪烁现象，相对分子质量和粒径都小，同时生物相容性好，毒性低，激发光谱宽而连续，并且可实现一元激发多元发射，是一种非常好的荧光标记与成像试剂。另外，荧光碳点既可用于单光子成像，又可用于双光子成像[27]，而双光子激发的穿透力强，无光致毒和光漂白现象，而且成像对比度高、深度好。因此，碳点有望代替量子点成为生物医学领域中最具应用前景的环境友好型荧光纳米材料。

1. 体外细胞成像

Sun 等[19]和 Liu 等[40]都成功地将合成的多色荧光碳点用于大肠杆菌细胞的标记。他们通过共聚焦显微成像观测发现，PEG_{1500N} 钝化的荧光碳点生物相容性很好，与荧光碳点共培养 24h 后的大肠杆菌细胞表面完全被荧光碳点包覆，用不同激发波长激发，可发出不同颜色的荧光(图 7.12)。

Ray 等[29]将通过蜡烛灰合成的荧光碳点用于标记艾氏腹水癌细胞(EAC)。如图 7.13 所示，通过普通荧光显微镜观察发现，将细胞与荧光碳点共培养 30 min，无须对荧光碳点进行功能化处理，荧光碳点即可直接进入细胞内，在紫外灯下细胞呈蓝绿色，在蓝光激发下则呈现黄色，而参比细胞则只在紫外灯下呈现蓝色的自体荧光，在蓝光激发下则不发光。将细胞与浓度小于 0.5 mg · mL^{-1} 的荧光碳点(500 倍标记浓度)共培养 24h，细胞存活率为 90%～100%，说明荧光碳点的细胞毒性非常小。

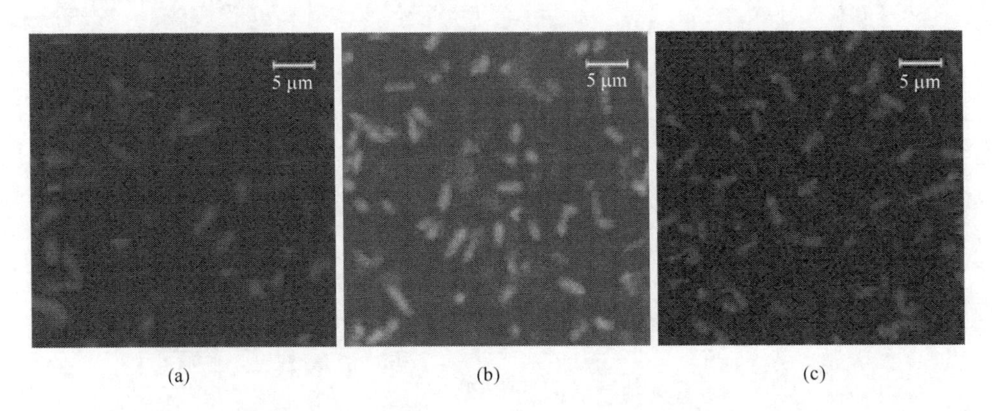

图 7.12 多色碳纳米粒子标记的大肠杆菌(ATCC 25922)的共聚焦显微照片[19]

(a) 激发波长 458nm，475nm 滤镜过滤所拍得的照片；(b) 激发波长 488nm，505nm 滤镜过滤所拍得的照片；(c) 激发波长 514nm，530nm 滤镜过滤所拍得的照片

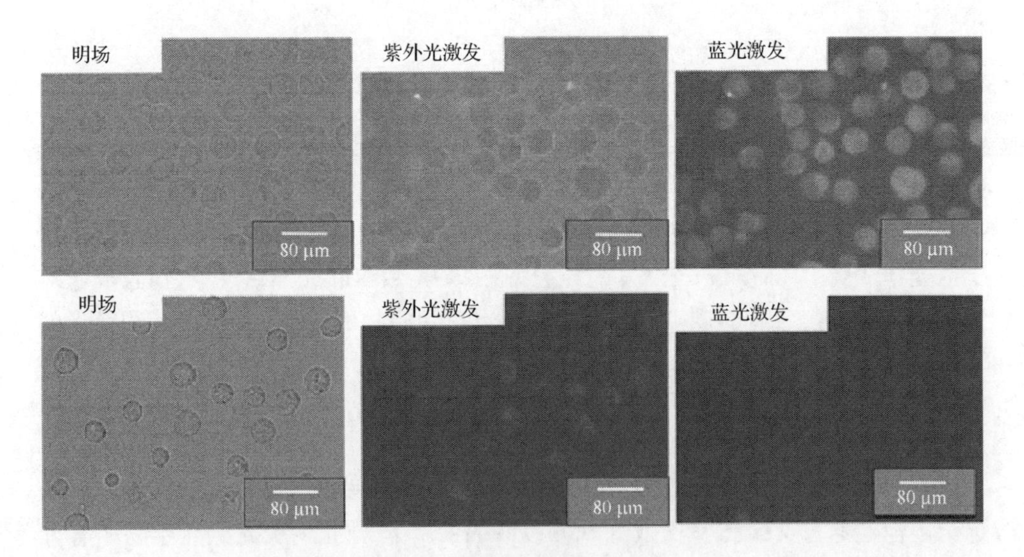

图 7.13 荧光碳纳米粒子标记艾氏腹水癌细胞(EAC)照片图[29]

上图为细胞与碳纳米粒子经共培养 30min 后分别在明场、紫外光和蓝光下所拍得的照片，下图为参比细胞即未经碳纳米粒子共培养的细胞在明场、紫外光和蓝光下所拍得的照片

Cao 等[42]进一步将荧光碳点应用到人体乳腺癌 MCF-7 细胞的标记中。如图 7.14 所示,在 800nm 波长激发下,通过双光子荧光显微成像观察,发现碳点与细胞共培养 2h 后,碳点可以到达细胞膜和细胞质,而不会到达细胞核。荧光碳点从细胞膜外到细胞质中的迁移与温度有关,4℃时细胞内没有荧光碳点。另外,荧光碳点与细胞膜转运肽(如 TAT——人类免疫缺陷病毒衍生蛋白)偶合以后更容易进入细胞内,这是因为多肽能克服细胞膜阻碍,加速迁移,从而提高细胞内标记效率[43, 44]。

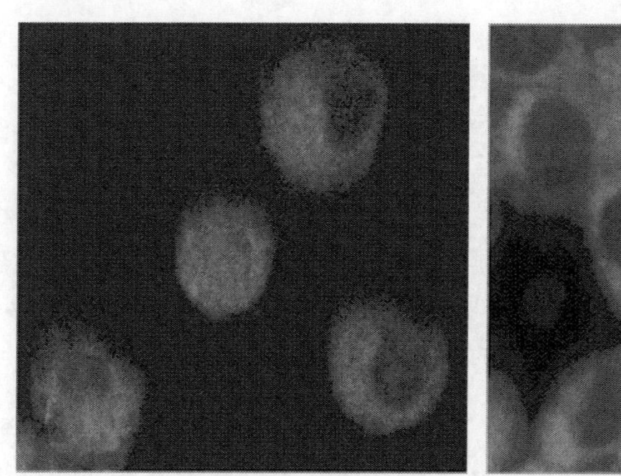
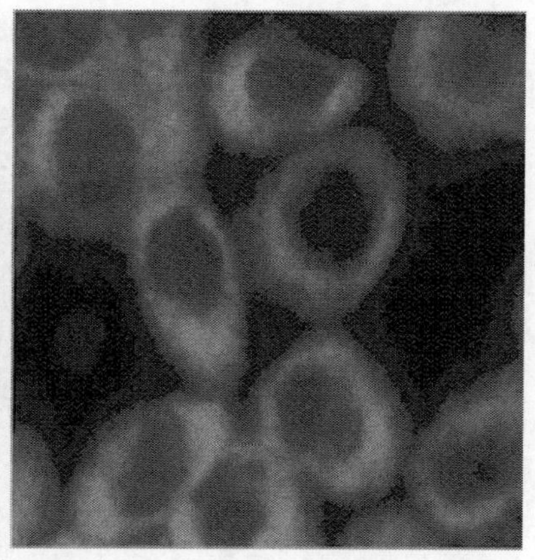

图 7.14　碳纳米粒子标记的人体乳腺癌细胞双光子激发荧光显微照片[42]

Li 等[41]将模板法合成的 3 种不同钝化表面的碳点表面连接上转铁蛋白,成功用于靶向标记大肠癌 HeLa 细胞(图 7.15)。通过荧光显微镜观察发现荧光碳点连接上转铁蛋白[图 7.15(d)～图 7.15(f)]与未连接转铁蛋白[图 7.15(a)～图 7.15(c)]相比,其标记效率大大提高。但同时发现溶液中游离的转铁蛋白会降低荧光碳点对癌细胞的标记效率,因此应在标记前将其分离除去。

2. 生物体组织的荧光成像和活体观察

对体外单细胞进行观察,只能了解生物体外的有限信息,生命科学更多复杂的问题需要通过活体研究才能解决。碳点的低毒性、良好生物相容性以及一元激发多元发射等特点,为活体研究提供了便利。Yang 等[45]用无掺杂荧光碳点和掺杂 ZnS 的荧光碳点来进行活体成像及代谢研究。他们首先将这两种荧光碳点溶液经皮下注射到小鼠体内,发现两种荧光碳点都能由于发射荧光而成像,其中掺杂 ZnS 的荧光碳点在 470nm 波长激发下所发出的绿色荧光相对更强。因此,随后他们将掺杂 ZnS 的荧光碳点用于示踪其在小鼠淋巴管中的迁移。将碳点溶液($10\mu L$ 中含 $10\mu g$ 碳点)注入老鼠前肢,荧光碳点会顺着手臂缓慢迁移至腋下淋巴结,24h 后

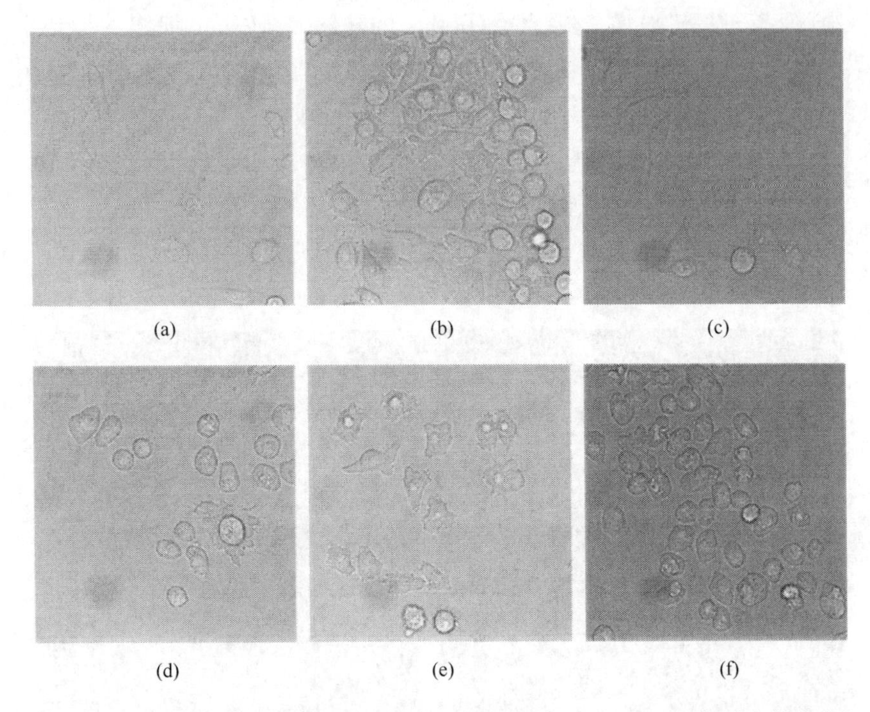

图 7.15 3 种不同的荧光碳点标记大肠癌 HeLa 细胞，(a)、(b)、(c)分别为荧光碳点 CD2、CD3、CD4 直接标记 HeLa 细胞，(d)、(e)、(f)分别为 3 种荧光碳点连接上转铁蛋白后标记 HeLa 细胞[41]

做腋下淋巴结切片可观察到相应碳点的荧光(图 7.16)。相比之下，量子点如 CdSe/ZnS 则通常迁移比碳点要快，注入后几分钟内就可以迁移至腋下淋巴结[46]。这可能是因为碳点粒径较小(4～5nm)，又或者碳点表面修饰了 PEG 后使其具有了抗蛋白特性，由此减少了荧光碳点与淋巴细胞的相互作用，使得其在淋巴管中的迁移速度变慢。

之后，他们又将无掺杂荧光碳点溶液(200μL 含 400μg 碳点)静脉注射到老鼠体内做整体循环观测，结果发现只有膀胱部位可观测到碳点的荧光[图 7.17(a)]，同时，3h 后在小鼠的尿液中观察到荧光，说明静脉注射的碳点主要是通过尿液排泄，这与 PEG 修饰的其他纳米粒子的排泄路径一致[47]。另外，器官体外成像分析结果显示[图 7.17(b)]，只有肾脏和肝脏中有碳点荧光，且前者荧光更强。这是由于碳点粒径较小，又可以及时通过肾脏排出体外，从而不会导致很强的背景荧光，而且组成成分无毒，整个实验过程中动物没有表现任何毒性反应。因此，碳点是一种非常好的活体荧光标记和成像试剂，在生物医学和光学成像领域中有广阔的应用前景。

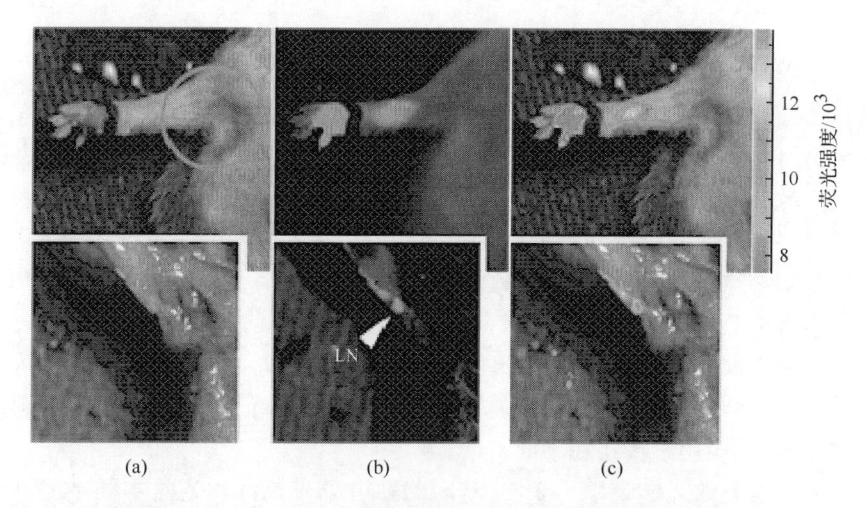

图 7.16 小鼠皮下注射 ZnS 掺杂的荧光碳点后分别在(a)明场下、(b)荧光下、(c)彩色编码后所得的图像,下方插图为对应的解剖后得到的腋窝淋巴结(LN)的图像[45]

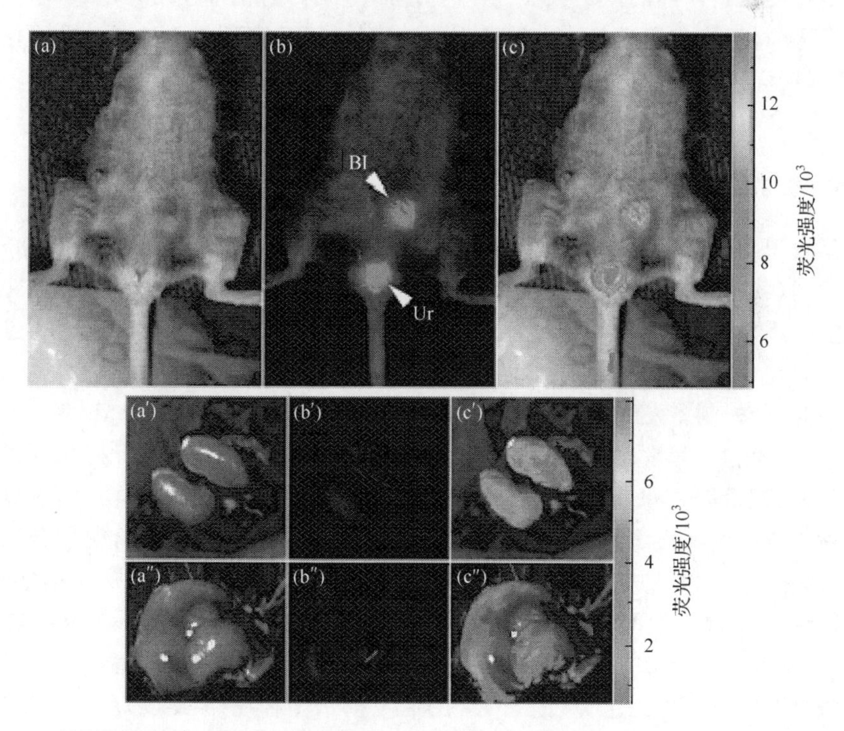

图 7.17 小鼠静脉注射 ZnS 掺杂的荧光碳点后分别在(a)明场下、(b)荧光下(BI 所指为膀胱,Ur 所指为尿液)、(c)彩色编码后所得的图像[45]

(a′)～(c′)为解剖的肾脏分别在明场、荧光和彩色编码后所得的图像,(a″)～(c″)则为解剖的肝脏分别在明场、荧光和彩色编码后所得的图像

7.2 纳米金刚石

金刚石是典型的原子晶体,这种晶体中的基本结构微粒是碳原子。每个碳原子都以 sp^3 杂化轨道与 4 个碳原子形成共价单键,并位于正四面体的中心,内部的碳原子呈“骨架”状三维空间排列。由于金刚石的这种对称的共价键结构,它成为自然界已知物质中硬度最高的材料。纳米金刚石的制备尤其是应用,是近几年来各国科学家的热门研究课题。纳米金刚石早在 30 多年前就被研制出来,但过去其应用仅局限于聚晶、抛光剂等磨料磨具领域。随着人们对纳米金刚石性质认识的不断深化,纳米金刚石已开始在金属镀层、润滑油、磁性记录系统及医学等领域获得应用,并且其应用领域还在不断扩展。

纳米金刚石的光学带隙为 5.5eV,因此在可见光范围内通过本征带隙不可能发出荧光。然而,具有缺陷的纳米金刚石却可以发出多色可见光,由此纳米金刚石的光学特性受到人们的广泛关注。同时,纳米金刚石的化学性质稳定,室温下化学活性低,其碳基组成使其具有良好的生物相容性,而且表面易于被各种功能化基团修饰,这些优异性能使得纳米金刚石在生物医学领域表现出了很好的应用前景,已经成为生命科学的重要研究方向之一。

7.2.1 纳米金刚石的制备

具有缺陷的纳米金刚石可以发出多色荧光,到目前为止已经报道有 100 多种发光缺陷,其中以氮空缺缺陷 $(N\text{-}V)^-$ 的研究最为深入[10,23,48],这是因为 $(N\text{-}V)^-$ 缺陷中心具有大的吸收截面、较短的激发态寿命和高的发光量子产率等优点。该发光中心在 500 nm 附近具有强的光吸收,可高效率地发出 700 nm 左右波长的红光。因此,最先制备发光纳米金刚石的方法是利用高能电子束辐照 Ib 型人造金刚石(晶粒中含有氮元素)来产生 $(N\text{-}V)^-$ 缺陷中心。Yu 等[23]把几十到几百纳米的 Ib 金刚石经强酸氧化、水洗,再经离心分离纯化后分散到去离子水中,然后再将制得的纳米金刚石溶液沉积于硅片上并除去水,获得厚度约 50μm 的纳米金刚石薄膜,最后用高能(3MeV)质子束辐照该薄膜,从而在纳米金刚石中产生空缺缺陷。由于这些空缺缺陷需要在高温下才能移动,因此辐照后的纳米金刚石需要在 800℃的真空中退火 2h,最后在金刚石晶格中形成 $(N\text{-}V)^-$ 发光中心。该纳米金刚石在汞灯照射下可发红色光[图 7.18(b)],发射谱图如图 7.18(c)所示,经高能质子束辐射后荧光强度增强了 100 倍,而且在汞灯下连续照射 8h 也未见明显的荧光漂白[图 7.18(d)]。Borjanovic 等[49]也采用类似的质子束辐照法制备出了 PDMS-纳米金刚石荧光复合材料。Dantelle 等[50]则采用更高能量的电子束(13MeV)来辐照纳米金刚石粉末,制备出了平均粒径为 45nm 的荧光纳米金刚石。

他们研究发现纳米金刚石发光位点随辐照时间的增加而增加，如辐照 60min 后，发光位点由原来的只有 2%～5%增长到近 90%。

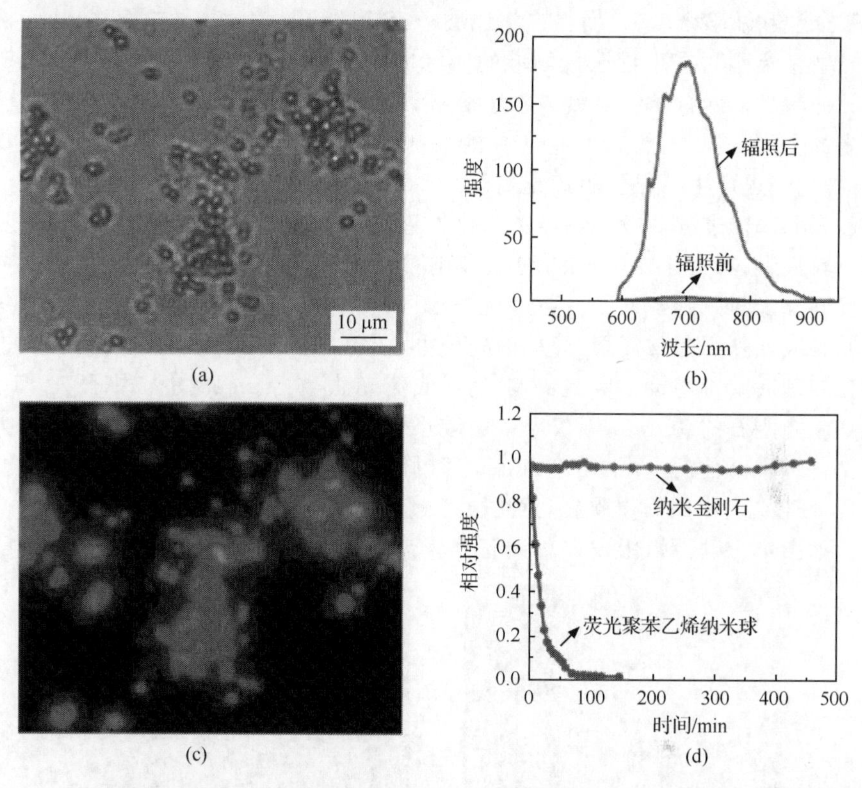

图 7.18　质子束辐照法合成的荧光纳米金刚石的明场(a)和荧光(b)照片；(c)退火后的纳米金刚石经质子束辐照前和辐照后的荧光谱图(激发波长 510～560nm)；(d)相同条件下纳米金刚石和荧光聚苯乙烯纳米球的荧光稳定性[23]

然而上述方法需要的辐射能量高，设备昂贵复杂，需要熟练的人才能操作，因此很难实现荧光纳米金刚石的大量制备，一定程度上限制了荧光纳米金刚石的应用。Chang 等[51, 52]最近建立了更为实用的方法，即用较低能量(40keV)的 He^+ 离子束辐照纳米金刚石来制备荧光纳米金刚石。与前述方法相比，由于 He 原子是化学惰性的，因此，即使在中和过程中嵌入金刚石晶格中也不会明显地改变荧光纳米金刚石的物理性质；并且，低能量(40keV) 的 He^+ 离子束辐照可在纳米金刚石内产生 40 个空缺，而利用高能量(2MeV 和 3MeV)的质子束仅能产生 0.1～13 个空缺[51]。目前最常用的是利用 Ib 型金刚石通过辐照来制备发射红光的纳米金刚石[10, 23, 51, 53]，但是随着颗粒尺寸的减小，N 原子在金刚石中的含量越来越低，有可能产生 $(N\text{-}V)^-$ 发光中心的概率越来越小。因此，Chang 等[52]建立了新的方法，以 Ia 型纳米金刚石为原料，采用同样的 40keV 的 He^+ 离子束辐照，在纳米金刚石内产生 H3(N-V-N)发光中心，该中心通过 473 nm 或 488 nm 的波长激发可以产生 530nm 的绿光荧光发射。利用离子束辐照法制备荧光纳米金刚石不仅提高了操作的安全性和缺陷密度，还使得产率比质子束辐照法制备提高了约两倍，从而推进了荧光纳米金刚石在生物医药领域的实际应用。最近，Hu 等[54, 55]采用低功率的毫秒脉冲激光辐照石墨和炭黑的悬浮溶液，成功地制备出了在水中高分散的仅有几纳米的金刚石颗粒，然后再通过有机聚合物(PEG_{2000N})对其表面进行钝化修饰后，发现它们也产生了很强的荧光发射。

但表面修饰过程一般需要经过氧化处理和长时间的保温，而且上述方法都仅适用于较大颗粒(大于 10nm)的纳米金刚石，因此想要制备更小的发光纳米金刚石需要开发出新的制备方法。通过爆炸法可以获得仅有几纳米的金刚石，但是易团聚并且表面基团非常复杂，简单的处理办法就是对非荧光纳米金刚石表面进行功能化处理后共价连接上荧光染料[56, 57]或荧光肽[58]等。Hu 等[26]则开发了一步合成纳米金刚石的新方法，不仅制备了较小颗粒的荧光纳米金刚石，同时还大大简化了工艺过程。他们采用 Nd：YAG 毫秒脉冲激光辐照有机溶液(二胺水合物，聚乙二醇 PEG_{200N})中的石墨颗粒，然后再通过高速离心分离获得荧光发射的纳米金刚石。如图 7.19 所示，用该方法制备出发蓝色荧光的纳米金刚石[图 7.19(a)]，

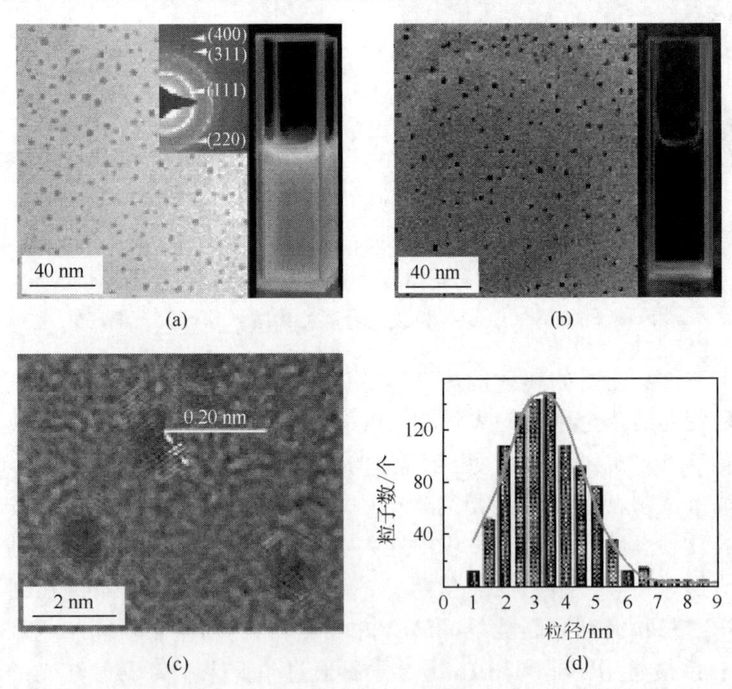

图 7.19 毫秒脉冲激光辐照法制备的纳米金刚石透射电镜图和 365nm 紫外灯下的荧光照片(a)；直接激光辐照法制备的纳米金刚石透射电镜图和 365nm 紫外灯下的荧光照片(b)；毫秒脉冲激光辐照法制备的纳米金刚石的高分辨电镜照片(c)和粒径分布图(d)[26]

比直接激光辐照分散在去离子水中的石墨粉后再经高氯酸氧化和进一步钝化得到的纳米金刚石[图7.19(b)]荧光性能更好，HRTEM结果显示晶面间距为0.2nm[图7.19(c)]，纳米颗粒的尺寸分布为1～8nm，高斯拟合表明最大分布主要集中在3.2 nm左右[图7.19(d)]。透射电镜(TEM)和选区电子衍射(SAED)分析认为获得的碳纳米颗粒具有金刚石结构。

7.2.2　荧光纳米金刚石的应用

荧光纳米金刚石与荧光碳点具有类似的优点，甚至更稳定，因此也是一种优良的荧光标记与成像试剂，目前应用最多的就是将荧光纳米金刚石用于细胞标记。

Chao等[59]将简单酸碱处理(未经高能质子和高温条件等处理)得到的荧光纳米金刚石与人肺腺癌细胞共培养，通过共聚焦荧光显微镜检测发现，荧光纳米金刚石可以进入细胞内部并停留在细胞质内，说明该荧光纳米金刚石可以很好地用来标记癌细胞。同时，他们还利用纳米金刚石的拉曼信号增强性能，将纳米金刚石表面连接上溶菌酶后与大肠杆菌共培养，以此来原位观察和确定溶菌酶与大肠杆菌表面蛋白的作用位点。Chang等[51]将用辐照法制得的发红色荧光的纳米金刚石用于标记HeLa细胞。利用单光子或双光子激发荧光显微镜可以对细胞内的单个荧光纳米金刚石粒子进行三维示踪，测得的胞内荧光纳米金刚石的扩散系数与文献报道的细胞内量子点的扩散系数[60]相当。Mkandawire等[61]将绿色荧光纳米金刚石连接上抗体，同时再与不同的转染试剂连接，可实现对HeLa细胞内肌动蛋白丝和线粒体的靶向标记。研究表明，荧光纳米金刚石所具有的荧光强度以及光漂白特性能有效地与细胞的自体荧光相区别。该研究实现了荧光纳米金刚石作为肿瘤细胞生物标记物的应用，有可能促进细胞和分子影像学的研究，并可能代替常规的抗体荧光免疫检测试剂。Liu等[62]利用细胞的巨胞饮作用和网格蛋白介导的内吞路径，将粒径为100 nm的羧基化荧光纳米金刚石引入肺癌细胞和胚胎成纤维细胞内部，可进行细胞标记以及毒性分析。研究发现：经过10天的培养，进入细胞内部的纳米粒子不会影响细胞的生长和分化，同时纳米粒子会平均分配给分裂后的两个子细胞，最后，经过几代培养，单一纳米金刚石簇仍保留在细胞质中，但不破坏细胞以及细胞内基因和蛋白质的表达。

除细胞标记外，还有人将荧光纳米金刚石用于活体组织的荧光成像和在体原位观察。Mohan等[63]将采用离子束辐照法制得的荧光纳米金刚石通过喂食的方式引入线虫体内，并进行在线观察。如图7.20所示，经过12h喂食荧光纳米金刚石，纳米粒子都保留在线虫体内而未发现有排泄现象，说明该材料非常稳定以致不会被线虫肠道内强大的消化酶降解，同时也由于荧光纳米金刚石在线虫体内发生团聚而不会进入体细胞内。另外，虽然纳米金刚石在线虫体内无法消化，但是也不会影响线虫的下一次进食，这是因为喂食大肠杆菌后不到1h，线虫体内的大部分

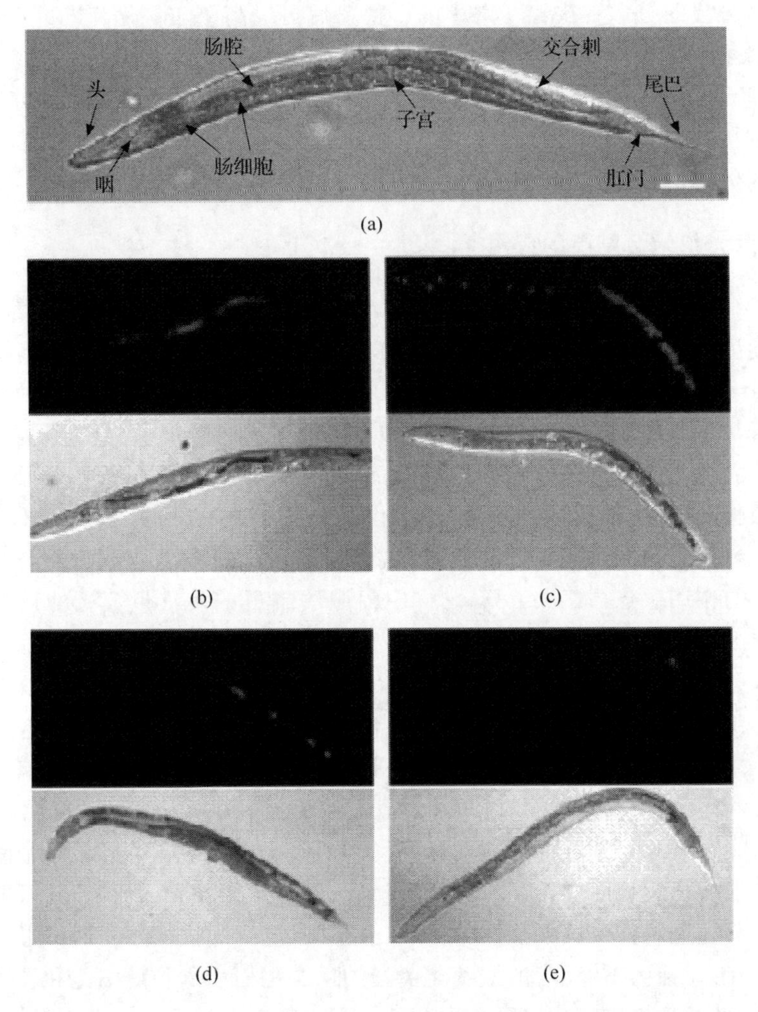

图 7.20　野生型线虫经过纳米金刚石喂养后的荧光和荧光-明场叠加照片[63]

未经任何处理的成年线虫照片(a),图中的标尺为 50μm。线虫经过喂养荧光纳米金刚石 2h(b)和 12h(c)后的照片;线虫经喂养荧光纳米金刚石 2h 后再经喂养大肠杆菌 20min(d)和 40min(e)的照片;其中(b)～(e)图片的上半部分为荧光照片,图片的下半部分为荧光-明场叠加照片

纳米金刚石即被排出体外。而当荧光纳米金刚石用葡聚糖或者牛血清白蛋白进行包覆处理后则不会发生团聚,因此会通过细胞的内吞作用进入肠道细胞内部。通过微量注射法将荧光纳米金刚石注入蠕虫内大约 30 min 后发现(图 7.21),荧光纳米金刚石分散在远端的性腺细胞和卵母细胞内。但值得注意的是,在胚胎发育早期,荧光纳米金刚石主要分布在细胞质内,而在胚胎发育的后期,荧光纳米金刚石则主要分布在肠道细胞中。通过对寿命、繁殖以及基因应激反应的测试表明,对线虫来说,荧光纳米金刚石是一种稳定、无毒,也不会应激反应的试剂,其高的亮度、

优异的光稳定性及天然无毒性，可实现对线虫的消化系统、细胞内示踪及生物体的整个发育过程进行连续的成像观察。

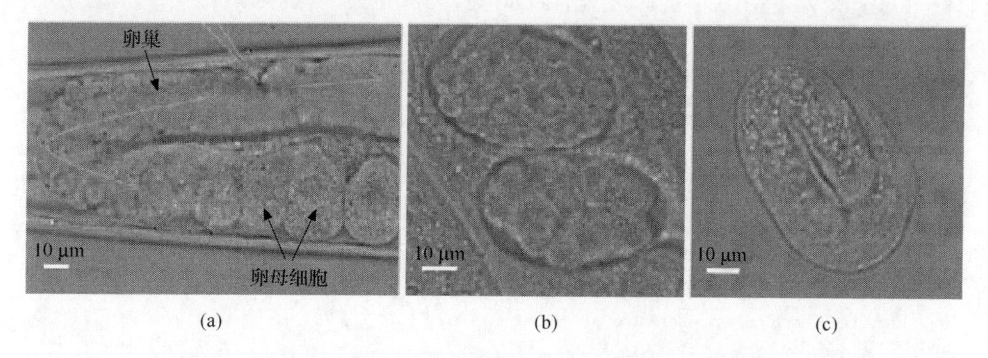

图 7.21　微量注射荧光纳米金刚石进入线虫体内 30min 后(a)及线虫体内的胚胎在早期(b)和晚期(c)的荧光-明场叠加照片[63]

参考文献

[1] Sun Y P, Fu K F, Lin Y, et al. Acc Chem Res, 2002, 35(12):1096-1104.
[2] Bottini M, Balasubramanian C, Dawson M I, et al. J Phys Chem B, 2006, 110(2): 831-836.
[3] Riggs J E, Guo Z X, Carroll D L, et al. J Am Chem Soc, 2000, 122(24): 5879-5880.
[4] Riggs J E, Walker D B, Carroll D L, et al. J Phys Chem B, 2000, 104(30): 7071-7076.
[5] Huang W J, Fernando S, Allard L F, et al. Nano Lett,2003, 3(4): 565-568.
[6] Hasheminezhad M, Fleischner H, McKay B D. Chem Phys Lett, 2008, 464(1-3): 118-121.
[7] Ramachandran C N, Sathyamurthy N. J Phys Chem A, 2007, 111(30): 6901-6903.
[8] Cook S M, Aker W G. , Rasulev B F, et al. J Hazard Mater, 2009, 176(1-3): 367-373.
[9] Kamanina N V, Serov S V, Savinov V P. Tech Phys Lett,2010, 36(1): 40-42.
[10] Fu C C, Lee H Y, Chen K, et al. PNAS 2007, 104(3): 727-732.
[11] Cunningham G. , Panich A M, Shames A I, et al. Diamond Relat Mater, 2008, 17(4-5): 650-654.
[12] Kong X L. Chin Opt Lett, 2008, 6(6): 417-420.
[13] Latorre N, Villacampa J I, Ubieto T, et al. Top Catal, 2008, 51(1-4): 158-168.
[14] Barcena J, MaudeSa J, Coletoa J, et al. Compos Sci Technol, 2008, 68(6): 1384-1391.
[15] Kang J L, Nash P, Li J J, et al. Nanotech, 2009, 20(23): 235 607-235 614.
[16] Guo Y, Shi D L, Cho H S, et al. Adv Funct Mater, 2008, 18(17): 2489-2497.
[17] Kim S, Shibata E, Sergiienko R, et al. Carbon, 2008, 46(12): 1523-1529.
[18] Foldvari M, Bagonluri M. Nanomed Nanotech Biol Med, 2008, 4(3): 183-200.
[19] Sun Y P, Zhou B, Lin Y, et al. J Am Chem Soc, 2006, 128(24): 7756-7757.
[20] Zhao Q L, Zhang Z L, Huang B H, et al. Chem Commun, 2008, 41: 5116-5118.
[21] Han M Y, Gao X H, Su J Z, et al. Nat Biotechnol, 2001, 19(7): 631-635.
[22] Liu H P, Ye T, Mao C D. Angew Chem Int Ed, 2007, 46(34): 6473-6475.
[23] Yu S J, Kang M W, Chang H C, et al. J Am Chem Soc, 2005, 127(50): 17 604-17 605.
[24] Yang S T, Wang X, Wang H F, et al. J Phys Chem C, 2009, 113(42): 18 110-18 114.

[25] Peng H, Travas-Sejdic J. Chem Mater, 2009, 21(23): 5563-5565.
[26] Hu S L, Niu K Y, Sun J, et al. J Mater Chem, 2009, 19(4): 484-488.
[27] Sun Y P, Wang X, Lu F S, et al. J Phys Chem C, 2008, 112(47): 18 295-18 298.
[28] Tian L, Ghosh D, Chen W, et al. Chem Mater, 2009, 21(13): 2803-2809.
[29] Ray S C, Saha A, Jana N R, et al. J Phys Chem C, 2009, 113(43): 18 546-18 551.
[30] Xu X Y, Ray R, Gu Y L, et al. J Am Chem Soc, 2004, 126(40): 12 736-12 737.
[31] Zhou J G, Booker C, Li R Y, et al. J Am Chem Soc, 2007, 129: 744-745.
[32] Lu J, Yang J X, Wang J Z, et al. Acs Nano, 2009, 3(8): 2367-2375.
[33] Larsen A S, Holbrey J D, Tham F S, et al. J Am Chem Soc, 2000, 122(30): 7264-7272.
[34] Titirici M M, Thomas A, Yu S H, et al. Chem Mater, 2007, 19(17): 4205-4212.
[35] Qian H S, Yu S H, Luo L B, et al. Chem Mater, 2006, 18(8): 2102-2108.
[36] Peng H, Zhang L J, Soeller C, et al. J Lumin, 2007, 127: 721-726.
[37] Bourlinos A B, Stassinopoulos A, Anglos D, et al. Small, 2008, 4(4): 455-458.
[38] Bourlinos A B, Stassinopoulos A, Anglos D, et al. Chem Mater, 2008, 20(14): 4539-4541.
[39] Zhu H, Wang X L, Li Y L, et al. Chem Commun, 2009, 34: 5118-5120.
[40] Liu R L, Wu D Q, Liu S H, et al. Angew Chem Int Ed, 2009, 48(25): 4598-4601.
[41] Li Q, Ohulchanskyy T Y, Liu R L, et al. J Phys Chem C, 2010, 114: 12 062-12 068.
[42] Cao L, Wang X, Meziani M J, et al. J Am Chem Soc, 2007, 129: 11 318-11 319.
[43] Santra S, Yang H, Stanley J T, et al. Chem Commun, 2005, 25: 3144-3146.
[44] Stroh M, Zimmer J P, Duda D G, et al. Nat Med, 2005, 11(6): 678-682.
[45] Yang S T, Cao L, Luo P G J, et al. J Am Chem Soc, 2009, 131(32): 11 308-11 309.
[46] Kim S, Lim Y T, Soltesz E G, et al. Nat Biotech, 2004, 22(1): 93-97.
[47] Choi H S, Liu W, Misra P, et al. Nat Biotech, 2007, 25(10): 1165-1170.
[48] Gruber A, Drabenstedt A, Tietz C, et al. Science, 1997, 276(5321): 2012-2014.
[49] Borjanovic V, Lawrence W G, Hens S, et al. Nanotech, 2008, 19(45): 455-701.
[50] Dantelle G, Slablab A, Rondin L, et al. J Lumin, 2010, 130(9): 1655-1658.
[51] Chang Y R, Lee H Y, Chen K, et al. Nat Nanotech, 2008, 3(5): 284-288.
[52] Wee T L, Mau Y W, Fang C Y, et al. Diamond Relat Mater, 2009, 18: 567-573.
[53] Wee T L, Tzeng Y K, Han C C, et al. J Phys Chem A, 2007, 111: 9379-9386.
[54] Hu S L, Tian F, Bai P K, et al. Mater Sci Eng B, 2009, 157: 11-14.
[55] Hu S L, Sun J, Du X W, et al. Diamond Relat Mater, 2008, 17: 142-146.
[56] Huang L C L, Chang H C. Langmuir, 2004, 20(14): 5879-5884.
[57] Takimoto T, Chano T, Shimizu S, et al. Chem Mater, 2010, 22 (11): 3462-3471.
[58] Vial S, Mansuy C, Sagan S, et al. Chem Bio Chem, 2008, 9(13): 2113-2119.
[59] Chao J I, Perevedentseva E, Chung P H, et al. Biophys J, 2007, 93(6): 2199-2208.
[60] Holtzer L, Meckel T, Schmidt T. Appl Phys Lett, 2007, 90(5): 0053902.
[61] Mkandawire M, Pohl A, Gubarevich T, et al. J Biophotonics, 2009, 2: 596-606.
[62] Liu K K, Wang C C, Cheng C L, et al. Biomater, 2009, 30(26): 4249-4259.
[63] Mohan N, Chen C S, Hsieh H H, et al. Nano Lett, 2010, 10(9): 3692-3699.